"十二五"职业教育国家规划教材

经全国职业教育教材审定委员会审定　（高职高专）

机械制造工艺与装备

■ 倪森寿　主编　　■ 吴伯明　副主编　　■ 李力夫　主审

第三版

JIXIE ZHIZAO
GONGYI YU
ZHUANGBEI

化学工业出版社

·北京·

本教材是以"机械加工工艺规程的制定和实施"为主线，有机融合相关课程内容而编写的综合性课程教材。在选取和重组教材内容时，以生产实际中典型的轴类零件、套类零件和箱体类零件引出金属切削基本知识、外圆表面、内孔表面、平面的加工方案和机械加工工艺规程制订方法；介绍典型表面加工常用刀具选择和常用夹具设计的方法；介绍圆柱齿轮加工工艺和常用工艺装备；现代加工工艺和工艺装备；常用机械装配方法及装配尺寸链的计算。

　　本教材配有《机械制造工艺与装备习题集和课程设计指导书》第三版习题集分两部分：第一部分为习题集；第二部分为课程设计指导书。习题集中每一章的习题形式有填空题、判断题、选择题、名词解释、简答题、计算分析题、综合应用题。设计指导书中，较详细地叙述机械加工工艺规程的制定和机床夹具设计的步骤和方法及其他常用工艺装备的选用，还附有一定数量的附表和零件图样以供课程设计选用。

　　本教材可作为高职高专机械类、机电类专业的教学用书，也可作为工程技术人员的参考资料。

图书在版编目（CIP）数据

　　机械制造工艺与装备/倪森寿主编．—3版．—北京：化学工业出版社，2014.6（2022.1重印）
　　"十二五"职业教育国家规划教材
　　ISBN 978-7-122-20465-3

　　Ⅰ.①机… Ⅱ.①倪… Ⅲ.①机械制造工艺-高等学校-教材　Ⅳ.①TH16

　　中国版本图书馆GIP数据核字（2014）第078767号

责任编辑：高　钰　　　　　　　　　　　文字编辑：杨　帆
责任校对：宋　夏　　　　　　　　　　　装帧设计：史利平

出版发行：化学工业出版社（北京市东城区青年湖南街13号　邮政编码100011）
印　　装：大厂聚鑫印刷有限责任公司
787mm×1092mm　1/16　印张20¾　字数544千字　2022年1月北京第3版第8次印刷

购书咨询：010-64518888　　　　　　　售后服务：010-64518899
网　　址：http://www.cip.com.cn
凡购买本书，如有缺损质量问题，本社销售中心负责调换。

定　　价：49.00元　　　　　　　　　　　　　　　　　　　版权所有　违者必究

前　言

《教育部关于"十二五"职业教育教材建设的若干意见》（教职成〔2012〕9号）文中指出"加快教材内容改革，优化教材类型结构。在职业院校推行适应项目学习、案例学习等不同学习方式的教材，注重吸收行业发展的新知识、新技术、新工艺、新方法，对接职业标准和岗位要求，丰富实践教学内容"。

因此本教材的再版，继续秉承"以职业岗位能力培养为目标，确立课程主线，有机地融合其他课程内容，建立适合高职教学的新课程体系"的理念，并在教材编写时以"机械加工工艺规程的制定和实施"为教材的主线，选择企业实际生产的典型零件为案例，引出金属切削基本知识、零件典型表面的加工方案、机械加工工艺规程制定方法和常用工艺装备的选择及设计方法。对现代加工工艺和工艺装备进行了介绍，拓宽知识面。

为更好地贯彻教职成〔2012〕9号文的精神，本教材联合了全国多所职业院校的教师共同编写，并邀请了行业企业的专家，对教材编写提出了许多有益的建议。

为更好地使用本教材，建议改革教学方法和手段，融"教、学、做"为一体，让学生在"做中学、学中做"，强化学生能力的培养。

本教材配有《机械制造工艺与装备习题集和课程设计指导书》（书号：ISBN 978-7-122-20622-0），习题集分两部分：第一部分为习题集；第二部分为课程设计指导书。习题集中每一章的习题形式有填空题、判断题、选择题、名词解释、简答题、计算分析题、综合应用题，习题涉及范围广，题量足，形式多样，既可用于学生在学习过程中自学和自测，又可为教师在试卷命题时作参考，具有试题库的初步形式；设计指导书中，以培养学生较强的岗位能力为宗旨，较详细地叙述机械加工工艺规程的制定和机床夹具设计的步骤和方法，及其他常用工艺装备的选用，还附有一定数量的附表和零件图样以供课程设计选用。

本书的内容已制作成用于多媒体教学的课件，并将免费提供给采用本书作为教材的院校使用。如有需要，请发电子邮件至 cipedu@163.com 获取，或登录 www.cipedu.com.cn 免费下载。

本教材为机类、机电复合类专业及近机类专业的一门综合性课程的专业教材。

本教材的第一章、第七章由吴伯明编写，第三章由宁广庆编写，第四章、第五章由罗永新编写，第六章、第八章由曹晓艳编写，第二章、第九章由倪森寿编写。全书由倪森寿任主编，吴伯明任副主编，由李力夫任主审。

本教材在编写过程中得到各级领导和兄弟院校的帮助和支持，谨表衷心感谢。同时也感谢无锡威孚高科技股份有限公司高级工程师曹幼莺、中国一汽无锡柴油机厂高级工程师吴志福对本教材的编写提出了宝贵意见。

由于本教材的编写是教学改革的一次探索，限于编者的水平，书中的缺点和错误恳请读者批评指正。

编者
2015年3月

第一版前言

《教育部关于加强高职高专人才培养工作的意见》中指出："课程和教学内容体系改革是高职高专教学改革的重点和难点。"以"应用"为主旨和特征构建高职高专课程和教学内容体系是解决这一重点和难点的指导思想。而课程综合化是解决这一重点和难点的重要途径之一。本教材是把传统的《机械制造工艺学》、《金属切削原理与刀具》、《机床夹具》三门课程内容进行重新组合和改造而成的一门综合性课程教材。

为体现以"应用"为主旨,在进行课程综合时遵循以下原则:以岗位能力培养为目标,确立课程主线,以主线为纲,有机地融合其他课程内容,建立适合高职高专教学的全新课程体系。根据这一原则,本教材编写体现以下几个特点。

1. 摒弃以往把几门课程的内容浓缩后仍作为独立的课程体系合在一本教材中的方法。确立以"机械加工工艺规程的制定和实施"为课程的主线,把金属切削原理与刀具、机床夹具的相关知识有机地融合在机械加工工艺规程的制定和实施中。自始至终以"机械加工工艺规程的制定和实施"为主线、岗位能力培养为目标,逐步深入地进行分析和说明。体现本教材鲜明的综合性。

2. 删去繁琐的理论推导,避免原各门课程中内容的重复,增加实用的例题、手册和图表的应用,使内容更趋于简洁、实用。体现本教材的应用性。

3. 增加新工艺、新技术的应用及现代制造技术等机械制造业中前沿学科的内容,使学员除能掌握传统的机械加工工艺知识外,也了解现代制造技术的发展方向。体现本教材的先进性。

本教材是机类、机电复合类专业及近机类专业的一门综合性课程的专业教材。

本教材总学时数为120学时,各章学时分参见下表。

章 次	学 时	章 次	学 时
第一章	8	第七章	12
第二章	10	第八章	14
第三章	28	第九章	6
第四章	6	第十章	8
第五章	4	第十一章	6
第六章	12	机动	6

本教材的第四、五、十章由郑州铁路职业技术学院宁广庆编写,第七章由湖南工业职业技术学院李力夫编写,第二、六章由盐城中等专业学校高职处李立尧编写,第八章由无锡职教中心校高职处唐东编写,第九、十一章由无锡职业技术学院孙丽青编写,第一、三章由无锡职业技术学院倪森寿编写。全书由无锡职业技术学院倪森寿任主编,郑州铁路职业技术学院宁广庆任副主编,由吴丙中任主审。参加审稿的还有苏州高级工业学校高职处曹建东,苏州市机械学校高职处杨亚琴。

本教材在编写过程中得到各级领导和兄弟院校的帮助和支持,谨表衷心感谢。

由于本教材的编写是教学改革的一次探索,更限于编者的水平,书中的缺点和错误恳请读者批评指正。

编者
2002年8月

第二版前言

《教育部关于全面提高高等职业教育教学质量的若干意见》（教高〔2006〕16号）文中提出："课程建设与改革是提高教学质量的核心，也是教学改革的重点和难点。高等职业院校要积极与行业企业合作开发课程，根据技术领域和职业岗位（群）的任职要求，参照相关的职业资格标准，改革课程体系和教学内容。建立突出职业能力培养的课程标准，规范课程教学的基本要求，提高课程教学质量。"

本教材在2002年出版时即提出"以职业岗位能力培养为目标，确立课程主线，以主线为纲，有机地融合其他课程内容，建立适合高职教学的新课程体系"的观点，并依据此观点确立"机械加工工艺规程的制定和实施"为课程的主线。教材编写中，紧紧抓住课程主线，选择和重组课程内容；以应用实例引出基本概念和应用方法。此次教材的重版，保留了原教材中体现课程主线的原则。更借此次教材重版的机会，为贯彻教育部"教高〔2006〕16号"文件精神，邀请了行业企业的专家，对课程建设和教材编写提出了许多有益的建议。并聘请了企业中有丰富实践经验的工程技术人员参与了教材的编写。使教材更好地体现了"应用"为主旨的原则。

为更好地使用本教材，建议改革教学方法和手段，融"教、学、做"为一体，让学生在"做中学、学中做"，强化学生能力的培养。

本教材为适合于机类、机电复合类专业及近机类专业的一门综合性课程的专业教材。

本教材的第三章、第八章由郑州铁路职业技术学院宁广庆编写，第一章、第七章由无锡工艺职业技术学院徐小东编写，第五章由湖南工业职业技术学院李力夫编写，第六章由无锡威孚集团高级工程师曹幼莺编写，第四章由中国一汽无锡柴油机厂高级工程师吴志福编写，第二章、第九章由无锡职业技术学院倪森寿编写。全书由倪森寿任主编，宁广庆、徐小东任副主编。由吴丙中任主审。

本教材在编写过程中得到各级领导和兄弟院校的帮助和支持，谨表衷心感谢。

由于本教材的编写是教学改革的一次探索，更限于编者的水平，书中的缺点恳请读者批评指正。

编者
2008年10月

目　　录

第一章　金属切削加工基本知识 …… 1
第一节　金属切削加工基本定义 …… 1
一、切削运动和切削用量 …… 1
二、刀具角度参考系和刀具角度 …… 3
三、切削层公称横截面要素和切削方式 …… 9
第二节　金属切削中的物理现象及影响因素 …… 11
一、切削变形及其主要影响因素 …… 11
二、切削力及其主要影响因素 …… 15
三、切削温度及其主要影响因素 …… 17
四、刀具磨损、刀具耐用度及其主要影响因素 …… 18
第三节　金属切削基本规律的应用 …… 20
一、工件材料切削加工性的改善 …… 20
二、刀具材料的合理选择 …… 21
三、切削液的合理选择 …… 26
四、合理刀具几何参数的选择 …… 27
五、合理切削用量的选择 …… 29
习题 …… 32

第二章　机械加工工艺基本知识 …… 34
第一节　概述 …… 34
一、生产过程和工艺过程 …… 34
二、机械加工工艺过程的组成 …… 35
三、工件的夹紧 …… 37
四、机械加工生产类型及特点 …… 38
第二节　机械加工工艺规程及工艺文件 …… 40
一、机械加工工艺规程 …… 40
二、工艺规程制订的原则 …… 41
三、制订工艺规程时的原始资料 …… 41
四、制订工艺规程的步骤 …… 41
五、工艺文件格式 …… 45
第三节　零件的工艺性分析 …… 45
一、分析研究产品的零件图样和装配图样 …… 45
二、技术要求分析 …… 46
三、结构工艺性分析 …… 46
第四节　毛坯选择 …… 49
一、常见的毛坯种类 …… 49
二、毛坯的选择原则 …… 51
三、毛坯的形状和尺寸 …… 51
第五节　基准与工件定位 …… 53
一、基准的概念及其分类 …… 53
二、工件定位的概念及定位的要求 …… 54
三、工件定位的方法 …… 55
第六节　六点定位原则及定位基准的选择 …… 58
一、六点定位原则 …… 58
二、由工件加工要求确定工件应限制的自由度数 …… 60
三、定位基准的选择 …… 61
第七节　常用定位元件 …… 64
一、对定位元件的基本要求 …… 64
二、工件以平面定位时的定位元件 …… 65
三、工件以圆孔定位时的定位元件 …… 67
四、工件以外圆柱面定位时的定位元件 …… 70
第八节　定位误差分析 …… 73
一、定位误差产生的原因及计算 …… 73
二、定位误差计算实例 …… 76
三、工件以一面两孔组合定位时的定位误差计算 …… 77
第九节　工艺路线的拟订 …… 82
一、表面加工方法的选择 …… 82
二、加工阶段的划分 …… 85
三、加工顺序的安排 …… 85
四、工序集中和工序分散 …… 87
第十节　工序尺寸及公差的确定 …… 88
一、合理确定加工余量 …… 88
二、工艺尺寸链的概念及计算公式 …… 91
三、工序尺寸及公差的确定 …… 94
第十一节　机械加工生产率和技术经济分析 …… 100
一、机械加工生产率分析 …… 100
二、工艺过程的技术经济分析 …… 103
习题 …… 106

第三章　机械加工质量分析 …… 114
第一节　机械加工误差 …… 114
一、机械加工误差的概念 …… 114
二、机械加工误差产生的原因 …… 114
三、减少加工误差的措施 …… 117

第二节　加工误差的综合分析 ……………… 119
　　一、加工误差的性质 …………………… 119
　　二、加工误差的统计分析法 …………… 120
　第三节　机械加工表面质量 ………………… 126
　　一、加工表面的几何特征 ……………… 126
　　二、加工表面层的物理力学性能 ……… 127
　第四节　机械加工振动简介 ………………… 128
　　一、机械加工中的受迫振动 …………… 129
　　二、机械加工中的自激振动 …………… 129
　　习题 ……………………………………… 131

第四章　轴类零件加工工艺及常用工艺装备 ……………………………………… 133
　第一节　概述 ………………………………… 133
　　一、轴类零件的功用与结构特点 ……… 133
　　二、轴类零件的技术要求、材料和毛坯 ……………………………………… 133
　第二节　外圆表面的加工方法和加工方案 ……………………………………… 134
　　一、外圆表面的车削加工 ……………… 134
　　二、外圆表面的磨削加工 ……………… 134
　　三、外圆表面的精密加工 ……………… 137
　　四、外圆表面加工方案的选择 ………… 139
　第三节　外圆表面加工常用工艺装备 ……… 139
　　一、焊接式车刀和可转位车刀 ………… 139
　　二、砂轮 ………………………………… 145
　　三、车床夹具 …………………………… 149
　　四、螺旋夹紧机构 ……………………… 154
　第四节　典型轴类零件加工工艺分析 ……… 156
　　一、阶梯轴加工工艺过程分析 ………… 156
　　二、带轮轴加工工艺过程分析 ………… 160
　　三、细长轴加工工艺特点及反向走刀车削法 …………………………………… 161
　　习题 ……………………………………… 162

第五章　套筒类零件加工工艺及常用工艺装备 ……………………………………… 164
　第一节　概述 ………………………………… 164
　　一、套筒类零件的功用与结构特点 …… 164
　　二、套筒类零件的技术要求、材料和毛坯 ……………………………………… 164
　第二节　内孔表面加工方法和加工方案 …… 165
　　一、钻孔 ………………………………… 165
　　二、扩孔 ………………………………… 166
　　三、铰孔 ………………………………… 167
　　四、镗孔、车孔 ………………………… 169
　　五、拉孔 ………………………………… 172

　　六、磨孔 ………………………………… 174
　　七、孔的精密加工 ……………………… 174
　　八、孔加工方案及其选择 ……………… 177
　第三节　孔加工常用工艺装备 ……………… 178
　　一、孔加工用刀具 ……………………… 178
　　二、钻夹具 ……………………………… 188
　第四节　典型套筒类零件加工工艺分析 …… 198
　　一、套筒类零件的结构特点及工艺分析 ……………………………………… 198
　　二、套筒类零件加工中的主要工艺问题 ……………………………………… 200
　　习题 ……………………………………… 204

第六章　箱体类零件加工工艺及常用工艺装备 ……………………………………… 206
　第一节　概述 ………………………………… 206
　　一、箱体类零件的功用及结构特点 …… 206
　　二、箱体类零件的主要技术要求、材料和毛坯 ………………………………… 207
　第二节　平面加工方法和平面加工方案 …… 209
　　一、刨削 ………………………………… 209
　　二、铣削 ………………………………… 210
　　三、磨削 ………………………………… 215
　　四、平面的光整加工 …………………… 216
　　五、平面加工方案及其选择 …………… 217
　第三节　铣削加工常用工艺装备 …………… 217
　　一、铣削刀具 …………………………… 217
　　二、铣床夹具 …………………………… 222
　第四节　箱体孔系加工及常用工艺装备 …… 229
　　一、箱体零件孔系加工 ………………… 229
　　二、箱体孔系加工精度分析 …………… 234
　　三、镗夹具（镗模） …………………… 237
　　四、联动夹紧机构 ……………………… 245
　第五节　典型箱体零件加工工艺分析 ……… 248
　　一、主轴箱加工工艺过程及其分析 …… 248
　　二、分离式齿轮箱体加工工艺过程及其分析 …………………………………… 251
　　习题 ……………………………………… 253

第七章　圆柱齿轮加工工艺及常用工艺装备 ……………………………………… 255
　第一节　概述 ………………………………… 255
　　一、齿轮的功用与结构特点 …………… 255
　　二、齿轮的技术要求 …………………… 256
　　三、齿轮的材料、热处理和毛坯 ……… 257
　　四、齿坯加工 …………………………… 257
　第二节　圆柱齿轮齿形加工方法和加工

    方案 ·· 258
  一、滚齿 ··· 259
  二、插齿 ··· 262
  三、剃齿 ··· 263
  四、珩齿 ··· 265
  五、磨齿 ··· 265
  六、齿轮加工方案选择 ···················· 267
 第三节 典型齿轮零件加工工艺分析 ········· 267
  一、普通精度齿轮加工工艺分析 ········ 268
  二、高精度齿轮加工工艺特点 ············ 270
 第四节 齿轮刀具简介 ······························· 271
  一、盘形齿轮铣刀 ···························· 272
  二、齿轮滚刀 ··································· 272
  三、插齿刀 ······································ 275
  习题 ··· 277

第八章 现代加工工艺及工艺装备 ······ 279
 第一节 特种加工 ······································· 279
  一、概述 ··· 279
  二、电火花加工 ······························· 279
  三、电解加工 ··································· 283
 第二节 现代机床夹具简介 ························ 284
  一、可调夹具 ··································· 284
  二、组合夹具 ··································· 285
  三、数控机床夹具 ···························· 285
 第三节 成组技术及其在工艺中的应用 ····· 287
  一、成组技术的基本概念 ·················· 287
  二、成组技术中的零件编码 ·············· 288
  三、零件分类成组的方法 ·················· 291
  四、成组工艺过程设计 ···················· 293
  五、成组生产组织形式 ···················· 294

 第四节 计算机辅助工艺规程设计 ············ 295
  一、概述 ··· 295
  二、修订式（派生式）CAPP系统 ······ 295
  三、创成式CAPP系统 ······················· 297
 第五节 现代制造技术 ······························· 298
  一、制造技术的演进 ························ 298
  二、现代制造技术的提出 ·················· 299
  三、现代制造技术的内涵及特点 ······· 299
  四、计算机集成制造系统（CIMS）···· 300
  习题 ··· 302

第九章 机械装配工艺基础 ······················· 303
 第一节 概述 ·· 303
  一、装配的概念 ······························· 303
  二、装配精度 ··································· 305
 第二节 装配尺寸链 ··································· 306
  一、基本概念 ··································· 306
  二、装配尺寸链的建立——线性尺寸链
    （直线尺寸链）··························· 306
  三、装配尺寸链的计算 ···················· 306
 第三节 装配方法及其选择 ······················· 308
  一、互换装配法 ······························· 308
  二、选配装配法 ······························· 310
  三、修配装配法 ······························· 312
  四、调整装配法 ······························· 314
 第四节 装配工作法与典型部件的装配 ···· 315
  一、装配工作法 ······························· 315
  二、典型部件的装配 ························ 316
  习题 ··· 319

参考文献 ··· 321

第一章　金属切削加工基本知识

主要内容

金属切削加工是使用金属切削刀具从工件上切除多余的金属，从而获得形状精度、尺寸精度、位置精度及表面质量都合乎技术要求的零件的一种加工方法。为提高加工质量和生产率，掌握金属切削的基本知识是必要的。因此本章主要内容为：①三个切削参数（切削速度、进给量、背吃刀量）；②四个切削现象（切削变形、切削力、切削温度、刀具磨损）；③五个实际应用（改善工件材料的切削加工性、合理选择刀具材料、合理选择切削液、合理选择刀具几何参数、合理选择切削用量）。

教学目标

熟悉切削用量三要素的定义；了解切削层三参数的定义；掌握切削用量三要素选择的原则；掌握刀具静止角度的标注方法；了解刀具工作角度的变化；了解切削变形、切削力、切削温度、刀具磨损的基本概念及主要影响因素；了解改善工件材料切削加工性的途径；了解切削液的种类和作用机理；具有合理选择刀具材料的能力；具有合理选择切削液的能力；具有选择合理刀具几何参数的能力；具有选择合理切削用量的能力。

第一节　金属切削加工基本定义

一、切削运动和切削用量

使用金属切削刀具从工件上切除多余（或预留）的金属（使之成为切屑），从而获得形状精度、尺寸精度、位置精度及表面质量都合乎技术要求的零件的一种加工方法，称为金属切削加工。

1. 切削运动

在切削加工中刀具与工件的相对运动，称为切削运动。按其功用分为主运动和进给运动。如图 1-1 所示。

（1）主运动　由机床或人力提供的主要运动，它促使刀具和工件之间产生相对运动，从而使刀具前刀面接近工件，从工件上直接切除金属，它具有切削速度最高，消耗功率最大的特点。如车削时工件的旋转运动，刨削时工件或刀具的往复运动，铣削时铣刀的旋转运动等。在切削中必须有一个主运动，且只能有

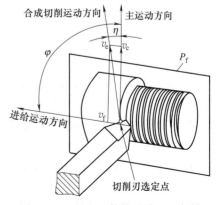

图 1-1　刀具和工件的运动——车削

一个主运动。

（2）进给运动　由机床或人力提供的运动，它使刀具和工件之间产生附加的相对运动，使主运动能够继续切除工件上多余金属，以便形成所需几何特性的已加工表面。进给运动可以是连续的，如车削外圆时车刀平行于工件轴线的纵向运动；也可以是步进的，如刨削时工件或刀具的横向移动等。在切削中可以有一个或多个进给运动，也可以不存在进给运动。

由主运动和进给运动合成的运动，称为合成切削运动。刀具切削刃上选定点相对工件的瞬时合成运动方向称为该点的合成切削运动方向，其速度称为合成切削速度 v_e。如图 1-2 所示。

2. 工件上的加工表面

切削加工时在工件上产生的表面如图 1-3 所示。

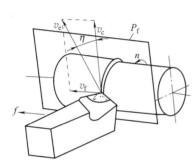

图 1-2　切削时的合成运动

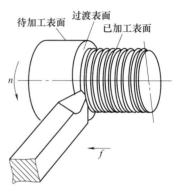

图 1-3　工件上的加工表面

待加工表面　工件上有待切除的表面。

已加工表面　工件上经刀具切削后产生的表面。

过渡表面　工件上由刀具切削刃形成的正在切削的那一部分表面，它在下一切削行程、刀具或工件的下一转里被切除，或由下一切削刃切除。

3. 切削用量

切削用量是指切削速度 v_c、进给量 f（或进给速度 v_f）、背吃刀量 a_p 三者的总称，也称为切削用量三要素。它是调整刀具与工件间相对运动速度和相对位置所需的工艺参数。它们的定义如下。

（1）切削速度 v_c　切削刃上选定点相对于工件的主运动的瞬时速度。计算公式如下

$$v_c = (\pi d n)/1000 \tag{1-1}$$

式中　v_c——切削速度，m/s；

　　　d——工件或刀具切削刃上选定点的回转直径，mm；

　　　n——工件转速，r/s。

在计算时应以最大的切削速度为准，如车削时以待加工表面直径的数值进行计算，因为此处速度最高，刀具磨损最快。

（2）进给量 f　工件或刀具每转一周时，刀具与工件在进给运动方向上的相对位移量。单位为 mm/r。

进给速度 v_f 是指切削刃上选定点相对工件进给运动的瞬时速度，单位为 mm/s。

$$v_f = fn \tag{1-2}$$

式中　v_f——进给速度，mm/s；

n——主轴转速，r/s；
f——进给量，mm/r。

（3）背吃刀量 a_p　通过切削刃基点并垂直于工作平面的方向上测量的吃刀量，单位为mm。根据此定义，如在纵向车外圆时，其背吃刀量可按式（1-3）计算：

$$a_p=(d_w-d_m)/2 \tag{1-3}$$

式中　d_w——工件待加工表面直径，mm；
　　　d_m——工件已加工表面直径，mm。

二、刀具角度参考系和刀具角度

金属切削刀具的种类虽然很多，但它们切削部分的几何形状与参数却有着共性的内容。不论刀具构造如何复杂，它们的切削部分总是近似地以外圆车刀切削部分为基本形态。如图1-4 所示，各种复杂刀具或多齿刀具，拿出其中一个刀齿，它的几何形状都相当于一把车刀的刀头。现代刀具引入"不重磨"概念后，刀具切削部分的统一性获得了新的发展。许多结构迥异的切削刀具，其切削部分不过是一个或几个"不重磨式刀片"，见图1-5。

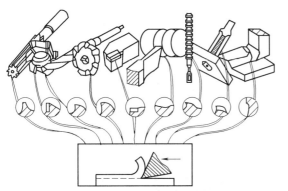

图1-4　各种刀具切削部分的形状

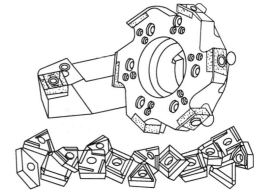

图1-5　不重磨式刀具的切削部分

为此确立刀具一般性的基本定义时，通常以普通外圆车刀为基础，进行讨论和研究。

车刀由刀头和刀柄组成，如图1-6 所示。刀柄是刀具上夹持部位。刀头则用于切削，是刀具的切削部分。刀具的切削部分包括以下几个部分。

① 前刀面 A_γ——切下的金属沿其流出的刀面。
② 主后刀面 A_α——与工件上过渡表面相对的刀面。
③ 副后刀面 A_α'——与工件上已加工表面相对的刀面。
④ 主切削刃 S——前刀面与主后刀面汇交的边锋，用以形成工件上的过渡表面，担负着大部分金属的切除工作。
⑤ 副切削刃 S'——前刀面与副后刀面汇交的边锋，协同主切削刃完成金属的切除工作，用以最终形成工件的已加工表面。
⑥ 刀尖——主切削刃和副切削刃汇交处的一小段切削刃。

1. 刀具静止角度参考系及其坐标平面

刀具的切削部分其实是由前、后刀面、切削刃、刀尖组成的一空间几何体。为了要确定刀具切削部分的各几何要素的空间位置，就需要建立相应的参考系。为此目的设立的参考系一般有两大类：一是刀具静止角度参

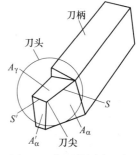

图1-6　典型外圆车刀切削部分的构成

考系；二是刀具工作角度参考系。

(1) 刀具静止角度参考系　刀具静止角度参考系是指用于定义设计、制造、刃磨和测量刀具切削部分几何参数的参考系。它是在假定条件下建立的参考系。假定条件是指假定运动条件和假定安装条件。

① 假定运动条件　在建立参考系时，暂不考虑进给运动，即用主运动向量近似代替切削刃与工件之间相对运动的合成速度向量。

② 假定安装条件　假定刀具的刃磨和安装基准面垂直或平行于参考系的平面，同时假定刀杆中心线与进给运动方向垂直。例如对于车刀来说，规定刀尖安装在工件中心高度上，刀杆中心线垂直于进给运动方向等。

由此可见，刀具静止角度参考系是简化了切削运动和设定刀具标准位置下建立的一种参考系。

(2) 刀具静止参考系的坐标平面　在静止参考系中，坐标平面有三个：基面（P_r）、切削平面（P_s）和刃剖面（可由需要而任意选择的切削刃剖面）。

① 基面 P_r　基面是通过切削刃上选定点，垂直于假定主运动方向的平面。如图 1-7 (b) 所示。它平行于或垂直于安装和定位的平面或轴线。例如，对于车刀和刨刀等，它的基面 P_r 按规定平行于刀杆底面；对于回转刀具（如铣刀、钻头等），它的基面 P_r 是通过切削刃上选定点并包含轴线的平面。

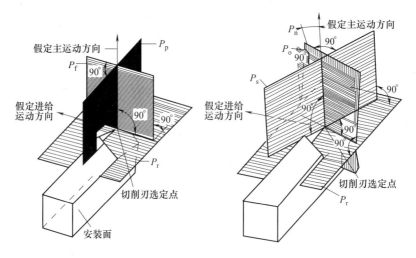

(a) 假定主运动方向和假定进给运动方向　　(b) 刀具静止角度参考系的平面

图 1-7　假定运动条件和静止角度参考系

② 切削平面 P_s　切削平面是指通过切削刃上选定点与主切削刃相切并垂直于基面的平面。如图 1-7 (b) 所示。在无特殊情况下切削平面即指主切削平面。

③ 切削刃剖切平面（刃剖面）　常用的刃剖面有以下四个。

a. 正交平面 P_o（也称主剖面）。正交平面是通过切削刃上选定点，并同时垂直于基面和切削平面的平面。也可认为，正交平面是通过切削刃上选定点垂直于主切削刃在基面上的投影的平面。如图 1-7 (b) 所示。

b. 法平面 P_n（也称法剖面）。法平面是通过切削刃上选定点垂直于切削刃的平面。如图 1-7 (b) 所示。

c. 假定工作平面 P_f（也称进给剖面）。假定工作平面是通过切削刃上选定点平行于假定进给运动方向并垂直于基面的平面。如图 1-7（a）所示。

d. 背平面 P_p（也称切深剖面）。背平面是指通过切削刃上选定点，垂直于假定工作平面和基面的平面。如图 1-7（a）所示。

以上四个刃剖面可根据需要任选一个，然后与另两个坐标平面（基面 P_r 和切削平面 P_s）共同组成相应的参考系。如由正交平面 P_o、基面 P_r 和切削平面 P_s 组成的参考系称为正交平面参考系（P_r-P_s-P_o），或称为主剖面参考系；由法平面 P_n、基面 P_r 和切削平面 P_s 组成的参考系称为法平面参考系，或称为法剖面参考系（P_r-P_s-P_n）；由假定工作平面 P_f、基面 P_r 和切削平面 P_s 组成的参考系称为假定工作平面参考系，也称为进给剖面参考系（P_r-P_s-P_f）；由背平面 P_p、基面 P_r 和切削平面 P_s 组成的参考系称为背平面参考系，或称为切深剖面参考系（P_r-P_s-P_p）。

对于副切削刃的静止参考系，也有同样的上述的坐标平面。为区分起见，在相应符号上方加"'"。如 P'_o 为副切削刃的正交平面，其余类同。

(3) 刀具静止角度的标注　在刀具静止参考系中标注或测量的几何角度称为刀具静止角度，或刀具标注角度。刀具静止角度标注的基本方法为"一刃四角法"。所谓"一刃四角法"是指刀具上每一条切削刃，必须且只需四个基本角度，就能唯一地确定其在空间的位置。

一把刀具可能有若干条切削刃，这时应先找出刀具的主切削刃，对主切削刃应一个不漏地完整地标出四个角度，然后逐条地分析其他的切削刃。

下面将在不同的刃剖面参考系中，说明"一刃四角法"在刀具几何角度标注中的应用。

① 正交平面参考系（P_r-P_s-P_o）　图 1-8 为正交平面参考系，图 1-9 为外圆车刀在正交平面参考系中静止角度的标注。

该车刀由主切削刃和副切削刃两条切削刃组成。根据"一刃四角法"的原则，应先抓住主切削刃，完整地标出四个基本角度。根据切削平面的定义，主切削刃应在切削平面内，因此要确定主切削刃的位置，应先确定切削平面的位置及主切削刃在切削平面内的位置，这两个位置分别由主偏角和刃倾角来确定。

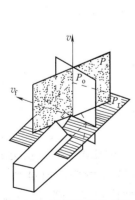

图 1-8　正交平面参考系

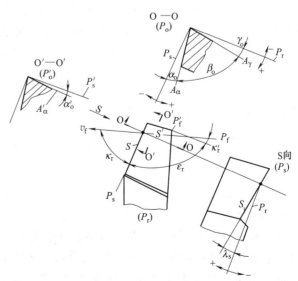

图 1-9　外圆车刀正交平面参考系静止角度

a. 主偏角 κ_r。是在基面内度量的切削平面 P_s 和假定工作平面 P_f 之间的夹角。也是主切削刃在基面上的投影与进给运动方向之间的夹角。应标注在基面内。

b. 刃倾角 λ_s。是切削平面内度量的主切削刃 S 与基面之间的夹角。它是确定主切削刃在切削平面 P_s 内的位置的角度。应标注在切削平面的方向视图内。

当刀尖在切削刃上为最高点时，刃倾角 λ_s 为正值；当刀尖在主切削刃上为最低点时，刃倾角 λ_s 为负值；当主切削刃在基面内时，刃倾角 λ_s 为零。

在主切削刃的位置确定之后，形成这条切削刃的前、后刀面的位置，就可任意选用一个刃剖面来反映。在正交平面参考系中即选用正交平面，在此平面内前刀面与基面、后刀面与切削平面对应的角度即为前角 γ_o 和后角 α_o。

c. 前角 γ_o。在正交平面内度量的前刀面 A_γ 与基面 P_r 之间的夹角。当切削刃上选定点的基面 P_r 在剖视图中处于刀具实体之外时，前角 γ_o 为正值；当基面 P_r 处于刀具实体之内时，前角 γ_o 为负值；当前刀面与基面重合时，前角 γ_o 为零。

d. 后角 α_o。在正交平面内度量的后刀面与切削平面 P_s 之间的夹角。当切削刃上选定点的切削平面 P_s 在剖视图中处于刀具实体之外时，后角 α_o 为正值；当切削平面 P_s 在刀具实体之内时，后角 α_o 为负值；当后刀面与切削平面 P_s 重合时，后角 α_o 为零。

由此可得出结论，对于一条切削刃应该标注的四个角度为：主偏角 κ_r、刃倾角 λ_s、前角 γ_o 和后角 α_o。

同理，副切削刃也由副偏角 κ_r'、副刃倾角 λ_s'、副前角 γ_o' 和副后角 α_o' 确定。但刀具主切削刃与副切削刃在同一个前刀面上时，标出主切削刃的四个角度后，前刀面的空间位置也已确定，因此副切削刃的副前角和副刃倾角也随之确定，它们已不是独立的角度。此时，副切削刃只需标出另两个角度，即副偏角 κ_r' 和副后角 α_o'。

副偏角 κ_r'：在副切削刃上选定点的基面 P_r'（平行于 P_r）内度量的副切削平面与假定工作平面之间的夹角。

副后角 α_o'：在副切削刃上选定点的正交平面内度量的副后刀面与副切削平面之间的夹角。

综上所述，在分析或标注一把刀具切削部分几何角度时，先找出该刀具切削部分的主切削刃，分别在三个视图内完整地标出四个基本角度；然后逐条分析其他切削刃，如某条切削刃的前刀面不与主切削刃为同一前刀面，则也应对其完整地标出四个基本角度；如某条切削刃的前刀面与主切削刃为同一前刀面，则只需标出相应的偏角和后角。这就是"一刃四角法"的完整应用。

在图 1-9 中还标出了两个派生角度：楔角 β_o 和刀尖角 ε_r。但这两个角度在刀具工作图中是不必标出的。可以用式（1-4）及式（1-5）计算：

$$\beta_o = 90° - (\gamma_o + \alpha_o) \tag{1-4}$$

$$\varepsilon_r = 180° - (\kappa_r + \kappa_r') \tag{1-5}$$

② 法平面参考系（P_r-P_s-P_n） 法平面参考系是由基面 P_r、切削平面 P_s 和法平面 P_n 三平面组成的参考系。如图 1-10 所示。

在法平面参考系中，刀具几何角度的标注仍遵循"一刃四角法"的原则。它与正交平面不同的只是采用了法平面来反映刀具的前后角。在法平面内度量的前角称为法前角 γ_n、后角称为法后角 α_n。而主偏角 κ_r 和刃倾角 λ_s 仍分别在基面和切削平面内标注。副切削刃的标注仍如前所述。图 1-11 所示为外圆车刀在法平面参考系中静止角度的标注。

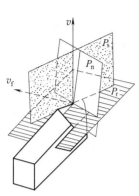 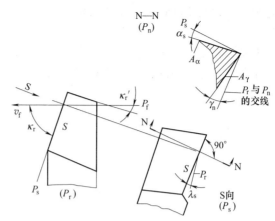

图 1-10　法平面参考系　　　　图 1-11　车刀法平面参考系静止角度

③ 假定工作平面参考系（P_r-P_s-P_f）和背平面参考系（P_r-P_s-P_p）　假定工作平面参考系由基面 P_r、切削平面 P_s 和假定工作平面 P_f 三平面组成。如图 1-12 所示。

背平面参考系由基面 P_r、切削平面 P_s 和背平面 P_p 三平面组成。如图 1-12 所示。

它们与正交平面参考系的不同也只是采用不同的刃剖面反映刀具的前、后角。

在假定工作平面内标注的前、后角称为侧前角 γ_f（进给前角）、侧后角 α_f（进给后角）；在背平面内标注的前、后角称为背前角 γ_p（切深前角）、背后角 α_p（切深后角）。而主偏角 κ_r 和刃倾角 λ_s 仍分别在基面和切削平面内标注。图 1-13 为车刀假定工作平面参考系、背平面参考系中刀具静止角度的标注。

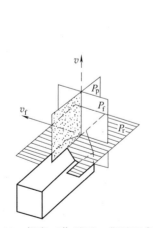 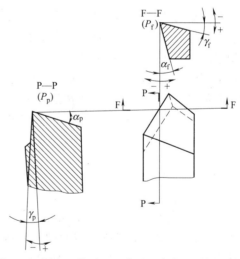

图 1-12　假定工作平面、背平面参考系　　　　图 1-13　假定工作平面、背平面参考系的静止角度

设计刀具时，刀具几何角度是主要参数，是加工和刃磨刀具时进行工艺调整的依据。在制造和刃磨刀具时，常需对不同参考系内的静止角度进行换算。各静止参考系中角度的换算，其实是不同刃剖面内前、后角的换算。可参考相关的技术资料，本节不作介绍。

2. 刀具工作角度参考系和刀具工作角度

刀具在切削工作时，由于进给运动及刀具安装方式的影响，使刀具工作时反映的角度不等于静止角度。刀具实际切削时反映的角度称为刀具工作角度,它应该在刀具工作角度参考系中讨论。

(1) 刀具工作角度参考系　刀具工作角度参考系的坐标平面应根据合成切削速度方向来确定。工作角度参考系中的坐标平面和刀具几何角度,其符号应加注下标"e"。

① 工作基面 P_{re}　通过切削刃上选定点与合成切削速度方向垂直的平面。如图1-14所示。

② 工作切削平面 P_{se}　通过切削刃上选定点与切削刃相切并垂直于工作基面的平面。如图1-14所示。

(2) 刀具工作角度的计算

① 进给运动对工作角度的影响　图1-14所示为横向进给时刀具工作角度的变化。设切断刀主偏角 $\kappa_r=90°$、前角 $\gamma_o>0°$、后角 $\alpha_o>0°$、左、右副偏角相等 $\kappa'_{rL}=\kappa'_{rR}$、左、右副后角相等 $\alpha_{oL}=\alpha_{oR}$,刃倾角 $\lambda_s=0°$,安装时刀刃对准工件中心。

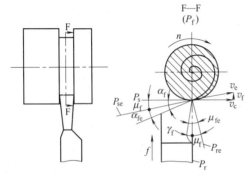

图1-14　横向进给时的刀具工作角度

当不考虑进给运动时,刀具主切削刃上选定点相对于工件运动轨迹为一圆周,主运动方向为过该点的圆周切线方向,此时,切削平面 P_s 为过该点切于圆周的平面,基面 P_r 是通过切削刃上该点垂直于切削平面同时又平行于刀杆底面的平面。γ_f、α_f 为静止前、后角。

当考虑横向进给运动后,主切削刃上选定点相对于工件的运动轨迹,是主运动和横向进给运动的合成运动轨迹,为阿基米德螺旋线。如图1-14所示,其合成运动方向 v_e 是过该点的阿基米德螺旋线的切线方向。工作基面 P_{re} 应垂直于 v_e,工作切削平面 P_{se} 过切削刃上该点并切于阿基米德螺旋线和 v_e 重合,于是 P_{re} 和 P_{se} 相对 P_r 和 P_s 相应地转动一个 μ_f 角(在假定工作平面中度量,本例中正交平面与假定工作平面重合,即 $\mu_f=\mu_o$),结果使切削刃的工作前角增加,工作后角减少。计算公式如下

$$\mu_{fe}=\gamma_f+\mu_f \tag{1-6}$$

$$\alpha_{fe}=\alpha_f-\mu_f \tag{1-7}$$

$$\tan\mu_f=\frac{f}{\pi d_w} \tag{1-8}$$

式中　f——进给量,mm/r;

d_w——工件待加工表面直径,mm。

由式(1-8)可知,μ_f 值随 f 值的增大而增大,随工件直径的减小而增大,显然切断刀接近工件中心位置时,α_{fe} 非常小,常使刀刃崩刃或工件被挤断。

当外圆车刀纵向进给时,工作前角和工作后角同样发生变化。这在车削大导程的丝杠或多头螺纹时必须加以注意和考虑。

② 刀具安装高低对工作角度的影响　如图1-15为切断刀具安装高低对刀具工作角度的影响,其中,图1-15(a)是刀尖对准工件中心安装,此时基面与车刀底面平行,切削平面与车刀底面垂直,刀具静止角度与工作角度相等;图1-15(b)将刀尖安装高于工件中心,则工作基面 P_{re} 平面和工作切削平面 P_{se} 与静止参考系中的基面 P_r 和切削平面 P_s 发生倾斜,使工作前角 γ_{oe} 增大,工作后角 α_{oe} 减小;图1-15(c)是将刀尖安装得低于工件中心,则工

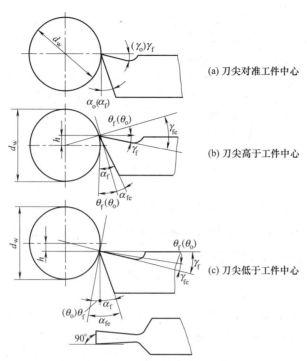

图 1-15 切断刀具安装高度对刀具工作角度的影响

作前角 γ_{oe} 减小,工作后角 α_{oe} 增大。工作角度与静止角度换算关系如下:

$$\gamma_{oe} = \gamma_o \pm \theta_o \tag{1-9}$$

$$\alpha_{oe} = \alpha_o \mp \theta_o \tag{1-10}$$

式中　γ_{oe}——正交平面内的工作前角;
　　　α_{oe}——正交平面内的工作后角;
　　　θ_o——正交平面内 P_r 和 P_{re} 的转角。

由图 1-15 可知:

$$\sin\theta_o = \frac{2h}{d_w} \tag{1-11}$$

式中　h——刀尖高于或低于工件中心线的灵敏值,mm;
　　　d_w——工件待加工表面直径,mm。

③ 刀杆轴线偏装后对刀具工作角度的影响　图 1-16 所示,车刀刀杆轴线与进给方向不垂直,工作主偏角 κ_{re} 和工作副偏角 κ'_{re} 将发生变化:

$$\kappa_{re} = \kappa_r \pm G \tag{1-12}$$

$$\kappa'_{re} = \kappa'_r \mp G \tag{1-13}$$

式中　G——假定工作平面 P_f 与工作平面 P_{fe} 之间的夹角,在基面内测量。

在生产实际中,根据工作需要在安装时可以调整主偏角和副偏角的数值。

三、切削层公称横截面要素和切削方式

1. 切削层横截面要素

切削层是指切削部分的一个单一动作所切除的工件材料层。它的形状和尺寸规定在刀具

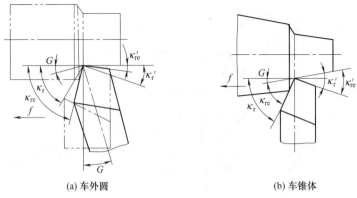

(a) 车外圆　　　　　　　　(b) 车锥体

图 1-16　刀杆轴线不垂直于进给运动方向的工作角度

的基面中度量。在车削加工时，是指正在切削着的这一层金属。切削层的形状和尺寸，直接决定了车刀承受的载荷以及切屑的形状和尺寸。

(1) 切削层公称横截面积 A_D　在给定的瞬间，切削层在切削平面里的实际横截面积。在图 1-17 中的 $ABCE$ 所包围的面积。

(2) 切削层公称宽度 b_D　在切削层尺寸平面中测量的，在给定瞬间，作用于主切削刃截形上两个极点间的距离。它大致反映了主切削刃参加切削工作的长度。

(3) 切削层公称厚度 h_D　是在同一瞬间的切削层公称横截面积与其切削层公称宽度之比。设刀具 $\lambda_s = 0°$、$\gamma_o = 0°$，则由图 1-18 可得：

$$b_D = \frac{a_p}{\sin\kappa_r}$$

$$h_D = f\sin\kappa_r = \frac{A_D}{b_D}$$

$$A_D = h_D b_D = f a_p$$

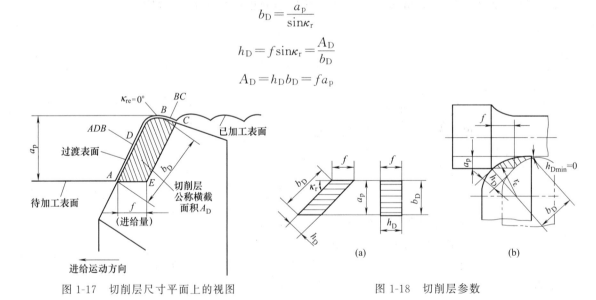

图 1-17　切削层尺寸平面上的视图　　　　图 1-18　切削层参数

由上述公式可知，切削层公称厚度与切削层公称宽度随主偏角的变化而变化，当 $\kappa_r = 90°$ 时，$h_D = f$、$b_D = a_p$。切削层公称横截面积只由切削用量 f、a_p 决定，不受主偏角变化的影响。但切削层横截面形状与主偏角、刀尖圆弧半径大小有关。如图 1-18 所示，两块面积相等的切削层横截面，由于刀尖圆弧半径和主偏角不同，引起切削层公称厚度和切削层公称宽度的很大变化，从而对切削过程产生较大的影响。

2. 金属切除率 Z_w

单位时间（s）切下的金属体积，称为金属切除率，用 Z_w 表示，它是衡量切削效率高低的一种指标。Z_w 可用式（1-14）来计算：

$$Z_w = A_D v_c = f a_p v_c \quad (1-14)$$

因 Z_w 的单位为 mm^3/s，而 v_c 的单位为 m/s，如将 v_c 的单位换算成 mm/s，则

$$Z_w = 1000 f a_p v_c \quad (1-15)$$

3. 切削方式

(1) 自由切削和非自由切削　刀具在切削过程中，如果只有一条切削刃参加切削，这种切削称为自由切削。它的主要特征是刀刃上各点切屑流出方向大致相同，被切金属的变形基本发生在二维平面内。图 1-19 所示是自由切削的例子，特点是主切削刃长度大于工件被切削层的宽度，没有其他切削刃参加切削，且主切削刃各点切屑流出方向基本上都沿着切削刃的法向，所以属于自由切削。

反之，若刀具上的切削刃为曲线或折线，或有几条切削刃（包括主切削刃和副切削刃）同时参加切削，并同时完成整个切削过程，这种切削称为非自由切削。它的主要特征是各切削刃汇交处切下的金属互相影响和干涉，金属变形更为复杂，且发生在三维空间内。例如外圆车刀切削时除主切削刃外，还有副切削刃同时参加切削，所以它属于非自由切削方式。

(2) 直角切削和斜角切削　直角切削是指刀具主切削刃的刃倾角 $\lambda_s = 0$ 时的切削，此时主切削刃与切削速度方向成直角，故又称为正交切削。图 1-20 (a) 所示为直角刨削简图，它是属于自由切削状态下的直角切削，其切屑流出方向沿切削刃的法向。

斜角切削是指刀具主切削刃刃倾角 $\lambda_s \neq 0$ 的切削，此时，主切削刃与切削速度不成直角。如图 1-20 (b) 所示为斜角刨削，切屑流出方向与直角切削不同，将偏离切削刃法向流出。由于多数刀具的刃倾角不为零，所以实际切削加工多数属于斜角切削方式。但在理论讨论与实验研究中，则常用直角切削方式。

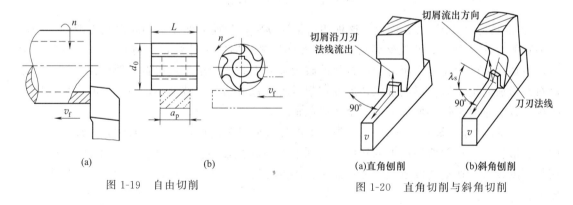

图 1-19　自由切削　　　　　图 1-20　直角切削与斜角切削

第二节　金属切削中的物理现象及影响因素

一、切削变形及其主要影响因素

1. 切屑的形成过程及切屑形态

(1) 切屑的形成　如图 1-21 (a) 所示，切削加工时，工件上的切削层受刀具的偏挤压，切削层产生弹性变形而至塑性变形。由于受下部金属的阻碍，切削层只能沿 *OM* 线（约与

外力作用线成 45°）产生剪切滑移。OM 线称为剪切线或滑移线。

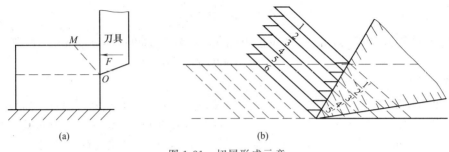

图 1-21 切屑形成示意

图 1-21（b）是切屑形成的示意图。将金属材料的被切层看作一叠卡片，如 $1'$、$2'$、$3'$、$4'$、$5'$ 等，当刀具切入时，卡片被推移到 1、2、3、4、5 等位置，卡片之间发生相对滑移，滑移方向就是最大切应力的剪切面。

（2）切屑的形态　切削金属时，由于工件材料不同，切削条件不同，切削过程中变形的程度也就不同，所形成的切屑形态多种多样。归纳起来，可分为下列四种类型，如图 1-22 所示。

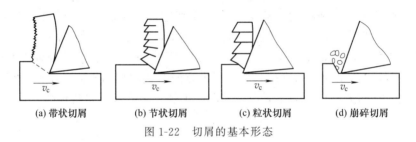

(a) 带状切屑　(b) 节状切屑　(c) 粒状切屑　(d) 崩碎切屑

图 1-22　切屑的基本形态

① 带状切屑 [图 1-22（a）]　这种切屑呈连续状，与前刀面接触的底面是光滑的，外面是毛茸的，在显微镜下可观察到剪切面的条纹。它的形成条件是切削材料经剪切滑移变形后，剪切面上的切应力未超过金属材料的破裂强度。一般切削塑性材料如低碳钢、铜、铝等材料易形成此类切屑。形成带状切屑的切削过程平稳，切削力波动小，但必要时应采取断屑措施，以防止对工作环境和工人安全造成危害。

② 节状切屑 [图 1-22（b）]　这类切屑的外表面呈锯齿形，内表面有时有裂纹。由于切削层变形较大，局部剪切面上的切应力达到了材料的强度极限。它多产生于工件塑性较低，切削厚度较大，切削速度较低和刀具前角较小的情况下。其切削过程较不稳定，切削力波动较大。

③ 粒状切屑 [图 1-22（c）]　这类切屑基本上是分离的梯形单元切屑，当进一步减小切削速度和前角，增加切削厚度，使整个剪切面上的切应力超过材料的破裂强度时便可得到这种切屑。

④ 崩碎切屑 [图 1-22（d）]　这是属于脆性材料的切屑。由于脆性材料塑性小，抗拉强度低，刀具切入后，金属未经塑性变形就被挤裂或在拉应力下脆断，形成不规则的崩碎切屑。

（3）三个变形区的划分　根据切削过程中的不同变形情况，通常把切削区域划分为三个变形区，如图 1-23 所示。第一变形区在切削刃前面的切削层内的区域；第二变形区在切屑底层与前刀面的接触区域；第三变形区发生在后刀面与工件已加工表面接触的区域。但这三个变形区并非绝对分开、互不相关,而是相互关联、相互影响、互相渗透的。

金属切削过程中的许多物理现象,都与切削过程中的变形程度大小直接有关。衡量切削变形程度大小的方法有多种,实用中较常用也较方便的是用变形系数 ξ 来衡量变形程度大小。

如图 1-24 所示,切削层经过剪切滑移变形变为切屑,其长度 l_c 比切削层长度 l 缩短,厚度 h_{ch} 比切削层公称厚度 h_D 增厚,而宽度基本相等(设为 b_D)。设金属材料在变形前后体积不变,则

$$h_D b_D l = h_{ch} b_D l_c \qquad (1-16)$$

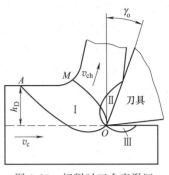

图 1-23 切削时三个变形区

于是变形系数

$$\xi = l/l_c = h_{ch}/h_D > 1 \qquad (1-17)$$

当工件材料相同而切削条件不同时,ξ 值越大说明塑性变形越大;当切削条件相同而工件材料不同时,ξ 值越大说明材料塑性越大。

在应用中,切削层的长度 l 为已知,只要用细钢丝量出切屑的长度 l_c,便可计算出变形系数。这个方法很简便,但也很粗略。

2. 积屑瘤

(1) 积屑瘤现象及产生的原因 在一定的条件下切削钢、黄铜、铝合金等塑性金属时,由于前刀面挤压及摩擦的作用,使切屑底层中的一部分金属停滞和堆积在切削刃口附近,形成硬块,能代替切削刃进行切削,这个硬块称为积屑瘤,如图 1-25 所示。

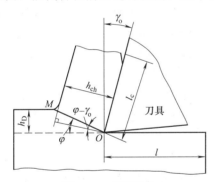

图 1-24 变形系数

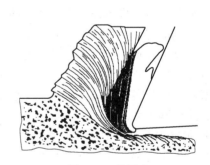

图 1-25 积屑瘤

由于切屑底面是刚形成的新表面,而它对前刀面强烈的摩擦又使前刀面变得十分洁净,当两者的接触面达到一定温度和压力时,具有化学亲和性的新表面易产生黏结现象。这时切屑从黏结在刀面上的底层上流过(剪切滑移),因内摩擦变形而产生加工硬化,又易被同种金属吸引而阻滞在黏结的底层上。这样,一层一层地堆积并黏结在一起,形成积屑瘤,直至该处的温度和压力不足以造成黏结为止。由此可见,切屑底层与前刀面发生黏结和加工硬化是积屑瘤产生的必要条件。一般来说,温度与压力太低,不会发生黏结;而温度太高,也不会产生积屑瘤。因此,切削温度是积屑瘤产生的决定因素。

(2) 积屑瘤的影响 积屑瘤有利的一面是它包覆在切削刃上代替切削刃工作,起到保护切削刃作用,同时还使刀具实际前角增大,切削变形程度降低,切削力减小;其不利的一面是由于它的前端伸出切削刃之外,影响尺寸精度,同时其形状也不规则,在切削表面上刻出深浅不一的沟纹,影响表面质量。此外,它也不稳定,成长、脱落交替进行,切削力易波

动,破碎脱落时会划伤刀面,若留在已加工表面上,会形成毛刺等,增加表面粗糙度值。因此在粗加工时,允许有积屑瘤存在,但在精加工时,一定要设法避免。

(3) 积屑瘤的控制　控制积屑瘤的方法主要有以下几种。

① 提高工件材料的硬度,减少塑性和加工硬化倾向。

② 控制切削速度,以控制切削温度。低速时低温,高速时高温,都不产生积屑瘤。在积屑瘤生长阶段,其高度随 v_c 增高而增大;在消失阶段则随 v_c 增大而减小。因此控制积屑瘤可选择低速或高速切削。

③ 采用润滑性能良好的切削液,减少摩擦。

④ 增大前角,减小切削厚度,都可使刀具与切屑接触长度减小,积屑瘤高度减小。

3. 已加工表面的形成

已加工表面的形成是一个复杂的过程。如图 1-26 所示,切削刀具刃口并不是非常锋利的,而存在刃口圆弧半径 r_n,切削层在刃口钝圆部分 O 处存在复杂的应力状态。切削层金属经剪切滑移后沿前刀面流出成为切屑,O 点之下的一薄金属 Δh_D 不能沿 OM 方向剪切滑移,被刃口向前推挤或被压向已加工表面,这部分金属首先受到压应力。此外,由于刃口磨损产生后角为零的小棱面(BE)及已加工表面的弹性恢复 EF(Δh),使被挤压的 Δh_D 层再次受到后刀面的拉伸摩擦作用,进一步产生塑性变形。因此已加工表面是经过多次复杂的变形而形成的。它存在着表面加工硬化和表面残余应力。

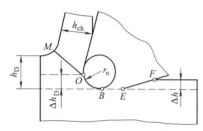

图 1-26　已加工表面变形

加工后已加工表面层硬度提高的现象称为加工硬化。加工中变形程度越大,则硬化程度越高,硬化层深度也越深。工件表面的加工硬化将给后续工序切削加工增加困难。如切削力增大,刀具磨损加快,影响了表面质量。加工硬化在提高工件耐磨性的同时,也增加了表面的脆性,从而降低了工件的抗冲击能力。

残余应力是指在没有外力作用的情况下,物体内存在的应力。残余应力会使已加工表面产生裂纹,降低零件的疲劳强度,工件表面残余应力分布不均匀也会使工件产生变形,影响工件的形状和尺寸。

4. 影响切削变形的主要因素

(1) 工件材料　在切削条件相同的情况下,被切材料的强度越大,材料的摩擦因数减小,变形系数 ξ 减小,因此切削变形减小;若被切材料的塑性越大,越容易产生塑性滑移和剪切变形,因此变形系数 ξ 越大。所以切削低碳钢等塑性材料时,塑性变形较严重。

(2) 切削用量

① 切削速度　切削塑性材料时,切削速度 v_c 对切削变形的影响呈波浪形变化,如图 1-27 所示。

在低速阶段,即速度小于 5m/min 时,由于前刀面与切屑底层摩擦因数较小,故不形成积屑瘤。当切削速度达到约 v_{c_1} 时,开始产生积屑瘤。当切削速度达到 v_{c_2} 时(约为 20m/min),积屑瘤高度达到最大值,此时前刀面的实际前角也达到最大值。

当切削速度由 v_{c_2} 进入到 v_{c_3} 时,此时切屑瘤高度又降低,实际前角减小,切屑变形也随之增大。当积屑瘤完全消失时(切削速度为 40~75m/min),变形系数达到高峰,如果再增加切削速度 v_c,则前刀面上的摩擦因数继续降低。另一方面,由于切削温度增高,切屑底层处于微熔状态,形成润滑膜,因此切削变形又减小,变形系数也降低。

因此，可以通过控制切削速度来减小变形、降低切削力和获得较小的表面粗糙度值。在生产中，常常用高速钢刀低速精车或用硬质合金和其他超硬刀具材料进行高速精切，从而获得较小表面粗糙度值。

② 进给量 当主偏角 κ_r 一定时，增大进给量，切屑厚度增加，切削变形通常是减小的。因为随着切削厚度增加，变形程度严重的金属层其所占切屑体积的百分比下降。因此从切削层整体看，切屑的平均变形减小，变形系数 ξ 减小。

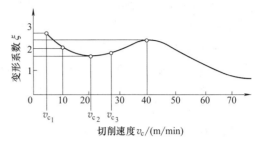

图 1-27 切削速度 v_c 对变形系数 ξ 的影响
加工条件：工件材料 45 钢，
刀具材料 W18Cr4V, $\gamma_o=5°$, $f=0.23$mm/r，直角自由切削

生产中所用的强力切削车刀、强力端铣刀和轮切式拉刀等刀具都是根据这个原理而制造出来的。

(3) 刀具几何角度 前角越大，切削变形越小。因为前角增大时，切削刃锋利，切屑流出时的阻力减小，切削变形减小，变形系数 ξ 降低。可见在保证切削刃强度的前提下，增大刀具前角对改善切削过程是有利的。

二、切削力及其主要影响因素

切削力是金属切削过程中的基本物理现象之一，是分析机制工艺、设计机床、刀具、夹具时的主要技术参数。

1. 切削力的来源、切削分力

金属切削时，切削层及其加工表面上的弹性和塑性变形作用在前、后刀面上的变形抗力和工件与刀具之间的相对运动存在的摩擦力形成了总切削力 F。总切削力 F 可沿 x、y、z 方向分解为三个互相垂直的分力 F_c、F_p、F_f，如图 1-28 所示。

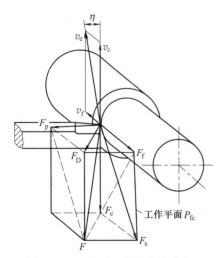

图 1-28 工件对刀具的力的分解

主切削力 F_c 总切削力 F 在主运动方向上的分力。

背向力 F_p 总切削力 F 在垂直于假定工作平面方向上的分力。

进给力 F_f 总切削力在进给运动方向上的分力。车削时各分力的实用意义如下。

主切削力 F_c 作用于主运动方向，是计算机床主运动机构强度与刀杆、刀片强度及设计机床夹具、选择切削用量等的主要依据，也是消耗功率最多的切削力。

背向力 F_p 纵车外圆时，背向力 F_p 不消耗功率，但它作用在工艺系统刚性最差的方向上，易使工件在水平面内变形，影响工件精度，并易引起振动。F_p 是校验机床刚度的必要依据。

进给力 F_f 作用在机床的进给机构上，是校验进给机构强度的主要依据。

2. 影响切削力的主要因素

(1) 工件材料的影响 工件材料的物理力学性能、加工硬化能力、化学成分和热处理状态，都对切削力产生影响。

工件材料的硬度越高，则切削力越大。工件材料虽然硬度、强度较低，但塑性、韧性大，加工硬化严重，其切削力也较大，如 1Cr18Ni9Ti 等不锈钢。

在普通钢中添加硫或铅等金属元素的易切钢，其切削力比普通钢降低 20%～30%。

切削脆性材料（如铸铁）时，塑性变形小，加工硬化小，切屑与前刀面接触少，摩擦小，因此切削力也较小。

（2）切削用量的影响　如图 1-29 所示，背吃刀量 a_p 增大，切削宽度 b_D 也增大，剪切面积 A_s 和切屑与前刀面的接触面积按比例增大，第一变形区和第二变形区的变形与摩擦相应增大。当背吃刀量增大一倍时，切削力也增大一倍。进给量 f 增大，切削厚度 h_D 增大，而切削宽度 b_D 不变，这时剪切面积虽按比例增大，第二变形区的变形未按比例增大。而进给量增大，平均变形变小，因此，进给量 f 大一倍，切削力增加 70%～80%。

从上述分析可知，为了减小切削力，可以选择大的进给量 f，小的背吃刀量 a_p，即采用窄而厚的切屑断面形状。

切削速度 v_c 对切削力的影响呈波浪形变化，如图 1-30 所示。随着速度的增加，积屑瘤由小变大又变小，切削力则随之由大变小又变大。速度 v_c 继续增高，切削温度上升，切削区材料硬度下降，切削力又下降。生产中的高速切削技术就可减小切削力，提高切削效率。

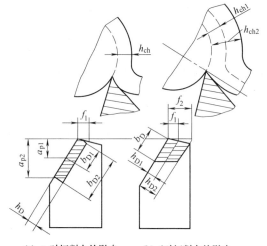

(a) a_p 对切削力的影响　(b) f 对切削力的影响

图 1-29　a_p、f 对切削力的影响

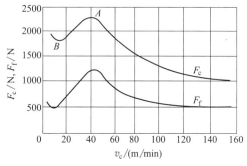

图 1-30　切削速度 v_c 和切削力的关系

（3）刀具几何参数的影响

① 前角的影响　在刀具几何参数中前角对切削力的影响最大。前角大，切屑易于从前刀面流出，切削变形小，从而使切削力下降。工件材料不同，前角的影响也不同，对塑性较大的材料，如紫铜、铝合金等，切削时塑性变形大，前角的影响较显著；而对脆性材料，如铸铁、脆黄铜等，前角的影响就较小。

② 主偏角的影响　主偏角 κ_r 对三个切削分力有不同的影响。主偏角对主切削力的影响不大，当 $\kappa_r=60°\sim75°$ 时，主切削力最小。但主偏角对 F_p、F_f 的影响较大。随着主偏角的增加，进给力 F_f 增加，而背向力 F_p 减小。当 $\kappa_r=90°$ 时，理论上背向力 $F_p=0$，实际上由于有半径为 r_ε 的刀尖圆弧和副切削刃参与切削，F_p 还是存在的。在车削刚性较差的细长轴时，选用较大的主偏角，可以减小 F_p 的影响。

③ 刃倾角的影响　刃倾角 λ_s 对主切削力 F_c 的影响很小，但对进给力 F_f 和背向力 F_p 的影响较大。当 λ_s 从正值变为负值时，F_p 将增加，F_f 将减小。所以车削刚性较差的工件时，一般不取负的刃倾角。

④ 刀尖圆弧半径　刀尖圆弧半径大小将影响切削刃上的圆弧部分长度。在切削深度 a_p、进给量 f 和主偏角 κ_r 一定的情况下，增大刀尖圆弧半径 r_ε，F_p 明显增加，F_f 降低。因此在工艺系统刚性较差时，应选用较小的刀尖圆弧半径。

(4) 其他影响因素　刀具材料不同时，切屑与刀具间的摩擦状态也不同，从而影响切削力。如用 YT 硬质合金刀具切削钢料与用高速钢刀具切削相比，F_c 降低 5%～10%。

使用适宜的切削液可降低切削力。刀具后刀面磨损大，切削力也增加。刀具具有负倒棱时，切削变形增大，切削力也增大。

三、切削温度及其主要影响因素

1. 切削热和切削温度

(1) 切削热的产生和传出　如图 1-31 所示，在三个变形区中，因变形和摩擦所做的功绝大部分都转化成热能。

切削区域产生的热能通过切屑、工件、刀具和周围介质传出。切削热传出时，由于切削方式的不同、工件和刀具热传导系数的不同等，各传导媒体传出的比例也不同。

(2) 切削温度及其分布　切削温度一般指切削区域的平均温度。切削温度的分布指切削区域各点温度的分布（即温度场）。

图 1-32 为切削钢时所测得的正交平面内的温度分布。从图中可以看出：

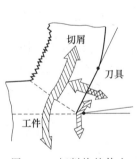

图 1-31　切削热的传出

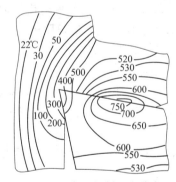

图 1-32　车刀切削温度分布

① 前刀面上的最高温度不在切削刃上，而距离切削刃有一段距离；

② 温度分布不均匀，温度梯度大。工件材料塑性大，分布较均匀；反之，工件材料脆性大，分布不均匀。

2. 切削温度的主要影响因素

(1) 工件材料的影响　工件材料的强度、硬度高，导热率低，高温下的强度、硬度高，都会使变形功增加，使切削温度升高。切削脆性材料，因变形小，摩擦小，故其切削温度较低。

(2) 切削用量的影响

① 背吃刀量 a_p　a_p 对切削温度的影响很小。背吃刀量 a_p 增加，产生的热量按比例增加。a_p 增大一倍，切削宽度 b_D 也增加一倍，刀具的传热面积也增大一倍，改善了刀头的散热条件，切削温度只是略有提高。

② 进给量 f　f 对切削温度的影响比 a_p 大。进给量 f 增加，产生的热量增加。虽然 f 增加使切削层公称厚度 h_D 增加，切屑的热容量增大，切屑能带走较多的热量，但由于切削层公称宽度 b_D 不变，刀具散热面积未按比例增加，刀具的散热条件未得到改善，所以切削温度会升高。

由以上分析可知，为控制切削温度，应采用宽而薄的切削层剖面形状。

③ 切削速度 v_c　v_c 对切削温度的影响最大。切削速度增加，变形功与摩擦转变的热量急剧增多，切削温度显著提高。

因此切削用量三要素中，控制切削速度 v_c 是控制切削温度最有效的措施。

(3) 刀具几何参数的影响

① 前角 γ_o　γ_o 增大，切削刃锋利，切屑变形小，前刀面摩擦减小，产生的热量减小，所以切削温度随 γ_o 增大而降低。但前角过大时，由于刀具楔角变小，刀具散热体积减小，切削温度反而会提高。

② 主偏角 κ_r　κ_r 减小，在 a_p 不变的条件下主切削刃工作长度增加，散热面积增加，因此切削温度下降。

③ 刀尖圆弧半径 r_ε　r_ε 增大，平均主偏角减小，切削宽度 b_D 增加，散热面积增加，切削温度降低。

(4) 其他影响因素　选择合适的冷却液能带走大量的切削热，从而降低切削温度。从导热性能看，水溶液的冷却性能最好，切削油最差。切削液本身温度越低，降低切削温度的效果越明显。

四、刀具磨损、刀具耐用度及其主要影响因素

1. 刀具磨损形式和磨损原因

(1) 刀具磨损形式　刀具正常磨损的形式一般有以下几种。

① 前刀面磨损　切削塑性金属时，如果切削速度较高，进给量较大，切屑在前刀面处会逐渐磨出一个月牙洼状的凹坑，随着切削的继续，月牙洼深度不断增大，当接近刃口时，会使刃口突然崩去。前刀面磨损量的大小，用月牙洼宽度 KB 和深度 KT 表示，如图 1-33 所示。

② 后刀面磨损　由于刃口和后刀面对工件过渡表面的挤压与摩擦，在切削刃及其下方

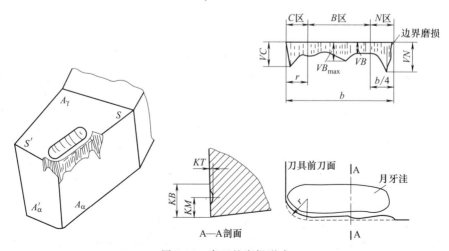

图 1-33　车刀的磨损形式

的后刀面上逐渐形成一条宽度不匀、布满深浅不一沟痕的磨损棱面。如图1-33所示，刀尖部分（C区）强度低、散热又差，磨损较严重，其值为VC；主切削刃边界磨损区（N区），由于毛坯的硬皮或加工硬化等原因，也磨出较大的深沟，其最大值为VN；中间部位（B区）磨损比较均匀，平均宽度以VB表示，最大值以VB_{max}来表示。

③ 前、后刀面同时磨损　当切削塑性金属时，如切削厚度适中，则经常发生前、后刀面同时磨损。

由于各类刀具都有后刀面磨损，而且后刀面磨损又易于测量，所以通常用比较能代表刀具磨损性能的VB和VB_{max}来代表刀具磨损量的大小。

（2）刀具磨损的原因　造成刀具磨损的原因很复杂，磨损是在高温和高压下受到机械作用、热化学作用而发生的，具体分为以下几种原因。

① 硬质点磨损　工件材料中含有比刀具材料硬度高的硬质点，在切削过程中硬质点在刀具的基体上会刻出一条沟痕而造成机械磨损。在低速切削时，硬质点磨损是刀具磨损的主要原因。

② 黏结磨损　工件或切屑的表面与刀具表面之间的黏结点，因相对运动，刀具一方的微粒被带走而造成的磨损。黏结磨损与切削温度有关，也与工件材料与刀具材料之间的亲和力有关。

③ 扩散磨损　在高温下，工件材料与刀具材料中有亲和作用的元素的原子，相互扩散到对方中去，使刀具材料的化学成分发生变化，削弱了刀具的切削性能而造成磨损。

刀具磨损还有其他原因：氧化磨损，热-化学磨损，电-化学磨损等。

综上所述，切削温度愈高，刀具磨损愈快，因此切削温度是刀具磨损的主要原因。

2. 刀具耐用度及其主要影响因素

（1）刀具耐用度

① 刀具磨损限度　刀具磨损限度是指规定一个允许磨损量的最大值，也称磨钝标准。刀具磨损限度一般规定在刀具后刀面上，以磨损量的平均值VB表示。

② 刀具耐用度　刀具耐用度是指一把新刃磨的刀具，从开始切削至达到磨损限度所经过的切削时间，用T来表示。

刀具寿命则是一把新刀具从使用到报废为止的切削时间。

刀具耐用度除了用切削时间表示外，有时亦可用加工同样零件的数量或切削路程长度等来表示。

③ 刀具的合理耐用度　能保持生产率最高或成本最低的耐用度，称为合理耐用度。合理耐用度有最高生产率耐用度和最低成本耐用度（经济耐用度）。

目前大多数采用最低成本耐用度，即经济耐用度。其数值一般是：在通用机床上，硬质合金车刀耐用度大致为60～90min；钻头耐用度大致为80～120min；硬质合金端面铣刀耐用度大致为90～180min；齿轮刀具耐用度大致为200～300min。

刀具愈复杂，刀具耐用度应定得高一些，以减少刃磨和调整费用。

但随着刀具的革新和生产技术的发展，例如数控机床广泛使用的可转位刀具，由于其换刀时间和刀具成本大大降低，可以取较低的耐用度，以提高切削速度，达到提高生产率、又不提高成本的目的。可转位车刀的耐用度可取为15～20min。

对于加工中心或自动线上的刀具，可采用机外预调刀具的办法，缩短换刀时间，取较低的刀具耐用度，达到提高生产率的目的。

（2）刀具耐用度的影响因素　显然凡是影响刀具磨损的因素，也都同样地影响刀具耐用度,而影响刀具磨损的主要因素是切削温度。在切削用量中,切削速度对切削温度的影响最大,因此切削速度对刀具耐用度的影响最大;背吃刀量对切削温度的影响最小,因此背吃刀量对刀具耐用度的影响最小。

第三节 金属切削基本规律的应用

一、工件材料切削加工性的改善

1. 工件材料的切削加工性

工件材料切削加工性是指对某一种材料进行加工的难易程度。

某种材料切削加工性的好坏,是相对于另一种材料而言的。因此切削加工性具有相对性。在讨论钢材的切削加工性时,一般以45钢为基准,其他材料与其比较,用相对加工性指标K_r来表示:

$$K_r = \frac{v_{60}}{v_{B60}} \tag{1-18}$$

式中 v_{60}——某种材料其耐用度为60min时的切削速度;

v_{B60}——切削45钢（$R_m = 0.735$GPa）,耐用度为60min时的切削速度。

表1-1是相对切削加工性及其分级。

表1-1 相对切削加工性及其分级

加工性等级	工件材料分类		相对切削加工性K_r	代表性材料
1	很容易切削的材料	一般有色金属	>3.0	5-5-5铜铅合金,铝镁合金,9-4铝铜合金
2	容易切削的材料	易切钢	2.5~3.0	退火15Cr,Y12Pb,Y15Pb,Y40Mn
3		较易切钢	1.6~2.5	正火30钢
4	普通材料	一般钢、铸铁	1.0~1.6	45钢,灰铸铁,结构钢
5		稍难切削的材料	0.65~1.0	调质2Cr13,85钢
6	难切削的材料	较难切削的材料	0.5~0.65	调质45Cr,调质65Mn
7		难切削的材料	0.15~0.5	1Cr18Ni9Ti,调质50CrV,某些钛合金
8		很难切削的材料	<0.15	铸造镍基高温合金,某些钛合金

切削加工性的好坏,还可用切削时的切削力、加工表面粗糙度、断屑的难易程度等指标来衡量。

2. 改善切削加工性的途径

(1) 调整材料的化学成分 除了金属材料中的含碳量外,材料中加入锰、铬、钼、硫、磷、铅等元素时,都将不同程度地影响材料的硬度、强度、韧性等,进而影响材料的切削加工性。

(2) 进行适当的热处理 可以将硬度较高的高碳钢、工具钢等材料进行退火处理,以降低硬度;低碳钢可以通过正火,降低材料的塑性,提高其硬度;中碳钢通过调质,改善材料的综合力学性能。这些方法都可以达到改善材料切削加工性的目的。

(3) 选择良好的材料状态 低碳钢塑性大,加工性不好,但经过冷拔之后,塑性降低,加工性好；锻件毛坯由于余量不均匀，且不可避免地有硬皮，若改用热轧钢，则加工性可得到改善。

二、刀具材料的合理选择

影响刀具磨损和刀具耐用度的除工件材料外，刀具材料也是一个不容忽视的因素，刀具材料性能的改善与提高，不断地推动着金属切削技术的进步和发展。

1. 刀具材料应具备的性能

(1) 高的硬度　刀具切削部分材料的硬度要高于工件材料的硬度，一般在常温下刀具硬度应高于60HRC以上。

(2) 高的耐磨性　刀具切削部分材料耐磨性高，则刀具磨损量小。刀具切削时间长，耐用度高。

(3) 足够的强度和韧性　刀具切削部分材料承受着各种切削力、冲击与振动，应具有足够的强度和韧性，以保证在正常切削条件下，不至于崩刃或断裂。

(4) 高的耐热性　耐热性是指高温下，刀具切削部分材料保持常温硬度的性能。可用红硬性或高温硬度来表示。

(5) 良好的工艺性　制造刀具时，要求刀具材料有良好的工艺性。如切削性能、热处理性能、焊接性能等。

2. 高速钢

高速钢是在合金工具钢中加入较多的W、Mo、Cr、V等合金元素的高合金工具钢。

高速钢的抗弯强度高、韧性好，常温硬度可达63～65HRC，其红硬度达600～660℃，刃磨时刃口可磨得较锋利。它具有较好的工艺性，可以制造刃形复杂的刀具，如钻头、丝锥、成形刀具、拉刀和齿轮刀具等。

高速钢按用途可分类如下。

(1) 普通高速钢　普通高速钢分为钨系高速钢和钼系高速钢。

① 钨系高速钢　常用的有W18Cr4V，淬火后硬度60～65HRC，耐热性为620℃左右，广泛用于制造各种复杂刀具，其缺点是碳化物分布不均匀，热塑性差，不能用热成形方法制造刀具。

② 钼系高速钢　用钼(Mo)代替钨(W)，如W6Mo5Cr4V2，其碳化物分布均匀，强度和韧性比W18Cr4V高，可制造尺寸较大，承受冲击力的刀具。其突出优点是热塑性好，适用于热成形制造刀具（如热轧钻头）。主要缺点是热处理时脱碳倾向大，较易氧化，淬火范围窄。

(2) 高性能高速钢　高性能高速钢是在普通高速钢中加入钴、铝、钒等合金元素。此类高速钢主要用于高温合金、钛合金、不锈钢等难加工材料的切削加工。

表1-2为常用的几种高速钢的物理力学性能。

(3) 粉末冶金高速钢　粉末冶金高速钢是把炼好的高速钢水置于保护气罐中，用高压氩气雾化成细小粉末，然后再在高温(1100℃)、高压(100MPa)下压制而成。它克服了一般铸锭方法产生的粗大的共晶偏析，热处理变形小，耐磨性好。用它制成的刀具，可切削难加工材料。

3. 硬质合金

硬质合金是用粉末冶金的方法制成的。它是由硬度和熔点很高的金属碳化物（WC、TiC）等微粉和黏结剂（Co，Ni，Mo等），经高压成形，并在1500℃的高温下烧结而成的。

表 1-2 常用的几种高速钢的物理力学性能

类型		牌号	硬度 HRC	抗弯强度 R_m/GPa [/(kgf/mm²)]	冲击韧度 a_k/(MJ/m²) [/(kgf·m/mm²)]	t(℃)时的高温硬度 HRC	
						500℃	600℃
通用型高速钢		W18Cr4V	63~66	2.94~3.33 (300~340)	0.170~0.310 (1.8~3.2)	58	48.5
		W6Mo5Cr4V2	63~66	3.43~3.92 (350~400)	0.398~0.446 (4.1~4.6)	55~56	47~48
		W14Cr4VMnRE	64~66	约 3.94 (约 400)	约 0.242 (约 2.5)	—	50.5
高性能高速钢	高碳	95W18Cr4V	67~68	2.94 (300)	0.165~0.213 (1.7~2.2)	59	52
		100W6Mo5Cr4V2	67~68	3.43 (350)	0.126~0.25 (1.3~2.6)	59	53
	高钒	W12Cr4V4Mo	65~67	约 3.13 (约 320)	约 0.242 (约 2.5)	—	51.7
		W6Mo5Cr4V3	65~67	约 3.13 (约 320)	约 0.242 (约 2.5)	—	51.7
		W9Cr4V5	65~67	约 3.13 (约 320)	约 0.242 (约 2.5)	51.7	
	含钴	W6Mo5Cr4V2Co8	66~68	约 2.94 (约 300)	0.291 (3.0)	—	54
		W7Mo4Cr4V2Co5	67~70	2.45~2.94 (250~300)	0.223~0.291 (2.3~3)	—	54
		W2Mo9Cr4VCo8	67~70	2.64~3.72 (270~380)	0.223~0.291 (2.3~3.0)	62	55
	高钒含钴	W12Cr4V5Co5	66~68	约 2.94 (约 300)	约 0.242 (约 2.5)	60.5	54
	含铝	W6Mo5Cr4V2Al	67~69	2.84~3.82 (290~390)	0.223~0.291 (2.3~3.0)	62	54~55
		W10Mo4Cr4V3Al	67~69	3.02~3.43 (310~350)	0.194~0.271 (2.0~2.8)	60	54

硬质合金的硬度高达 89~94HRA，相当于 71~76HRC，耐磨性好。能耐 800~1000℃ 的高温。因此它的切削速度比高速钢高 4~10 倍，刀具耐用度比高速钢提高几倍到几十倍，能切削淬火钢。但其抗弯强度低，韧性差，不耐冲击和振动，制造工艺性差。不适用制造复杂的整体刀具。

(1) 硬质合金分类、牌号、性能　常用的硬质合金以 WC 为主要成分，根据是否加入其他碳化物而分为以下几类。

① 钨钴类（WC+Co）硬质合金（YG）　它由 WC 和 Co 组成，具有较高的抗弯强度和韧性，导热性好，但耐热性和耐磨性较差，主要用于加工铸铁和有色金属。细晶粒的 YG 类硬质合金（如 YG3X、YG6X），在含钴量相同时，其硬度耐磨性比 YG3、YG6 高，强度和韧性稍差，适用于加工硬铸铁、奥氏体不锈钢、耐热合金、硬青铜等。

② 钨钛钴类（WC+TiC+Co）硬质合金（YT）　由于 TiC 的硬度和熔点均比 WC 高，

表 1-3 硬质合金的化学成分、物理和力学性能

类别		牌号	化学成分/%				物理性能			力学性能				相近的ISO牌号
			WC	TiC	TaC(NbC)	Co	密度/(g/cm³)	热导率/[W/(m·℃)] [cal/(cm·s·℃)]	线胀系数/10⁻⁶℃⁻¹	硬度HRA	抗弯强度/GPa/(kgf/mm²)	抗压强度/GPa/(kgf/mm²)	弹性模量/GPa/(kgf/mm²)	冲击韧性/(kJ/m²)/(kgf·m/cm²)	
WC基	WC+Co	YG3X	96.5		<0.5	3	15.0~15.3		4.1	91.5	1.1(110)	5.4~5.63(540~563)			K01
		YG6X	93.5		<0.5	6	14.6~15.0	79.6(0.19)	4.4	91	1.4(140)	4.7~5.1(470~510)		约20(约0.2)	K05
		YG6	94			6	14.6~15.0	79.6(0.19)	4.5	89.5	1.45(145)	4.6(460)	630~640(63000~64000)	约30(约0.3)	K10
		YG8	92			8	14.5~14.9	75.4(0.18)	4.5	89	1.5(150)	4.47(447)	600~610(60000~61000)	约40(约0.4)	K20
		YG10H	90			10	14.3~14.6			91.5	2.2(220)				K30
	WC+TiC+Co	YT30	66	30		4	9.3~9.7	20.9(0.05)	7.00	92.5	0.9(90)	3.9(390)	400~410(40000~41000)	3(0.03)	P01.2
		YT15	79	15		6	11.0~11.7	33.5(0.08)	6.51	91	1.15(115)		520~530(52000~53000)		P10
		YT14	78	14		8	11.2~12	33.5(0.08)	6.21	90.5	1.2(120)	4.2(420)		7(0.07)	P20
		YT5	85	5		10	12.5~13.2	62.8(0.15)	6.06	89.5	1.4(140)	4.6(460)	590~600(59000~60000)		P30
	WC+TaC(NbC)+Co	YA6A	91		3	6	14.6~15			91.5	1.4(140)				K05
		YA8A	91		<1	8	14.5~14.9			89.5	1.5(150)				25
	WC+TiC+TaC(NbC)+Co	YW1	84	6	4	6	12.8~13.3			91.3	1.2(120)				M10
		YW2	82	6	4	8	12.6~13			90.5	1.35(135)				M20
TiC基		YN05	8	71		Ni-7	5.9			93.3	1.35(135)				P01.1
		YN10	15	62	1	Ni-12	6.3			92	1.1(110)				P01.4

所以和 YG 相比，其硬度、耐磨性、红硬性增大，黏结温度高，抗氧化能力强，而且在高温下会生成 TiO_2，可减少黏结。但导热性能较差，抗弯强度低，所以它适用于加工钢材等韧性材料。

③ 钨钽钴类（WC+TaC+Co）硬质合金（YA） 在 YG 类硬质合金的基础上添加 TaC（NbC），提高了常温、高温硬度与强度、抗热冲击性和耐磨性，可用于加工铸铁和不锈钢。

④ 钨钛钽钴类（WC+TiC+TaC+Co）硬质合金（YW） 在 YT 类硬质合金的基础上添加 TaC（NbC），提高了抗弯强度、冲击韧性、高温硬度、抗氧能力和耐磨性。既可以加工钢，又可加工铸铁及有色金属。因此常称为通用硬质合金（又称为万能硬质合金）。目前主要用于加工耐热钢、高锰钢、不锈钢等难加工材料。

表 1-3 为硬质合金的化学成分、物理和力学性能。表 1-4 为不同硬质合金的使用范围。

表 1-4 不同硬质合金的使用范围

牌号	使用性能	使用范围
YG3X	是 YG 类合金中耐磨性最好的一种，但冲击韧性较差	适于铸铁、有色金属及其合金的精镗、精车等，亦可用于合金钢、淬火钢及钨、钼材料的精加工
YG6X	属细晶粒合金，其耐磨性较 YG6 高，而使用强度接近于 YG6	适于冷硬铸铁、合金铸铁、耐热钢及合金钢的加工，亦适于普通铸铁的精加工，并可用于制造仪器仪表工业用的小型刀具和小模数滚刀
YG6	耐磨性较高，但低于 YG6X、YG3X，韧性于 YG6X、YG3X，可使用较 YG8 高的切削速度	适于铸铁、有色金属及其合金与非金属材料连续切削时的粗车，间断切削时的半精车、精车、小断面精车、粗车螺纹，旋风车丝，连续断面的半精铣与精铣，孔的粗扩与精扩
YG8	使用强度较高，抗冲击和抗振性能较 YG6 好，耐磨性和允许的切削速度较低	适于铸铁、有色金属及其合金与非金属材料加工中，不平整断面和间断切削时的粗车、粗刨、粗铣，一般孔和深孔的钻孔、扩孔
YG10H	属超细晶粒合金，耐磨性较好，抗冲击和抗振性能高	适于低速粗车、铣削耐热合金及钛合金，作切断刀及丝锥等
YT5	在 YT 类合金中，强度最高，抗冲击和抗振性能最好，不易崩刃，但耐磨性较差	适于碳钢及合金钢，包括钢锻件、冲压件及铸件的表皮加工，以及不平整断面和间断切削时的粗车、粗刨、半精铣、粗铣、钻孔等
YT14	使用强度高，抗冲击性能和抗振性能好，但较 YT5 稍差，耐磨性及允许的切削速度较 YT5 高	适于碳钢及合金钢连续切削时的粗车，不平整断面和间断切削时的半精车和精车，连续面的粗铣，铸孔的扩钻等
YT15	耐磨性优于 YT14，但抗冲击韧性较 YT14 差	适于碳钢及合金钢加工，连续切削时的半精车及精车，间断切削时的小断面精车，旋风车丝，连续面的半精铣及精铣，孔的粗扩和精扩
YT30	耐磨性及允许的切削速度较 YT15 高，但使用强度及冲击韧性较差，焊接及刃磨时极易产生裂纹	适于碳钢及合金钢的精加工，如小断面精车、精镗、精扩等
YA6A	属细晶粒合金，耐磨性和使用强度与 YG6X 相似	适于硬铸铁、球墨铸铁、有色金属及其合金的半加工，亦可用于高锰钢、淬火钢及合金钢的半精加工和精加工
YA8A	属中颗粒合金，其抗弯强度与 YG8 相同，而硬度和 YG6 相同，高温切削时热硬性较好	适于硬铸铁、球墨铸铁、白口铁及有色金属的粗加工，亦适于不锈钢的粗加工和半精加工
YW1	热硬性较好，能承受一定的冲击负荷，通用性较好	适于耐热钢、高锰钢、不锈钢等难切削钢材的精加工，也适于一般钢材和普通铸铁及有色金属的精加工
YW2	耐磨性稍次于 YW1 合金，但使用强度较高、能承受较大的冲击负荷	适于耐热钢、高锰钢、不锈钢及高级合金钢等难切削钢材的半精加工，也适于一般钢材和普通铸铁及有色金属的半精加工

续表

牌号	使用性能	使用范围
YN05	耐磨性接近陶瓷,热硬性极好,高温抗氧化性优良,抗冲击和抗振性能差	适用钢、铸钢和合金铸铁的高速精加工,及机床-工件-刀具系统刚性特别好的细长件的精加工
YN10	耐磨性及热硬性较高,抗冲击和抗振性能差,焊接及刃磨性能均较 YT30 好	适于碳钢、合金钢、工具钢及淬硬钢的连续面精加工,对于较长和表面粗糙度要求小的工件,加工效果尤佳

(2) 硬质合金的选用 硬质合金种类、牌号的选择,应考虑工件材料及粗、精加工等情况,一般应注意以下几点。

① 加工铸铁等脆性材料时,应选择 YG 类硬质合金。切削脆性材料时,切屑成崩碎切屑,切削力和切削热集中在刃口附近,并有一定的冲击,因此要求刀具材料具有好的强度、韧性及导热性;此外,YG 类硬质合金磨削加工性好,切削刃能磨得较锋利,所以也适合加工有色金属。

② 加工钢等韧性材料时,应选择 YT 类硬质合金。切削韧性材料时,切屑成带状,切削力较平稳,但与前刀面摩擦大,切削区平均温度高。因此要求刀具材料有较高的高温硬度、较高的耐磨性、较高的抗黏结性和抗氧化性。但应注意在低速切削钢时,由于切削温度较低,YT 韧性较差,容易产生崩刃,刀具耐用度反而不如 YG 类硬质合金。同时,YT 类硬质合金也不适合于切削含 Ti 元素的不锈钢等。

③ 切削淬硬钢、不锈钢和耐热钢时,应选用 YG 类硬质合金。因为切削这类钢时,切削力大,切削温度高,切屑与前刀面接触长度短,使用脆性大的 YT 类硬质合金易崩刃。因此宜用韧性较好、热导率较大的 YG 类硬质合金。但应注意此类硬质合金的红硬性不如 YT 类的红硬性,因此应适当降低切削速度。

④ 粗加工时,应选择含钴量较高的硬质合金;反之,精加工时,应选择含钴量低的硬质合金。

4. 先进刀具材料

(1) 陶瓷 可制作刀具的陶瓷材料是以人造的化合物为原料,在高压下成形和在高温下烧结而成的,它有很高硬度和耐磨性,耐热性高达 1200℃ 以上,化学稳定性好,与金属的亲和力小,可提高切削速度 3～5 倍。但陶瓷的最大弱点是抗弯强度低,冲击韧性差,因此主要用于钢、铸铁、有色金属等材料的精加工和半精加工。按成分组成,陶瓷可分为下列几种。

① 高纯氧化铝陶瓷 主要成分为氧化铝（Al_2O_3）及微量用于细化晶粒的氧化镁 MgO,经冷压烧结而成,硬度为 92～94HRA,抗弯强度为 0.392～0.491GPa。

② 复合氧化铝陶瓷 在 Al_2O_3 基体中添加诸如 TiC、Ni 和 Mo 等合金元素,经热压成形,硬度达到 93～94HRA,抗弯强度为 0.589～0.785GPa。

③ 复合氮化硅陶瓷 在 Si_3N_4 基体中添加 TiC 和 Co,进一步提高了切削性能,可对冷硬铸铁、合金铸铁进行粗加工。

(2) 超硬材料

① 金刚石 金刚石分天然和人造两种,都是碳的同素异形体。人造金刚石在高温、高压条件下由石墨转化而成,硬度为 10000HV。

金刚石刀具能精密切削有色金属及其合金,能切削高硬度的耐磨材料。金刚石与铁原子有较强的亲和力,因此不能切削钢铁等黑色金属。当温度达 800℃ 时,在空气中金刚石刀具即发生碳化，就会产生急剧磨损。

② 立方氮化硼　立方氮化硼由软的六方氮化硼在高温高压条件下加入催化剂转变而成，其硬度高达 8000～9000HV，耐磨性好，耐热性高达 1400℃，与铁元素的化学惰性比金刚石大，因此可对高温合金、淬硬钢、冷硬铸铁进行半精加工和精加工。

(3) 涂层刀片　为了提高刀具（刀片）表面的硬度和改善其耐磨性、润滑性，通过化学气相沉积和真空溅射等方法，在硬质合金刀片表面喷涂一层厚度 5～12μm 以下的 TiC、TiN 或 Al_2O_3 等化合物材料，成为涂层刀片。

TiC 涂层刀片　硬度可达 3200HV，呈银灰色，耐磨性好，容易扩散到基体内与基体黏结牢固，在低速切削温度下有较高的耐磨性。

TiN 涂层刀片　TiN 硬度为 2000HV，呈金黄色，色泽美观，润滑性能好，有较高的抗月牙洼形的磨损能力，与基体黏结牢固程度较差。

Al_2O_3 涂层刀片　硬度可达 3000HV，有较高的高温硬度和化学稳定性，适用于高速切削。

除上述单层涂覆外，还可有 TiC+TiN、TiC+TiN+Al_2O_3 等二层、三层的复合涂层，其性能优于单层。

三、切削液的合理选择

合理使用切削液，可改善切削时摩擦面间的摩擦状况，降低切削温度，减少刀具磨损，抑制积屑瘤的产生，改善已加工表面质量。

1. 切削液的作用

(1) 冷却作用　切削液的冷却作用主要是切削液带走大量的切削热，从而降低切削区的切削温度，其冷却效果取决于冷却液本身的热导率、比热容、汽化热等，还与浇注方法有关。

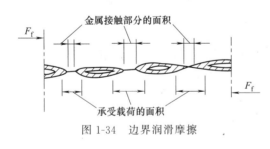

图 1-34　边界润滑摩擦

(2) 润滑作用　切削液的润滑作用，主要通过切削液渗透到切屑、工件、刀具接触面之间形成润滑膜来实现。图 1-34 为切削加工时表面间的边界润滑摩擦，高温高压下的边界润滑也称为极压润滑。其润滑性能的好坏，主要取决于切削液的渗透性和表面间形成的润滑膜的强度。

润滑膜形成的机理有两种：物理吸附膜和化学吸附膜。

物理吸附膜是由润滑液的分子极性团吸附在金属表面上形成的润滑膜。润滑膜的强度依赖于润滑液中的"油性"。油性即是润滑液在金属表面形成的物理吸附膜的能力。油性好的润滑液其在金属表面形成的吸附膜的强度高。为提高润滑液的油性，往往在润滑液中加入一些添加剂，称为油性添加剂。常用动植物油作为油性添加剂。物理吸附膜只能在低温（200℃以内）及低压下起到润滑作用。

化学吸附膜是由润滑液与金属表面起化学反应形成的吸附膜。这种吸附膜的强度较高，能在高温（400～800℃）高压状态下保持其润滑性能，这种润滑液也称为极压润滑液。在切削液中加入形成化学吸附膜的添加剂，称为极压添加剂，常用硫（S）、磷（P）、氯（Cl）等元素。

(3) 清洗和防锈　切削液可以冲洗黏附在机床、刀具和工件上的切屑，以防止划伤机床工作面，破坏已加工表面，减少刀具磨损。在切削液中加入防锈剂，可避免工件、刀具、机床发生腐蚀，起到防锈作用。

2. 切削液的种类

（1）水溶液　水溶液是以水为主要成分的切削液。

（2）切削油　切削油的主要成分是矿物油。可在其中加入油性添加剂和极压添加剂，以改善其油性及极压性。

（3）乳化液　乳化液是通过乳化添加剂形成的切削油和水溶液的混合液。其性能介于水溶液和切削油之间。也可在其中加入油性添加剂或极压添加剂，以改善其油性或极压性。

3. 切削液的合理选用

切削液应根据工件材料、刀具材料、加工方法和技术要求等具体情况进行选用。下述几条仅供参考。

① 高速钢刀具红硬性差，需采用切削液。硬质合金刀具红硬性好，一般不加切削液；若硬质合金刀具使用切削液，必须连续、充分地浇注，不能间断。

② 切削铸铁或铝合金时，一般不用切削液。如要使用切削液，选用煤油为宜。

③ 切削铜合金等有色金属时，一般不宜选用含有极压添加剂的切削液。

④ 切削镁合金时，严禁使用乳化液作为切削液，以防燃烧引起事故。

⑤ 粗加工时，主要以冷却为主，可选用水溶液或低浓度的乳化液；精加工时，主要以润滑为主，可选用切削油或浓度较高的乳化液。

⑥ 低速精加工时，可选用油性较好的切削油；重切削时，可选用极压切削液。

⑦ 粗磨时，可选用水溶液；精磨时，可选用乳化液或极压切削液。

四、合理刀具几何参数的选择

刀具几何参数包括切削刃形状、刃口形式、刀面形式和切削角度四个方面。刀具的几何参数间既有联系又有制约。因此在选择刀具几何参数时，应综合考虑和分析各参数间的相互关系，充分发挥各参数的有利因素，克服和限制不利影响。

1. 前角和前刀面

（1）前角的功用　前角主要是在满足切削刃强度要求的前提下，使切削刃锋利。增大前角，能减少切削变形和磨损，改善加工质量，抑制积屑瘤等。但前角过大会削弱刀刃的强度和散热能力，易造成崩刃。因而，前角应有一个合理的数值。

（2）前角的选择

① 工件材料的性质　工件材料的强度、硬度低，塑性大，前角应取大值；材料强度、硬度高，应取较小的前角。

② 刀具材料　刀具材料强度、韧性高，前角可取大值；反之，则取小值。如高速钢刀具可取较大的前角值，而硬质合金刀具则应取小值。

③ 粗加工时，前角应取较小的值；而精加工时，可取较大的值。

（3）前刀面形式　图 1-35 为前刀面的各种形式，其中：

图 1-35（a）为正前角平面型，制造简单，能获得较锋利的刃口，但切削刃强度低，传热能力差；

图 1-35（b）为正前角平面带倒棱型，在主切削刃口磨出一条窄的负前角的棱边，提高了切削刃口的强度，增加了散热能力，从而提高了刀具耐用度；

图 1-35（c）为正前角曲面带倒棱型，在正前角平面带倒棱型的基础上，为了卷屑和增大前角，在前刀面上磨出一定的曲面而形成；

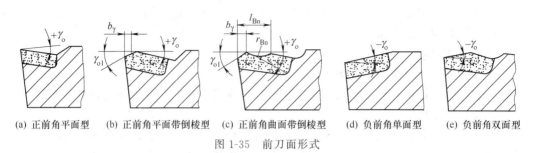

(a) 正前角平面型　(b) 正前角平面带倒棱型　(c) 正前角曲面带倒棱型　(d) 负前角单面型　(e) 负前角双面型

图 1-35　前刀面形式

图 1-35（d）为负前角单面型，刀片承受压应力，具有高的切削刃强度，但负前角会增大切削力和功率消耗；

图 1-35（e）为负前角双面型，可使刀片的重磨次数增加，适用于磨损同时发生在前、后刀面的场合。

2. 后角和后刀面

（1）后角的功用　后角的功用主要是减小后刀面与过渡表面的摩擦，同时也影响刃口锋利和刃口强度。

（2）后角的选择　后角选择的主要依据有两个：一是切削层公称厚度 h_D，二是刀具形式。

① 切削厚度薄，后角应取大值；反之，后角应取小值。

② 定尺寸刀具（如拉刀等），为延长刀具寿命，后角应取小值。

副后角通常等于主后角 α_o 的数值，但如切断刀等，为保证副切削刃强度，通常取小值。

（3）后刀面的形式　图 1-36 为后刀面形式。

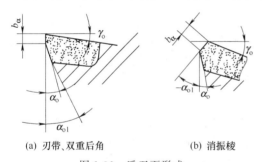

(a) 刃带、双重后角　(b) 消振棱

图 1-36　后刀面形式

双重后角，如图 1-36（a）所示。能保证刃口强度，减少刃磨工作量。

刃带，如图 1-36（a）所示。在后刀面上磨出后角为零的小棱边。对于一些定尺寸刀具，如拉刀、铰刀等，可便于控制外径尺寸，避免重磨后尺寸精度迅速变化。但刃带会增大摩擦作用。

消振棱，如图 1-36（b）所示。在后刀面磨出一条负后角的棱边，可增大阻尼，起消振作用。

3. 主偏角、副偏角和刀尖

（1）主偏角的功用和选择　主偏角主要影响各切削分力的比值，也影响切削层截面形状和工件表面形状。

主偏角减小，F_f 减小、F_p 增加，从而可能顶弯工件和切削时产生振动。但当偏角减小，进给量 f 和背吃刀量 a_p 不变时，切削宽度增加，散热条件改善，刀具耐用度提高。

主偏角的选择原则是，在工艺系统刚度允许的前提下，选择较小的主偏角。

（2）副偏角的功用和选择　副偏角主要影响已加工表面的粗糙度，也影响切削分力的比值。副偏角减小，表面粗糙度的值小，但会增大背向力 F_p。

副偏角一般可取 $10°\sim15°$，切断刀为保证刀尖强度，可取 $1°\sim2°$。

（3）刀尖形式　图 1-37 为刀尖的各种形式，其中：

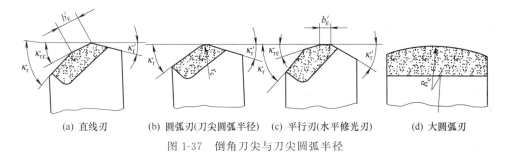

(a) 直线刃　　(b) 圆弧刃(刀尖圆弧半径)　　(c) 平行刃(水平修光刃)　　(d) 大圆弧刃

图 1-37　倒角刀尖与刀尖圆弧半径

图 1-37（a）为直线型倒角刀尖，也称为过渡刃；一般 $\kappa_{r\varepsilon}=1/2\kappa_r$，$b'_\varepsilon \approx (1/4 \sim 1/5) a_p$，这种刀尖用在粗车或强力车刀上。

图 1-37（b）为圆弧刃刀尖；刀尖圆弧半径 r_ε 增大，平均主偏角减小，表面粗糙度的值减小，刀具耐用度会提高，但 F_p 力增大，切削中会产生振动。

图 1-37（c）为平行刃，也称为修光刃；是在副切削刃近刀尖处磨出一小段 $\kappa_r=0°$ 的平行刀刃。修光刃长度 $b'_\varepsilon=(1.2-1.5)f$。修光刃能降低表面粗糙度的值，但 b'_ε 过大则易引起振动。

图 1-37（d）为大圆弧刃；其平均主偏角和副偏角均较小，刀具强度和耐用度均较高，工件表面粗糙度值较小。

4. 刃倾角

（1）刃倾角的功用　刃倾角的功用主要是控制切屑流向，在使刀刃锋利的同时，改变切削刃的工作状态。

如图 1-38 所示为刃倾角对切屑流向的控制。直角切削（$\lambda_s=0°$）时，切屑近似地沿切削刃的法线方向流出。而斜角切削（$\lambda_s \neq 0°$）时，切屑偏离切削刃的法线方向流出。$\lambda_s<0°$ 时，切屑流向已加工表面，因而会划伤已加工表面；$\lambda_s>0°$，切屑流向待加工表面。切屑流向的改变，使实际起作用的前角增大，增加了切削刃的锋利程度。

在断续切削的条件下，斜角切削可使切削刃逐渐平稳地切入切出，但当

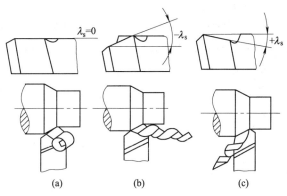

图 1-38　刃倾角对切屑流向的影响

$\lambda_s>0°$ 时，刀尖会首先接触工件，易崩刃；而 $\lambda_s<0°$ 时，远离刀尖的切削刃先接触工件，既保护了刀尖，又提高了承受冲击的能力。但负的刃倾角会使背向力 F_p 增大，导致工件变形及切削中产生振动。

（2）刃倾角的选择　刃倾角的选择应根据生产条件具体分析，一般情况下可按加工性质选取，精车 $\lambda_s=0°\sim5°$；粗车 $\lambda_s=0°\sim-5°$；断续车削、冲击特别大时，$\lambda_s=-30°\sim-45°$；工艺系统刚性较差时不宜选负的刃倾角。

五、合理切削用量的选择

1. 切削用量选择的原则

合理的切削用量，应是在保证加工质量（表面粗糙度和加工精度）要求以及工艺系统刚

性允许的情况下，在充分利用机床功率和发挥刀具切削性能时的最大切削量。

粗加工时，毛坯余量大，工件的几何精度和表面粗糙度等技术要求低，因此，应以发挥机床和刀具的切削性能，减少机动时间和辅助时间，提高生产率和提高刀具耐用度，作为选择切削用量的主要依据。

精加工时，加工余量不大，加工精度高，表面粗糙度值要求小，因此应以提高加工质量作为选择切削用量的主要依据，然后考虑尽可能提高生产率。

2. 切削用量的选择

切削用量选择的顺序应是先确定背吃刀量 a_p，再确定进给量 f，最后确定切削速度 v_c。因为在切削用量三要素中，背吃刀量 a_p 对刀具耐用度的影响最小，而切削速度 v_c 对刀具耐用度的影响最大。

（1）背吃刀量 a_p 的选择　应选择尽量大的背吃刀量，尽量在一次走刀中，把本工序加工应切除的加工余量切除掉。

如在粗加工时，当加工余量过大或工艺系统刚性较差时，也可分两次：

第一次进刀　a_{p1}　　　　$a_{p1}=(2/3\sim 3/4)A$ 　　　　　　　　　　　(1-19)

第二次进刀　a_{p2}　　　　$a_{p2}=(1/3\sim 1/4)A$ 　　　　　　　　　　　(1-20)

式中　A——单边余量，mm。

（2）进给量 f 的选择　限制粗加工最大进给量 f 的主要因素是刀杆和刀片的强度、进给机构的强度及工艺系统的刚性。表 1-5 是硬质合金及高速钢车刀粗车外圆和端面时的进给量。表 1-6 为硬质合金刀片强度允许的进给量。

限制精加工时最大进给量的主要因素是加工表面的表面粗糙度。表 1-7 为硬质合金外圆车刀半精加工时的进给量。

（3）切削速度 v_c 的选择　粗加工时限制切削速度 v_c 的主要因素是刀具耐用度和机床功率。精加工时限制切削速度 v_c 的主要因素是刀具耐用度。精加工时切削力较小，机床功率一般能满足。

当已确定了背吃刀量 a_p 和进给量 f 后，按合理刀具耐用度 T，求切削度 v_c 时，用以下公式：

$$v_c = [C_v/(T^m a_p^{x_v} f^{y_v})]K_v \tag{1-21}$$

式中　v_c——切削速度，m/min；

　　　T——合理刀具耐用度，min；

　　　m——刀具耐用度指数（查有关资料）；

　　　C_v——切削速度系数（查有关资料）；

x_v、y_v——分别为背吃刀量 a_p、进给量 f 对 v_c 的影响指数（查有关资料）；

　　　K_v——切削速度修正系数（查有关资料）。

根据　$v_c = \pi d_w n/1000$ 计算工件转速 n

$$n = (1000v_c)/(\pi d_w) \tag{1-22}$$

式中　n——工件转速，r/mim；

　　　v_c——切削速度，m/min；

　　　d_w——工件待加工表面直径，mm。

表 1-5 硬质合金及高速钢车刀粗车外圆和端面时的进给量

加工材料	车刀刀杆尺寸 $B \times H$ /(mm×mm)	工件直径 /mm	背吃刀量 a_p/mm				
			≤3	>3~5	>5~8	>8~12	12 以上
			进给量 f/(mm/r)				
碳素结构钢和合金结构钢、耐热钢	16×25	20	0.3~0.4	—	—	—	—
		40	0.4~0.5	0.3~0.4	—	—	—
		60	0.5~0.7	0.4~0.6	0.3~0.5	—	—
		100	0.6~0.9	0.5~0.7	0.5~0.6	0.4~0.5	—
		400	0.8~1.2	0.7~1.0	0.6~0.8	0.5~0.6	—
	20×30 25×25	20	0.3~0.4	—	—	—	—
		40	0.4~0.5	0.3~0.4	—	—	—
		60	0.6~0.7	0.5~0.7	0.4~0.6	—	—
		100	0.8~1.0	0.7~0.9	0.5~0.7	0.4~0.7	—
		600	1.2~1.4	1.0~1.2	0.8~1.0	0.6~0.9	0.4~0.6
	25×40	60	0.6~0.9	0.5~0.8	0.4~0.7	—	—
		100	0.8~1.2	0.7~1.1	0.6~0.9	0.5~0.8	—
		1000	1.2~1.5	1.1~1.5	0.9~1.2	0.8~1.0	0.7~0.8
	30×45	500	1.1~1.4	1.1~1.4	1.0~1.2	0.8~1.2	0.7~1.1
	40×60	2500	1.3~2.0	1.3~1.8	1.2~1.6	1.1~1.5	1.0~1.5
铸铁及钢合金	16×25	40	0.4~0.5	—	—	—	—
		60	0.6~0.8	0.5~0.8	0.4~0.6	—	—
		100	0.8~1.2	0.7~1.0	0.6~0.8	0.5~0.7	—
		400	1.0~1.4	1.0~1.2	0.8~1.8	0.6~0.8	—
	20×30 25×25	40	0.4~0.5	—	—	—	—
		60	0.6~0.9	0.5~0.8	0.4~0.7	—	—
		100	0.9~1.3	0.8~1.2	0.7~1.0	0.5~0.8	—
		600	1.2~1.8	1.2~1.6	1.0~1.3	0.9~1.1	0.7~0.9
	25×40	60	0.6~0.8	0.5~0.8	0.4~0.7	—	—
		100	1.0~1.4	0.9~1.2	0.8~1.0	0.6~0.9	—
		1000	1.5~2.0	1.2~1.8	1.0~1.4	1.0~1.2	0.8~1.0
	30×45	500	1.4~1.8	1.2~1.6	1.0~1.4	1.0~1.3	0.9~1.2
	40×60	2500	1.6~2.4	1.6~2.0	1.4~1.8	1.3~1.7	1.2~1.7

注：1. 加工断续表面及有冲击切削时，表内的进给量应乘系数 $K=0.75\sim0.85$。

2. 加工耐热钢及其合金时，不采用大于 1.0mm/r 的进给量。

3. 加工淬硬钢时，表内进给量应乘系数 $K=0.8$（当材料硬度为 44~56HRC 时）或 $K=0.5$（当材料硬度为 57~62HRC 时）。

4. 可转位刀片的允许最大进给量不应超过其刀尖圆弧半径数值的 80%。

表 1-6 硬质合金刀片强度允许的进给量

背吃刀量 a_p/mm	刀片厚度 c/mm				材料不同时进给量修正系数 K_{Mf}			
	4	6	8	10	钢 R_m 0.47~0.637 GPa	钢 R_m 0.637~0.852 GPa	钢 R_m 0.852~1.147 GPa	铸铁
≤4	1.3	2.6	4.2	6.1	1.2	1.0	0.85	1.6
>4~7	1.1	2.2	3.6	5.1	主偏角不同时进给量修正系数 $K_{\kappa rf}$			
>7~13	0.9	1.8	3.0	4.2	33°	45°	60°	90°
>13~22	0.8	1.5	2.5	3.6	1.4	1.0	0.6	0.4

注：有冲击时，进给量应减小 20%。

表 1-7　硬质合金外圆车刀半精加工时的进给量

工件材料	表面粗糙度 Ra /μm	切削速度范围 /(m/min)	刀尖圆弧半径 r_ε/mm		
			0.5	1.0	2.0
			进给量 f/(mm/r)		
铸铁、青铜和铝合金	6.3 3.2 1.6	不限	0.25~0.40 0.12~0.25 0.10~0.15	0.40~0.50 0.25~0.40 0.15~0.20	0.50~0.60 0.40~0.60 0.20~0.35
碳素结构钢和合金结构钢	6.3	≤50 ＞80	0.30~0.50 0.40~0.55	0.45~0.60 0.55~0.65	0.55~0.70 0.65~0.70
	3.2	≤50 ＞80	0.20~0.25 0.25~0.30	0.25~0.30 0.30~0.35	0.30~0.40 0.35~0.40
	1.6	≤50 ＞80	0.10~0.11 0.10~0.20	0.11~0.15 0.16~0.25	0.15~0.20 0.25~0.35

注：1. 加工耐热钢及其合金、钛合金，切削速度大于 0.8m/s 时，表中进给量应乘系数 0.7~0.8。

2. 带修光刃的大进给切削法，在进给量 1.0~0.15mm/r 时可获得 Ra 为 3.2~1.6μm 的表面粗糙度；宽刃精车刀的进给量还可更大些。

习　题

1. 何谓主运动？何谓进给运动？
2. 何谓切削用量三要素？其单位是什么？
3. 为什么基面、切削平面必须定义在主切削刃上的选定点处？
4. 试述刀具的标注角度与工作角度的区别。为什么横向切削时，进给量 f 不能过大？
5. 何谓直角切削和斜角切削，各有何特点？
6. 试画出题 1-6 图所示切断刀的正交平面参考系的标注角度：γ_o、α_o、κ_r、κ_r'、α_o'。（要求标出假定主运动方向 v_c、假定进给运动方向 v_f、基面 P_r、切削平面 P_s）
7. 绘制题 1-7 图所示 45°弯头车刀的正交平面参考系的标注角度（从外缘向中心车端面）：$\gamma_o=15°$、$\lambda_s=0°$、$\alpha_o=8°$、$\kappa_r'=45°$、$\alpha_o'=6°$。
8. 如题 1-8 图所示，镗孔时工件内孔直径为 φ50mm，镗刀的几何角度为：$\gamma_o=10°$、$\lambda_s=0°$、$\alpha_o=8°$、$\kappa_r=75°$，若镗刀在安装时刀尖比工件中心高 $h=1$mm，试检验镗刀的工作后角 α_{oe}。
9. 如题 1-9 图所示的车端面，试标出背吃刀量 a_p、进给量 f、切削层公称厚度 h_D、切削层公称宽度 b_D。又若 $a_p=5$mm，$f=0.3$mm/r，$\kappa_r=45°$，试求切削层公称横截面积 A_D。

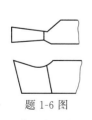 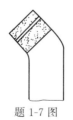 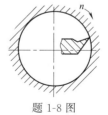 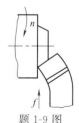

题 1-6 图　　　　题 1-7 图　　　　题 1-8 图　　　　题 1-9 图

10. 请图示三个变形区的位置，并分析三个变形区不同的变形特点。
11. 何谓积屑瘤？积屑瘤在切削加工中有何利弊？如何控制积屑瘤的形成？
12. 试按下列条件选择刀具材料或牌号：
(1) 45 钢锻件粗车；（　）
(2) 200 铸件精车；（　）
(3) 低速精车合金钢蜗杆；（　）

（4）高速精车调质钢长轴；（ ）

（5）中速车削淬硬钢轴；（ ）

（6）加工冷硬铸铁。（ ）

A. YG3X　　B. W18Cr4V　　C. YT5

D. YN10　　E. YG8　　F. YG6X

G. YT30

13. 试说明背吃刀量 a_p 和进给量 f 对切削温度的影响，并将 a_p 和 f 对切削力的影响相比较，两者有何不同？

14. 何谓工件材料切削加工性？改善工件材料切削加工性的措施有哪些？

15. 刀具切削部分材料必须具备哪些性能？为什么？

16. 切削液的主要作用是什么？切削加工中常用的切削液有哪几类？如何选用？

17. 刀具磨损有几种形式？各在什么条件下产生？

18. 何谓刀具耐用度？何谓最高生产率耐用度和最低成本耐用度？

19. 增大刀具前角可以使切削温度降低的原因是什么？是不是前角越大切削温度越低？

20. 车削细长轴时应如何合理选择刀具几何角度（包括 κ_r、λ_s、γ_o、α_o）？并简述理由。

21. 前角和后角的功用分别是什么？选择前、后角的主要依据是什么？

22. 为什么选择切削用量的次序是先选 a_p，再选 f，最后选 v_c？

23. 粗、精加工时进给量的选择受哪些因素的限制？

第二章　机械加工工艺基本知识

主 要 内 容

机械加工工艺规程是规定零件机械加工工艺过程和操作方法等的工艺文件，是机械加工中最主要的技术文件。因此，本章主要内容是机械加工工艺规程的基本概念和组成；零件结构工艺性和加工表面技术条件分析；六点定位原则和定位基准的选择；定位方案的确定和定位误差的分析；表面加工方案的选择；加工顺序的安排；工序尺寸和公差的确定；提高机械加工生产率的基本方法。

教 学 目 标

了解机械加工工艺规程制定的方法和步骤；掌握工序、工步、走刀的基本概念；了解生产类型及工艺特点；了解毛坯的选择原则；了解零件结构工艺性分析的方法；掌握加工表面技术条件分析的方法；掌握六点定位原则；掌握定位基准选择的原则；熟悉定位元件的结构和选用方法；掌握定位误差计算方法；熟悉用查表法确定表面加工方案；掌握加工顺序安排的方法；掌握工序尺寸及公差计算方法；了解提高生产率和技术经济分析的方法；具有正确选择定位基准和定位方案的能力；具有正确选择表面加工方案的能力；具有合理安排加工顺序的能力。

第一节　概　　述

一、生产过程和工艺过程

产品的生产过程是指把原材料变为成品的全过程。机械产品的生产过程一般包括如下。

① 生产与技术的准备　如工艺设计和专用工艺装备的设计和制造、生产计划的编制、生产资料的准备等。

② 毛坯的制造　如铸造、锻造、冲压等。

③ 零件的加工　切削加工、热处理、表面处理等。

④ 产品的装配　如总装、部装、调试检验和油漆等。

⑤ 生产的服务　如原材料、外购件和工具的供应、运输、保管等。

在生产过程中改变生产对象的形状、尺寸、相对位置和性质等，使其成为成品或半成品的过程，称为工艺过程。如毛坯的制造、机械加工、热处理、装配等均为工艺过程。

工艺过程中，若用机械加工的方法直接改变生产对象的形状、尺寸和表面质量，使之成为合格零件的工艺过程，称为机械加工工艺过程。同样，将加工好的零件装配成机器使之达到所要求的装配精度并获得预定技术性能的工艺过程，称为装配工艺过程。

机械加工工艺过程和装配工艺过程是机械制造工艺学研究的两项主要内容。

二、机械加工工艺过程的组成

机械加工工艺过程是由一个或若干个顺序排列的工序组成的，而工序又可分为若干个安装、工位、工步和走刀。

（一）工序

工序是指一个或一组工人，在一个工作地对一个或同时对几个工件所连续完成的那一部分工艺内容。

区分工序的主要依据，是工作地（或设备）是否变动和完成的那部分工艺内容是否连续。

图 2-1 所示的圆盘零件，单件小批生产时其加工工艺过程如表 2-1 所示；成批生产时其加工工艺过程如表 2-2 所示。

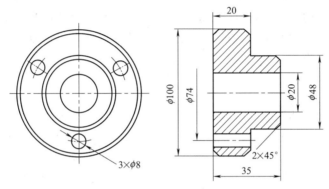

图 2-1 圆盘零件

表 2-1 圆盘零件机械加工工艺过程（单件小批生产）

工序号	工序名称	安装	工步	工序内容	设备
1	车削	I		（用三爪自定心卡盘夹紧毛坯小端外圆）	车床
			1	车大端端面	
			2	车大端外圆至 φ100	
			3	钻 φ20 孔	
			4	倒角	
		II		（工件调头,用三爪自定心卡盘夹紧大端外圆）	
			5	车小端端面,保证尺寸 35mm	
			6	车小端外圆至 φ48,保证尺寸 20mm	
			7	倒角	
2	钻削	I		（用夹具装夹工件）	钻床
			1	依次加工三个 φ8 孔	
			2	在夹具中修去孔口的锐边及毛刺	

表 2-2 圆盘零件机械加工过程（成批生产）

工序号	工序名称	安装	工步	工序内容	设备
1	车削	I		（用三爪自定心卡盘夹紧毛坯小端外圆）	车床
			1	车大端端面	
			2	车大端外圆至 φ100	
			3	钻 φ20 孔	
			4	倒角	

续表

工序号	工序名称	安装	工步	工序内容	设备
2	车削	I	1 2 3	（以大端面及胀胎心轴定位） 车小端端面，保证尺寸 35mm 车小端外圆至 $\phi48$，保证尺寸 20mm 倒角	车床
3	钻削	I	1	（钻床夹具） 钻 $3\times\phi48$	钻床
4	钳	I	1	修去孔口的锐边及毛刺	

由表 2-1 可知，该零件的机械加工分车削和钻削两道工序。因为两者的操作工人、机床及加工的连续性均已发生了变化。而在车削加工工序中，虽然含有多个加工表面和多种加工方法（如车、钻等），但其划分工序的要素未改变，故属同一工序。而表 2-2 分为四道工序。虽然工序 1 和工序 2 同为车削，但由于加工连续性已变化，因此应为两道工序；同样工序 4 修孔口锐边及毛刺，因为使用设备和工作地均已变化，因此也应作为另一道工序。

工序不仅是组成工艺过程的基本单元，也是制订时间定额、配备工人、安排作业和进行质量检验的基本单元。

（二）工步与走刀

为了便于分析和描述工序的内容，工序还可以进一步划分工步。

工步是指加工表面（或装配时的连接表面）和加工（或装配）工具不变的情况下所连续完成的那一部分工序。一个工序可以包括几个工步，也可以只有一个工步。如表 2-1 中工序 1。在安装 I 中进行车大端面、车外圆、钻 $\phi20$ 孔、倒角等加工，由于加工表面和使用刀具的不同，即构成四个工步。

一般来说，构成工步的任一要素（加工表面、刀具及加工连续性）改变后，即成为另一个工步。但下面指出的情况应视为一个工步。

① 对于那些一次装夹中连续进行的若干相同的工步应视为一个工步。如图 2-1 零件上三个 $\phi8$ 孔钻削，可以作为一个工步，即钻 $3\times\phi8$。

② 为了提高生产率，有时用几把刀具同时加工几个表面，此时也应视为一个工步，称为复合工步。如图 2-2 的加工方案。

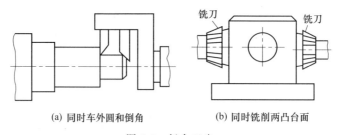

(a) 同时车外圆和倒角　　(b) 同时铣削两凸台面

图 2-2　复合工步

在一个工步内，若被加工表面切去的金属层很厚，需分几次切削，则每进行一次切削就是一次走刀。一个工步可以包括一次走刀或几次走刀。

（三）安装与工位

工件在加工前，在机床或夹具上先占据一正确位置（定位），然后再夹紧的过程称为装夹。工件（或装配单元）经一次装夹后所完成的那一部分工艺内容称为安装。在一道工序中可以有一个或多个安装。表 2-1 中工序 1 即有两个安装，而工序 2 有一个安装。工件加工中应尽量减少装夹次数,因为多一次装夹就多一次装夹误差,而且增加了辅助时间。因此生产中常用各种回转工作台、回转夹具或移动夹具等,以便在工件一次装夹后,可使其处于不同的位置加工。为完成一定的工序内容,一次装夹工件后,工件(或装配单元)与夹具或设备的可动部分一起相对刀具或设备固定部分所占据的每一个位置,称为工位。

图 2-3 所示为一种利用回转工作台在一次装夹后顺序完成装卸工件、钻孔、扩孔和铰孔四个工位加工的实例。

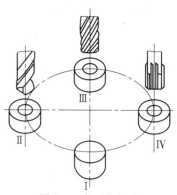

图 2-3 多工位加工
工位Ⅰ—装卸工件;工位Ⅱ—钻孔;
工位Ⅲ—扩孔;工位Ⅳ—铰孔

三、工件的夹紧

(一) 工件夹紧概述

如上所述,工件在加工前需要定位和夹紧。这是两项十分重要的工作。关于定位在后面章节中详细论述,本节对工件在机床上或夹具中的夹紧作一概略说明。

夹紧的目的是防止工件在切削力、重力、惯性力等的作用下发生位移或振动,以免破坏工件的定位。因此正确设计的夹紧机构应满足下列基本要求:

① 夹紧应不破坏工件的正确定位;
② 夹紧装置应有足够的刚性;
③ 夹紧时不应破坏工件表面,不应使工件产生超过允许范围的变形;
④ 能用较小的夹紧力获得所需的夹紧效果;
⑤ 工艺性好,在保证生产率的前提下结构应简单,便于制造、维修和操作。手动夹紧机构应具有自锁性能。

(二) 工件夹紧力三要素的确定

根据上述的基本要求,正确确定夹紧力三要素(方向、作用点、大小)是一个不容忽视的问题。

1. 夹紧力方向的确定

① 夹紧力的方向不应破坏工件定位。

图 2-4 (a) 为不正确的夹紧方案,夹紧力有向上的分力 F_w,使工件离开原来的正确定位位置,而图 2-4 (b) 为正确的夹紧方案。

② 夹紧力方向应指向主要定位表面。

2. 夹紧力作用点的确定

① 夹紧力的作用点应落在支承范围内。

图 2-5 所示的夹紧力的作用点落到了定位元件的支承范围之外,夹紧时将破坏正确位置,因而是不正确的。

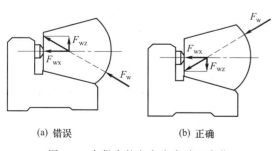

图 2-4 夹紧力的方向应有助于定位

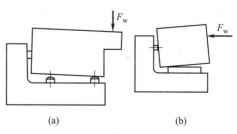

图 2-5 夹紧力的位置不正确

② 夹紧力的作用点应落在工件刚性较好的部位。

图 2-6（a）薄壁套筒的轴向刚性比径向刚性好，用卡爪径向夹紧时工件变形大，若沿轴向施加夹紧力，变形就会小得多。夹紧图 2-6（b）所示的薄壁箱体时，夹紧力不应作用在箱体的顶面，而应作用在刚性较好的凸边上。或如图 2-6（c）所示改为三点夹紧，改变着力点的位置，以减少夹紧变形。

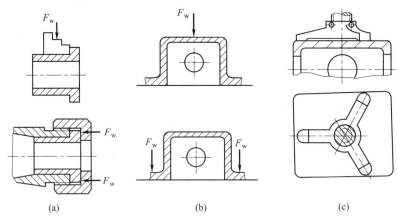

图 2-6 夹紧力作用点与夹紧变形的关系

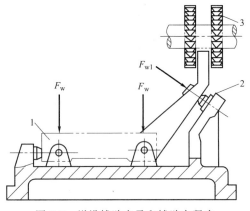

图 2-7 增设辅助支承和辅助夹紧力
1—工件；2—辅助支承；3—刀具

③ 夹紧力的作用点应靠近工件的加工部位。

如图 2-7 所示，夹紧力远离加工部位，因此应在加工部位加上辅助夹紧机构，以防止加工时发生振动，影响加工质量和安全。

3. 夹紧力大小的估算

加工过程中，工件受到切削力、离心力、惯性力及重力等的作用，理论上夹紧力的作用应与上述力（力矩）的作用相平衡。但是切削力的大小和方向在加工过程中是变化的，因此夹紧力的大小只能进行粗略的估算。估算的方法如下。

① 找出对夹紧最不利的瞬时状态，估算此状态下所需的夹紧力。

② 为了简便，只考虑主要因素在力系中的影响，略去次要因素在力系中的影响。

③ 根据工件状态，列出力（力矩）的平衡方程式，解出夹紧力的大小，还应适当考虑安全系数。

如需进行夹紧力估算可参阅有关资料。

四、机械加工生产类型及特点

（一）生产纲领

企业在计划期内生产的产品的数量和进度计划称为生产纲领。零件的年生产纲领可按下式计算：

$$N = Qn(1 + a\% + b\%)$$

式中　N——零件的年生产纲领，件/年；

Q——产品的年生产纲领,台/年;

n——每台产品中该零件的数量,件/台;

$a\%$——备品的百分率;

$b\%$——废品的百分率。

生产纲领的大小对生产组织形式和零件加工过程起着重要的作用,它决定了各工序所需专业化和自动化的程度,决定了所应选用的工艺方法和工艺装备。

(二) 生产类型及工艺特点

企业(或车间、工段、班组、工作地)生产专业化程度的分类称为生产类型。生产类型一般可分为单件生产、成批生产、大量生产三种类型。

1. 单件生产

单件生产的基本特点是:生产的产品种类繁多,每种产品的产量很少,而且很少重复生产。例如重型机械产品制造和新产品试制等都属于单件生产。

2. 成批生产

成批生产的基本特点是:分批地生产相同的产品,生产呈周期性重复。如机床制造、电机制造等属于成批生产。成批生产又可按其批量大小分为小批生产、中批生产、大批生产三种类型。其中,小批生产和大批生产的工艺特点分别与单件生产和大量生产的工艺特点类似;中批生产的工艺特点介于小批生产和大批生产之间。

3. 大量生产

大量生产的基本特点是:产量大,品种少,大多数工作地长期重复地进行某个零件的某一道工序的加工。例如,汽车、拖拉机、轴承等的制造都属于大量生产。

生产类型的划分除了与生产纲领有关外,还应考虑产品的大小及复杂程度。表 2-3 所列为生产类型与生产纲领的关系,可供确定生产类型时参考。

表 2-3 生产纲领与生产类型的关系

生产类型	零件的年生产纲领/件		
	重型零件	中型零件	轻型零件
单件生产	≤5	≤20	<100
小批生产	5~100	20~200	100~500
中批生产	100~300	200~500	500~5000
大批生产	300~1000	500~5000	5000~50000
大量生产	>1000	>5000	>50000

生产类型不同,产品制造的工艺方法、所用的设备和工艺装备以及生产的组织形式等均不同。大批大量生产应尽可能采用高效率的设备和工艺方法,以提高生产率;单件小批生产应采用通用设备和工艺装备,也可采用先进的数控机床,以降低生产成本。各类生产类型的工艺特征可参考表 2-4。

表 2-4 各种生产类型的工艺特征

工艺特征	生产类型		
	单件小批	中批	大批大量
零件的互换性	用修配法、钳工修配,缺乏互换性	大部分具有互换性。装配精度要求高时,灵活应用分组装配法和调整法,同时还保留某些修配法	具有广泛的互换性。少数装配精度较高的,采用分组装配法和调整法

续表

工艺特征	生产类型		
	单件小批	中批	大批大量
毛坯的制造方法与加工余量	木模手工造型或自由锻造。毛坯精度低,加工余量大	部分采用金属模铸造或模锻。毛坯精度和加工余量中等	广泛采用金属模机器造型、模锻或其他高效方法。毛坯精度高,加工余量小
机床设备及其布置形式	通用机床。按机床类别采用机群式布置	部分通用机床和高效机床。按工件类别分工段排列设备	广泛采用高效专用机床及自动机床。按流水线和自动线排列设备
工艺装备	大多采用通用夹具、标准附件、通用刀具和万能量具。靠划线和试切法达到精度要求	广泛采用夹具,部分靠找正装夹,达到精度要求。较多采用专用刀具和量具	广泛采用专用高效夹具、复合刀具、专用量具或自动检验装置。靠调整法达到精度要求
对工人技术要求	需技术水平较高的工人	需一定技术水平的工人	对调整工的技术水平要求高,对操作工的技术水平要求较低
工艺文件	有工艺过程卡,关键工序要工序卡	有工艺过程卡,关键零件要工序卡	有工艺过程卡和工序卡,关键工序要调整卡和检验卡
成本	较高	中等	较低

第二节 机械加工工艺规程及工艺文件

一、机械加工工艺规程

机械加工工艺规程是规定零件机械加工工艺过程和操作方法等的工艺文件。它是机械制造工厂最主要的技术文件。其具体作用如下。

① 工艺规程是指导生产的主要技术文件,是指挥现场生产的依据。

对于大批大量生产的工厂,由于生产组织严密,分工细致,要求工艺规程比较详细,才能便于组织和指挥生产。对于单件小批生产的工厂,工艺规程可以简单些。但无论生产规模大小,都必须有工艺规程,否则生产调度、技术准备、关键技术研究、器材配置等都无法安排,生产将陷入混乱。同时,工艺规程也是处理生产问题的依据,如产品质量问题,可按工艺规程来明确各生产单位的责任。按照工艺规程进行生产,便于保证产品质量、获得较高的生产效率和经济效益。

② 工艺规程是生产组织和管理工作的基本依据。

首先,有了工艺规程,在新产品投入生产之前,就可以进行有关生产前的技术准备工作。例如为零件的加工准备机床,设计专用的工、夹、量具等。其次,工厂的设计和调度部门根据工艺规程,安排各零件的投料时间和数量,调整设备负荷,各工作地按工时定额有节奏地进行生产等,使整个企业的各科室、车间、工段和工作地紧密配合,保证均衡地完成生产计划。

③ 工艺规程是新建或改(扩)建工厂或车间的基本资料。

在新建或改(扩)建工厂或车间时,只有依据工艺规程,才能确定生产所需要的机床和其他设备的种类、数量和规格,车间的面积,机床的布局,生产工人的工种、技术等级及数量,辅助部门的安排。

但是,工艺规程并不是固定不变的,它是生产工人和技术人员在生产过程中的实践的总结,它可以根据生产实际情况进行修改,使其不断改进和完善,但必须有严格的审批手续。

二、工艺规程制订的原则

工艺规程制订的原则是优质、高产、低成本,即在保证产品质量的前提下,争取最好的经济效益。在制订工艺规程时应注意下列问题。

1. 技术上的先进性

在制订工艺规程时,要了解国内外本行业的工艺技术的发展水平,通过必要的工艺试验,积极采用先进的工艺和工艺装备。

2. 经济上的合理性

在一定的生产条件下,可能会出现几种能保证零件技术要求的工艺方案,此时应通过核算或相互对比,选择经济上最合理的方案,使产品的能源、材料消耗和生产成本最低。

3. 有良好的劳动条件

在制订工艺规程时,要注意保证工人操作时有良好而安全的劳动条件。因此,在工艺方案上要注意采用机械化或自动化措施,以减轻工人繁杂的体力劳动。

三、制订工艺规程时的原始资料

制订工艺规程时的原始资料主要有以下几种。

① 产品图样及技术条件。如产品的装配图及零件图。
② 产品的工艺方案。如产品验收质量标准、毛坯资料等。
③ 产品零部件工艺路线表或车间分工明细表,以了解产品及企业的管理情况。
④ 产品的生产纲领(年产量),以便确定生产类型。
⑤ 本企业的生产条件。

为了制订的工艺规程切实可行,一定要了解和熟悉本企业的生产条件。如毛坯的生产能力,工人的技术水平以及专用设备与工艺装备的制造能力,企业现有设备状况等。

⑥ 有关工艺标准。如各种工艺手册和图表,还应熟悉本企业的各种企业标准和行业标准。
⑦ 有关设备及工艺装备和资料。对于本工艺规程选用的设备和工艺装备应有深入的了解,如规格、性能、新旧程度和现有精度等。
⑧ 国内外同类产品的有关工艺资料。工艺规程的制订,要经常研究国内外有关工艺资料,积极引进适用的先进的工艺技术,不断提高工艺水平,以获得最大的经济效益。

四、制订工艺规程的步骤

① 计算零件的生产纲领、确定生产类型。
② 分析产品装配图样和零件图样。主要包括零件的加工工艺性、装配工艺性、主要加工表面及技术要求,了解零件在产品中的功用。
③ 确定毛坯的类型、结构形状、制造方法等。
④ 拟订工艺路线。包括选择定位基准、确定各表面的加工方法、划分加工阶段、确定工序的集中和分散的程度、合理安排加工顺序等。
⑤ 确定各工序的加工余量,计算工序尺寸及公差。
⑥ 选择设备及工艺装备。
⑦ 确定切削用量及计算时间定额。
⑧ 填写工艺文件。

表 2-5 机械加工工艺过程卡片

		机械加工工艺过程卡片		产品型号		零件图号			共 页	
				产品名称		零件名称			第 页	
材料牌号	(1)	毛坯种类	(2)	毛坯外形尺寸	(3)	每毛坯可制件数	(4)	每台件数	(5)	备注 (6)
工序号	工序名称	工序内容	车间	工段	设备	工艺装备			工时	
									准终	单件
(7)	(8)	(9)	(10)	(11)	(12)	(13)			(14)	(15)

				设计(日期)	审核(日期)	标准化(日期)	会签(日期)
描图							
描校							
底图号							
装订号							
标记	处数	更改文件号	签字	日期	标记	处数	更改文件号	签字	日期

表 2-6 机械加工工艺卡片

工　厂		机械加工工艺卡片		产品型号		零(部)件图号			共　页	
				产品名称		零(部)件名称			第　页	
材料牌号		毛坯种类		毛坯外形尺寸		每毛坯件数		每台件数	备注	
工序	工步	装夹	工序内容	同时加工零件数	背吃刀量/mm	切削速度/(m/min)	切削用量		技术等级	工时定额
							每分钟转数或往复次数	进给量/(mm 或 mm/双行程)		准终
										单件
							设备名称及编号	工艺装备名称及编号		
								夹具	刀具	量具
							编制(日期)	审核(日期)		会签(日期)
标记	处数	更改文件号	签字	日期	标记	处数	更改文件号	签字		日期

表 2-7 机械加工工序卡片

机械加工工序卡片		产品型号		零件图号			共 页	第 页
		产品名称		零件名称				
		车间	工序号	工序名称		材料牌号		
		(1)	(2)	(3)		(4)		
		毛坯种类	毛坯外形尺寸	每毛坯可制件数		每台件数		
		(5)	(6)	(7)		(8)		
		设备名称	设备型号	设备编号		同时加工件数		
		(9)	(10)	(11)		(12)		
		夹具编号		夹具名称		切削液		
		(13)		(14)		(15)		
		工位器具编号		工位器具名称		工序工时		
						准终	单件	
		(16)		(17)		(18)	(19)	
工步号	工步内容		工艺设备	主轴转速 /(r/min)	切削速度 /(m/min)	进给量 /(mm/r)	背吃刀量 /mm	进给次数	工步工时	
									机动	辅助
(20)	(21)		(22)	(23)	(24)	(25)	(26)	(27)	(28)	(29)
						设计(日期)	审核(日期)	标准化(日期)	会签(日期)	
标记	处数	更改文件号	签字	日期	标记	处数	更改文件号	签字	日期	

描图

描校

底图号

装订号

五、工艺文件格式

将工艺文件的内容,填入一定格式的卡片,即成为生产准备和施工依据的工艺文件。常用的工艺文件的格式有下列几种。

1. 机械加工工艺过程卡

这种卡片以工序为单位,简要地列出整个零件加工所经过的工艺路线(包括毛坯制造、机械加工和热处理等)。它是制订其他工艺文件的基础,也是生产准备、编排作业计划和组织生产的依据。在这种卡片中,由于各工序的说明不够具体,故一般不直接指导工人操作,而多用于生产管理。但在单件小批生产中,由于通常不编制其他较详细的工艺文件,就以这种卡片指导生产。机械加工工艺过程卡片见表 2-5 所示。

2. 机械加工工艺卡片

机械加工工艺卡片是以工序为单位,详细地说明整个工艺过程的一种工艺文件。它是用来指导工人生产和帮助车间管理人员和技术人员掌握整个零件加工过程的一种主要技术文件,广泛用于成批生产的零件和重要零件的小批生产中。机械加工工艺卡片内容包括零件的材料、毛坯种类、工序号、工序名称、工序内容、工艺参数、操作要求以及采用的设备和工艺装备等。机械加工工艺卡片格式见表 2-6 所示。

3. 机械加工工序卡片

机械加工工序卡片是根据机械加工工艺卡片为一道工序制订的。它更详细地说明整个零件各个工序的要求,是用来具体指导工人操作的工艺文件。在这种卡片上要画工序简图,说明该工序每一工步的内容、工艺参数、操作要求以及所用的设备及工艺装备,一般用于大批大量生产的零件。机械加工工序卡片格式见表 2-7。

第三节 零件的工艺性分析

一、分析研究产品的零件图样和装配图样

在编制零件机械加工工艺规程前,首先应研究零件的工作图样和产品装配图样,熟悉该产品的用途、性能及工作条件,明确该零件在产品中的位置和作用;了解并研究各项技术条件制订的依据,找出其主要技术要求和技术关键,以便在拟订工艺规程时采用适当的措施加以保证。

工艺分析的目的,一是审查零件的结构形状及尺寸精度、相互位置精度、表面粗糙度、材料及热处理等的技术要求是否合理,是否便于加工和装配;二是通过工艺分析,对零件的工艺要求有进一步的了解,以便制订出合理的工艺规程。

如图 2-8 所示的汽车钢板弹簧吊耳,使用时,钢板弹簧与吊耳两侧面是不接触的,所以吊耳内侧的粗糙度可由原来的设计要求 $Ra3.2\mu m$ 改为 $Ra12.5\mu m$。这样在铣削时可只用粗铣不用精铣,减少铣削时间。

再如图 2-9 所示的方头销,其头部要求淬火硬度 55~60HRC,所选用的材料为 T8A,该零件上有一孔 $\phi 2H7$ 要求在装配时配作。由于零件长度只有 15mm,方头部长度仅有 4mm,如用 T8A 材料局部淬火,势必全长均被淬硬,配作时,$\phi 2H7$ 孔无法加工。若材料改用 20Cr 进行渗碳淬火,便能解决问题。

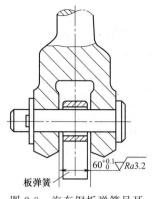

图 2-8 汽车钢板弹簧吊耳

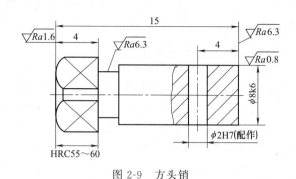

图 2-9 方头销

二、技术要求分析

零件的技术要求主要有：

① 加工表面的形状精度（包括形状尺寸精度和形状公差）；
② 主要加工表面之间的相互位置精度（包括距离尺寸精度和位置公差）；
③ 加工表面的粗糙度及其他方面的表面质量要求；
④ 热处理及其他要求。

通过对零件技术要求的分析，就可以区分主要表面和次要表面。上述四个方面均要求较高的表面，即为主要表面，要采用各种工艺措施予以重点保证。在对零件的结构工艺性和技术要求分析后，对零件的加工工艺路线及加工方法就形成一个初步的轮廓，从而为下一步制订工艺规程做好准备。

若在工艺分析时发现零件的结构工艺性不好，技术要求不合理或存在其他问题时，就可对零件设计提出修改意见，并经设计人员同意和履行规定的批准手续后，由设计人员进行修改。

三、结构工艺性分析

零件的结构工艺性是指所设计的零件在满足使用要求的前提下，制造的可行性和经济性。下面将从零件的机械加工和装配两个方面，对零件的结构工艺性进行分析。

1. 机械加工对零件结构的要求

（1）便于装夹 零件的结构应便于加工时的定位和夹紧，装夹次数要少。图 2-10（a）所示零件，拟用顶尖和鸡心夹头装夹，但该结构不便于装夹。若改为图 2-10（b）结构，则可以方便地装置夹头。

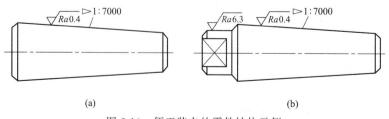

图 2-10 便于装夹的零件结构示例

（2）便于加工 零件的结构应尽量采用标准化数值，以便使用标准化刀具和量具。同时还注意退刀和进刀，易于保证加工精度要求，减少加工面积及难加工表面等。表 2-8 所示为零件机械加工工艺性实例。

表 2-8 零件机械加工工艺性实例

序号	工艺性不好的结构 A	工艺性好的结构 B	说　　明
1	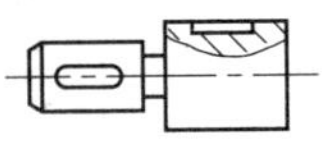	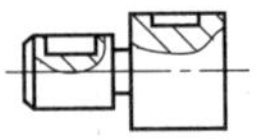	结构 B 键槽的尺寸、方位相同，则可在一次装夹中加工出全部键槽，以提高生产率
2	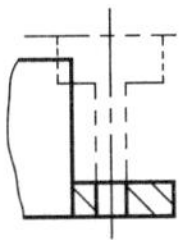	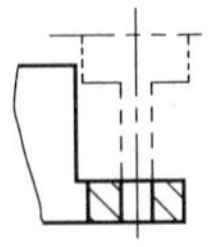	结构 A 的加工不便引进刀具
3	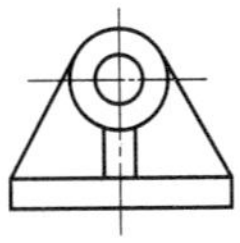	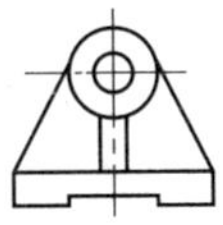	结构 B 的底面接触面积小，加工量小，稳定性好
4	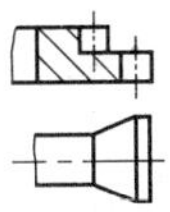	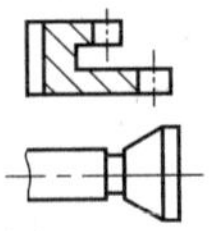	结构 B 有退刀槽保证了加工的可能性，减少刀具（砂轮）的磨损
5	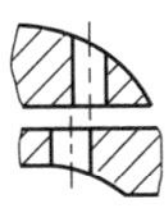	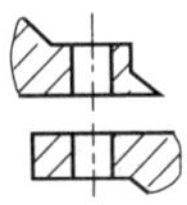	加工 A 上的孔钻头容易引偏或折断
6		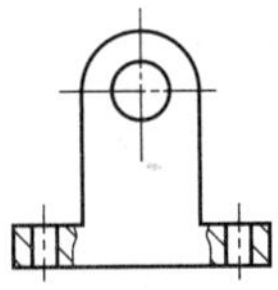	结构 B 避免了深孔加工，节约了零件材料，紧固连接稳定可靠
7	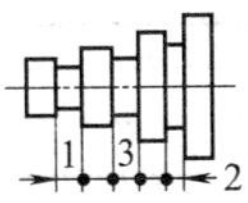	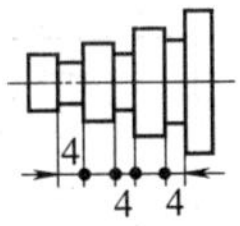	结构 B 凹槽尺寸相同，可减少刀具种类，减少换刀时间

（3）便于数控机床加工　被加工零件的数控工艺性问题涉及面很广，如尺寸标注、零件的外形和内腔等。

图样上尺寸标注方法对工艺性影响较大。为此对零件设计图样应提出不同的要求，凡经数控加工的零件，图样上给出的尺寸数据应符合编程方便的原则。

零件的外形、内腔最好采用统一的几何类型或尺寸，这样可以减少换刀次数，还有可能应用控制程序或专用程序以缩短程序长度。例如图 2-11（a）所示，由于圆角大小决定着刀具直径大小，很容易看出工艺性好坏。所以应对一些主要的数控加工零件推荐规范化设计结构及尺寸。图 2-11（b）表明应尽量避免用球头刀加工（此时 $R=r$），一般考虑为 $d=2(R-r)$。此外，有的数控机床有对称加工的功能，编程时对于一些对称性零件，如图 2-12 所示的零件，只需编其半边的程序，这样可以节省许多编程时间。

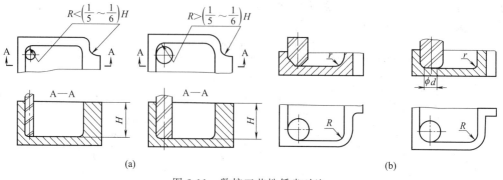

图 2-11 数控工艺性低劣对比

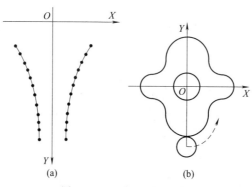

图 2-12 对称性零件图例

（4）便于测量 设计零件结构时，还应考虑测量的可能性与方便性。如图 2-13 所示，要求测量孔中心线与基准面 A 的平行度。如图 2-13（a）所示的结构，由于底面凸台偏置一侧而平行度难于测量。在图 2-13（b）中增加一对称的工艺凸台，并使凸台位置居中，此时则测量大为方便。

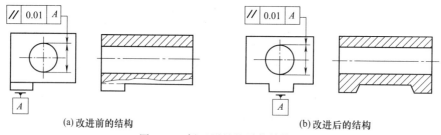

(a) 改进前的结构　　　　　　　　　　(b) 改进后的结构

图 2-13 便于测量的零件结构示

2. 装配和维修对零件结构工艺性的要求

零件的结构应便于装配和维修时的拆装。如图 2-14（a）左图结构无透气口，销钉孔内的空气难于排出，故销钉不易装入。改进后的结构如图 2-14（a）右图。在图 2-14（b）中为保证轴肩与支承面紧贴，可在轴肩处切槽或孔口处倒角。图 2-15（a）为两个零件配合，由于同一方向只能有一个定位基准面，故图 2-15（a）左图不合理，而右图为合理的结构。在图 2-15（b）中，左图螺钉装配空间太小，螺钉装不进。改进后的结构如图 2-15（b）右图所示。

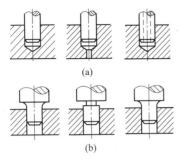 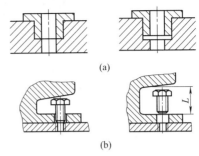

图 2-14 便于装配的零件结构示例一　　　　图 2-15 便于装配的零件结构示例二

图 2-16 为便于拆装的零件结构示例。在图 2-16（a）左图中，由于轴肩超过轴承内圈，故轴承内圈无法拆卸。图 2-16（b）所示为压入式衬套。若在外壳端面设计几个螺孔，如图 2-16（b）右图所示，则可用螺钉将衬套顶出。

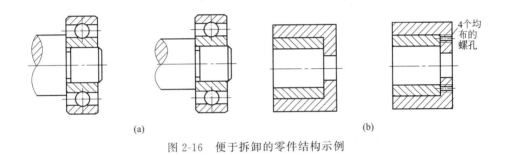

图 2-16 便于拆卸的零件结构示例

第四节　毛坯选择

毛坯种类的选择不仅影响毛坯的制造工艺及费用，而且也与零件的机械加工工艺和加工质量密切相关。为此需要毛坯制造和机械加工两方面的工艺人员密切配合，合理地确定毛坯的种类、结构形状，并绘出毛坯图。

一、常见的毛坯种类

常见的毛坯种类有以下几种。

（一）铸件

对形状较复杂的毛坯，一般可用铸造方法制造。目前大多数铸件采用砂型铸造，对尺寸精度要求较高的小型铸件，可采用特种铸造，如永久型铸造、精密铸造、压力铸造、熔模铸造和离心铸造等。各种毛坯制造方法及工艺特点见表 2-9。

（二）锻件

锻件毛坯由于经锻造后可得到连续和均匀的金属纤维组织。因此锻件的力学性能较好，常用于受力复杂的重要钢质零件。其中自由锻件的精度和生产率较低，主要用于小批生产和大型锻件的制造。模型锻造件的尺寸精度和生产率较高，主要用于产量较大的中小型锻件。其锻造方法及工艺特点见表 2-9。

（三）型材

型材主要有板材、棒材、线材等。常用截面形状有圆形、方形、六角形和特殊截面形状。

表 2-9 各种毛坯制造方法及工艺特点

毛坯制造方法	最大质量/kg	最小壁厚/mm	形状的复杂性	材料	生产方式	精度等级(IT)	尺寸公差值/mm	表面粗糙度 Ra/μm	其他
手工砂型铸造	不限制	3~5	最复杂	铁碳合金、有色金属及其他合金	单件生产及小批生产	14~16	1~8	—	余量大,一般为1~10mm;由砂眼和气泡造成的废品率高,表面有结砂硬皮,且结构颗粒大;适于铸造大件;生产率低
机械砂型铸造	至250	3~5	最复杂		大批生产及大量生产	14左右	1~3	—	生产率比手工制砂型高数倍至数十倍;设备复杂;但要求工人的技术低;适于制造中小型铸件
永久型铸造	至100	1.5	简单或平常			11~12	0.1~0.5	12.5	生产率高,因免去每次制造铸型;单边余量一般为1~3mm;结构细密,能承担较大压力;占用生产面积小
离心铸造	通常200	3~5	主要是旋转体			15~16	1~8	12.5	生产率高,每件只需要2~5min;力学性能好且少砂眼;壁厚均匀;不需要泥芯和浇注系统
压铸	10~16	0.5(锌) 1.0(其他合金)	由模子制造难易而定	锌、铝、镁、铜、锡、铅各金属的合金		11~12	0.05~0.15	6.3	生产率最高,每小时可制50~500件;设备昂贵;可直接制取零件或仅需少许加工
熔模铸造	小型零件	0.8	非常复杂	切削困难的材料	单件生产及成批生产		0.05~0.2	25	占用生产面积小,每套设备需30~40m²;铸件力学性能好;便于组织流水线生产;铸造延续时间长,铸件可不经加工
壳模铸造	至200	1.5	复杂	铸铁和有色金属	小批至大量	12~14		12.5~6.3	生产率高,一个制砂工班产为0.5~1.7t;外表面余量为0.25~0.5mm;孔余量最小为0.08~0.25mm;便于机械化与自动化;铸件无硬皮
自由铸造	不限制	不限制	简单	碳素钢、合金钢	单件及小批生产	14~16	1.5~2.5	—	生产率低且需高级技工;余量大,为3~30mm;适用于机械修理厂和重型机械厂的铸造车间
模锻(利用锻锤)	通常至100	2.5	由锻造难易而定	碳素钢、合金钢及合金	成批及大量生产	12~14	0.4~2.5	12.5	生产率高且不需高级技工;材料消耗少;锻件力学性能好。强度增高
精密模锻	通常100	1.5	由锻模制造难易而定	碳素钢、合金钢及合金	成批及大量生产	11~12	0.05~0.1	6.3~3.2	光压后的锻件可不经机械加工或直接进行精加工

就其制造方法，又可分为热轧和冷拉两大类。热轧型材尺寸较大，精度较低，用于一般的机械零件。冷拉型材尺寸较小，精度较高，主要用于毛坯精度要求较高的中小型零件。

（四）焊接件

焊接件主要用于单件小批生产和大型零件及样机试制。其优点是制造简单、生产周期短、节省材料、减轻重量。但其抗振性较差，变形大，需经时效处理后才能进行机械加工。

（五）其他毛坯

其他毛坯包括冲压件，粉末冶金件，冷挤件，塑料压制件等。

二、毛坯的选择原则

选择毛坯时应该考虑如下几个方面的因素。

（一）零件的生产纲领

大量生产的零件应选择精度和生产率高的毛坯制造方法，用于毛坯制造的昂贵费用可由材料消耗的减少和机械加工费用的降低来补偿。如铸件采用金属模机器造型或精密铸造；锻件采用模锻、精锻；选用冷拉和冷轧型材。单件小批生产时应选择精度和生产率较低的毛坯制造方法。

（二）零件材料的工艺性

例如材料为铸铁或青铜等的零件应选择铸造毛坯；钢质零件当形状不复杂、力学性能要求又不太高时，可选用型材；重要的钢质零件，为保证其力学性能，应选择锻造件毛坯。

（三）零件的结构形状和尺寸

形状复杂的毛坯，一般采用铸造方法制造，薄壁零件不宜用砂型铸造。一般用途的阶梯轴，如各段直径相差不大，可选用圆棒料；如各段直径相差较大，为减少材料消耗和机械加工的劳动量，则宜采用锻造毛坯，尺寸大的零件一般选择自由锻造，中小型零件可考虑选择模锻件。

（四）现有的生产条件

选择毛坯时，还要考虑本厂的毛坯制造水平、设备条件以及外协的可能性和经济性等。

三、毛坯的形状和尺寸

毛坯的形状和尺寸主要是由零件组成表面的形状、结构、尺寸及加工余量等因素确定的，并尽量与零件相接近，以达到减少机械加工的劳动量，力求达到少或无切削加工。但是，由于现有毛坯制造技术及成本的限制，以及产品零件的加工精度和表面质量要求愈来愈高，所以，毛坯的某些表面仍需留有一定的加工余量，以便通过机械加工达到零件的技术要求。

毛坯尺寸与零件图样上的尺寸之差称为毛坯余量。铸件公称尺寸所允许的最大尺寸和最小尺寸之差称为铸件尺寸公差。毛坯余量与毛坯的尺寸、部位及形状有关。如铸造毛坯的加工余量，是由铸件最大尺寸、公称尺寸（两相对加工表面的最大距离或基准面到加工面的距离）、毛坯浇注时的位置（顶面、底面、侧面）、铸孔的尺寸等因素确定的。对于单件小批生产，铸件上直径小于30mm和铸钢件上直径小于60mm的孔可以不铸出。而对于锻件，若用自由锻，孔径小于30mm或长径比大于3的孔可以不锻出。对于锻件应考虑锻造圆角和模锻斜度。带孔的模锻件不能直接锻出通孔，应留冲孔连皮等。

毛坯的形状和尺寸的确定，除了将毛坯余量附在零件相应的加工表面上之外，有时还要考虑到毛坯的制造、机械加工及热处理等工艺因素的影响。在这种情况下，毛坯的形状可能与工件的形状有所不同。例如，为了加工时安装方便，有的铸件毛坯需要铸出必要的工艺凸台，如图2-17所示，工艺凸台在零件加工后一般应切去。又如车床开合螺母外壳，它由两个零件合成一个铸件，待加工到一定阶段后再切开，以保证加工质量和加工方便。如图2-18所示。

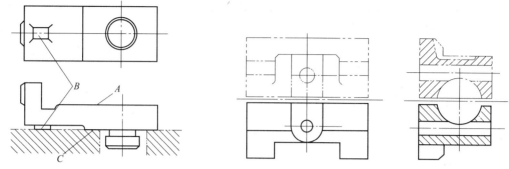

图 2-17 工艺凸台　　　　　图 2-18 车床开合螺母外壳简图

有时为了提高生产率和加工过程中便于装夹，可以将一些小零件多件合成一个毛坯，如图 2-19 所示的滑键为锻件，可以将若干零件先合成一件毛坯，待两侧面和平面加工后，再切割成单个零件。如图 2-20 所示为垫圈类零件，也应将若干零件合成一个毛坯，毛坯可取一长管料，其内孔直径要小于垫圈内径。车削时，用卡盘夹住一端外圆，另一端用顶尖顶住，这时可车外圆、车槽，然后用卡盘夹住外圆较长的一部分用 $\phi 16\text{mm}$ 的钻头钻孔，这样就可以分割成若干个垫圈零件。

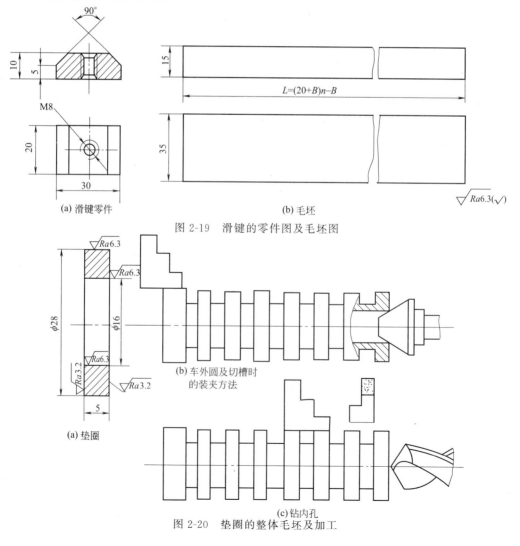

(a) 滑键零件　　　　(b) 毛坯

图 2-19 滑键的零件图及毛坯图

(a) 垫圈

(b) 车外圆及切槽时的装夹方法

(c) 钻内孔

图 2-20 垫圈的整体毛坯及加工

第五节　基准与工件定位

制订机械加工规程时，定位基准的选择是否合理，将直接影响零件加工表面的尺寸精度和相互位置精度。同时对加工顺序的安排也有重要影响。定位基准选择不同，工艺过程也将随之而异。

一、基准的概念及其分类

所谓基准是用来确定生产对象上几何要素间的几何关系所依据的那些点、线、面。基准根据功用不同可分为设计基准和工艺基准两大类。

（一）设计基准

所谓设计基准是指设计图样上采用的基准。图 2-21（a）所示的钻套轴线 $O\text{-}O$ 是各外圆表面及内孔的设计基准；端面 A 是端面 B、C 的设计基准；内孔表面 D 的轴心线是 $\phi 40h6$ 外圆表面的径向圆跳动和端面 B 的轴向圆跳动的设计基准。同样，图 2-21（b）中的 F 面是 C 面和 E 面的设计基准，也是两孔轴线垂直度和 C 面平行度的设计基准；A 面为 B 面的距离尺寸及平行度设计基准。

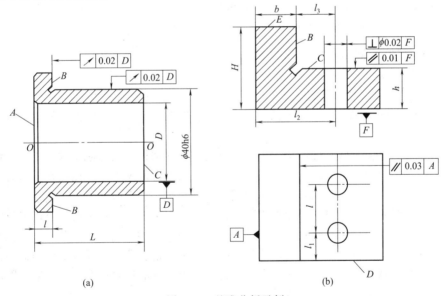

图 2-21　基准分析示例

作为设计基准的点、线、面在工件上有时不一定具体存在，例如表面的几何中心、对称线、对称面等，而常常由某些具体表面来体现，这些具体表面称为基面。

（二）工艺基准

所谓工艺基准是在机械加工工艺过程中用来确定本工序的加工表面加工后尺寸、形状、位置的基准。工艺基准按不同的用途可分为工序基准、定位基准、测量基准和装配基准。

1. 工序基准

在工序图上用来确定本工序的加工表面加工后的尺寸、形状、位置的基准，称为工序基准。如图 2-22（a）所示，A 为加工面，母线至 A 面的距离 h 为工序尺寸，位置要求 A 面对

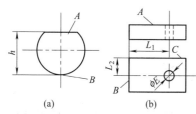

图 2-22 工序基准及工序尺寸

B 面的平行度（没有标出则包括在 h 的尺寸公差内）。所以母线为本工序的工序基准。

有时确定一个表面就需要数个工序基准。如图 2-22（b）所示，ϕE 孔为加工表面，要求其中心线与 A 面垂直，并与 B 面及 C 面保持距离 L_1、L_2，因此表面 A、B 和 C 均为本工序的工序基准。

2. 定位基准

在加工中用作定位的基准称为定位基准。例如，将图 2-21（a）所示的零件的内孔套在心轴上加工 $\phi 40h6$ 外圆时，内孔中心线即为定位基准。加工一个表面时，往往需要数个定位基准同时使用。如图 2-22（b）所示的零件，加工 ϕE 孔时，为保证对 A 面的垂直度，要用 A 面作为定位基准；为保证 L_1、L_2 的距离尺寸，用 B、C 面作为定位基准。

作为定位基准的点、线、面在工件上也不一定存在，但必须由相应的实际表面来体现。这些实际存在的表面称为定位基面。

3. 测量基准

测量时采用的基准称为测量基准。例如图 2-21（a）中，以内孔套在心轴上去检验 $\phi 40h6$ 外圆的径向圆跳动和端面 B 的轴向圆跳动，内孔中心线为测量基准。

4. 装配基准

装配时用来确定零件或部件在产品中相对位置时所用的基准称为装配基准。图 2-21（b）所示的支承块，底面 F 为装配基准。

二、工件定位的概念及定位的要求

（一）工件定位的概念

机床、夹具、刀具和工件组成了一个工艺系统。工件加工面的相互位置精度是由工艺系统间的正确位置关系来保证的。因此加工前，应首先确定工件在工艺系统中的正确位置，即是工件的定位。

而工件是由许多点、线、面组成的一个复杂的空间几何体。当考虑工件在工艺系统中占据一正确位置时，是否将工件上的所有点、线、面都列入考虑范围内呢？显然是不必要的。在实际加工中，进行工件定位时，只要考虑作为设计基准的点、线、面是否在工艺系统中占有正确的位置。所以工件定位的本质，是使加工面的设计基准在工艺系统中占据一个正确位置。

工件定位时，由于工艺系统在静态下的误差，会使工件加工面的设计基准在工艺系统中的位置发生变化，影响工件加工面与其设计基准的相互位置精度，但只要这个变动值在允许的误差范围以内，即可认定工件在工艺系统中已占据了一个正确的位置，即工件已正确定位。

（二）工件定位的要求

工件定位的目的是为了保证工件加工面与加工面的设计基准之间的位置公差（如同轴度、平行度、垂直度等）和距离尺寸精度。工件加工面的设计基准与机床的正确位置是工件加工面与加工面的设计基准之间位置公差的保证；工件加工面的设计基准与刀具的正确位置是工件加工面与加工面的设计基准之间距离尺寸精度的保证。所以工件定位时有以下两点要求：一是使工件加工面的设计基准与机床保持一正确的位置；二是使工件加工面的设计基准与刀具保持一正确的位置。下面分别从这两方面进行说明。

① 为了保证加工面与其设计基准间的位置公差（同轴度、平行度、垂直度等），工件定位时应使加工表面的设计基准相对于机床占据一正确的位置。

如图 2-21（a）所示零件，为了保证外圆表面 $\phi 40h6$ 的径向圆跳动要求，工件定位时必须使其设计基准（内孔轴线 O-O）与机床主轴回转轴线 O_1-O_1 重合，见图 2-23（a）所示。对于图 2-21（b）所示零件，为了保证加工面 B 与其设计基准 A 的平行度要求，工件定位时必须使设计基准 A 与机床工作台的纵向直线运动方向平行，见图 2-23（b）所示。孔加工时为了保证孔与其设计基准（底面 F）的垂直度要求，工件定位时必须使设计基准 F 面与机床主轴轴心线垂直，见图 2-23（c）。

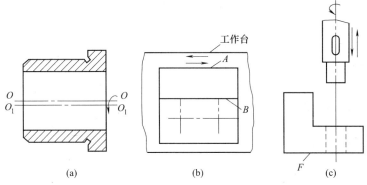

图 2-23　工件定位的正确位置示例

② 为了保证加工面与其设计基准间的距离尺寸精度，工件定位时，应使加工面的设计基准相对于刀具有一正确的位置。

表面间距离尺寸精度的获得通常有两种方法：试切法和调整法。

试切法是通过试切—测量加工尺寸—调整刀具位置—试切的反复过程来获得距离尺寸精度的。由于这种方法是在加工过程中，通过多次试切才能获得距离尺寸精度，所以加工前工件相对于刀具的位置可不必确定。例如图 2-24（a）中为获得尺寸 l，加工前工件在三爪自定心卡盘中的轴向定位可以不必严格规定。试切法多用于单件小批生产中。

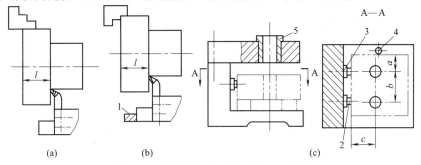

图 2-24　获得距离尺寸精度的方法示例
1—挡铁；2～4—定位元件；5—导向元件

调整法是一种加工前按规定的尺寸调整好刀具与工件相对位置及进给行程，从而保证在加工时自动获得所需距离尺寸精度的加工方法。这种加工方法在加工时不再试切。生产率高，其加工精度决定于机床、夹具的精度和调整误差，用于大批量生产。图 2-24 中示出了按调整法获得距离尺寸精度的两个实例，图 2-24（b）是通过三爪反装和挡铁来确定工件和刀具的相对位置；图 2-24（c）是通过夹具中的定位元件与导向元件的既定位置来确定工件与刀具的相对位置。

三、工件定位的方法

工件定位的方法有以下三种。

（一）直接找正法定位

直接找正法定位是利用百分表、划针或目测等方法在机床上直接找正工件加工面的设计基准使其获得正确位置的定位方法。如图 2-25 所示，零件在磨床上磨削内孔，若零件的外圆与内孔有很高的同轴度要求，此时可用四爪单调卡盘装夹工件，并在加工前用百分表等控制外圆的径向圆跳动，从而保证加工后零件外圆与内孔的同轴度要求。

这种方法的定位精度和找正的快慢取决于找正工人的水平，一般来说，此法比较费时，多用于单件小批生产或要求位置精度特别高的工件。

（二）划线找正法定位

划线找正法定位是在机床上使用划针按毛坯或半成品上待加工处预先划出的线段找正工件，使其获得正确的位置的定位方法，如图 2-26 所示。此法受划线精度和找正精度的限制，定位精度不高。主要用于批量小、毛坯精度低及大型零件等不便于使用夹具进行加工的粗加工。

图 2-25　直接找正法示例　　　　图 2-26　划线找正法示例

（三）使用夹具定位

夹具定位即是直接利用夹具上的定位元件使工件获得正确位置的定位方法。由于夹具的定位元件与机床和刀具的相对位置均已预先调整好，故工件定位时不必再逐个调整。此法定位迅速、可靠，定位精度较高，广泛用于成批生产和大量生产中。

1. 机床夹具的工作原理

如图 2-27 所示为钻模的工作原理。钻孔时，应首先借助于夹具体 1 的底面 A_1 及钻套 2 的内孔 A_2 实现钻模在机床上的定位，并用机床公用螺栓夹紧在机床工作台面上；然后工件以孔基准 S_1 和端面 S_2 为定位基准放在心轴 3 的 J_1 及 J_2 表面上定位，并借助于快换垫圈 4，用螺母 5 夹紧工件；最后将刀具插入钻套 2 的导向套孔 A_2 便可进行钻削加工。

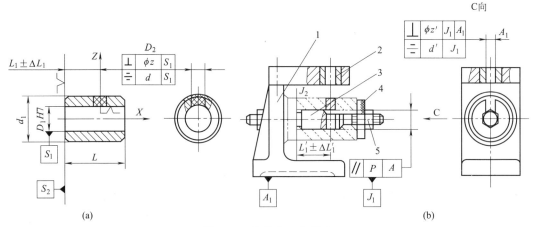

图 2-27　钻模的工作原理
1—夹具体；2—钻套；3—心轴；4—快换垫圈；5—螺母

如此，同一批工件在夹具中便可取得确定位置。显然，本工序所要求的与基准直接联系的距离尺寸 $L_1 \pm \Delta L_1$（单位为 mm）及位置公差 ϕz（单位为 mm）主要靠夹具来保证。

图 2-28 所示为铣床夹具的工作原理。铣削前，应借助于夹具体 1 的底面 A_1 及两个定位键 2 的公共侧面 A_2 与铣床工作台及中央 T 形槽结合而实现夹具与机床的定位，依靠 T 形螺栓将夹具夹紧在机床上；然后工件以外圆基准 S_1 和孔基准 S_2 为定位基准放在 V 形块 3 及支承 4 上定位并夹紧；最后通过对刀块 5 及塞尺 6 对刀后，便可进行铣削加工。

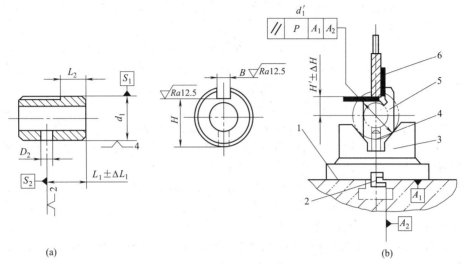

图 2-28 铣床夹具的工作原理
1—夹具体；2—定位键；3—V 形块；4—支承；5—对刀块；6—塞尺

同理，该同批零件在夹具中可获得确定位置。显然，本工序中与基准相联系的距离尺寸 H，主要由夹具来保证。

综合上述分析可知，欲保证工件加工面的位置精度要求，工艺系统各环节之间必须保证如下的正确几何关系：

① 使工件与夹具具有确定的相互位置；
② 使机床与夹具具有确定的相互位置；
③ 使刀具与夹具具有确定的距离尺寸联系。

所以，机床夹具是能使同一批工件在加工前迅速进行装夹并使工件相对于机床、刀具具有确定位置且在整个加工过程中保持上述位置关系的一种工艺装备。

2. 夹具的组成

（1）定位元件　定位元件是保证工件在夹具中的正确位置的元件，如图 2-27 所示的件 3 及图 2-28 所示的件 3 及件 4。

（2）安装元件　安装元件是保证机床和夹具正确位置的元件，如图 2-28 中的件 2。

（3）调整元件（导向-对刀元件）　调整元件是保证刀具和夹具获得正确位置的元件。这类元件一般专指钻套、镗套、对刀块等元件，它通过对定位元件正确的位置精度，直接或间接地引导刀具，如图 2-27 中的件 2、图 2-28 中的件 5。

（4）夹紧装置　该装置一般由动力源、中间传力机构及夹紧元件组成，其作用是保持工件由定位所取得的确定位置，并抵抗动态下系统所受外力及其影响，使加工得以顺利实现，如图 2-27 中的件 4 和件 5。

（5）夹具体　夹具体是用于连接夹具上各个元件或装置，使之成为一个整体的基础体。

（6）其他装置或元件　为满足设计给定条件及使用方便，夹具上有时设有分度机构、上下料机构等装置。

3. 夹具的分类

根据通用程度的不同，机床夹具可分类如下。

（1）通用夹具　这类夹具具有很大的通用性。现已标准化，在一定范围内无需调整或稍加调整就可用于装夹不同的工件。如车床上的三爪自定心卡盘、四爪单调卡盘、铣床上的平口钳、分度头、回转盘等。这类夹具通常作为机床附件由专业厂生产。其使用特点是操作费时、生产率低，主要用于单件小批生产。

（2）专用夹具　这类夹具是针对某一工件的某一固定工序而专门设计的。因为不需要考虑通用性，可以设计得结构紧凑，操作方便、迅速，它比通用夹具的生产率高。这类夹具在产品变更后就无法利用，因此适用于大批量生产。

（3）成组可调夹具　在多品种小批量生产中，由于通用夹具生产率低，产品质量也不高，而采用专用夹具又不经济。这时可采用成组加工方法，即将零件按形状，尺寸和工艺特征等进行分组，为每一组设计一套可调整的"专用夹具"，使用时只需稍加调整或更换部分元件，即可加工同一组内的各个零件。

（4）组合夹具　组合夹具是一种由预先制造好的通用标准部件经组装而成的夹具。当产品变更时，夹具可拆卸、清洗，并在短时间内重新组装成另一种形式的夹具。因此组合夹具既适合于单件小批生产，又可适合于中批生产。

机床夹具也可按适用的机床分为车床夹具、钻床夹具、铣床夹具、镗床夹具、齿轮加工机床夹具等。

若按所使用的动力源，机床夹具又可分为手动夹具、气动夹具、液压夹具、电动夹具、磁力夹具、真空夹具等。

第六节　六点定位原则及定位基准的选择

一、六点定位原则

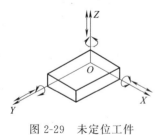

图 2-29　未定位工件的六个自由度

一个尚未定位的工件，其位置是不确定的。如图 2-29 所示，将未定位的工件（长方体）放在空间直角坐标系中，长方体可以沿 X、Y、Z 轴移动而有不同的位置，也可以绕 X、Y、Z 轴转动而有不同的位置，分别用 $\vec{X}$、$\vec{Y}$、$\vec{Z}$ 和 $\hat{X}$、$\hat{Y}$、$\hat{Z}$ 表示。

用以描述工件位置不确定性的 $\vec{X}$、$\vec{Y}$、$\vec{Z}$、$\hat{X}$、$\hat{Y}$、$\hat{Z}$ 合称为工件的六个自由度。其中 $\vec{X}$、$\vec{Y}$、$\vec{Z}$ 称为工件沿 X、Y、Z 轴的移动自由度，$\hat{X}$、$\hat{Y}$、$\hat{Z}$ 称为工件绕 X、Y、Z 轴的转动自由度。

工件要正确定位，首先要限制工件的自由度。设空间有一固定点，长方体的底面与该点保持接触，那么长方体沿 Z 轴的移动自由度即被限制了。如果按图 2-30 所

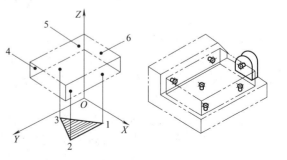

图 2-30　长方体定位时支承点的分布

设置的六个固定点，长方体的三个面分别与这些点保持接触，长方体的六个自由度均被限制。其中XOY平面上的呈三角形分布的三点限制了$\vec{Z}$、$\hat{X}$、$\hat{Y}$三个自由度；YOZ平面内的水平放置的两个点，限制了$\vec{X}$、$\hat{Z}$两个自由度；XOZ平面内的一点，限制了$\vec{Y}$一个自由度。限制三个或三个以上自由度的定位基准称为主要定位基准。

这种用适当分布的六个支承点限制工件六个自由度的原则称为六点定位原则。

支承点的分布必须适当，否则六个支承点限制不了工件的六个自由度。例图2-30中XOY平面内的三点不应在一直线上，同理，YOZ平面内的两点不应垂直布置。六点定位原则是工件定位的基本法则，用于实际生产时起支承作用的是有一定形状的几何体，这些用于限制工件自由度的几何体即为定位元件。表2-10为常用定位元件能限制的工件自由度。

表2-10 常用定位元件能限制的工件自由度

工件定位基面	定位元件	定位简图	定位元件特点	限制的自由度
平面	支承钉			1,2,3—$\vec{Z}$,$\hat{X}$,$\hat{Y}$ 4,5—$\vec{X}$,$\hat{Z}$ 6—$\vec{Y}$
	支承板			1,2—$\vec{Z}$,$\hat{X}$,$\hat{Y}$ 3—$\vec{X}$,$\hat{Z}$
圆孔	定位销（心轴）		短销（短心轴）	$\vec{X}$,$\vec{Y}$
			长销（长心轴）	$\vec{X}$,$\vec{Y}$ $\hat{X}$,$\hat{Y}$
圆孔	锥销			$\vec{X}$,$\vec{Y}$,$\vec{Z}$
			1—固定销 2—活动销	$\vec{X}$,$\vec{Y}$,$\vec{Z}$ $\hat{X}$,$\hat{Y}$
	定位套		短套	$\vec{X}$,$\vec{Z}$
			长套	$\vec{X}$,$\vec{Z}$ $\hat{X}$,$\hat{Z}$

续表

工件定位基面	定位元件	定位简图	定位元件特点	限制的自由度
外圆柱面	半圆套		短半圆套	$\vec{X},\vec{Z}$
			长半圆套	$\vec{X},\vec{Z}$ $\hat{X},\hat{Z}$
	锥套			$\vec{X},\vec{Y},\vec{Z}$
			1—固定锥套 2—活动锥套	$\vec{X},\vec{Y},\vec{Z}$ $\hat{X},\hat{Z}$
	支承板或支承钉		短支承板或支承钉	$\vec{Z}$
			长支承板或两个支承钉	$\vec{Z},\hat{X}$
	V形块		窄V形块	$\vec{X},\vec{Z}$
			宽V形块	$\vec{X},\vec{Z}$ $\hat{X},\hat{Z}$

二、由工件加工要求确定工件应限制的自由度数

工件定位时，影响加工精度要求的自由度必须限制；不影响加工精度要求的自由度可以限制也可以不限制，视具体情况而定。

按照工件加工要求确定工件必须限制的自由度是工件定位中应解决的首要问题。

例如图 2-31 所示为加工压板导向槽的示例。由于要求槽深方向的尺寸 A_2，故要求限制 Z 方向的移动自由度 $\vec{Z}$；由于要求槽底面与 C 面平行，故绕 X 轴的转动自由度 $\hat{X}$ 和绕 Y 轴的转动自由度 $\hat{Y}$ 要限制；由于要保证槽长 A_1，故在 X 方向的移动自由度 $\vec{X}$ 要限制；由于导向槽要在压板的中心，与长圆孔一致，故在 Y 方向的移动自由度 $\vec{Y}$ 和绕 Z 轴的转动自由度 $\hat{Z}$ 要限制。这样，在加工导向槽时，六个自由度都应限制。这种六个自由度都被限制的定位方式称为完全定位。

图 2-31 的导板如在平面磨床上磨平面，要求保证板厚 B，同时加工面与底面应平行，这时，根据加工要求只需限制 $\vec{Z}$、$\hat{X}$、$\hat{Y}$ 三个自由度就可以了。这种根据零件加工要求实际限制的自由度少于六个的定位方法称为不完全定位。

如工件在某工序加工时，根据零件加工要求应限制的自由度而未被限制的定位方法称为欠定位。欠定位在零件加工中是不允许出现的。

如果某一个自由度同时由多于一个的定位元件来限制，这种定位方式称为过定位或重复定位。如图 2-32 所示为一个零件在 $\vec{X}$ 自由度上有左右两个支承点限制，这就产生了过定位。

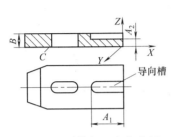
图 2-31 零件加工定位分析

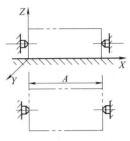
图 2-32 过定位示例

如图 2-33 所示是过定位情况分析，其中，图 2-33（a）是短销和大平面定位，大平面限制了 $\vec{Z}$、$\hat{X}$、$\hat{Y}$ 三个自由度，短销限制了 $\vec{X}$、$\vec{Y}$ 两个自由度，无过定位；图 2-33（b）是长销和小平面定位，长销限制了 $\vec{X}$、$\vec{Y}$、$\hat{X}$、$\hat{Y}$ 四个自由度，小平面限制了 $\vec{Z}$ 一个自由度，因此也无过定位；图 2-33（c）是长销和大平面定位，长销限制了 $\vec{X}$、$\vec{Y}$、$\hat{X}$、$\hat{Y}$ 四个自由度，大平面限制了 $\vec{Z}$、$\hat{X}$、$\hat{Y}$ 三个自由度，其中 $\hat{X}$、$\hat{Y}$ 为两个定位元件所限制，所以产生了过定位。

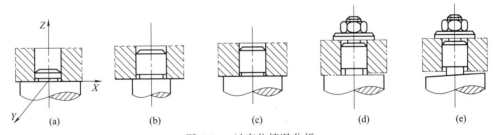
图 2-33 过定位情况分析

由于过定位的影响，可能会发生工件不能装入、工件或夹具变形等后果，破坏工件的正确定位。因此当出现过定位时，应采取有效的措施消除或减小过定位的不良影响。

消除或减小过定位的不良影响一般有如下两种措施。

1. 改变定位装置结构

如图 2-34 所示，使用球面垫圈，消除 $\hat{X}$、$\hat{Y}$ 两个自由度的重复限制，避免了过定位的不良影响。

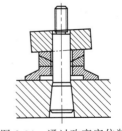
图 2-34 通过改变定位装置结构避免过定位

2. 提高工件和夹具有关表面的位置精度

如图 2-33（d）、(e) 中，如能提高工件内孔与端面的垂直度和提高定位销与定位平面的垂直度，也能减小过定位的不良影响。

三、定位基准的选择

当根据工件加工要求确定工件应限制的自由度数后，某一方向自由度的限制往往会有几个定位基准可选择，此时提出了如何正确选择定位基准的问题。

定位基准有粗基准和精基准之分。在加工起始工序中，只能用毛坯上未曾加工过的表面作为定位基准，则该表面称为粗基准。利用已加工过的表面作为定位基准，则称为精基准。

（一）粗基准的选择

选择粗基准时，主要考虑两个问题：一是保证加工面与不加工面之间的相互位置精度要求；二是合理分配各加工面的加工余量。具体选择时参考下列原则。

① 对于同时具有加工表面和不加工表面的零件，为了保证不加工表面与加工表面之间的位置精度，应选择不加工表面作为粗基准，如图 2-35（a）所示。如果零件上有多个不加工表面，则以其中与加工表面相互位置精度要求较高的表面作为粗基准，如图 2-35（b），该零件有三个不加工表面，若要求表面 4 与表面 2 所组成的壁厚均匀，则应选择不加工表面 2 作为粗基准来加工台阶孔。

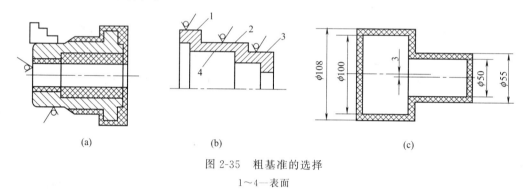

图 2-35 粗基准的选择

1~4—表面

② 对于具有较多加工表面的工件，选择粗基准时，应考虑合理分配各加工表面的加工余量。合理分配加工余量是指以下两点。

a. 应保证各主要表面都有足够的加工余量。为满足这个要求，应选择毛坯余量最小的表面作为粗基准，如图 2-35（c）所示的阶梯轴，应选择 $\phi55$mm 外圆表面作为粗基准。

b. 对于工件上的某些重要表面（如导轨和重要孔等），为了尽可能使其表面加工余量均匀，则应选择重要表面作为粗基准。如图 2-36 所示的床身导轨表面是重要表面，要求耐磨性好，且在整个导轨面内具有大体一致的力学性能。因此，在加工导轨时，应选择导轨表面作为粗基准加工床身底面［图 2-36（a）］，然后以底面为基准加工导轨平面［图 2-36（b）］。

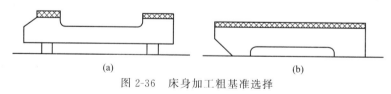

图 2-36 床身加工粗基准选择

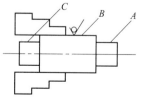

图 2-37 重复使用粗基准示例

③ 粗基准应避免重复使用。在同一尺寸方向上，粗基准通常只能使用一次，以免产生较大的定位误差。如图 2-37 所示的小轴加工，如重复使用 B 面加工 A 面、C 面，则 A 面和 C 面的轴线将产生较大的同轴度误差。

④ 选作粗基准的平面应平整，没有浇冒口或飞边等缺陷，以便定位可靠。

（二）精基准的选择

精基准的选择应从保证零件加工精度出发，同时考虑装夹方便、夹具结构简单。选择精基准一般应考虑如下原则。

1."基准重合"原则

为了较容易地获得加工表面对其设计基准的相对位置精度要求，应选择加工表面的设计基准为其定位基准。这一原则称为基准重合原则。如果加工表面的设计基准与定位基准不重合，则会增大定位误差，其产生的原因及计算方法在下节讨论。

2."基准统一"原则

当工件以某一组精基准定位可以比较方便地加工其他表面时，应尽可能在多数工序中采用此组精基准定位，这就是"基准统一"原则。例如轴类零件大多数工序都以中心孔为定位基准；齿轮的齿坯和齿形加工多采用齿轮内孔及端面为定位基准。

采用"基准统一"原则可减少工装设计制造的费用，提高生产率，并可避免因基准转换所造成的误差。

3."自为基准"原则

当工件精加工或光整加工工序要求余量尽可能小而均匀时，应选择加工表面本身作为定位基准，这就是"自为基准"原则。例如磨削床身导轨面时，就以床身导轨面作为定位基准，如图 2-38 所示，此时床脚平面只是起一个支承

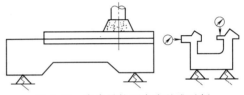

图 2-38 床身导轨面自为基准示例

平面的作用，它并非是定位基准面。此外，用浮动铰刀铰孔、用拉刀拉孔、用无心磨床磨外圆等，均为自为基准的实例。

4."互为基准"原则

为了获得均匀的加工余量或较高的位置精度，可采用互为基准反复加工的原则。例如加工精密齿轮时，先以内孔定位加工齿形面，齿面淬硬后需进行磨齿。因齿面淬硬层较薄，所以要求磨削余量小而均匀。此时可用齿面为定位基准磨内孔，再以内孔为定位基准磨齿面，从而保证齿面的磨削余量均匀，且与齿面的相互位置精度又较易得到保证。

5. 精基准选择应保证工件定位准确、夹紧可靠、操作方便

如图 2-39（b），当加工 C 面时，如果采用"基准重合"原则，则选择 B 面作为定位基准，工件装夹如图 2-40 所示。这样不但工件装夹不便，夹具结构也较复杂；但如果采用图 2-39（a）所示的以 A 面定位，虽然夹具结构简单、装夹方便，但基准不重合，定位误差较大。

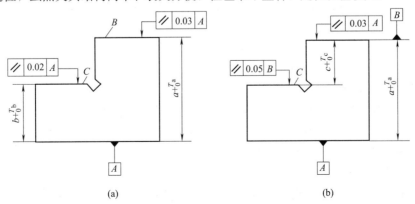

图 2-39 两种尺寸标注定位基准选择的影响

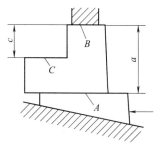

图 2-40 基准重合时装夹示例

应该指出，上述粗精基准选择原则，常常不能全部满足，实际应用时往往会出现相互矛盾的情况，这就要求综合考虑，分清主次，着重解决主要矛盾。

（三）辅助基准的应用

工件定位时，为了保证加工表面的位置精度，大多优先选择设计基准或装配基准作为主要定位基准，这些基准一般为零件上的主要表面。但有些零件在加工中，为装夹方便或易于实现基准统一，人为地制造一种定位基准。如毛坯上的工艺凸台和轴类零件加工时的中心孔。这些表面不是零件上的工作表面，只是为满足工艺需要而在工件上专门设计的定位基准，称为辅助基准。

此外，某些零件上的次要表面（非配合表面），因工艺上宜作定位基准而提高了其加工精度和表面质量以便定位时使用，这种表面也称为辅助基准。例如，丝杠的外圆表面，从螺纹副的传动来看，它是非配合的次要表面，但在丝杠螺纹的加工中，外圆表面往往作为定位基准，它的圆度和圆柱度直接影响到螺纹的加工精度，所以要提高外圆的加工精度，并降低其表面粗糙度值。

第七节 常用定位元件

为了保证同一批工件在夹具中占据一个正确的位置，必须选择合理的定位方法和设计相应的定位装置。

上节已介绍了工件定位原理及定位基准选择的原则。在实际应用时，一般不允许将工件的定位基面直接与夹具体接触，而是通过定位元件上的工作表面与工件定位基面的接触来实现定位。

定位基面与定位元件的工作表面合称为定位副。

一、对定位元件的基本要求

1. 足够的精度

由于工件的定位是通过定位副的接触（或配合）实现的。定位元件工作表面的精度直接影响工件的定位精度，因此定位元件工作表面应有足够的精度，以保证加工精度要求。

2. 足够的强度和刚度

定位元件不仅限制工件的自由度，还有支承工件、承受夹紧力和切削力的作用。因此还应有足够的强度和刚度，以免使用中变形和损坏。

3. 有较高的耐磨性

工件的装卸会磨损定位元件工件表面，导致定位元件工件表面精度下降，引起定位精度的下降。当定位精度下降至不能保证加工精度时则应更换定位元件。为延长定位元件更换周期，提高夹具使用寿命，定位元件工作表面应有较高的耐磨性。

4. 良好的工艺性

定位元件的结构应力求简单、合理，便于加工、装配和更换。

对于工件不同的定位基面的形式，定位元件的结构、形状、尺寸和布置方式也不同。下面按不同的定位基准分别介绍所用的定位元件的结构形式。

二、工件以平面定位时的定位元件

工件以平面作为定位基准时常用的定位元件如下。

（一）主要支承

主要支承用来限制工件自由度，起定位作用。

1. 固定支承

固定支承有支承钉和支承板两种形式，如图 2-41 所示，在使用过程中它们都是固定不动的。

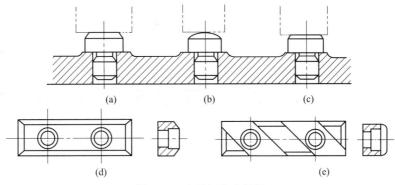

图 2-41　支承钉和支承板

当工件以粗糙不平的毛坯面定位时，采用球头支承钉［见图 2-41（b）］；齿纹头支承钉［见图 2-41（c）］，用在工件侧面，以增大摩擦系数，防止工件滑动；当工件以加工过的平面定位时，可采用平头支承钉［见图 2-41（a）］或支承板。图 2-41（d）所示的支承板结构简单，制造方便，但孔边切屑不易清除干净，故适用于侧面和顶面定位；图 2-41（e）所示的支承板便于清除切屑，适用于底面定位。

需要经常更换的支承钉应加衬套，如图 2-42 所示。支承钉、支承板均已标准化，其公差配合、材料、热处理等可查国家标准《机床夹具零件及部件》。

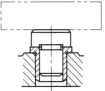

图 2-42　衬套的应用

一般支承钉与夹具体孔的配合可取 H7/n6 或 H7/r6。如用衬套，则支承钉与衬套内孔的配合可取 H7/js6。

当要求几个支承钉或支承板装配后等高时，可采用装配后一次磨削法，以保证它们的工作面在同一平面内。

工件以平面定位时，除了采用上面介绍的标准支承钉和支承板外，也可根据工件定位平面的不同形状设计相应的支承板。

2. 可调支承

在工件定位过程中，支承钉的高度需调整时，应采用图 2-43 所示的可调支承。

在图 2-44（a）中，工件为砂型铸件，先以 A 面定位铣 B 面，再以 B 面定位镗双孔。铣 B 面时若用固定支承，由于定位基面 A 的尺寸和形状误差较大，铣完后的 B 面与两毛坯孔（图 2-44 中的点划线）的距离尺寸 H_1、H_2 变化也大，致使镗孔时余量很不均匀，甚至可能使余量不够。因此图 2-44 中可采用可调支承，定位时适当调整支承钉的高度，便可避免出现上述情况。对于中小型零件，一般每批调整一次，调整好后，用锁紧螺母拧紧固定，此时其作用与固定支承完全相同。若工件较大且毛坯精度较低时，也可能每件都要调整。

在同一夹具上加工形状相同但尺寸不同的工件时，可用可调支承，如图 2-44（b）所

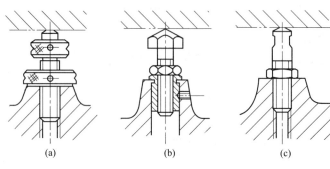

图 2-43 可调支承

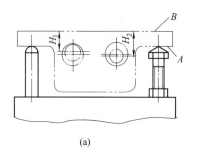

(a)

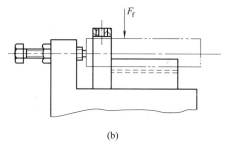

(b)

图 2-44 可调支承的应用

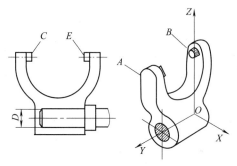

图 2-45 自位支承的应用

示,在轴上钻径向孔,对于孔至端面的距离不等的工件,只要调整支承钉的伸出长度,便可进行加工。

3. 自位支承（浮动支承）

在工件定位过程中,能自动调整位置的支承称为自位支承,或称浮动支承。图 2-45 所示的叉形零件,以加工过的孔 D 及端面定位,铣平面 C 和 E。用心轴及端面限制 $\vec{X}$、$\vec{Z}$、$\hat{X}$、$\hat{Z}$ 和 $\hat{Y}$ 五个自由度,为了限制自由度 $\vec{Y}$ 需设一防转支承。此支承如单独设在 A 处或 B 处,都因工件刚性差而无法加工,若在 A、B 两处均设防转支承则属过定位,夹紧后使工件产生较大的变形,将影响加工精度。此时应采用图 2-46 所示的自位支承。

图 2-46（a）、（b）是两点式自位支承。图 2-46（c）是三点式自位支承。这类支承的工

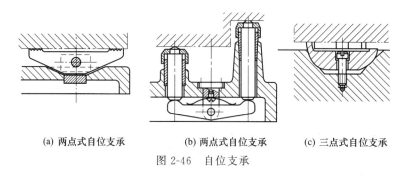

(a) 两点式自位支承　　(b) 两点式自位支承　　(c) 三点式自位支承

图 2-46 自位支承

作特点是：支承点的位置能随着工件定位基面位置的变动而自动调整，定位基面压下其中一点，其余点便上升，直至各点均与工件接触。接触点数的增加，提高了工件装夹刚度和稳定性，但其作用相当于一个固定支承，只限制了工件的一个自由度。

自位支承适用于工件以毛坯面定位或定位刚性较差的场合。

（二）辅助支承

辅助支承用来提高装夹刚度和稳定性，不起定位作用。如图 2-47 所示，工件以内孔及端面定位钻右端小孔。若右端不设支承，工件装夹后，右臂为一悬臂，刚性差。若在 A 点设置固定支承则属过定位，有可能破坏左端定位。在这种情况下，宜在右端设置辅助支承。工件定位时，辅助支承是浮动的（或可调的），待工件夹紧后再把辅助支承固定下来，以承受切削力。

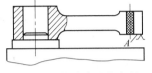

图 2-47 辅助支承的应用

(1) 螺旋式辅助支承　如图 2-48（a）所示螺旋式辅助支承的结构与可调式支承相近，但操作过程不同，前者不起定位作用，而后者起定位作用。

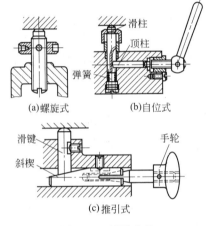

图 2-48 辅助支承

(2) 自位式辅助支承　如图 2-48（b）所示，弹簧推动滑柱与工件接触，用顶柱锁紧，弹簧力应能推动滑柱，但不可推动工件。

(3) 推引式辅助支承　如图 2-48（c）所示，工件定位后，推动手轮使滑键与工件接触，然后转动手轮使斜楔开槽部分胀开锁紧。

三、工件以圆孔定位时的定位元件

工件以内孔表面作为定位基面时常用的定位元件如下。

（一）圆柱销（定位销）

图 2-49 为常用定位销结构。当定位销直径 D 大于 $3\sim10\text{mm}$ 时，为避免使用中折断或热处理时淬裂，通常将根部制成圆角 R。夹具体上应有沉孔，使定位销的圆角部分沉入孔内而不影响定位。大批大量生产时，为了便于定位销的更换，可采用图 2-49（d）所示的带有衬套的结构形式。为了便于工件装入，定位销头部有 15°的倒角，此时衬套的外径与夹具体底孔采用 H7/n6 或 H7/r6 配合，而内径与定位销外径采用 H7/h6 或 H7/h5 配合。

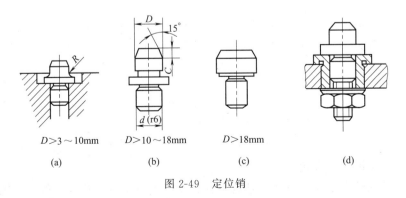

图 2-49 定位销

(二) 圆柱心轴

圆柱心轴在很多工厂中有自己的厂标。图 2-50 为常用心轴的结构形式。

图 2-50（a）为间隙配合心轴。心轴的圆柱配合面一般按 h6、g6 或 f7 制造，装卸工件方便，但定心精度不高。为了减少因配合间隙而造成的工件倾斜，工件常以孔和端面联合定位，因而要求工件定位孔与定位端面之间、心轴定位圆柱面与定位平面之间都有较高的垂直度要求，最好能在一次装夹中加工出来。

图 2-50（b）为过盈配合心轴，由引导部分、工作部分、传动部分组成。引导部分 1 的作用是使工件迅速而准确地套入心轴，其直径 d_3 按 g8 制造，d_3 的基本尺寸等于工件孔的最小极限尺寸，其长度约为工件孔长度的一半；工作部分 2 的基本尺寸为工件孔的最大极限尺寸，公差带为 r6。当工件定位孔的长径比 $L/d>1$ 时，工作部分应带有一定的锥度。此时，d_1 的基本尺寸为工件孔的最大极限尺寸、公差带按 r6 考虑；d_2 的基本尺寸为工件孔最小极限尺寸，公差带为 h6。传动部分 3 由同轴度极高的二中心孔及与拨盘配套并传递转矩的扁方面组成。这种心轴结构简单、制造方便且定心误差等于零，但装卸工件需在压床上进行，故批量生产时需备很多根心轴。当孔已成形时，一般不宜采用这种心轴，若非用不可时，则应在心轴部分的两端按半径为 5mm 倒圆，否则会拉伤工件孔表面，使工件报废。

图 2-50（c）是花键心轴，用于加工以花键孔定位的工件。当工件定位孔的长径比 $L/d>1$ 时，工作部分可稍带锥度。设计花键心轴时，应使心轴结构与花键孔的定心方式及工作要求相协调，其参数及有关技术要求可参考上述心轴确定。

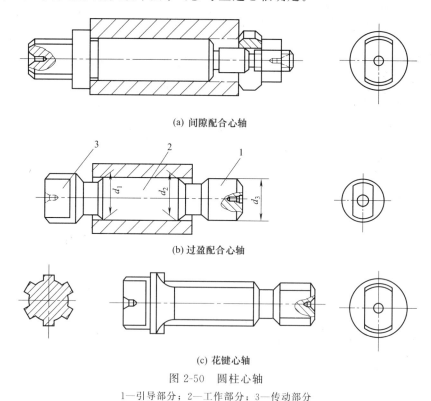

(a) 间隙配合心轴

(b) 过盈配合心轴

(c) 花键心轴

图 2-50 圆柱心轴

1—引导部分；2—工作部分；3—传动部分

心轴在机床上的安装方式如图 2-51 所示。

为保证工件同轴度要求，设计心轴时，夹具总图上应标注心轴各工作面、工作圆柱面与中心孔轴线或锥柄间的位置精度要求，其同轴度可取工件相应同轴度的 1/3～1/2。

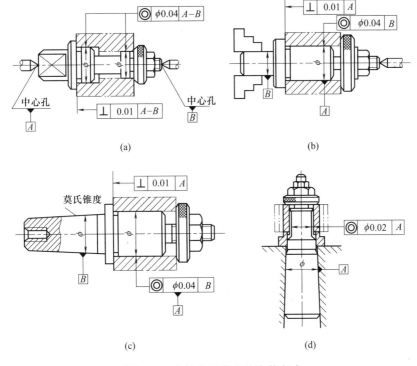

图 2-51 心轴在机床上的安装方式

(三) 圆锥销

图 2-52 为工件以圆孔在圆锥销上定位的示意图,它限制了工件的 $\vec{X}$、$\vec{Y}$、$\vec{Z}$ 三个自由度。图 2-52(a)所示用于粗定位基面,图 2-52(b)所示用于精定位基面。工件在单个定位销上定位容易倾斜,为此圆锥销一般与其他元件组合定位。如图 2-53(a)所示为圆锥-圆柱组合心轴,锥度部分使工件准确定位,圆柱部分可减小工件的倾斜。图 2-53(b)所示为工件以底面作主要定位基面,限制工件 $\vec{Z}$、$\hat{X}$、$\hat{Y}$ 三个自由度,而圆锥销在 Z 向是可以活动的,限制工件 $\vec{X}$、$\vec{Y}$ 两个自由度,由于圆锥销在上下方向能自由活动,即使工件孔径变化较大也能正确定位。图 2-53(c)为工件在双圆锥销上定位,限制工件的五个自由度。

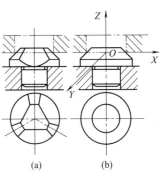

图 2-52 圆锥销定位

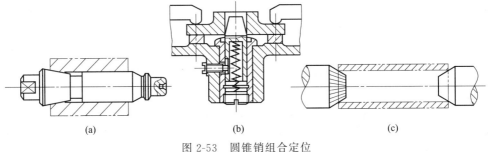

图 2-53 圆锥销组合定位

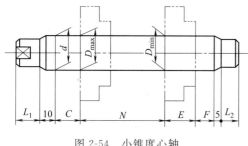

图 2-54 小锥度心轴

（四）圆锥心轴（小锥度心轴）

如图 2-54 所示，工件在锥度心轴上定位，并靠工件定位基准孔与心轴工作圆锥表面的弹性变形夹紧工件，心轴锥度 K 见表 2-11。

这种定位方式的定心精度较高，可达 $\phi 0.02 \sim 0.01$mm，但工件轴向位移误差较大，适用于工件定位孔精度不低于 IT7 的精车和磨削，但不能作为轴向定位加工端面等有轴向尺寸精度的工件。小锥度心轴的结构尺寸按表 2-12 所示。为保证心轴有足够的刚度，心轴的长径比 $L/d > 8$ 时，应将工件按定位孔的公差范围分为 2~3 组，每组设计一根心轴。

表 2-11 高精度心轴锥度推荐值

工件定位孔直径 D/mm	8~20	20~50	50~70	70~80	80~100	>100
锥度 K	$\dfrac{0.01\text{mm}}{2.5D}$	$\dfrac{0.01\text{mm}}{2D}$	$\dfrac{0.01\text{mm}}{1.5D}$	$\dfrac{0.01\text{mm}}{1.25D}$	$\dfrac{0.01\text{mm}}{D}$	$\dfrac{0.01}{100}$

表 2-12 小锥度心轴的结构尺寸

计算项目	计算公式及数据	说　明
心轴大端直径	$d = D_{max} + 0.25\delta_D$ $\approx D_{max} + (0.01 \sim 0.02)$	D——工件孔的基本尺寸 D_{max}——工件孔的最大极限尺寸 D_{min}——工件孔的最小极限尺寸 δ_D——工件孔的公差 E——工件孔的长度 当 $L/d > 8$ 时，应分组设计心轴
心轴大端公差	$\delta_d = 0.01 \sim 0.005$	
保险锥面长度	$c = \dfrac{d - D_{max}}{K}$	
导向锥面长度	$F = (0.3 \sim 0.5)D$	
左端圆柱长度	$L_1 = 20 \sim 40$	
右端圆柱长度	$L_2 = 10 \sim 15$	
工件轴向位置的变动范围	$N = \dfrac{D_{max} - D_{min}}{K}$	
心轴总长度	$L = C + F + L_1 + L_2 + N + E + 15$	

注：表中数据单位均为 mm。

四、工件以外圆柱面定位时的定位元件

工件以外圆柱面定位时常用的定位元件如下。

（一）V 形块

图 2-55 所示，V 形块主要参数有：

d——V 形块的设计心轴直径，d = 工件定位基面的平均尺寸，其轴线是定位基准；

α——V 形块两工作面间的夹角，有 60°、90°、120°三种，以 90°应用最广；

H——V 形块的高度；

T——V 形块的定位高度，即 V 形块的定位基准至 V 形块底面的距离；

N——V 形块的开口尺寸。

V 形块已标准化了，H、N 等参数均可从国家标准《机床夹具和部件》中查得，但 T 必须计算。

由图 2-55 可知：

$$T = H + OC = H + (OE - CE)$$

因 $$OE = \frac{d}{2\sin\frac{\alpha}{2}}$$

$$CE = \frac{N}{2\tan\frac{\alpha}{2}}$$

所以 $$T = H + \frac{1}{2}\left(\frac{d}{\sin\frac{\alpha}{2}} - \frac{N}{\tan\frac{\alpha}{2}}\right) \quad (2-1)$$

当 $\alpha = 90°$ 时，$T = H + 0.707d - 0.5N$。

图 2-56 为常用 V 形块的结构形式。图 2-56（a）用于短的精定位基面；图 2-56（b）用于粗基面和阶梯定位面；图 2-56（c）用于较长的精基面和相距较远的两个定位基准面。V 形块不一定采用整体结构的钢体，可在铸铁底座上镶淬硬支承板或硬质合金板，如图 2-56（d）所示。

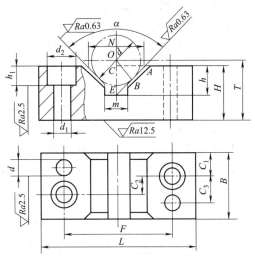

图 2-55　V 形块结构尺寸

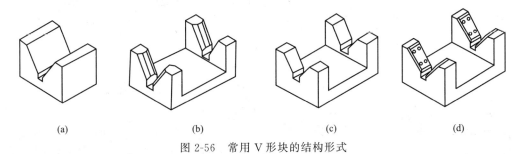

图 2-56　常用 V 形块的结构形式

V 形块有活动式和固定式之分。活动 V 形块的应用见图 2-57（a）加工轴承座孔的定位方式，活动 V 形块除限制一个自由度外，同时还有夹紧作用。图 2-57（b）中的 V 形块只起定位作用，限制工件一个自由度。

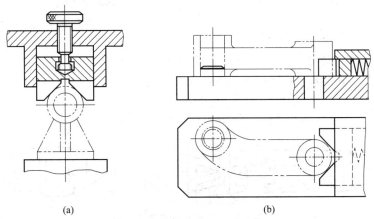

图 2-57　活动 V 形块的应用

固定 V 形块与夹具体的连接，一般采用两个定位销和 2~4 个螺钉，定位销孔在装配时调整好位置后与夹具体一起钻、铰，然后打入定位销。

V形块既能用于精基面,又能用于粗基面;能用于完整的圆柱面,也能用于局部的圆柱面;而且具有对中性(使工件的定位基准总处于V形块两工作面的对称平面内)好的特点,活动V形块还可兼作夹紧元件。因此当工件以外圆定位时,V形块是应用得最多的定位元件。

(二)定位套

图 2-58 为常用的几种定位套,其内孔表面是定位工作面。通常,定位套的圆柱面与端面结合定位,限制工件五个自由度。当用端面作为主要定位基面时,应控制长度,以免过定位而在夹紧时使工件产生不允许的变形。这种定位方式是间隙配合的中心定位,故对定位基面的精度要求也较严格,通常取轴颈精度 IT7、IT8,表面粗糙度值小于 $Ra0.8\mu m$。

定位套结构简单,制造容易,但定心精度不高,常用于小型、形状简单零件的定位。

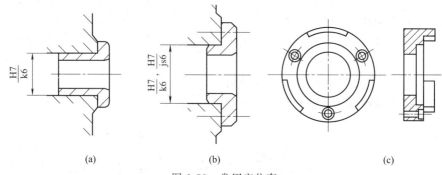

图 2-58 常用定位套

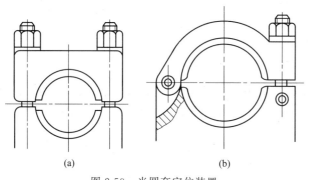

图 2-59 半圆套定位装置

(三)半圆套

如图 2-59 所示,下面的半圆套是定位元件,上面的半圆套起夹紧作用。这种定位方式主要用于大型轴类零件及不便于轴向装夹的零件。定位基面的精度不低于 IT8～IT9,半圆套的最小内径应取工件定位基面的最大值。

(四)圆锥套

如图 2-60 为常用的圆锥套,由顶尖体 1、螺钉 2 和圆锥套 3 组成。工件以圆柱面的端部在圆锥孔中定位,锥孔中有齿纹,以带动工件旋转。顶尖体 1 的锥柄部分插入机床主轴孔中,螺钉 2 用来传递扭矩。

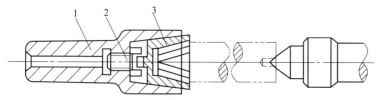

图 2-60 工件在圆锥套中定位
1—顶尖体;2—螺钉;3—圆锥套

第八节 定位误差分析

如前所述,为保证工件的加工精度,工件加工前必须正确定位。所谓正确定位,除应限制必要的自由度、正确地选择定位基准和定位元件之外,还应使选择的定位方式所产生的误差在工件允许的误差范围以内。本节即是定量地分析计算定位方式所产生的定位误差,以确定所选择的定位方式是否合理。

使用夹具时造成工件加工误差的因素包括如下四个方面:

① 与工件在夹具上定位有关的误差,称为定位误差 Δ_D;

② 与夹具在机床上安装有关的误差,称为安装误差 Δ_A;

③ 与刀具同夹具定位元件有关的误差,称为调整误差 Δ_T;

④ 与加工过程有关的误差,称为过程误差 Δ_G。其中包括机床和刀具误差、变形误差和测量误差等。

为了保证工件的加工要求,上述误差合成后不应超出工件的加工公差 δ_K,即

$$\Delta_D + \Delta_A + \Delta_T + \Delta_G \leqslant \delta_K$$

本节先分析与工件在夹具中定位有关的误差,即与定位误差有关的内容。

由定位引起的同一批工件的设计基准在加工尺寸方向上的最大变动量,即为定位误差。当定位误差 $\Delta_D \leqslant 1/3\delta_K$,一般认为选定的定位方式可行。

一、定位误差产生的原因及计算

造成定位误差的原因有两个:一个是由于定位基准与设计基准不重合,称为基准不重合误差(基准不符误差);二是由于定位副制造误差而引起定位基准的位移,称为基准位移误差。

(一) 基准不重合误差及计算

由于定位基准与设计基准不重合而造成的定位误差称为基准不重合误差,以 Δ_B 来表示。

图 2-61 (a) 所示为工件简图,在工件上铣缺口,加工尺寸为 A、B。图 2-61 (b) 为加工示意图,工件以底面和 E 面定位,C 为确定刀具与夹具相互位置的对刀尺寸,在一批工件的加工过程中,C 的位置是不变的。

加工尺寸 A 的设计基准是 F,定位基准是 E,两者不重合。当一批工件逐个在夹具上定位时,受尺寸 $S \pm \delta_S/2$ 的影响,工序基准 F 的位置是变动的,F 的变动影响 A 的大小,给 A 造成误差,这个误差就是基准不重合误差。

显然基准不重合误差的大小应等于

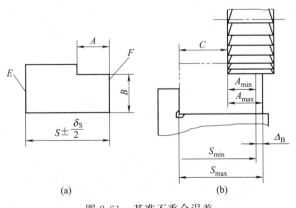

图 2-61 基准不重合误差

定位基准与设计基准不重合而造成的加工尺寸的变动范围，由图 2-61（b）可知：

$$\Delta_B = A_{max} - A_{min} = S_{max} - S_{min} = \delta_S$$

S 是定位基准 E 与设计基准 F 间的距离尺寸。当设计基准的变动方向与加工尺寸的方向相同时，基准不重合误差就等于定位基准与设计基准间尺寸的公差，如图 2-61，当 S 的公差为 δ_S，即

$$\Delta_B = \delta_S \tag{2-2}$$

当设计基准的变动方向与加工尺寸方向有一夹角（其夹角为 β）时，基准不重合误差等于定位基准与设计基准间距离尺寸公差在加工尺寸方向上的投影，即

$$\Delta_B = \delta_S \times \cos\beta \tag{2-3}$$

当定位基准与设计基准之间有几个相关尺寸的组合，应将各相关联的尺寸公差在加工尺寸方向上投影取和，即

$$\Delta_B = \sum_{i=1}^{n} \delta_i \cos\beta_i \tag{2-4}$$

式中　δ_i——定位基准与设计基准之间各相关联尺寸的公差，mm；

　　　β_i——δ_i 的方向与加工尺寸方向之间的夹角，(°)。

式（2-4）是基准不重合误差 Δ_B 的一般计算式。

（二）基准位移误差及计算

由于定位副的制造误差而造成定位基准位置的变动，对工件加工尺寸造成的误差，即为基准位移误差，用 Δ_Y 来表示。显然不同的定位方式和不同的定位副结构，其定位基准的移动量的计算方法是不同的。下面分析几种常见的定位方式产生的基准位移误差的计算方法。

1. 工件以平面定位

工件以平面定位时的基准位移误差计算较方便。如图 2-61 所示的工件以平面定位时，定位基面的位置可以看成是不变动的，因此基准位移误差为零，即工件以平面定位时：

$$\Delta_Y = 0$$

2. 工件以圆孔在圆柱销、圆柱心轴上定位

工件以圆孔在圆柱销、圆柱心轴上定位，其定位基准为孔的中心线，定位基面为内孔表面。

如图 2-62 所示，由于定位副配合间隙的影响，会使工件上圆孔中心线（定位基准）的位置发生偏移，其中心偏移量在加工尺寸方向上的投影即为基准位移误差 Δ_Y。定位基准偏移的方向有两种可能：一是可以在任意方向上偏移；二是只能在某一方向上偏移。

当定位基准在任意方向偏移时，其最大偏移量即为定位副直径方向的最大间隙，即

$$\Delta_Y = X_{max} = D_{max} - d_{0min} = \delta_D + \delta_{d0} + X_{min} \tag{2-5}$$

式中　X_{max}——定位副最大配合间隙，mm；

　　　D_{max}——工件定位孔最大直径，mm；

　　　d_{0min}——圆柱销或圆柱心轴的最小直径，mm；

　　　δ_D——工件定位孔的直径公差，mm；

　　　δ_{d0}——圆柱销或圆柱心轴的直径公差，mm；

　　　X_{min}——定位所需最小间隙，由设计时确定，mm。

当基准偏移为单方向时，在其移动方向最大偏移量为半径方向的最大间隙，即

$$\Delta_Y = (1/2)X_{max} = (1/2)(D_{max} - d_{0min}) = (1/2)(\delta_D + \delta_{d0} + X_{min}) \tag{2-6}$$

如果基准偏移的方向与工件加工尺寸的方向不一致时,应将基准的偏移量向加工尺寸方向上投影,投影后的值才是此加工尺寸的基准位移误差。

当工件用圆柱心轴定位时,定位副的配合间隙还会使工件孔的轴线发生歪斜,并影响工件的位置精度,如图2-63所示。工件除了孔距公差还有平行度误差,即

$$\Delta_Y = (\delta_D + \delta_{d0} + X_{\min})\frac{L_1}{L_2} \tag{2-7}$$

式中 L_1——加工面长度,mm;
  L_2——定位孔长度,mm。

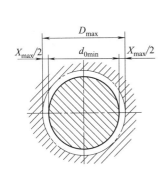

图 2-62 $X_{\max}$ 对工件位置公差的影响之一

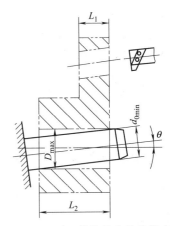

图 2-63 $X_{\max}$ 对工件位置公差的影响之二

3. 工件以外圆柱面在V形块上定位

工件以外圆柱面在V形块上定位时,其定位基准为工件外圆柱面的轴心线,定位基面为外圆柱面。

若不计V形块的误差,而仅有工件基准面的形状和尺寸误差时,工件的定位基准会产生偏移,如图2-64(a)、(b)所示。由图2-64(b)可知,仅由于工件的尺寸公差δ_d的影响,使工件中心沿Z向从O_1移至O_2,即在Z向的基准位移量可由式(2-8)计算

$$O_1O_2 = \frac{\delta_d}{2\sin(\alpha/2)} \tag{2-8}$$

式中 δ_d——工件定位基面的直径公差,mm;
  $\alpha/2$——V形块的半角,(°)。

位移量的大小与外圆柱面直径公差有关,因此对于较精密的定位,需适当提高外圆柱面的精度。V形块的对中性好,所以沿其X方向的位移为零。

当用$\alpha = 90°$的V形块时,定位基准在Z向的位移量可由下式计算

$$O_1O_2 = 0.707\delta_d \tag{2-9}$$

如工件的加工尺寸方向与Z方向相同,则在加工尺寸方向上的基准位移误差为

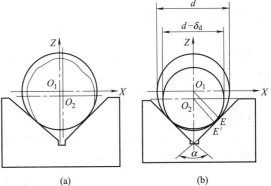

图 2-64 V形块定位的位移误差

$$\Delta_Y = O_1O_2 = 0.707\delta_d \tag{2-10}$$

如在加工尺寸方向上与 Z 有一夹角 β，则在加工尺寸方向上的基准位移误差为

$$\Delta_Y = O_1O_2\cos\beta = \frac{\delta_d}{2\sin(\alpha/2)} \times \cos\beta = 0.707\delta_d\cos\beta \tag{2-11}$$

（三）定位误差的计算

由于定位误差 Δ_D 是由基准不重合误差和基准位移误差组合而成的。因此，在计算定位误差时，先分别算出 Δ_B 和 Δ_Y，然后将两者组合而得 Δ_D。组合时可有如下情况。

① $\Delta_Y \neq 0$，$\Delta_B = 0$ 时，$\Delta_D = \Delta_Y$ (2-12)

② $\Delta_Y = 0$，$\Delta_B \neq 0$ 时，$\Delta_D = \Delta_B$ (2-13)

③ $\Delta_Y \neq 0$，$\Delta_B \neq 0$ 时，

如果设计基准不在定位基面上：$\Delta_D = \Delta_B + \Delta_Y$ (2-14)

如果设计基准在定位基面上：$\Delta_D = \Delta_B \pm \Delta_Y$ (2-15)

"+"、"−"的判别方法为：

① 分析定位基面尺寸由大变小（或由小变大）时，定位基准的变动方向；
② 当定位基面尺寸作同样变化时，设定定位基准不动，分析设计基准变动方向；
③ 若两者变动方向相同，即"+"；若两者变动方向相反，即"−"。

二、定位误差计算实例

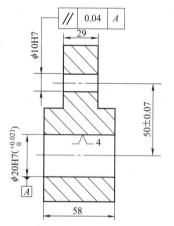

图 2-65 定位误差计算示例之一

例 2-1 钻铰图 2-65 所示的零件上 $\phi 10H7$ 的孔，工件以孔 $\phi 20H7(^{+0.021}_{0})$ 定位，定位销直径 $\phi 20^{-0.007}_{-0.016}$mm 求：工序尺寸 (50 ± 0.07)mm 及平行度的定位误差。

解：（1）工序尺寸 (50 ± 0.07)mm 的定位误差

$\Delta_B = 0$mm（定位基准与设计基准重合）

按式（2-5）得：

$$\Delta_Y = \delta_D + \delta_{d0} + X_{\min} = 0.021 + 0.009 + 0.007 = 0.037 \text{（mm）}$$

则由式（2-12）得

$$\Delta_D = \Delta_Y = 0.037\text{mm}$$

（2）平行度 0.04mm 的定位误差

同理，$\Delta_B = 0$mm

按式（2-7）得：

$$\Delta_Y = (\delta_D + \delta_{d0} + X_{\min})\frac{L_1}{L_2} = (0.021+0.009+0.007)\times\frac{29}{58} = 0.018\text{（mm）}$$

则平行度的定位误差为

$$\Delta_D = \Delta_Y = 0.018\text{mm}$$

例 2-2 如图 2-66 所示，用角度铣刀铣削斜面，求加工尺寸为 (39 ± 0.04)mm 的定位误差。

解：$\Delta_B = 0$mm（定位基准与设计基准重合）

按式（2-11）得

$$\Delta_Y = 0.707\delta_d\cos\beta = 0.707\times0.04\times0.866 = 0.024\text{（mm）}$$

按式（2-12）得

$$\Delta_D = \Delta_Y = 0.024\text{mm}$$

例 2-3 如图 2-67 所示，工件以外圆柱面在 V 形块上定位加工键槽，保证键槽深度

$34.8_{-0.17}^{0}$ mm，试计算其定位误差。

解： $\Delta_B = (1/2)\delta_d = (1/2) \times 0.025 = 0.0125$（mm）

$\Delta_Y = 0.707\delta_d = 0.707 \times 0.025 = 0.0177$（mm）

因为设计基准在定位基面上，所以 $\Delta_D = \Delta_B \pm \Delta_Y$，经分析，此例中的工序基准变动的方向与定位基准变动的方向相反，取"—"号：

$$\Delta_D = \Delta_Y - \Delta_B = 0.0177 - 0.0125 = 0.0052 \text{（mm）}$$

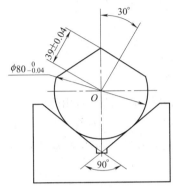

图 2-66 定位误差计算示例之二

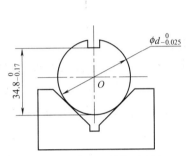

图 2-67 定位误差计算示例之三

例 2-4 如图 2-68 所示，以 A 面定位加工 ϕ20H8 孔，求加工尺寸 (40 ± 0.1)mm 的定位误差。

解： $\Delta_Y = 0$ mm（定位基面为平面）

设计基准 B 与定位基准 A 不重合，因此将产生基准不重合误差

$$\Delta_B = \sum \delta_i \cos\beta = (0.05 + 0.1)\cos 0° = 0.15 \text{（mm）}$$

$$\Delta_D = \Delta_B = 0.15 \text{mm}$$

例 2-5 如图 2-69 所示，工件以 d_1 外圆定位，加工 ϕ10H8 孔。已知：

$d_1 = \phi 30_{-0.01}^{0}$ mm，$d_2 = \phi 55_{-0.056}^{-0.010}$ mm，$H = (40\pm0.15)$ mm，$t = \phi 0.03$ mm。

求加工尺寸 (40 ± 0.15)mm 的定位误差。

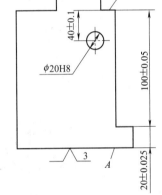

图 2-68 定位误差计算示例之四

解： 定位基准是 d_1 的轴线 A，设计基准则在 d_2 的外圆的母线上，是相互独立的因素，可按式 (2-14) 合成

$$\Delta_B = \sum \delta_i \cos\beta = \left(\frac{\delta_{d2}}{2} + t\right)\cos\beta = \left(\frac{0.046}{2} + 0.03\right) = 0.053 \text{（mm）}$$

$$\Delta_Y = 0.707\delta_{d1} = 0.707 \times 0.01 = 0.007 \text{（mm）}$$

$$\Delta_D = \Delta_B + \Delta_Y = 0.053 + 0.007 = 0.06 \text{（mm）}$$

三、工件以一面两孔组合定位时的定位误差计算

在加工箱体、支架类零件时，常用工件的一面两孔定位，以使基准统一。这种组合定位方式所采用的定位元件为支承板、圆柱销和菱形销。一面两孔定位是一个典型的组合定位方式，是基准统一的具体应用。

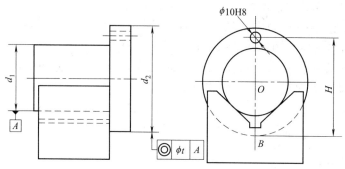

图 2-69 定位误差计算示例之五

1. 定位方式

工件以平面作为主要定位基准，限制三个自由度，圆柱销限制两个自由度，菱形销限制一个自由度。菱形销作为防转支承，其长轴方向应与两销中心连线相垂直，并应正确地选择菱形销直径的基本尺寸和经削边后圆柱部分的宽度。图 2-70 为菱形销的结构，表 2-13 为菱形销的尺寸。

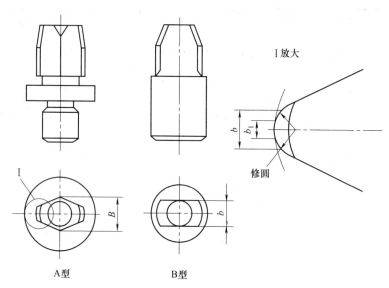

图 2-70 菱形销的结构

表 2-13 菱形销的尺寸

d	>3~6	>6~8	>8~20	>20~24	>24~30	>30~40	>40~50
B	$d-0.5$	$d-1$	$d-2$	$d-3$	$d-4$	$d-5$	$d-6$
b_1	1	2	3	3	3	4	5
b	2	3	4	5	5	6	8

注：表中单位均为 mm。

2. 菱形销的设计

图 2-71 所示，当孔距为最大尺寸，销距为最小尺寸时，菱形销的干涉点发生在 A、B；当孔距为最小尺寸，销距为最大尺寸时，菱形销的干涉点发生在 C、D；为满足工件顺利装卸的要求，需控制菱形销的直径 d_2 和削边后的圆柱部宽度 b。菱形销圆柱部宽度 b 可查表 2-13。

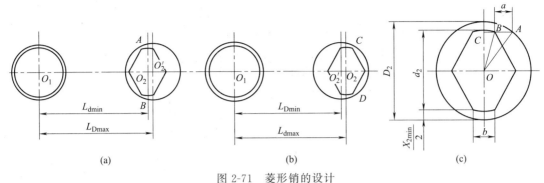

图 2-71 菱形销的设计

由图 2-71（c）所示的几何关系，在△AOC 中

$$CO^2 = AO^2 - AC^2 = \left(\frac{D_2}{2}\right)^2 - \left(\frac{b}{2}+a\right)^2$$

在△BOC 中

$$CO^2 = BO^2 - BC^2 = \left(\frac{D_2 - X_{2\min}}{2}\right)^2 - \left(\frac{b}{2}\right)^2$$

联立解两式得

$$b = \frac{D_2 X_{2\min}}{2a} - \left(a + \frac{X_{2\min}^2}{4a}\right)$$

略去 $\left(a + \dfrac{X_{2\min}^2}{4a}\right)$ 项

则

$$b = \frac{D_2 X_{2\min}}{2a} \tag{2-16}$$

菱形销宽度 b 已标准化，故可反算得

$$X_{2\min} = \frac{2ab}{D_2} \tag{2-17}$$

式中　$X_{2\min}$——菱形销定位的最小间隙，mm；
　　　b——菱形销圆柱部分的宽度，mm；
　　　D_2——工件定位孔的最大实体尺寸，mm；
　　　a——补偿量。

$$a = \frac{Y_{L_D} + Y_{L_d}}{2} \tag{2-18}$$

式中　Y_{L_D}——孔距公差，mm；
　　　Y_{L_d}——销距公差，mm。

菱形销直径可按下式计算

$$d_2 = D_2 - X_{2\min} \tag{2-19}$$

3. 设计举例

例 2-6　泵前盖简图如图 2-72 所示，以泵前盖底及 $2\times\phi10_{-0.028}^{-0.012}$ 定位（一面两孔定位），加工内容为：

① 镗孔　$\phi41_{0}^{+0.023}$ mm；

② 铣尺寸为 $107.5_{0}^{+0.3}$ mm 的两侧面。

试设计零件加工时的定位方案及计算定位误差。

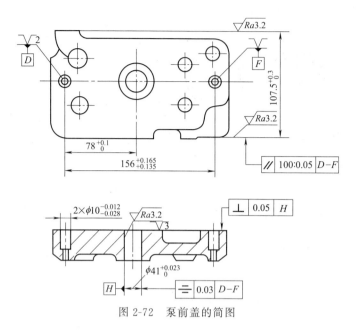

图 2-72 泵前盖的简图

解：设计一面两孔定位方案

(1) 确定两销中心距及公差

两销中心距的基本尺寸应等于两孔中心距的平均尺寸，其公差为两孔中心距公差的 1/3～1/5。即

$$Y_{L_d} = (1/3 \sim 1/5) Y_{L_D}$$

本例因 $L_D = 156^{+0.165}_{+0.135}$ mm $= (156.15 \pm 0.015)$ mm，故取

$$L_d = (156.15 \pm 0.005) \text{mm}$$

(2) 确定圆柱销直径和公差

圆柱销直径基本尺寸等于孔的最小尺寸，公差一般取 g6 或 h7。故本例取

$$d_1 = \phi 9.972 \text{h7}(^{\ 0}_{-0.015}) = \phi 10^{-0.028}_{-0.043} \text{ (mm)}$$

(3) 确定菱形销直径和公差

① 选择菱形销宽度 $b = 4$mm（由表 2-13 查得）。

② 补偿量

$$a = \frac{Y_{L_D} + Y_{L_d}}{2} = \frac{0.03 + 0.01}{2} = 0.02 \text{ (mm)}$$

③ 计算最小间隙

$$X_{2\min} = \frac{2ab}{D_2} = \frac{2 \times 0.02 \times 4}{9.972} = 0.016 \text{ (mm)}$$

④ 计算菱形销的直径

$$d_2 = D_2 - X_{2\min} = 9.972 - 0.016 = 9.956 \text{ (mm)}$$

菱形销直径一般取 h6，故

$$d_2 = \phi 9.956 \text{h6}(^{\ 0}_{-0.009}) = \phi 10^{-0.044}_{-0.053} \text{(mm)}$$

(4) 计算镗孔 $\phi 41^{+0.023}_{0}$mm 时的定位误差

① 尺寸 $78^{+0.1}_{0}$mm 的定位误差

$$\Delta_B = 0$$

$$\Delta_Y = D_{\max} - d_{1\min} = (10 - 0.012) - (10 - 0.043) = 0.031 \text{ (mm)}$$

$$\Delta_D = \Delta_B + \Delta_Y = 0 + 0.031 = 0.031 \text{ (mm)}$$

② 垂直度 0.05mm 定位误差

$$\Delta_D = \Delta_B + \Delta_Y = 0$$

③ 对称度 0.03mm 的定位误差

由于圆柱销和菱形销分别与两定位孔之间有间隙，因此两孔中心连线的变动可有如图 2-73 (a)、(b) 所示的四种位置。对于对称度而言，应取图 2-73 (a) 所示的情况：

$$X_{1\max} = D_{\max} - d_{1\min} = (10 - 0.012) - (10 - 0.043) = 0.031 \text{ (mm)}$$
$$X_{2\max} = D_{\max} - d_{2\min} = (10 - 0.012) - (10 - 0.053) = 0.041 \text{ (mm)}$$

因孔 $\phi 41^{+0.023}_{0}$ mm 在 $O_1 O_2$ 中心，即

$$\Delta_Y = \frac{X_{1\max} + X_{2\max}}{2} = \frac{0.031 + 0.041}{2} = 0.036 \text{ (mm)}$$

$$\Delta_B = 0$$

$$\Delta_D = \Delta_Y + \Delta_B = 0.036 + 0 = 0.036 \text{ (mm)}$$

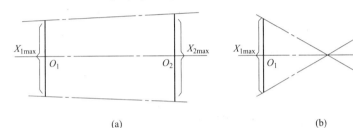

图 2-73 工件转角误差的计算方法

(5) 两侧面平行度 0.05mm 的定位误差

$$\tan \Delta_\alpha = \frac{X_{1\max} + X_{2\max}}{2L} = \frac{0.031 + 0.041}{2 \times 156.15} = 0.00023$$

$$\Delta_Y = (0.00023 \times 100) \text{mm} = 0.023 \text{mm}$$

$$\Delta_B = 0$$

$$\Delta_D = \Delta_Y + \Delta_B = 0.023 \text{mm} + 0 = 0.023 \text{mm}$$

计算平行度误差时，两孔中心连线的位置应取图 2-73 (b) 所示的情况，设计结果见图 2-74 所示。

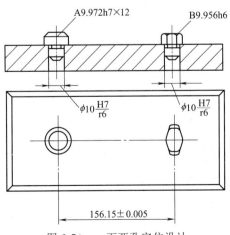

图 2-74 一面两孔定位设计

第九节　工艺路线的拟订

拟订工艺路线是指拟订零件加工所经过的有关部门和工序的先后顺序。工艺路线的拟订是制订工艺规程的重要内容，其主要任务是选择各个加工表面的加工方法，确定各个表面的加工顺序以及整个工艺过程的工序数目和工序内容。它与零件的加工要求、生产批量及生产条件等多种因素有关。本节主要叙述工艺路线拟订的一些共性问题，具体拟订时，应结合实际情况分析比较，确定较为合理的工艺路线。

一、表面加工方法的选择

选择表面加工方法时，一般先根据表面的加工精度和表面粗糙度要求，选定最终加工方法，然后再确定精加工前的准备工序的加工方法，即确定加工方案。由于获得同一精度和同一粗糙度的方案有好几种，选择时还要考虑生产率和经济性，考虑零件的结构形状、尺寸大小、材料和热处理要求及工厂的生产条件等。下面分别简要说明表面加工方法选择时主要考虑的几个因素。

（一）经济精度与经济粗糙度

任何一种加工方法可以获得的加工精度和表面粗糙度均有一个较大的范围。例如，精细的操作、选择低的切削用量，可以获得较高的精度，但又会降低生产率，提高成本；反之，如增大切削用量提高生产率，虽然成本降低了，但精度也降低了。所以，对一种加工方法，只有在一定的精度范围内才是经济的，这一定范围的精度就是指在正常加工条件下（采用符合质量标准的设备、工艺装备和标准技术等级的工人，合理的加工时间）所能达到的精度，这一定范围内的精度称为经济精度。相应的粗糙度称为经济粗糙度。

表 2-14、表 2-15、表 2-16 分别摘录了外圆柱面、内孔和平面等典型加工方法和加工方案能达到的经济精度和经济粗糙度（经济精度以公差等级表示）。表 2-17 摘录了各种加工方法加工轴线平行的孔系时的位置精度（用距离误差表示）。

各种加工方法所能达到的经济精度和经济粗糙度等级，在机械加工的各种手册中均能查到。

表 2-14　外圆柱面加工方法

序号	加 工 方 法	经济精度 （公差等级表示）	经济粗糙度值 $Ra/\mu m$	适 用 范 围
1	粗车	IT11～13	12.5～50	适用于淬火钢以外的各种金属
2	粗车-半精车	IT8～10	3.2～6.3	
3	粗车-半精车-精车	IT7～8	0.8～1.6	
4	粗车-半精车-精车-滚压（或抛光）	IT7～8	0.025～0.2	
5	粗车-半精车-磨削	IT7～8	0.4～0.8	主要用于淬火钢，也可用于未淬火钢，但不宜加工有色金属
6	粗车-半精车-粗磨-精磨	IT6～7	0.1～0.4	
7	粗车-半精车-粗磨-精磨-超精加工（或轮式超精磨）	IT5	0.012～0.1 （或 $Rz0.1$）	
8	粗车-半精车-精车-精细车（金刚车）	IT6～7	0.025～0.4 （或 $Rz0.1$）	主要用于要求较高的有色金属加工

续表

序号	加工方法	经济精度（公差等级表示）	经济粗糙度值 $Ra/\mu m$	适用范围
9	粗车-半精车-粗磨-精磨-超精磨（或镜面磨）	IT5以上	0.006～0.025（或$Rz0.05$）	极高精度的外圆加工
10	粗车-半精车-粗磨-精磨-研磨	IT5以上	0.006～0.1（或$Rz0.05$）	

表 2-15　内孔加工方法

序号	加工方法	经济精度（公差等级表示）	经济粗糙度值 $Ra/\mu m$	适用范围
1	钻	IT11～13	12.5	加工未淬火钢及铸铁的实心毛坯，也可用于加工有色金属；孔径小于15～20mm
2	钻-铰	IT8～10	1.6～6.3	
3	钻-粗铰-精铰	IT7～8	0.8～1.6	
4	钻-扩	IT10～11	6.3～12.5	加工未淬火钢及铸铁的实心毛坯，也可用于加工有色金属；孔径小于15～20mm
5	钻-扩-铰	IT8～9	1.6～3.2	
6	钻-扩-粗铰-精铰	IT7	0.8～1.6	
7	钻-扩-机铰-手铰	IT6～7	0.2～0.4	
8	钻-扩-拉	IT7～9	0.1～1.6	大批大量生产（精度由拉刀的精度确定）
9	粗镗（或扩孔）	IT11～13	6.3～12.5	除淬火钢外各种材料，毛坯有铸出孔或锻出孔
10	粗镗（粗扩）-半精镗（精扩）	IT9～10	1.6～3.2	
11	粗镗（粗扩）-半精镗（精扩）-精镗（铰）	IT7～8	0.8～1.6	
12	粗镗（粗扩）-半精镗（精扩）-精镗-浮动镗刀精镗	IT6～7	0.4～0.8	
13	粗镗（扩）-半精镗-磨孔	IT7～8	0.2～0.8	主要用于淬火钢，也可用于未淬火钢，但不宜用于有色金属
14	粗镗（扩）-半精镗-精镗-精磨	IT6～7	0.1～0.2	
15	粗镗（扩）-半精镗-精镗-精细镗（金刚镗）	IT6～7	0.05～0.4	主要用于精度要求高的有色金属加工
16	钻-(扩)-粗铰-精铰-珩磨；钻-(扩)-拉-珩磨；粗镗-半精镗-精镗-珩磨	IT6～7	0.025～0.2	精度要求很高的孔
17	以研磨代替16中的珩磨	IT5～6	0.006～0.1	

表 2-16　平面加工方法

序号	加工方法	经济精度（公差等级表示）	经济粗糙度值 $Ra/\mu m$	适用范围
1	粗车	IT11～13	12.5～50	端面
2	粗车-半精车	IT8～10	3.2～6.3	
3	粗车-半精车-精车	IT7～8	0.8～1.6	
4	粗车-半精车-磨削	IT6～8	0.2～0.8	
5	粗刨（或粗铣）	IT11～13	6.3～25	一般不淬硬平面（端铣表面粗糙度 Ra 值较小）
6	粗刨（或粗铣）-精刨（或精铣）	IT8～10	1.6～6.3	

续表

序号	加 工 方 法	经济精度 (公差等级表示)	经济粗糙度值 $Ra/\mu m$	适 用 范 围
7	粗刨(或粗铣)-精刨(或精铣)-刮研	IT6~7	0.1~0.8	精度要求较高的不淬硬平面,批量较大时宜采用宽刃精刨方案
8	以宽刃精刨代替7中的刮研	IT7	0.2~0.8	
9	粗刨(或粗铣)-精刨(或精铣)-磨削	IT7	0.2~0.8	精度要求高的淬硬平面或不淬硬平面
10	粗刨(或粗铣)-精刨(或精铣)-粗磨-精磨	IT6~7	0.025~0.4	
11	粗铣-拉	IT7~9	0.2~0.8	大量生产,较小的平面(精度视拉力精度而定)
12	粗铣-精铣-磨削-研磨	IT5以上	0.006~0.1 (或$Rz0.05$)	高精度平面

表 2-17 轴线平行的孔系的位置精度（经济精度）

加工方法	工具的定位	两孔轴线间的距离误差或从孔轴线到平面的距离误差	加工方法	工具的定位	两孔轴线间的距离误差或从孔轴线到平面的距离误差
立钻或摇臂钻上钻孔	用钻模	0.1~0.2	卧式镗床上镗孔	用镗模	0.05~0.08
	按划线	1.0~3.0		按定位样板	0.08~0.2
立钻或摇臂钻上镗孔	用镗模	0.03~0.05		按定位器的指示读数	0.04~0.06
车床上镗孔	按划线	1.0~2.0		用块规	0.05~0.1
	用带有滑磨的角尺	0.1~0.3		用内径规或用塞尺	0.05~0.25
坐标镗床上镗孔	用光学仪器	0.004~0.015		用程度控制的坐标装置	0.04~0.05
金刚镗床上镗孔		0.008~0.02		用游标尺	0.2~0.4
多轴组合机床上镗孔	用镗模	0.03~0.05		按划线	0.4~0.6

（二）零件结构形状和尺寸大小

零件的形状和尺寸影响加工方法的选择。如小孔一般用铰削而较大的孔用镗削加工；箱体上的孔一般难于拉削而采用镗削或铰削；对于非圆的通孔，应优先考虑用拉削或批量较少时用插削加工；对于难磨削的小孔，则可采用研磨加工。

（三）零件的材料及热处理要求

经淬火后的表面，一般应采用磨削加工；材料未淬硬的精密零件的配合表面，可采用刮研加工；对硬度低而韧性较大的金属，如铜、铝、镁铝合金等有色金属，为避免磨削时砂轮的嵌塞，一般不采用磨削加工，而采用高速精车、精镗、精铣等加工方法。

（四）生产率和经济性

对于较大的平面，铣削加工生产率较高，而窄长的工件宜用刨削加工；对于大量生产的低精度孔系，宜采用多轴钻；对批量较大的曲面加工，可采用机械靠模加工、数控加工和特种加工等加工方法。

二、加工阶段的划分

当零件表面精度和粗糙度要求比较高时,往往不可能在一个工序中加工完成,而划分为几个阶段来进行加工。

(一) 工艺过程的四个加工阶段

(1) 粗加工阶段 主要切除各表面上的大部分加工余量,使毛坯形状和尺寸接近于成品。该阶段的特点是使用大功率机床,选用较大的切削用量,尽可能提高生产率和降低刀具磨损等。

(2) 半精加工阶段 完成次要表面的加工,并为主要表面的精加工作准备。

(3) 精加工阶段 保证主要表面达到图样要求。

(4) 光整加工阶段 对表面粗糙度及加工精度要求高的表面,还需进行光整加工。这个阶段一般不能用于提高零件的位置精度。

应当指出,加工阶段的划分是指零件加工的整个过程而言,不能以某个表面的加工或某个工序的性质来判断。同时在具体应用时,也不可以绝对化,对有些重型零件或余量小、精度不高的零件,则可以在一次装夹后完成表面的粗精加工。

(二) 划分加工阶段的原因

1. 有利于保证加工质量

工件在粗加工后,由于加工余量较大,所受的切削力、夹紧力也较大,将引起较大的变形及内应力重新分布。如不分粗精阶段进行加工,上述变形来不及恢复,将影响加工精度。而划分加工阶段后,能逐步恢复和修正变形,提高加工质量。

2. 便于合理使用设备

粗加工要求采用刚性好、效率高而精度较低的机床,精加工则要求机床精度高。划分加工阶段后,可以避免以精干粗,充分发挥机床的性能,延长机床使用寿命。

3. 便于安排热处理工序和检验工序

如粗加工阶段之后,一般要安排去应力的热处理,以消除内应力。某些零件精加工前要安排淬火等最终热处理,其变形可通过精加工予以消除。

4. 便于及时发现缺陷及避免损伤已加工表面

毛坯经粗加工阶段后,缺陷即已暴露,可以及时发现和处理。同时,精加工工序放在最后,可以避免加工好的表面在搬运和夹紧中受到损伤。

在拟订零件的工艺路线时,一般应遵循划分加工阶段这一原则,但具体应用时要灵活处理。例如对一些精化毛坯,加工精度要求较低而零件的刚性又好的零件,可不必划分加工阶段。又如对于一些刚性较好的重型零件,由于吊装较困难,往往不划分加工阶段而在一次装夹后完成粗精加工。

前已指出,加工阶段的划分是指零件的整个过程来说的,不能从某一表面的加工或某一工序的性质来判断。例如,某些定位基面的精加工,在半精加工甚至粗加工阶段就要完成,而不能放在精加工阶段。

三、加工顺序的安排

总的原则是前面的工序为后续工序创造条件,作为基准的准备。具体原则如下。

(一) 切削加工顺序安排的原则

1. 先粗后精

零件的加工一般应划分加工阶段,先进行粗加工,然后进行半精加工,最后是精加工和光整加工，应将粗精加工分开进行。

2. 先主后次

先考虑主要表面的加工，后考虑次要表面的加工。因为主要表面加工容易出废品，应放在前阶段进行，以减少工时的浪费。应当指出，先主后次的原则应正确理解和应用。次要表面一般加工量较小，加工比较方便，因此把次要表面加工穿插在各加工阶段中进行，既能使加工阶段更明显和顺利进行，又能增加加工阶段的时间间隔，可以有足够的时间让残余应力重新分布并使其引起的变形充分表现，以便在后续工序中修正。

3. 先面后孔

先加工平面，后加工孔。因为平面一般面积较大，轮廓平整，先加工好平面，便于加工孔时的定位安装，利于保证孔与平面的位置精度，同时也给孔的加工带来方便。另外，由于平面已加工好，当平面上的孔加工时，可使刀具的初始工作条件得到改善。

4. 先基准后其他

用作精基准的表面，要首先加工出来。所以第一道工序一般进行定位基面的粗加工或半精加工（有时包括精加工），然后以精基面定位加工其他表面。

（二）热处理工序的安排

热处理的目的是提高材料的力学性能、消除残余应力和改善金属的切削加工性。按照热处理不同的目的，热处理工艺可分为两大类：预备热处理和最终热处理。

1. 预备热处理

预备热处理的目的是改善加工性能、消除内应力和为最终热处理准备良好的金相组织。其热处理工艺有退火、正火、时效、调质等。

（1）退火和正火　退火和正火用于经过热加工的毛坯。含碳量大于0.5%的碳钢和合金钢，为降低其硬度而易于切削，常采用退火处理；含碳量低于0.5%的碳钢和合金钢，为避免其硬度过低切削时粘刀，而采用正火处理。退火和正火尚能细化晶粒、均匀组织，为以后的热处理作准备。退火和正火常安排在毛坯制造之后、粗加工之前进行。

（2）时效处理　时效处理主要用于消除毛坯制造和机械加工中产生的内应力。

为避免过多运输工作量，对于一般精度的零件，在精加工前安排一次时效处理即可。但精度要求较高的零件（如坐标镗床的箱体等），应安排两次或数次时效处理工序。简单零件一般可不进行时效处理。

除铸件外，对于一些刚性较差的精密零件（如精密丝杠），为消除加工中产生的内应力，稳定零件加工精度，常在粗加工、半精加工之间安排多次时效处理。有些轴类零件加工，在校直工序后也要安排时效处理。

（3）调质　调质即是在淬火后进行高温回火处理，它能获得均匀细致的回火索氏体组织，为以后的表面淬火和渗氮处理时减少变形作准备，因此调质也可作为预备热处理。

由于调质后零件的综合力学性能较好，对某些硬度和耐磨性要求不高的零件，也可作为最终热处理工序。

2. 最终热处理

最终热处理的目的是提高硬度、耐磨性和强度等力学性能。

（1）淬火　淬火有表面淬火和整体淬火。其中表面淬火因为变形、氧化及脱碳较小而应用较广，而且表面淬火还具有外部强度高、耐磨性好，而内部保持良好的韧性、抗冲击力强的优点。为提高表面淬火零件的力学性能，常以调质或正火等热处理作为预备热处理。其一般工艺路线为：下料—锻造—正火（退火）—粗加工—调质—半精加工—表面淬火—精加工。

(2) 渗碳淬火　渗碳淬火适用于低碳钢和低合金钢，先提高零件表层的含碳量，经淬火后使表层获得高的硬度，而心部仍保持一定的强度和较高的韧性和塑性。渗碳分整体渗碳和局部渗碳。局部渗碳时对不渗碳部分要采取防渗措施（镀铜或镀防渗材料）。由于渗碳淬火变形大，且渗碳深度一般在 0.5～2mm 之间，所以渗碳工序一般安排在半精加工和精加工之间。其工艺路线一般为：下料—锻造—正火—粗、半精加工—渗碳淬火—精加工。

当局部渗碳零件的不渗碳部分采用加大余量后切除多余的渗碳层的工艺方案时，切除多余渗碳层的工序应安排在渗碳后、淬火前进行。

(3) 渗氮处理　渗氮是使氮原子渗入金属表面获得一层含氮化合物的处理方法。渗氮层可以提高零件表面的硬度、耐磨性、疲劳强度和抗蚀性。由于渗氮处理温度较低，变形小，且渗氮层较薄（一般不超过 0.6～0.7mm），渗氮工序应尽量靠后安排，为减小渗氮时的变形，在切削后一般需进行消除应力的高温回火。

3. 辅助工序的安排

辅助工序一般包括去毛刺、倒棱、清洗、防锈、退磁、检验等。其中检验工序是主要的辅助工序，它对产品的质量有着极重要的作用。检验工序一般安排在：

① 关键工序或工序较长的工序前后；
② 零件换车间前后，特别是进行热处理工艺前后；
③ 在加工阶段前后，如在粗加工后精加工前；
④ 零件全部加工完毕。

四、工序集中和工序分散

在划分了加工阶段以及各表面加工先后顺序后，就可以把这些内容组成为各个工序。在组成工序时，有两条原则，即工序集中和工序分散。

工序集中就是将工件加工内容集中在少数几道工序内完成，每道工序的加工内容较多。

工序分散就是将工件加工内容分散在较多的工序中进行，每道工序的加工内容较少，最少时每道工序只包含一个简单工步。

工序集中可用多刀刃、多轴机床、自动机床、数控机床和加工中心等技术措施集中，称为机械集中；也可采用普通机床顺序加工，称为组织集中。

工序集中有如下特点。

① 在一次安装中可完成零件多个表面的加工，可以较好地保证这些表面的相互位置精度，同时减少了装夹时间和减少工件在车间内的搬运工作量，利于缩短生产周期。
② 减少机床数量，并相应减少操作工人，节省车间面积，简化生产计划和生产组织工作。
③ 可采用高效率的机床或自动线、数控机床等，生产率高。
④ 因为采用专用设备和工艺装备，使投资增大，调整和维修复杂，生产准备工作量大。

工序分散有如下特点。

① 机床设备及工艺装备简单，调整和维修方便，工人易于掌握，生产准备工作量少，便于平衡工序时间。
② 可采用最合理的切削用量，减少基本时间。
③ 设备数量多，操作工人多，占用场地大。

工序集中和工序分散各有利弊，应根据生产类型、现有生产条件、企业能力、工件结构特点和技术要求等进行综合分析，择优选用。

单件小批生产采用通用机床顺序加工，使工序集中，可以简化生产计划和组织工作。多品种小批量生产也可采用数控机床等先进的加工方法。

对于重型工件,为了减少工件装卸和运输的劳动量,工序应适当集中。

大批大量生产的产品,可采用专用设备和工艺装备,如多刀刃、多轴机床或自动机床等,将工序集中,也可将工序分散后组织流水生产。但对一些结构简单的产品,如轴承和刚性较差、精度较高的精密零件,则工序应适当分散。

第十节 工序尺寸及公差的确定

工序尺寸是指某一工序加工应达到的尺寸,其公差即为工序尺寸公差。零件从毛坯逐步加工至成品的过程中,无论在一个工序内,还是在各个工序间,也不论是加工表面本身,还是各表面之间,它们的尺寸都在变化,并存在相应的内在联系。

因此,合理地确定各工序的加工余量或运用尺寸链的知识去分析这些关系,是合理确定工序尺寸及其公差的基础。

一、合理确定加工余量

由于毛坯不能达到零件所要求的精度和表面粗糙度,而一个加工表面也往往需要经过多次加工才能达到规定的技术要求。因此各工序间应留有合理的加工余量,以便经过机械加工来达到这些要求。

加工余量是指加工过程中从加工表面切除的金属层厚度。加工余量分为工序余量和总余量。

1. 工序余量

工序余量是指某一表面在一道工序中切除的金属层厚度。

(1) 工序余量的计算 工序余量等于相邻两工序的工序尺寸之差。

对于外表面〔见图 2-75 (a)〕

$$Z=a-b$$

对于内表面〔见图 2-75 (b)〕

$$Z=b-a$$

式中 Z——本工序的工序余量,mm;
a——前工序的工序尺寸,mm;
b——本工序的工序尺寸,mm。

上述加工余量均为非对称的单边余量,旋转表面的加工余量为双边对称余量。

对于轴〔见图 2-75 (c)〕

$$Z=d_a-d_b$$

对于孔〔见图 2-75 (d)〕

$$Z=d_b-d_a$$

式中 Z——直径上的加工余量,mm;
d_a——前工序的加工直径,mm;
d_b——本工序的加工直径,mm。

当加工某个表面的工序是分几个工步时,则相邻两工步尺寸之差就是工步余量。它是某工步在加工表面上切除的金属层厚度。

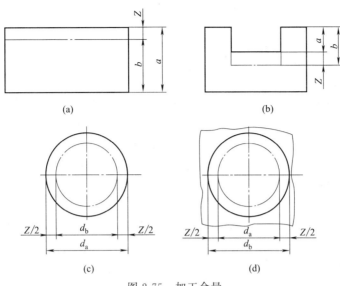

图 2-75 加工余量

（2）工序基本余量、最大余量、最小余量及余量公差 由于毛坯制造和各个工序尺寸都存在着误差，加工余量也是个变动值。当工序尺寸用基本尺寸计算时，所得到的加工余量称为基本余量或公称余量。

最小余量 Z_{min} 是保证该工序加工表面的精度和质量所需切除的金属层最小厚度。最大余量 Z_{max} 是该工序余量的最大值。下面以图 2-75 所示的外圆为例来计算，其他各类表面的情况与此相类似。

当尺寸 a、b 均为工序基本尺寸时，基本余量为

$$Z = a - b$$

则最小余量 $Z_{min} = a_{min} - b_{max}$

而最大余量 $Z_{max} = a_{max} - b_{min}$

图 2-76 表示了工序尺寸公差与加工余量间的关系。余量公差是加工余量间的变动范围，其值为

$$T_Z = Z_{max} - Z_{min} = (a_{max} - a_{min}) + (b_{max} - b_{min}) = T_a + T_b$$

式中 T_Z——本工序余量公差，mm；

T_a——前工序的工序尺寸公差，mm；

T_b——本工序的工序尺寸公差，mm。

所以，余量公差为前工序与本工序尺寸公差之和。

工序尺寸公差带的分布，一般采用"单向入体原则"。即对于被包面（轴类），基本尺寸取公差带上限，下偏差取负值，工序基本尺寸即为最大尺寸；对于包容面（孔类），基本尺寸为公差带下限，上偏差取正值，工序基本尺寸即为最小尺寸。

但孔中心距及毛坯尺寸公差采用双向对称布置。

2. 加工总余量

毛坯尺寸与零件图样的设计尺寸之差称为总余量。它是从毛坯到成品时从某一表面切除的金属层总厚度，也等于该表面各工序余量之和，即

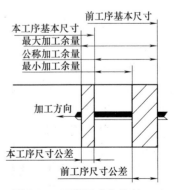

图 2-76 工序尺寸公差与加工余量

$$Z_{总} = \sum_{i=1}^{n} Z_i$$

式中 Z_i——第 i 道工序的工序余量,mm;

n——该表面总加工的工序数。

加工总余量也是个变动值,其值及公差一般可从有关手册中查得或凭经验确定。图 2-77 表示了内孔和外圆表面经多次加工时,加工总余量、工序余量与加工尺寸的分布图。

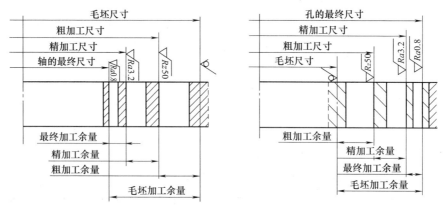

图 2-77 加工余量和加工尺寸分布图

3. 影响加工余量的因素

影响加工余量的因素如下:

① 前工序的表面质量(包括表面粗糙度 Ra 和表面破坏层深度 S_a);

② 前工序的工序尺寸公差 T_a;

③ 前工序的位置误差 ρ_a,如工件表面在空间的弯曲、偏斜以及空间误差等;

④ 本工序的安装误差 ε_b。

所以本工序的加工余量必须满足下式

用于对称余量时

$$Z \geqslant 2(Ra + S_a) + T_a + 2|\rho_a + \varepsilon_b|$$

用于单边余量时

$$Z \geqslant Ra + S_a + T_a + |\rho_a + \varepsilon_b|$$

4. 确定加工余量的方法

加工余量大小,直接影响零件的加工质量和生产率。加工余量过大,不仅增加机械加工劳动量,降低生产率,而且增加材料、工具和电力的消耗,增加成本。但若加工余量过小,又不能消除前工序的各种误差和表面缺陷,甚至产生废品。因此,必须合理地确定加工余量。其确定的方法有。

(1) 经验估算法 经验估算法是根据工艺人员的经验来确定加工余量。为避免产生废品,所确定的加工余量一般偏大。适于单件小批生产。

(2) 查表修正法 此法根据有关手册,查得加工余量的数值,然后根据实际情况进行适当修正。这是一种广泛使用的方法。

(3) 分析计算法 这是对影响加工余量的各种因素进行分析,然后根据一定的计算式来计算加工余量的方法。此法确定的加工余量较合理,但需要全面的试验资料,计算也较复杂,故很少应用。

二、工艺尺寸链的概念及计算公式

（一）工艺尺寸链的概念

1. 尺寸链的定义

在机器装配或零件加工过程中，由相互连接的尺寸形成的封闭尺寸组，称为尺寸链。如图 2-78 所示，用零件的表面 1 定位加工表面 2 得尺寸 A_1，再加工表面 3，得尺寸 A_2，自然形成 A_0，于是 $A_1—A_2—A_0$ 连接成了一个封闭的尺寸组 [图 2-78（b）]，形成尺寸链。

在机械加工过程中，同一工件的各有关尺寸组成的尺寸链称为工艺尺寸链。

2. 工艺尺寸链的特征

① 尺寸链由一个自然形成的尺寸与若干个直接得到的尺寸所组成。

图 2-78 中，尺寸 A_1、A_2 是直接得到的尺寸，而 A_0 是自然形成的。其中自然形成的尺寸大小和精度受直接得到的尺寸大小和精度的影响。并且自然形成的尺寸精度必然低于任何一个直接得到的尺寸的精度。

② 尺寸链一定是封闭的且各尺寸按一定的顺序首尾相接。

3. 尺寸链的组成

组成尺寸链的各个尺寸称为尺寸链的环。图 2-78 中 A_1、A_2、A_0 都是尺寸链的环，它们可以分类如下。

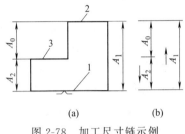

图 2-78 加工尺寸链示例

（1）封闭环 在加工（或测量）过程中最后自然形成的环称为封闭环，如图 2-78 中的 A_0。每个尺寸链必须有且仅能有一个封闭环，用 A_0 来表示。

（2）组成环 在加工（或测量）过程中直接得到的环称为组成环。尺寸链中除了封闭环外，都是组成环。按其对封闭环的影响，组成环可分为增环和减环。

① 增环 尺寸链中，由于该类组成环的变动引起封闭环同向变动，则该类组成环称为增环，如图 2-78 中的 A_1，增环用 $\vec{A}$ 来表示。

② 减环 尺寸链中，由于该类组成环的变动引起封闭环反向变动，则该类组成环称为减环，如图 2-78 中的 A_2。减环用 $\overleftarrow{A}$ 来表示。

同向变动是指该组成环增大时，封闭环也增大；该组成环减小时，封闭环也减小。反向变动是指该组成环增大时；封闭环减小；该组成环减小时，封闭环增大。

③ 增环和减环的判别 为了简易地判别增环和减环，可在尺寸链图上先给封闭环任意定出方向并画出箭头，然后以此方向环绕尺寸链回路，顺次给每个组成环画出箭头。此时凡与封闭环箭头相反的组成环为增环，相同的为减环。如图 2-79 所示。

（二）工艺尺寸链的建立

工艺尺寸链的建立并不复杂，但在尺寸链的建立中，封闭环的判定和组成环的查找却应引起初学者的重视。因为封闭环的判定错误，整个尺寸链的解算将得出错误的结果；组成环查找不对，将得不到最少链环的尺寸链，解算的结果也是错误的。下面将分别予以讨论。

1. 封闭环的判定

在工艺尺寸链中，封闭环是加工过程中自然形成的尺寸。因此，封闭环是随着零件加工方案的变化而变化的。仍以图 2-78 为例，若以 1 面定位加工 2 面得尺寸 A_1，然后以 2 面定位加工 3 面，则 A_0 为直接得到的尺寸，而 A_2 为自然形成的尺寸，即 A_2 为封闭环。又如图 2-80 所示的零件，当以表面 3 定位加工表面 1 而获得尺寸 A_1，然后以表面 1 为测量基准加工表面 2 而直接获得尺寸 A_2，则自然形成的尺寸 A_0 为封闭环；若以加工过的表面 1 为测量基准加工表面 2，直接获得尺寸 A_2，再以表面 2 为定位基准加工表面 3 直接获得尺寸 A_0，此时尺寸 A_1 便自然成为封闭环。

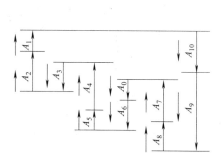

图 2-79　增、减环的简易判别

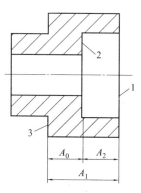

图 2-80　封闭环的判别

所以封闭环的判定必须根据零件加工的具体方案，紧紧抓住"自然形成"这一要领。

2. 组成环的查找

组成环查找的方法，从构成封闭的两表面开始，同步地按照工艺过程的顺序，分别向前查找各表面最后一次加工的尺寸，之后再进一步查找此加工尺寸的工序基准的最后一次加工时的尺寸，如此继续向前查找，直到两条路线最后得到的加工尺寸的工序基准重合（即两者的工序基准为同一表面），至此上述尺寸系统即形成封闭轮廓，从而构成了工艺尺寸链。

查找组成环必须掌握的基本特点为：组成环是加工过程中"直接获得"的，而且对封闭环有影响。下面以图 2-81 为例，说明尺寸链建立的具体过程。图 2-81 为套类零件，为便于讨论问题，图中只标出轴向设计尺寸，轴向尺寸加工顺序安排如下：

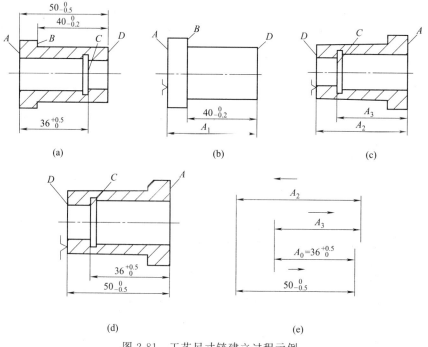

图 2-81　工艺尺寸链建立过程示例

① 以大端面 A 定位，车端面 D 获得 A_1；并车小外圆至 B 面，保证长度 $40_{-0.2}^{\ 0}$ mm［见图 2-81（b）］；

② 以端面 D 定位，精车大端面 A 获得尺寸 A_2，并在车大孔时车端面 C，获得孔深尺寸 A_3［见图 2-81（c）］；

③ 以端面 D 定位，磨大端面 A 保证全长尺寸 $50_{-0.5}^{\ 0}$ mm，同时保证孔深尺寸为 $36_{\ 0}^{+0.5}$ mm［见图 2-81（d）］。

由以上工艺过程可知，孔深设计尺寸 $36_{\ 0}^{+0.5}$ mm 是自然形成的，应为封闭环。从构成封闭环的两界面 A 和 C 面开始查找组成环，A 面的最近一次加工是磨削，工艺基准是 D 面，直接获得的尺寸是 $50_{-0.5}^{\ 0}$ mm；C 面的最近一次加工是车孔时的车削，测量基准是 A 面，直接获得的尺寸是 A_3。显然，上述两尺寸的变化都会引起封闭环的变化，是欲查找的组成环。但此两环的工序基准各为 D 面与 A 面，不重合。为此要进一步查找最近一次加工 D 面和 A 面的加工尺寸。A 面的最近一次加工是精车 A 面，直接获得的尺寸是 A_2，工序基准为 D 面，正好与加工尺寸 $50_{-0.5}^{\ 0}$ mm 的工序基准重合，而且 A_2 的变化也会引起封闭环的变化，应为组成环。至此，找出 A_2、A_3、$50_{-0.5}^{\ 0}$ mm 为组成环，$36_{\ 0}^{+0.5}$ mm 为封闭环，它们组成了一个封闭的尺寸链［见图 2-81（e）］。

（三）工艺尺寸链计算的基本公式

工艺尺寸链的计算方法有两种：极值法和概率法。目前生产中多采用极值法计算，下面仅介绍极值法计算的基本公式，概率法将在装配尺寸链中介绍。

图 2-82 为尺寸链中各种尺寸和偏差的关系，表 2-18 列出了尺寸链计算中所用的符号。

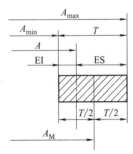

图 2-82 各种尺寸和偏差的关系

表 2-18 尺寸链计算所用的符号

环名	符号名称							
	基本尺寸	最大尺寸	最小尺寸	上偏差	下偏差	公差	平均尺寸	中间偏差
封闭环	A_0	$A_{0\max}$	$A_{0\min}$	ES_0	EI_0	T_0	A_{0av}	Δ_0
增环	$\vec{A}_i$	$\vec{A}_{i\max}$	$\vec{A}_{i\min}$	ES_i	EI_i	T_i	A_{iav}	$\vec{\Delta}_i$
减环	$\overleftarrow{A}_i$	$\overleftarrow{A}_{i\max}$	$\overleftarrow{A}_{i\min}$	ES_i	EI_i	T_i	A_{iav}	$\overleftarrow{\Delta}_i$

1. 封闭环基本尺寸

$$A_0 = \sum_{i=1}^{n} \vec{A}_i - \sum_{i=n+1}^{m} \overleftarrow{A}_i \tag{2-20}$$

式中　A_0——封闭环基本尺寸；

　　　n——增环数目；

　　　m——组成环数目。

2. 封闭环的中间偏差

$$\Delta_0 = \sum_{i=1}^{n} \vec{\Delta}_i - \sum_{i=n+1}^{m} \overleftarrow{\Delta}_i \tag{2-21}$$

式中　Δ_0——封闭环中间偏差；

　　　$\vec{\Delta}_i$——第 i 组增环的中间偏差；

$\overleftarrow{\Delta}_i$ ——第 i 组减环的中间偏差。

中间偏差是指上偏差与下偏差的平均值：

$$\Delta = \frac{1}{2}(\text{ES}+\text{EI}) \tag{2-22}$$

3. 封闭环公差

$$T_0 = \sum_{i=1}^{m} T_i \tag{2-23}$$

4. 封闭环极限偏差

上偏差

$$\text{ES}_0 = \Delta_0 + \frac{T_0}{2} \tag{2-24}$$

下偏差

$$\text{EI}_0 = \Delta_0 - \frac{T_0}{2} \tag{2-25}$$

5. 封闭环极限尺寸

最大极限尺寸 $\quad A_{0\max} = A_0 + \text{ES}_0 \tag{2-26}$

最小极限尺寸 $\quad A_{0\min} = A_0 + \text{EI}_0 \tag{2-27}$

6. 组成环平均公差

$$T_{\text{av}.i} - \frac{T_0}{m} \tag{2-28}$$

7. 组成环极限偏差

上偏差

$$\text{ES}_i = \Delta_i + \frac{T_i}{2} \tag{2-29}$$

下偏差

$$\text{EI}_i = \Delta_i - \frac{T_i}{2} \tag{2-30}$$

8. 组成环极限尺寸

最大极限尺寸 $\quad A_{i\max} = A_i + \text{ES}_i \tag{2-31}$

最小极限尺寸 $\quad A_{i\min} = A_i + \text{EI}_i \tag{2-32}$

三、工序尺寸及公差的确定

工序尺寸及其公差的确定与加工余量大小，工序尺寸标注方法及定位基准的选择和变换有密切的关系。下面阐述几种常见情况的工序尺寸及其公差的确定方法。

（一）从同一基准对同一表面多次加工时工序尺寸及公差的确定

属于这种情况的有内外圆柱面和某些平面加工，计算时只需考虑各工序的余量和该种加工方法所能达到的经济精度，其计算顺序是从最后一道工序开始向前推算，计算步骤如下。

① 确定各工序余量和毛坯总余量。

② 确定各工序尺寸公差及表面粗糙度。

最终工序尺寸公差等于设计公差，表面粗糙度为设计表面粗糙度。其他工序公差和表面粗糙度按此工序加工方法的经济精度和经济粗糙度确定。

③ 求工序基本尺寸。

从零件图的设计尺寸开始,一直往前推算到毛坯尺寸,某工序基本尺寸等于后道工序基本尺寸加上或减去后道工序余量。

④ 标注工序尺寸公差。

最后一道工序按设计尺寸公差标注,其余工序尺寸按"单向入体"原则标注。

例如图 2-83 所示,某法兰盘零件上有一个孔,孔径为 $\phi 60^{+0.030}_{\ 0}$ mm,表面粗糙度值为 $R_a 0.8 \mu m$,毛坯为铸钢件,需淬火处理。其工艺路线如表 2-19 所示。

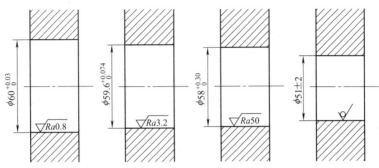

图 2-83 内孔尺寸及基本公差的计算

表 2-19 工序尺寸及其公差的计算

工序名称	工序余量	工序所能达到的精度等级	工序尺寸 (最小工序尺寸)	工序尺寸及其 上、下偏差
磨孔	0.4	H7($^{+0.030}_{\ 0}$)	60	$60^{+0.030}_{\ 0}$
半精镗孔	1.6	H9($^{+0.074}_{\ 0}$)	59.6	$59.6^{+0.074}_{\ 0}$
粗镗孔	7	H12($^{+0.300}_{\ 0}$)	58	$58^{+0.300}_{\ 0}$
毛坯孔		±2	51	51±2

解题步骤如下。

① 根据各工序的加工性质,查表得它们的工序余量(见表 2-19 中的第 2 列)。

② 确定各工序的尺寸公差及表面粗糙度。由各工序的加工性质查有关经济加工精度和经济粗糙度(见表 2-19 中的第 3 列)。

③ 根据查得的余量计算各工序尺寸(见表 2-19 中的第 4 列)。

④ 确定各工序尺寸的上下偏差。按"单向入体"原则,对于孔,基本尺寸值为公差带的下偏差,上偏差取正值;对于毛坯尺寸偏差应取双向对称偏差(见表 2-19 中的第 5 列)。

(二)基准变换后,工序尺寸及公差的确定

在零件的加工过程中,为了便于工件的定位或测量,有时难于采用零件的设计基准作为定位基准或测量基准,这时就需要应用工艺尺寸链的原则进行工序尺寸及公差的计算。

1. 测量基准与设计基准不重合

在零件加工时会遇到一些表面加工后设计尺寸不便于直接测量的情况。因此,需要在零件上选一个易于测量的表面作为测量基准进行测量,以间接检验设计尺寸。

例 2-7 如图 2-84 所示的套筒类零件,两端

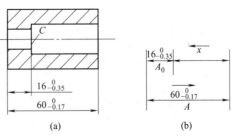

图 2-84 测量尺寸的换算

面已加工完毕，加工孔底 C 时，要保证尺寸 $16_{-0.35}^{\ 0}$mm，因该尺寸不便于测量，试标出测量尺寸。

解：由于孔的深度可以用深度游标尺测量，因此尺寸 $16_{-0.35}^{\ 0}$mm 可以通过 $A=60_{-0.17}^{\ 0}$mm 和孔深 x 间接计算出来。列出尺寸链如图 2-84（b）所示，尺寸 $16_{-0.35}^{\ 0}$mm 显然是封闭环。

由式（2-20）得

$$A_0 = \vec{A} - \overleftarrow{x}$$

$$x = A - A_0 = 60 - 16 = 44 \text{ (mm)}$$

由式（2-21）得

$$\Delta_0 = \Delta_A - \Delta_x$$

$$\Delta_x = \Delta_A - \Delta_0 = \frac{1}{2}(0-0.17) - \frac{1}{2}(0-0.35) = 0.09 \text{ (mm)}$$

由式（2-23）得

$$T_0 = T_A + T_x$$

$$T_x = T_0 - T_A = 0.35 - 0.17 = 0.18 \text{ (mm)}$$

由式（2-29）、式（2-30）得

$$\text{ES}_x = \Delta_x + \frac{T_x}{2} = 0.09 + \frac{0.18}{2} = 0.18 \text{ (mm)}$$

$$\text{EI}_x = \Delta_x - \frac{T_x}{2} = 0.09 - \frac{0.18}{2} = 0 \text{ (mm)}$$

$$\therefore x = 44_{\ 0}^{+0.18} \text{mm}$$

通过以上的计算，可以发现，由于基准不重合而进行尺寸换算将带来以下两个问题。

① 换算结果明显提高了测量尺寸精度的要求。

如果按原设计尺寸进行测量，其公差值为 0.35mm，换算后的测量尺寸公差为 0.18mm，公差值减小了 0.17mm，此值恰为另一组成环的公差值。

② 假废品现象。

按照工序图上测量尺寸 x，当其最大尺寸为 44.18mm，最小尺寸为 44mm 时，零件为合格。假如 x 的实测尺寸偏大或偏小 0.17mm，即 x 的尺寸为 44.35mm 或 43.83mm，零件似乎是"废品"。但只要 A 的实际尺寸也相应为最大 60mm 和最小 59.83mm，此时算得 A_0 的相应尺寸分别为 60-44.35=15.65（mm）和 59.83-43.83=16（mm），此尺寸符合零件图上的设计尺寸，此零件应为合格件。这就是假废品现象。

2. 定位基准与设计基准不重合

零件加工中定位基准与设计基准不重合，就要进行尺寸链换算来计算工序尺寸。

例 2-8 图 2-85（a）所示零件，尺寸 $60_{-0.12}^{\ 0}$mm 已经保证，现以 1 面定位加工 2 面，试计算工序尺寸 A_2。

解：当以 1 面定位加工 2 面时，应按 A_2 进行调整后进行加工，因此设计尺寸 $A_0 = 25_{\ 0}^{+0.22}$mm 是本工序间接保证的尺寸，应为封闭环，其尺寸链图为图 2-85（b）所示，则 A_2 的计算如下。

由式（2-20）

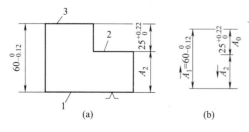

图 2-85 定位基准与设计基准不重合的尺寸换算

由式 (2-21)
$$A_0 = A_1 - A_2$$
$$A_2 = A_1 - A_0 = 60 - 25 = 35 \text{ (mm)}$$

$$\Delta_0 = \Delta_1 - \Delta_2$$
$$\Delta_2 = \Delta_1 - \Delta_0 = \frac{1}{2}(0 - 0.12) - \frac{1}{2}(0.22 - 0) = -0.17 \text{ (mm)}$$

由式 (2-23)
$$T_0 = T_1 + T_2$$
$$T_2 = T_0 - T_1 = 0.22 - 0.12 = 0.10 \text{ (mm)}$$

由式 (2-29) 和式 (2-30)
$$\text{ES}_2 = \Delta_2 + \frac{1}{2}T_2 = -0.17 + 0.05 = -0.12 \text{ (mm)}$$
$$\text{EI}_2 = \Delta_2 - \frac{1}{2}T_2 = -0.17 - 0.05 = -0.22 \text{ (mm)}$$

故工序尺寸 $A_2 = 35^{-0.12}_{-0.22}$ mm。

在进行工艺尺寸链计算时，有时可能出现算出的工序尺寸公差过小，还可能出现零公差或负公差。遇到这种情况一般可采取两种措施：一是压缩各组成环的公差值；二是改变定位基准和加工方法。如图 2-85 可用 3 面定位，使定位基准与设计基准重合，也可用复合铣刀同时加工 2 面和 3 面，以保证设计尺寸。

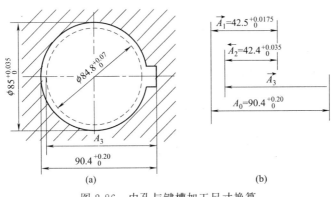

图 2-86 内孔与键槽加工尺寸换算

3. 从尚需继续加工的表面上标注的工序尺寸

例 2-9 如图 2-86（a）为一齿轮内孔的简图。内孔尺寸为 $\phi 85^{+0.035}_{0}$ mm，键槽的深度尺寸为 $90.4^{+0.20}_{0}$ mm，内孔及键槽的加工顺序如下：

① 精镗孔至 $\phi 84.8^{+0.07}_{0}$ mm；
② 插键槽深至尺寸 A_3（通过尺寸换算求得）；
③ 热处理；
④ 磨内孔至尺寸 $\phi 85^{+0.035}_{0}$ mm，同时保证键槽深度尺寸 $90.4^{+0.20}_{0}$ mm。

解：根据以上加工顺序，可以看出磨孔后必须保证内孔的尺寸，同时还必须保证键槽的深度。为此必须计算镗孔后加工的键槽深度的工序尺寸 A_3。图 2-86（b）画出了尺寸链图，其精车后的半径 $A_2 = 42.4^{+0.035}_{0}$ mm、磨孔后的半径 $A_1 = 42.5^{+0.0175}_{0}$ mm 以及键槽深度 A_3 都是直接保证的，为组成环。磨孔后所得的键槽深度尺寸 $A_0 = 90.4^{+0.20}_{0}$ mm 是间接得到的，是封闭环。

由式（2-20）
$$A_0 = A_3 + A_1 - A_2$$
$$A_3 = A_0 + A_2 - A_1 = 90.4 + 42.4 - 42.5 = 90.3 \text{ (mm)}$$

由式（2-21）
$$\Delta_0 = \Delta_3 + \Delta_1 - \Delta_2$$
$$\Delta_3 = \Delta_0 + \Delta_2 - \Delta_1 = \frac{1}{2}(0+0.20) + \frac{1}{2}(0.035+0) - \frac{1}{2}(0.0175+0) = 0.10875 \text{ (mm)}$$

由式（2-23）
$$T_0 = T_1 + T_2 + T_3$$
$$T_3 = T_0 - T_1 - T_2 = 0.20 - 0.0175 - 0.035 = 0.1475 \text{ (mm)}$$

由式（2-29）和式（2-30）
$$ES_3 = \Delta_3 + \frac{1}{2}T_3 = 0.10875 + \frac{1}{2} \times 0.1475 = 0.183 \text{ (mm)}$$
$$EI_3 = \Delta_3 - \frac{1}{2}T_3 = 0.10875 - \frac{1}{2} \times 0.1475 = 0.035 \text{ (mm)}$$

得
$$A_3 = 90.3^{+0.183}_{+0.035} \text{ mm}$$

4. 保证渗碳层、渗氮层厚度的工序尺寸计算

有些零件的表面需要进行渗碳、渗氮处理，而且在精加工后还要保证规定的渗层深度。为此必须正确确定精加工前的渗层深度尺寸。

例 2-10 图 2-87 所示为一套筒类零件，孔径为 $\phi145^{+0.04}_{0}$ mm 的表面要求渗氮，精加工后要求渗氮层深度为 0.3～0.5mm，即单边深度为 $0.3^{+0.2}_{0}$ mm，双边深度为 $0.6^{+0.4}_{0}$ mm，试求精磨前渗氮层的深度 t_1。

该表面的加工顺序为：磨内孔至尺寸 $\phi144.76^{+0.04}_{0}$ mm；渗氮处理；精磨孔至 $\phi145^{+0.04}_{0}$ mm，并保证渗层深度为 t_0。

解：由图 2-87（d）所示，可知尺寸 A_1、A_2、t_1、t_0 组成了一工艺尺寸链。显然 t_0 为封闭环，A_1、t_1 为增环，A_2 为减环。t_1 求解如下。

由式（2-20）
$$t_0 = t_1 + A_1 - A_2$$
$$t_1 = A_2 + t_0 - A_1$$
$$= 145 + 0.6 - 144.76$$
$$= 0.84 \text{ (mm)}$$

由式（2-21）
$$\Delta_0 = \Delta_{A_1} + \Delta_{t_1} - \Delta_{A_2}$$
$$\Delta_{t_1} = \Delta_0 + \Delta_{A_2} - \Delta_{A_1}$$
$$= \frac{1}{2}(0.4+0) + \frac{1}{2}(0.04+0) - \frac{1}{2}(0.04+0)$$
$$= 0.2 \text{ (mm)}$$

由式（2-23）
$$T_0 = T_{A_1} + T_{A_2} + T_{t_1}$$
$$T_{t_1} = T_0 - T_{A_1} - T_{A_2}$$
$$= 0.4 - 0.04 - 0.04 = 0.32 \text{ (mm)}$$

由式（2-29）和式（2-30）

$$\text{ES}_{t_1} = 0.2 + \frac{0.32}{2} = 0.36 \text{ (mm)}$$

$$\text{EI}_{t_1} = 0.2 - \frac{0.32}{2} = 0.04 \text{ (mm)}$$

最后得出了

$$t_1 = 0.84^{+0.36}_{+0.04} \text{mm（双边）}$$

$$\frac{t_1}{2} = 0.42^{+0.18}_{+0.02} \text{mm（单边）}$$

所以渗氮层深度应为 $0.42^{+0.18}_{+0.02}$ mm。

5. 零件电镀时工序尺寸的计算

有些零件的表面需要电镀，电镀后有两种情况：一种是为了美观和防锈，对电镀表面无精度要求；另一种对电镀表面有精度要求，既要保证图纸上的设计尺寸，又要保证一定的镀层厚度。保证电镀表面精度的方法有两种：一种是电镀前控制表面加工尺寸并控制镀层厚度；另一种是镀后进行磨削加工来保证尺寸精度。这两种方法在进行尺寸链计算时，其封闭环是不同的。

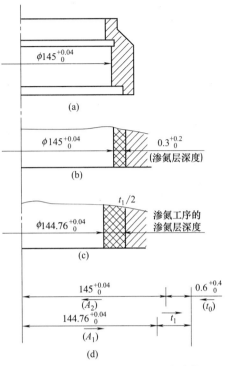

图 2-87 保证渗碳深度的尺寸计算

例 2-11 如图 2-88（a）所示为圆环体，其表面镀铬后直径为 $\phi 28^{\ 0}_{-0.045}$ mm，镀层厚度（双边厚度）为 $0.05 \sim 0.08$ mm，外圆表面加工工艺是：车-磨-镀铬。试计算磨削前的工序尺寸 A_2。

解：圆环的设计尺寸是由控制镀铬前的尺寸和镀层厚度来间接保证的，封闭环应是设计尺寸 $\phi 28^{\ 0}_{-0.045}$ mm。画出尺寸链图如图 2-88（b）所示。

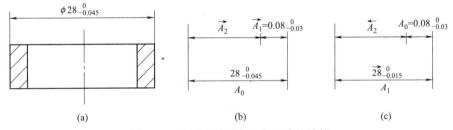

图 2-88 圆环镀层厚度工序尺寸的计算

由式（2-20）

$$A_0 = A_2 + A_1$$
$$A_2 = A_0 - A_1 = 28 - 0.08 = 27.92 \text{ (mm)}$$

由式（2-21）

$$\Delta_0 = \Delta_1 + \Delta_2$$
$$\Delta_2 = \Delta_0 - \Delta_1 = \frac{1}{2}(0 - 0.045) - \frac{1}{2}(0 - 0.03) = -0.0075 \text{ (mm)}$$

由式（2-23）

$$T_0 = T_1 + T_2$$
$$T_2 = T_0 - T_1 = 0.045 - 0.03 = 0.015 \text{ (mm)}$$

由式（2-29）和式（2-30）

$$\text{ES}_2 = \Delta_2 + \frac{T_2}{2} = -0.0075 + 0.0075 = 0 \text{（mm）}$$

$$\text{EI}_2 = \Delta_2 - \frac{T_2}{2} = -0.0075 - 0.0075 = -0.015 \text{（mm）}$$

得

$$A_2 = \phi 27.92_{-0.015}^{0} \text{（mm）}$$

例 2-12 仍以图 2-88（a）圆环工件表面镀铬为例。其外圆直径改为 $\phi 28_{-0.015}^{0}$ mm，而加工工艺采用车-粗磨-镀铬-精磨。精磨后镀层厚度在直径上为 $0.05 \sim 0.08$ mm。求镀前粗磨时的工序尺寸 A_2。

解：因所要求的镀层厚度是精磨后间接得到的，故为封闭环。画出尺寸链图如图 2-88（c）。

$$A_0 = A_1 - A_2$$

$$A_2 = A_1 - A_0 = 28 - 0.08 = 27.92 \text{（mm）}$$

$$\Delta_0 = \Delta_1 - \Delta_2$$

$$\Delta_2 = \Delta_1 - \Delta_0 = \frac{1}{2}(0 - 0.015) - \frac{1}{2}(0 - 0.03) = 0.0075 \text{（mm）}$$

$$T_0 = T_1 + T_2$$

$$T_2 = T_0 - T_1 = 0.03 - 0.015 = 0.015 \text{（mm）}$$

$$\text{ES}_2 = \Delta_2 + \frac{T_2}{2} = 0.0075 + 0.0075 = 0.015 \text{（mm）}$$

$$\text{EI}_2 = \Delta_2 - \frac{T_2}{2} = 0.0075 - 0.0075 = 0 \text{（mm）}$$

得

$$A_2 = \phi 27.92_{0}^{+0.015} \text{（mm）}$$

第十一节　机械加工生产率和技术经济分析

在制订机械加工工艺规程时，必须在保证零件质量的前提下，提高劳动生产率和降低成本。也就是说，必须做到优质、高产、低消耗。

一、机械加工生产率分析

劳动生产率是指工人在单位时间内制造的合格产品数量，或者指制造单件产品所消耗的劳动时间。劳动生产率可表现为时间定额和产量定额两种基本形式。时间定额又称为工时定额，是在生产技术组织条件下，规定生产一件产品或完成某一道工序需消耗的时间；产量定额是在一定的生产组织条件下，规定单位时间内生产合格产品数量的标准。目前，多数企业采用时间定额来反映劳动生产率。

（一）时间定额

时间定额不仅是衡量劳动生产率的指标，也是安排生产计划、计算生产成本的重要依据，还是新建或扩建工厂（车间）时计算设备和工人数量的依据。

制订合理的时间定额是调动工人积极性的重要手段，它一般是技术人员通过计算或类比的方法，或者通过对实际操作时间的测定和分析的方法确定的。在使用中，时间定额还应定期修订，以使其保持平均先进水平。

在机械加工中,完成一个工件的一道工序所需的时间 T_0,称为单件工序时间。它由下述部分组成。

1. 基本时间 t_b

基本时间是直接改变生产对象的尺寸、形状、相对位置、表面状态或材料性质等工艺过程所消耗的时间。对机械加工而言,就是直接切除工序余量所消耗的时间(包括刀具的切入或切出时间)。基本时间可按公式求出。例如车削的基本时间 t_b 为:

$$t_b = \frac{L_j Z}{n f a_p}$$

式中　t_b——基本时间,min;

　　　L_j——工作行程的计算长度,包括加工表面的长度,刀具切出和切入长度,mm;

　　　Z——工序余量,mm;

　　　n——工件的旋转速度,r/min;

　　　f——刀具的进给量,mm/r;

　　　a_p——背吃刀量,mm。

2. 辅助时间 t_a

辅助时间是为保证完成基本工作而执行的各种辅助动作需要的时间。它包括装卸工件的时间、开动和停止机床的时间、加工中变换刀具(如刀架转位等)时间、改变加工规范(如改变切削用量)的时间、试切和测量等消耗的时间。

辅助时间的确定方法随生产类型而异。大批大量生产时,为使辅助时间规定得合理,需将辅助动作分解,再分别确定各分解动作的时间,最后予以综合。中批生产则可根据以往的统计资料来确定。单件小批生产则常用基本时间的百分比来估算。

3. 技术服务时间 t_c

技术服务时间是指在工作进行期间内,消耗在照看工作地的时间,一般包括更换刀具、润滑机床、清理切屑、修磨刀具、砂轮及修整工具等所消耗的时间。

4. 组织服务时间 t_g

组织服务时间是指在整个工作班内,消耗在照看工作地的时间,一般包括班前班后领换及收拾刀具、检查及试运转设备、润滑设备、更换切削液和润滑剂以及班前打扫工作场地、清理设备等消耗的时间。

5. 自然需要及休息时间 t_n

自然需要及休息时间是工人在工作班内恢复体力和满足生理上需要所消耗的时间。在实际劳动量计算时,为了简化单件时间的计算,通常把 t_c、t_g、t_n 三部分时间统一化为占 t_b 和 t_a 的百分数,即

$$t_c + t_g + t_n = (t_b + t_a)\beta$$

式中　β——t_c、t_g、t_n 占 t_b、t_a 的百分比。

因此单件工序时间 T_0 可用下式计算:

$$T_0 = (t_b + t_a) \times (1+\beta)$$

单件工序时间不应包括以下内容:与基本时间重合的辅助时间;换件或换工序所需要的机床调整时间;由于生产组织、技术状态不良和工人偶然造成的时间损失;为返修或制造代替废品的工件而花费的时间。

6. 调整时间 T_j

调整时间是指成批生产中,为了更换工件或换工序而对设备及工艺装备进行重新调整所

需的时间,又称为准备-终结时间。调整时间是工人为生产一批产品或零、部件,进行准备和结束工作所消耗的时间。如在单件或成批生产中,每次开始加工一批零件时,工人需要熟悉工艺文件、领取毛坯、材料、工艺装备、安装刀具和夹具、调整机床和其他工艺装备等消耗的时间。加工一批工件结束后,需拆下和归还工艺装备、送交成品等消耗的时间。调整时间 T_j 既不是直接消耗在每个零件上,也不是消耗在一个班内的时间,而是消耗在一批工件上的时间。因而分摊到每个工件上的时间为 T_j/N,N 为批量。

7. 计价时间 T_p

计价时间又称单件核算定额,是指完成一件产品的一道工序规定的时间定额,是企业进行计划编制、核算生产能力和进行经济核算时的依据。因此,计价时间应由单件工序时间 T_0 和分摊到每个工件上的调整时间 (T_j/N) 两部分组成。

$$T_p = T_0 + \frac{T_j}{N}$$

大量生产中,N 值较大,$T_j/N \approx 0$,即可忽略不计。所以

$$T_p \approx T_0 = (t_b + t_a)(1 + \beta)$$

(二) 提高劳动生产率的工艺途径

劳动生产率是衡量生产效率的一个综合性指标,它不是一个单纯的工艺技术问题,而是与产品的设计、生产组织和管理工作都密切相关的,所以改进产品结构设计、改善生产组织和管理工作,都是提高生产率的有力措施。下面从机械加工工艺方面作一简单分析。

1. 缩减时间定额

缩减时间定额,首先应缩减占时间定额中比重较大的部分。在单件小批生产中,辅助时间和准备-终结时间所占比重较大,此时应减少辅助时间;在大批大量生产中,基本时间所占比重较大,此时应缩减基本时间。

(1) 缩减基本时间

① 提高切削用量 v_c、f、a_p,都可以缩减基本时间。这是机械加工中广泛采用的有效方法,但要采用大的切削用量,关键是提高机床的承载能力,特别是刀具的耐用度。

② 减少或重合切削行程长度。如图 2-89 (a) 所示为合并工步,图 2-89 (b) 所示为采用多刀加工,图 2-89 (c) 所示为采用横向切入法。

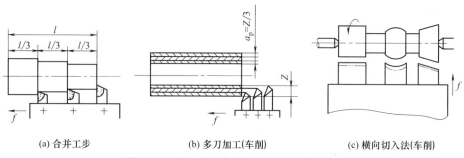

(a) 合并工步　　(b) 多刀加工(车削)　　(c) 横向切入法(车削)

图 2-89 减少或重合切削行程长度的方法

③ 采用多件加工,如图 2-90 所示。

(2) 缩短辅助时间 当辅助时间占单件时间的 50%～70%时,若用提高切削用量来提高生产率就不会取得大的效果,此时应考虑缩减辅助时间。

① 采用先进高效的夹具。这不仅能保证加工质量,还能大大减少装卸和找正工件的时间。

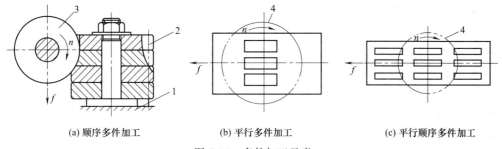

(a) 顺序多件加工　　　　　(b) 平行多件加工　　　　　(c) 平行顺序多件加工

图 2-90　多件加工示意

1—工作台；2—工件；3—滚刀；4—铣刀

② 采用多工位加工。如图 2-91 所示为双工位夹具，使装卸工件的辅助时间与基本时间重合。

③ 采用连续加工。如图 2-92 所示为立式连续回转工作台铣床。

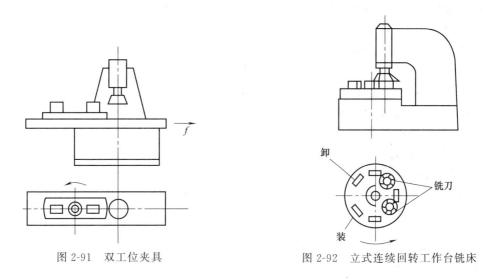

图 2-91　双工位夹具　　　　　图 2-92　立式连续回转工作台铣床

④ 采用主动检验或数字显示自动测量装置，可以减少停机测量的时间。

⑤ 采用各种快速换刀、自动换刀装置、刀具微调装置及可转位刀具，以减少在刀具的装卸、刃磨、对刀等方面所消耗的时间。

（3）缩减准备-终结时间

① 使夹具和刀具高效通用化。

② 采用先进加工设备以减少准备-终结时间。如采用数控机床、液压仿形机床、顺序控制机床等。

2. 采用先进工艺方法

① 采用先进的毛坯制造方法，提高毛坯精度，减少切削加工的劳动量。

② 采用少、无切削加工工艺。如滚压加工等方法。

③ 采用特种加工。如用线电极电火花加工机床加工冲模可减少很多钳工工作量。

二、工艺过程的技术经济分析

制订机械加工工艺规程时，在保证零件加工质量的前提下，还应注意其经济性。一般情况下，满足同一质量要求的加工方案可以有多种，在这些方案中，必然有一个经济性最好的方案。所谓经济性好，就是指机械加工中能用最低的制造成本制造出合格的产品。这样就需要对不同的工艺方案进行技术经济分析,从技术和生产成本等方面进行比较。

(一) 生产成本和工艺成本

制造一个零件(或产品)所消耗的费用的总和,称为生产成本。生产成本分两类费用:一类是与工艺过程直接相关的费用,称为工艺成本,工艺成本占生产成本的 70%~75%;另一类是与工艺过程没有直接关系的费用,如行政人员的开支,厂房的折旧费,取暖费等。以下仅讨论工艺成本。

1. 工艺成本的组成

按照工艺成本与零件产量的关系,可分为两部分费用。

① 可变费用 V——与零件年产量有关,并与之成正比关系的费用。它包括毛坯材料及制造费、操作工人工资、通用机床折旧费和修理费、通用工艺装备的折旧费和修理费以及机床电费等。

② 不变费用 S——与零件年产量无直接关系,不随年产量的变化而变化的费用。它包括专用机床和专用工艺装备的折旧费和修理费、调整工人的工资等。

2. 工艺成本的计算

零件加工全年工艺成本可按下式计算:

$$E = VN + S \text{(元/年)}$$

式中 E——一种零件全年的工艺成本,元/年;
  V——可变费用,元/件;
  N——零件年产量,件/年;
  S——不变费用,元/年。

每个零件的工艺成本,可按下式计算:

$$E_d = V + \frac{S}{N}$$

式中 E_d——单件工艺成本,元/件。

全年工艺成本与年产量的关系可用图 2-93 表示,E 和 N 呈线性关系,说明年工艺成本随着年产量的变化而成正比地变化。

单件工艺成本与年产量的关系可用图 2-94 表示,E_d 和 N 成双曲线关系。在曲线的 A 段,N 值很小,设备负荷率低,E_d 就高,如 N 略有变化时,E_d 将有较大的变化。在曲线的 C 段,N 值很大,大多数采用专用设备(S 较大,V 较小),且 S/N 值小,故 E_d 较低,N 值对 E_d 变化影响较小。以上分析表明,当 S 值一定时(主要是指专用工装设备费用),就应有一个相适应的零件年产量。所以单件小批生产时,因 S/N 所占的比例大,就不适合使用专用设备(以降低 S 值);在大批大量生产时,因 S/N 占用的比例小,最好采用专用工装设备(减小 V 值)。

(二) 不同工艺方案的经济比较

① 如果两种工艺方案基本投资相近,或在现有设备条件下,可比较其工艺成本。

a. 如两方案中只有少数工序不同,可比较其单件工艺成本,即

方案 I

$$E_{d_1} = V_1 + \frac{S_1}{N}$$

方案 II

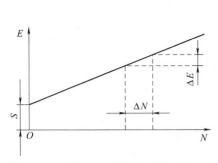

图 2-93 全年工艺成本与年产量的关系

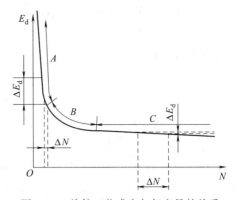

图 2-94 单件工艺成本与年产量的关系

$$E_{d_2}=V_2+\frac{S_2}{N}$$

则 E_d 值小的方案其经济性好,如图 2-95 所示。

b. 当两种工艺方案有较多工序不同时,应比较其全年工艺成本,即

方案 I

$$E_1=NV_1+S_1$$

方案 II

$$E_2=NV_2+S_2$$

则 E 值小的方案其经济性较好,如图 2-96 所示。

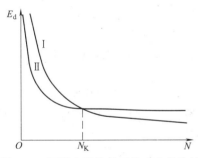

图 2-95 两种方案单件工艺成本的比较

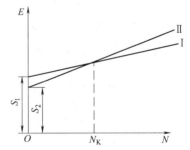

图 2-96 两种方案全年工艺成本的比较

由此可知,各方案的经济性好坏与零件的年产量有关,当两种方案工艺成本相同时的年产量为临界年产量 N_K,即

当 $E_1=E_2$ 时 $\qquad N_K V_1+S_1=N_K V_2+S_2$

则

$$N_K=\frac{S_2-S_1}{V_1-V_2}$$

若 $N<N_K$,宜采用方案 II;

若 $N>N_K$,宜采用方案 I。

② 如果两种工艺方案的基本投资相差较大,则应比较不同方案的基本投资差额的回收期限 τ。

例如,方案 I 采用高生产率而价格贵的工装设备,基本投资 K_1 大,但工艺成本 E_1 低;

方案Ⅱ采用生产率低但价格便宜的工装设备，基本投资 K_2 小，但工艺成本 E_2 较高。也就是说方案Ⅰ的低成本是以增加投资为代价的，这时需要考虑投资差额的回收期限 τ，其值可以通过下式计算：

$$N = \frac{K_1 - K_2}{E_2 - E_1} = \frac{\Delta K}{\Delta E}$$

式中　ΔK——基本投资差额，元；

　　　ΔE——全年工艺成本差额，元/年。

所以，回收期限就是方案Ⅰ比方案Ⅱ多花费的投资，需要多长时间由于工艺成本的降低而收回。显然，τ 越小，则经济效益越好。但 τ 至少应满足以下要求：

① 小于所采用的设备的使用年限；

② 小于生产产品的更新换代年限；

③ 小于国家规定的年限。如普通机床的回收期限为 4～6 年，新夹具为 2～3 年。

习　题

1. 如题 2-1 图所示零件，单件小批生产时其机械加工工艺过程如下所述，试分析其工艺过程的组成（包括工序，工步，走刀，安装）。

机械加工工艺过程：①在刨床上分别刨削六个表面，达到图样要求；②粗刨导轨面 A，分两次切削；③刨两越程槽；④粗刨导轨面 A；⑤钻孔；⑥扩孔；⑦铰孔；⑧去毛刺。

2. 如题 2-2 图所示零件，毛坯为 $\phi 35\text{mm}$ 棒料，批量生产时其机械加工工艺过程如下所述，试分析其工艺过程的组成。

机械加工工艺过程：①在锯床上切断下料；②车一端面钻中心孔；③调头，车另一端面钻中心孔；④将整批工件靠螺纹一边都车至 $\phi 30\text{mm}$；⑤调头车削整批工件的 $\phi 18\text{mm}$ 外圆；⑥车 $\phi 20\text{mm}$ 外圆；⑦在铣床上铣两平面，转 90°后铣另外两平面；⑧车螺纹，倒角。

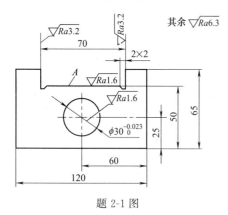

题 2-1 图

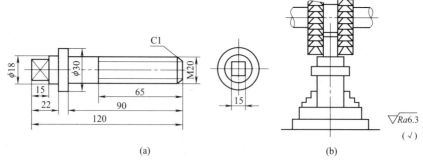

题 2-2 图

3. 应用夹紧力确定的原则，分析题 2-3 图所示各夹紧方案，指出不妥之处并加以改正。

4. 某厂年产 4105 型柴油机 1000 台，已知连杆的备品率为 5%，机械加工废品率为 1%，试计算连杆的生产纲领，说明其生产类型及主要工艺特点。（注：一般零件质量小于 100kg 为轻型零件；大于 100kg 且小于 2000kg 为中型零件；大于 2000kg 为重型零件）

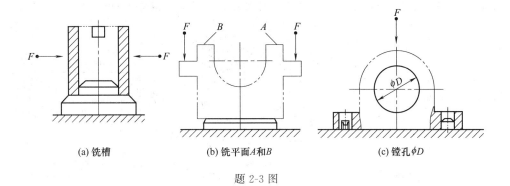

(a) 铣槽　　　　　　(b) 铣平面A和B　　　　　(c) 镗孔ϕD

题 2-3 图

5. 试指出题 2-5 图中结构工艺性方面存在的问题，并提出改进意见。

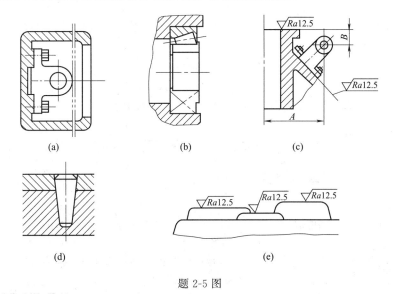

题 2-5 图

6. 根据六点定位原理分析题 2-6 图所示各定位方案中各定位元件所消除的自由度。

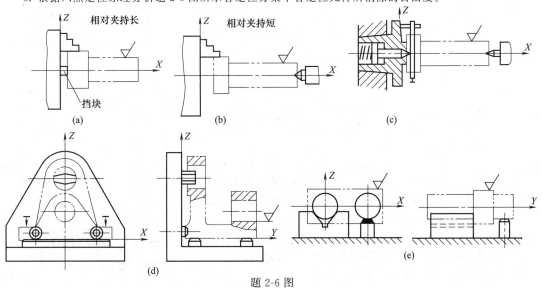

题 2-6 图

7. 由题 2-7 图，根据工件的加工要求，确定工件在夹具中定位时应限制的自由度。

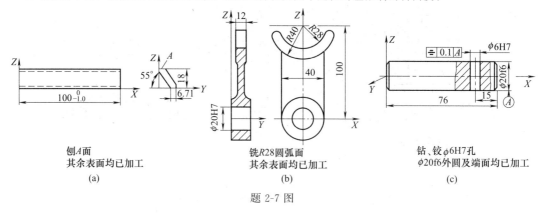

刨A面
其余表面均已加工
(a)

铣R28圆弧面
其余表面均已加工
(b)

钻、铰φ6H7孔
φ20f6外圆及端面均已加工
(c)

题 2-7 图

8. 试分析说明题 2-8 图中各零件加工主要表面时定位基准（粗、精基准）应如何选择？

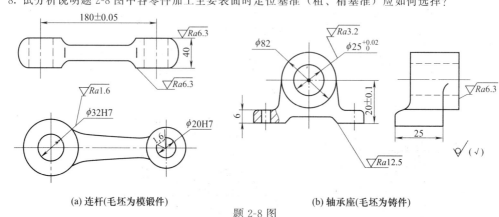

(a) 连杆(毛坯为模锻件)　　　　　　(b) 轴承座(毛坯为铸件)

题 2-8 图

9. 为保证工件上两个主要表面的相互定位精度（如题 2-9 图中 A、B 面平行度的要求），若各工序之间无相关误差，并仅从比较各种定位误差入手，在拟订工艺方案、选择精基准时，一般可以采取下列的定位方式：①基准重合加工；②基准统一加工（分两次安装）；③不同基准加工；④互为基准加工；⑤同一次安装加工。

试按照获得相互位置精度最有利的条件，顺序写出五种定位方式的先后次序并简要说明理由。

10. 在成批生产条件下，加工题 2-10 图所示零件，其工艺路线如下：①粗、精刨底面；②粗、精刨顶面；③在卧式镗床上镗孔：a. 粗镗，半精镗，精镗 φ80H7 孔；b. 将工作台准确地移动 80mm±0.03mm 后粗镗，半精镗，精镗 φ60H7 孔。

试分析上述工艺路线有何不合理之处，并提出改进方案。

11. 试拟定题 2-11 图所示零件的机械加工工艺路线。已知：毛坯材料为灰铸铁（孔未铸出）；成批生产。

12. 试拟定题 2-12 图所示零件的机械加工工艺路线。已知：

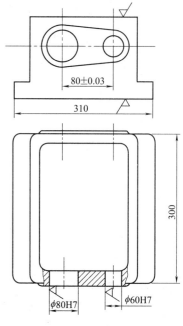

题 2-10 图

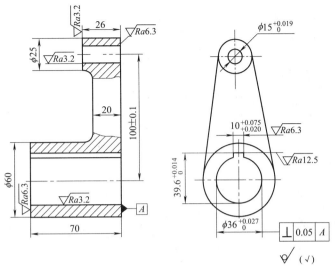

题 2-11 图

毛坯材料为灰铸铁；中批生产。

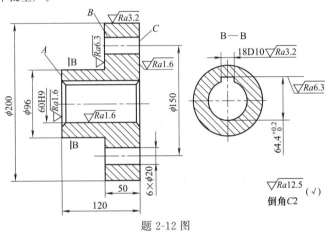

题 2-12 图

13. 试判别题 2-13 图所示各尺寸链中哪些是增环？哪些是减环？

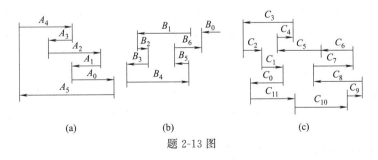

题 2-13 图

14. 在阶梯轴上铣键槽，要求保证尺寸 H、L。毛坯尺寸 $D=\phi 160_{-0.14}^{0}$ mm，$d=\phi 40_{-0.1}^{0}$ mm，D 对于 d 的同轴度公差为 0.04 mm，定位方案如题 2-14 图所示，试求 H、L 尺寸的定位误差（V 形块夹角 $\alpha=90°$）。

15. 工件定位如题 2-15 图所示，若定位误差控制在工件尺寸公差的 1/3 内，试分析该定位方案能否满足要求。若达不到要求应如何改进。并绘制简图表示。

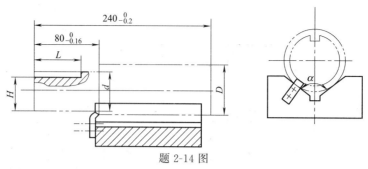

题 2-14 图

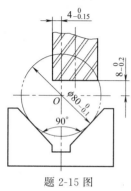

题 2-15 图

16. 一批工件以圆孔（$\phi20H7$）和心轴（$\phi20g6$）定位，在立式铣床上用顶尖顶住心轴铣槽。定位简图如题 2-16 图所示。其中 $\phi40h6$ 外圆、$\phi20H7$ 内孔及两端面均已加工合格，而且 $\phi40h6$ 外圆对 $\phi20H7$ 内孔的径向跳动在 0.02mm 之内。今要保证铣槽主要技术要求为：

(1) 槽宽 $b=12h9\,(_{-0.043}^{\;\;0})$；

(2) 槽距一端面尺寸为 $20h12\,(_{-0.21}^{\;\;0})$；

(3) 槽底位置尺寸为 $34.8h11\,(_{-0.16}^{\;\;0})$；

(4) 槽两侧面对外圆轴线的对称度公差为 0.10mm。

试分析其定位误差对保证各项技术要求的影响。

17. 如题 2-17 图所示，工件 A、B 面定位加工 $\phi10H7$ 孔，试计算尺寸 12mm±0.1mm 的定位误差。

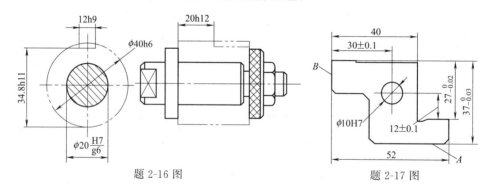

题 2-16 图 　　　　　　　　题 2-17 图

18. 如题 2-18 图所示，在工件上铣一键槽，其要求见图示，试计算各方案对尺寸 $45_{-0.2}^{\;\;0}$mm 及槽宽对称度 0.05mm 的定位误差，并分析哪种定位方案正确？有否更好的定位方案，试绘草图说明之。

19. 工件如题 2-19 图所示，加工两斜面，保证尺寸 A，试分析哪个定位方案精度高（V 形块夹角 $\alpha=90°$）。

20. 今要设计加工题 2-20 图所示箱体零件 $\phi50_{0}^{+0.039}$mm 孔的镗夹具，卧式镗削，定位基准选用一面二孔，孔 O_1 放置圆柱销，孔 O_2 放置菱形销定位，要求保证 $\phi50_{0}^{+0.039}$mm 孔的轴线通过 $\phi20_{0}^{+0.021}$mm 孔的中心，其偏移量不得大于 0.06mm，并且要保证与 O_1-O_2 两孔连心线的垂直度 0.2/300（两定位销垂直放置，定位误差只能占工件公差的 1/3），试决定：

(1) 夹具上两定位销中心距尺寸及偏差；

(2) 圆柱销和菱形销的直径及偏差；

(3) 若该定位方案不能满足定位精度要求，应采取何种措施来满足要求？

21. 题 2-21 图所示阶梯轴在 V 形块上定位（双 V 形块），钻孔 D 及铣半月形键槽。已知 $d_1=\phi35_{-0.017}^{\;\;\;0}$mm，$d_2=\phi35_{-0.050}^{-0.025}$mm，$L_1=80$mm；$L_2=30$mm；$L_3=120$mm；$\alpha=90°$。若不计 V 形块的制造误差，试计算加工尺寸 A_1 及 A_2 的定位误差。

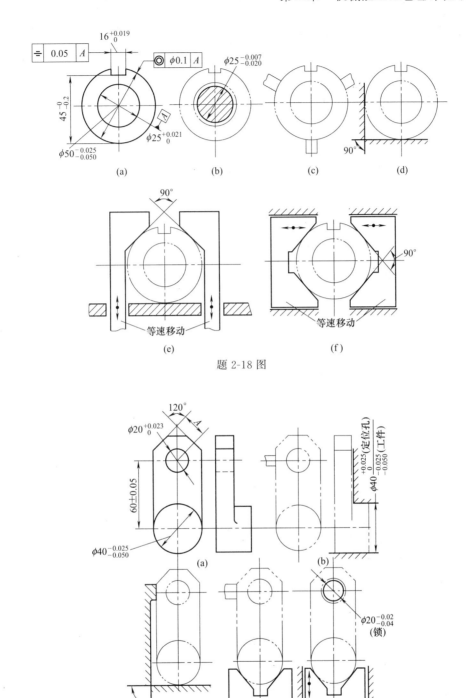

题 2-18 图

题 2-19 图

22. 某零件上有一孔 $\phi 60^{+0.03}_{\ 0}$mm，表面粗糙度 $Ra1.6\mu m$，孔长 60mm，材料为 45 钢，热处理淬火达 42HRC，毛坯为锻件。设孔的加工工艺过程是：①粗镗；②半精镗；③热处理；④磨孔。试求工序尺寸及其公差。

23. 如题 2-23 图所示零件加工时，图纸要求保证尺寸 6 ± 0.1，因这一尺寸不便直接测量，只好通过度量尺寸 L 来间接保证，试求工序尺寸 L 及其上下偏差。

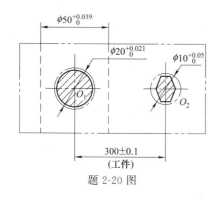

题 2-20 图

24. 题 2-24 图所示为轴套零件，在车床上已加工好外圆、内孔及各面，现需在铣床上铣出右端槽，并保证尺寸 $5_{-0.06}^{0}$ mm 及 26mm±0.2mm，求试切调刀时的度量尺寸 H、A 及其上下偏差。

25. 题 2-25 图（a）所示为轴套零件图，其内孔、外圆和各端面均已加工完毕，试分别计算按图（b）中三种定位方案钻孔时的工序尺寸及偏差。

26. 如题 2-26 图所示为箱体零件（图中只标注有关尺寸），试分析计算：

(1) 若两孔 O_1、O_2 都以 M 面为基准镗孔，试标注两镗孔工序的工序尺寸；

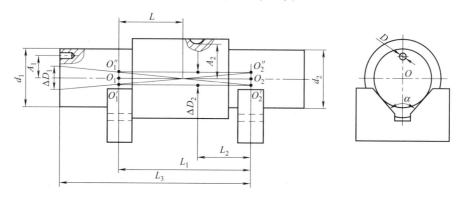

题 2-21 图

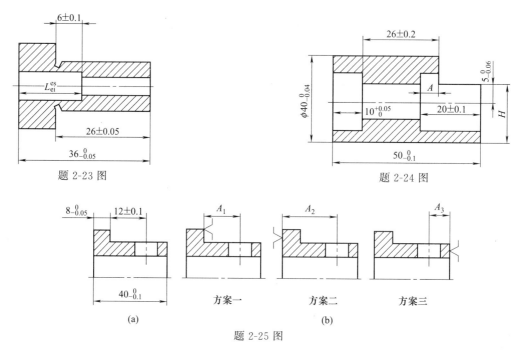

(2) 检验孔距时，因 80mm±0.08mm 不便于直接测量，故选取测量尺寸 A_1，试求工序尺寸 A_1 及其上下偏差；

(3) 若实测尺寸 A_1 超差了，能否直接判断该零件为废品？

27. 如题 2-27 图中带键槽轴的工艺过程为：车外圆至 $\phi 30.5_{-0.10}^{\ 0}$ mm，铣键槽深度为 $H_{\ 0}^{+TH}$，热处理，磨外圆至 $\phi 30_{+0.016}^{+0.036}$ mm。设磨后外圆与车后外圆的同轴度公差为 $\phi 0.05$ mm，求保证键槽深度尺寸 $4_{\ 0}^{+0.2}$ mm 的铣槽深度 $H_{\ 0}^{+TH}$。

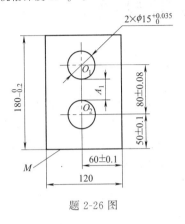

题 2-26 图

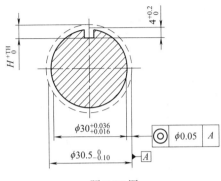

题 2-27 图

28. 如题 2-28 图所示衬套，材料为 20 钢，$\phi 30_{\ 0}^{+0.021}$ mm 内孔表面要求磨削后保证渗碳层深度为 $0.8_{\ 0}^{+0.3}$ mm，试求：
(1) 磨削前精镗工序的工序尺寸及偏差；
(2) 精镗后热处理时渗碳层的深度尺寸及偏差。

29. 某零件的加工路线如题 2-29 图所示：工序Ⅰ，粗车小端外圆、肩面及端面；工序Ⅱ，车大端外圆及端面；工序Ⅲ，精车小端外圆、肩面及端面。

试校核工序Ⅲ精车小端端面的余量是否合适？若余量不够应如何改进？

30. 题 2-30 图（a）为箱体简图，图中已标注有关的尺寸，按工厂资料，该零件加工的部分工序草图如题 2-29 图（b）所示。试求精镗时的工序尺寸 A 及其上下偏差（工件以底面及其上两销孔定位）。

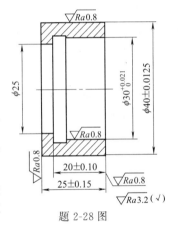

题 2-28 图

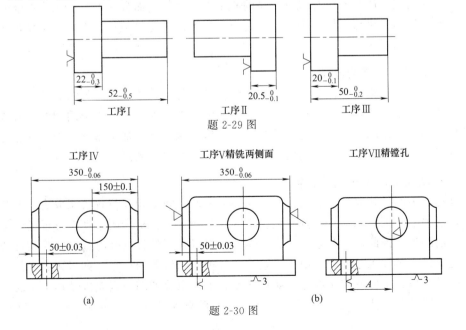

题 2-29 图

题 2-30 图

第三章 机械加工质量分析

主 要 内 容

工件的加工质量不仅与机械产品的质量密切相关，而且对产品的工作性能和使用寿命具有很大的影响。因此本章主要介绍机械加工质量的概念（机械加工质量包括机械加工精度和机械加工表面质量）；影响机械加工精度的因素和提高机械加工精度的措施；影响机械加工表面质量的因素和提高表面质量的措施；加工中振动产生的原因及消除振动的措施。

教 学 目 标

了解机械加工质量的两大指标；了解加工误差产生的原因；掌握减少加工误差的措施；了解机械加工表面质量的内容；掌握改善表面粗糙度的措施；了解表面物理力学性能的内容；了解机械加工中振动产生的原因；掌握控制自激振动的措施；具有定性分析机械加工误差的初步能力；具有通过改变刀具几何参数和正确选择切削用量以改善表面粗糙度的能力。

第一节 机械加工误差

机械零件的加工质量不仅与机械产品的质量密切相关，而且对产品的工作性能和使用寿命具有很大的影响。机械零件的加工质量有两大指标：一是机械加工误差（机械加工精度）；二是机械加工表面质量。

一、机械加工误差的概念

机械加工误差是指零件加工后的实际几何参数（几何尺寸、几何形状和相互位置）与理想几何参数之间偏差的程度。零件加工后实际几何参数与理想几何参数之间的符合程度即为加工精度。加工误差越小，符合程度越高，加工精度就越高。加工精度与加工误差是一个问题的两种提法。所以，加工误差的大小反映了加工精度的高低。

二、机械加工误差产生的原因

零件加工表面的几何尺寸、几何形状和加工表面之间的相互位置关系取决于工艺系统间的相对运动关系。工件和刀具分别安装在机床和刀架上，在机床的带动下实现运动，并受机床和刀具的约束。因此，工艺系统中各种误差就会以不同的程度和方式反映为零件的加工误差。在完成任一个加工过程中，由于工艺系统各种原始误差的存在，如机床、夹具、刀具的制造误差及磨损、工件的装夹误差、测量误差、工艺系统的调整误差以及加工中的各种力和热所引起的误差等，使工艺系统间正确的几何关系遭到破坏而产生加工误差。这些原始误差,其中一部分与工艺系统的结构状况有关,一部分与切削过程的物理因素变化有关。这些误差的产生原因可以归纳为以下几个方面。

1. 加工原理误差

加工原理误差是指采用了近似的刀刃轮廓或近似的传动关系进行加工而产生的误差。例如,加工渐开线齿轮用的齿轮滚刀,为使滚刀制造方便,采用了阿基米德基本蜗杆或法向直廓基本蜗杆代替渐开线基本蜗杆,使齿轮渐开线齿形产生了误差。又如车削模数蜗杆时,由于蜗杆的螺距等于蜗轮的周节(即 $m\pi$),其中 m 是模数,而 π 是一个无理数,但是车床的配换齿轮的齿数是有限的,选择配换齿轮时只能将 π 化为近似的分数值($\pi=3.1415$)计算,这就将引起刀具对于工件成形运动(螺旋运动)的不准确,造成螺距误差。

2. 工艺系统的几何误差

零件的机械加工是在由机床、刀具、夹具和工件组成的工艺系统内完成的。工艺系统中各组成环节的实际几何参数和位置,相对于理想几何参数和位置发生偏离而引起的误差,统称为工艺系统几何误差。在分析工艺系统几何误差对加工误差的影响时,应找出误差的敏感方向。

如图 3-1 所示,在车削圆柱表面时,回转误差沿刀具与工件接触点的法线方向分量 Δy 对加工精度影响最大,如图 3-1 (b) 所示,反映到工件半径方向上的误差为 $\Delta R = \Delta y$,而切向分量 Δz 的影响最小,如图 3-1 (a) 所示,由图 3-1 可看出,存在误差 Δz 时,反映到工件半径方向上的误差为 ΔR,其关系式为:

$$(R+\Delta R)^2 = \Delta z^2 + R^2$$

整理中略去高阶微量 ΔR^2 项可得:$\Delta R = \Delta z^2/2R$。设 $\Delta z = 0.01$mm,$R = 50$mm,则 $\Delta R = 0.000001$mm。此值完全可以忽略不计。

因此,一般称法线方向为误差的敏感方向,切线方向为非敏感方向。

再如主轴的纯轴向窜动对工件的内、外圆加工没有影响,但会影响加工端面与内、外圆的垂直度误差。主轴每旋转一周,就要沿轴向窜动一次,向前窜的半周中形成右螺旋面,向后窜的半周中形成左螺旋面,最后切出如端面凸轮一样的形状,如图 3-2 所示,并在端面中心附近出现一个凸台。当加工螺纹时,主轴轴向窜动会使加工的螺纹产生螺距的小周期误差。

还有诸如机床的导轨误差;刀具的制造、磨损和安装误差;夹具的定位、夹紧、安装和

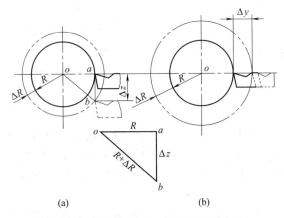

图 3-1 回转误差对加工精度的影响

图 3-2 主轴轴向窜动对端面加工的影响

对刀误差等都将影响零件的加工误差。

3. 工艺系统受力变形引起的误差

工艺系统在切削力、夹紧力、重力和惯性力等作用下会产生变形，从而破坏了已调整好的工艺系统各组成部分的相互位置关系，导致加工误差的产生，并影响加工过程的稳定性。

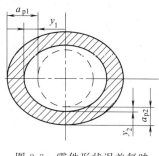

图 3-3 零件形状误差复映

如图 3-3 所示，由于工件毛坯的圆度误差，使车削时加工余量不均匀，刀具的背吃刀量在 a_{p1} 与 a_{p2} 之间变化，因此，切削分力 F_y 也随切削深度 a_p 的变化由 F_{ymax} 变到 F_{ymin}。工艺系统将产生相应的变形，即由 y_1 变到 y_2（刀尖相对于工件产生 y_1 到 y_2 的位移），这样就形成了被加工表面的圆度误差。这种现象称为"误差复映"。

若令
$$\Delta m = a_{p1} - a_{p2}$$
$$\Delta w = y_1 - y_2$$

则
$$\varepsilon = \frac{\Delta w}{\Delta m} \tag{3-1}$$

式中 ε——误差复映系数。

误差复映系数 ε 定量地反映了毛坯误差在经过加工后减少的程度，它与工艺系统的刚度成反比，与径向切削力成正比。要减少工件的复映误差，可增加工艺系统的刚度或减少径向切削力（例如增大主偏角、减少进给量等）。

当毛坯的误差较大，一次走刀不能满足加工精度要求时，需要多次走刀来消除 Δm 复映到工件上的误差。多次走刀总 ε 值计算如下：

$$\varepsilon_\Sigma = \varepsilon_1 \times \varepsilon_2 \times \cdots \times \varepsilon_n \tag{3-2}$$

由于 ε 是远小于 1 的系数，所以经过多次走刀后，ε 已降到很小值，加工误差也可以得到逐渐减小而达到零件的加工精度要求（一般经过 2～3 次走刀后即可达到 IT7 的精度要求）。

4. 工艺系统受热变形引起的误差

引起工艺系统热变形的热源大致可分为两类：内部热源和外部热源。

内部热源包括切削热和摩擦热；外部热源包括环境温度和辐射热。切削热和摩擦热是工艺系统的主要热源。

工艺系统受各种热源的影响，其温度会逐渐升高。如图 3-4 所示为车床主轴箱的热变形。车床类机床的主要热源是主轴箱中的轴承、齿轮、离合器等传动副，其摩擦使主轴箱和床身的温度上升，从而造成了机床主轴抬高和倾斜。如图 3-4 所示的主轴在水平方向的位移只有 $10\mu m$，而垂直方向的位移却达到 $180 \sim 200 \mu m$。这对于刀具水平安装的卧式车床的加工精度影响较小，但对于刀具垂直安装的自动车床和转塔车床来说，对加工精度的影响就不容忽视了。

工件、刀具和夹具在切削温度的影响下，同样会发生变形，从而产生加工误差。

5. 工件内应力引起的误差

零件在没有外加载荷的情况下，仍然残存在工件内部的应力称为内应力或残余应力。工件在铸造、锻造及切削加工后，内部会存在各种内应力。零件内应力的重新分布不仅影响零件的加工精度，而且对装配精度也有很大的影响。内应力存在于工件的内部，而且其存在和分布情况相当复杂，下面只作一些定性的分析。

铸、锻、焊等毛坯在生产过程中，由于工件各部分的厚薄不均、冷却速度不均匀而产生内应力。如图 3-5 为车床床身内应力引起的变形情况。铸造时，床身导轨表面及床腿面冷却

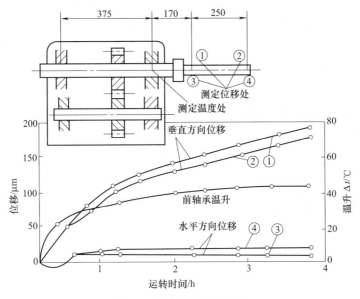

图 3-4 车床主轴箱热变形

速度较快,中间部分冷却速度较慢,因此形成了上下表层受压应力,中间部分受拉应力的状态。当将导轨表面铣或刨去一层金属时,内应力将重新分布和平衡,整个床身将产生弯曲变形。

细长的轴类零件,如光杠、丝杠、曲轴、凸轮轴等在加工和运输中很容易产生弯曲变形,因此,大多数在加工中安排冷校直工序,这种方法简单方便,但会带来内应力。因此,对于精密零件的加工是不允许安排冷校直工序的。当零件产生弯曲变形时,如果变形较小,可加大加工余量,利用切削加工方法去除其弯曲度,这时要注意切削力的大小,因为这些零件刚度

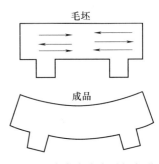

图 3-5 床身内应力引起变形

很差,极易受力变形;如果变形较大,则可用热校直的方法,这样可减小内应力,但操作比较麻烦。

工件在进行切削加工时,在切削力和摩擦力的作用下,使表层金属产生塑性变形,体积膨胀,受到里层组织的阻碍,故表层产生压应力,里层产生拉应力;由于切削温度的影响,表层金属产生热塑性变形,表层温度下降快,冷却收缩也比里层大,当温度降至弹性变形范围内,表层收缩受到里层的阻碍,因而产生拉应力,里层将产生平衡的压应力。

通常情况下应力处于平衡状态,但毛坯或加工后具有应力的工件,当工件的应力恢复平衡状态时,将使工件变形,从而产生加工误差。

6. 测量误差

在工序调整及加工过程中测量工件时,由于测量方法、量具精度等因素对测量结果准确性的影响而产生的误差,统称为测量误差。由于测量误差,也将使工件产生加工误差。

三、减少加工误差的措施
1. 直接减少原始误差法

即在查明影响加工精度的主要原始误差因素之后,设法对其直接进行消除或减少。例

如，车削细长轴时，采用跟刀架、中心架可消除或减少工件变形所引起的加工误差。采用大进给量反向切削法，基本上消除了轴向切削力引起的弯曲变形。若辅以弹簧顶尖，可进一步消除热变形所引起的加工误差。又如在加工薄壁套筒内孔时，采用过渡圆环以使夹紧力均匀分布，避免夹紧变形所引起的加工误差。

2. 误差补偿法

误差补偿法是人为地制造一种误差，去抵消工艺系统固有的原始误差，或者利用一种原始误差去抵消另一种原始误差，从而达到提高加工精度的目的。

例如，用预加载荷法精加工磨床床身导轨，借以补偿装配后受部件自重而引起的变形。磨床床身是一个狭长的结构，刚度较差，在加工时，导轨精度虽然都能达到，但在装上进给机构、操纵机构等以后，便会使导轨产生变形而破坏了原来的精度，采用预加载荷法可补偿这一误差。又如用校正机构提高丝杠车床传动链的精度。在精密螺纹加工中，机床传动链误差将直接反映到工件的螺距上，使精密丝杠加工精度受到一定的影响。为了满足精密丝杠加工的要求，采用螺纹加工校正装置以消除传动链造成的误差，如图3-6所示。

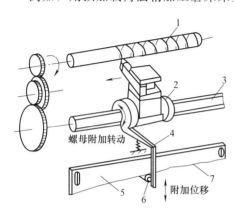

图3-6 螺纹加工校正装置
1—工件；2—丝杠螺母；3—车床丝杠；4—杠杆；
5—校正尺；6—滚柱；7—工作尺面

3. 误差转移法

误差转移法的实质是转移工艺系统的集合误差、受力变形和热变形等。例如，磨削主轴锥孔时，锥孔和轴径的同轴度不是靠机床主轴回转精度来保证的，而是靠夹具保证，当机床主轴与工件采用浮动连接以后，机床主轴的原始误差就不再影响加工精度，而转移到夹具来保证加工精度。

在箱体的孔系加工中，在镗床上用镗模镗削孔系时，孔系的位置精度和孔距间的尺寸精度都依靠镗模和镗杆的精度来保证，镗杆与主轴之间为浮动连接，故机床的精度与加工无关，这样就可以采用普通精度、用生产率较高的组合机床来精镗孔系。由此可见，往往在机床精度达不到零件的加工要求时，通过误差转移的方法，能够用一般精度的机床加工高精度的零件。

4. 误差分组法

在加工中，由于工序毛坯误差的存在，造成了本工序的加工误差。毛坯误差的变化，对本工序的影响主要有两种情况：复映误差和定位误差。如果上述误差太大，不能保证加工精度，而要提高毛坯精度或上一道工序加工精度是不经济的。这时可采用误差分组法，即把毛坯或上工序尺寸按误差大小分为n组，每组毛坯的误差就缩小为原来的$1/n$，然后按各组分别调整刀具与工件的相对位置或调整定位元件，就可大大地缩小整批工件的尺寸分散范围。

例如，某厂加工齿轮磨床上的交换齿轮时，为了达到齿圈径向圆跳动的精度要求，将交换齿轮的内孔尺寸分成三组，并用与之尺寸相应的三组定位心轴进行加工。其分组尺寸如下（单位mm），见表3-1。

误差分组法的实质，是用提高测量精度的手段来弥补加工精度的不足，从而达到较高的精度要求。当然，测量、分组需要花费时间，故一般只是在配合精度很高、而加工精度不宜提高时采用。

表 3-1　交换齿轮内孔尺寸分组　　　　　　　　　　　　　　/mm

组　别	心轴直径 $\phi 25^{+0.011}_{+0.002}$	工件孔径 $\phi 25^{+0.013}_{0}$	配合精度
第一组	$\phi 25.002$	$\phi 25.000 \sim 25.004$	± 0.002
第二组	$\phi 25.006$	$\phi 25.004 \sim 25.008$	± 0.002
第三组	$\phi 25.011$	$\phi 25.008 \sim 25.013$	$+0.002$ -0.003

5. 就地加工法

在加工和装配中，有些精度问题牵涉很多零部件间的相互关系，相当复杂。如果单纯地提高零件精度来满足设计要求，有时不仅困难，甚至不可能达到。此时，若采用就地加工法，就可解决这种难题。

例如，在转塔车床制造中，转塔上六个安装刀具的孔，其轴心线必须保证与机床主轴旋转中心线重合，而六个平面又必须与旋转中心线垂直。如果单独加工转塔上的这些孔和平面，装配时要达到上述要求是困难的，因为其中包含了很复杂的尺寸链关系。因而在实际生产中采用了就地加工法，即在装配之前，这些重要表面不进行精加工，等转塔装配到机床上以后，再在自身机床上对这些孔和平面进行精加工。具体方法是在机床主轴上装上镗刀杆和能做径向进给的小刀架，对这些表面进行精加工，便能达到所需要的精度。

又如龙门刨床、牛头刨床，为了使它们的工作台分别与横梁或滑枕保持位置的平行度关系，都是装配后在自身机床上，进行就地精加工来达到装配要求的。平面磨床的工作台，也是在装配后利用自身砂轮精磨出来的。

6. 误差平均法

误差平均法是利用有密切联系的表面之间的相互比较和相互修正，或者互为基准进行加工，以达到很高的加工精度。

如配合精度要求很高的轴和孔，常用对研的方法来达到。所谓对研，就是配偶件的轴和孔互为研具相对研磨。在研磨前有一定的研磨量，其本身的尺寸精度要求不高，在研磨过程中，配合表面相对研擦和磨损的过程，就是两者的误差相互比较和相互修正的过程。

如三块一组的标准平板，是利用相互对研、配刮的方法加工出来的。因为三个表面能够分别两两密合，只有在都是精确的平面的条件下才有可能。另外还有直尺、角度规、多棱体、标准丝杠等高精度量具和工具，都是利用误差平均法制造出来的。

第二节　加工误差的综合分析

生产实际中，影响加工误差的因素往往是错综复杂的，有时很难用单因素来分析其因果关系，而要用数理统计方法进行综合分析来找出解决问题的途径。

一、加工误差的性质

各种单因素的加工误差，按其统计规律的不同，可分为系统性误差和随机性误差两大类。系统性误差又分为常值系统误差和变值系统误差两种。

(一) 系统性误差

1. 常值系统误差

顺次加工一批工件后,其大小和方向保持不变的误差,称为常值系统误差。例如加工原理误差和机床、夹具、刀具的制造误差等,都是常值系统误差。此外,机床、夹具和量具的磨损速度较慢,在一定时间内也可看做是常值系统误差。

2. 变值系统误差

顺次加工一批工件中,其大小和方向按一定的规律变化的误差,称为变值系统误差。例如机床、夹具和刀具等在热平衡前的热变形误差和刀具的磨损等,都是变值系统误差。

(二) 随机性误差

顺次加工一批工件,出现大小和方向不同且无规律变化的加工误差,称为随机性误差。例如毛坯误差(余量大小不一、硬度不均匀等)的复映、定位误差(基准面精度不一、间隙影响)、夹紧误差(夹紧力大小不一)、多次调整的误差、残余应力引起的变形误差等,都是随机性误差。

随机性误差从表面看来似乎没有什么规律,但是应用数理统计的方法可以找出一批工件加工误差的总体规律,然后在工艺上采取措施来加以控制。

二、加工误差的统计分析法

统计分析是以生产现场观察和对工件进行实际检验的数据资料为基础,用数理统计的方法分析处理这些数据资料,从而揭示各种因素对加工误差的综合影响,获得解决问题的途径的一种分析方法,主要有分布图分析法和点图分析法等。本节主要介绍分布图分析法。其他方法请参考有关资料。

1. 实际分布图——直方图

在加工过程中,对某工序的加工尺寸抽取有限样本数据进行分析处理,用直方图的形式表示出来,以便于分析加工质量及其稳定程度的方法,称为直方图分析法。

在抽取的有限样本数据中,加工尺寸的变化称为尺寸分散;出现在同一尺寸间隔的零件数目称为频数;频数与该批样本总数之比称为频率;频率与组距(尺寸间隔)之比称为频率密度。

以工件的尺寸(很小的一段尺寸间隔)为横坐标,以频数或频率为纵坐标表示该工序加工尺寸的实际分布图称直方图,如图3-7所示。

直方图上矩形的面积=频率密度×组距(尺寸间隔)=频率

由于所有各组频率之和等于100%,故直方图上全部矩形面积之和等于1。

下面通过实例来说明直方图的作法。

例如磨削一批轴径为 $\phi 60^{+0.06}_{+0.01}$ mm 的工件,实测后的尺寸如表3-2所示。

表3-2 轴径尺寸实测值 /μm

44	20	46	32	20	40	52	33	40	25	43	38	40	41	30	36	49	51	38	34
22	46	38	30	42	38	27	49	45	45	38	32	45	48	28	36	52	32	42	38
40	42	38	52	38	36	37	43	28	45	36	50	46	38	30	40	44	34	42	47
22	28	34	30	36	32	35	22	40	35	36	42	46	42	50	40	36	20	16 S_m	53
32	46	20	28	46	28	54 L_a	18	32	33	26	46	47	36	38	30	49	18	38	38

注:表中数据为实测尺寸与基本尺寸之差。

作直方图的步骤如下。

① 收集数据。一般取 100 件左右，找出最大值 $L_a = 54\mu m$，最小值 $S_m = 16\mu m$（见表3-2）。

② 把 100 个样本数据分成若干组，分组数可用表 3-3 确定。

表 3-3　样本与组数的选择

数据的数量	分　组　数
50～100	6～10
100～250	7～12
250 以上	10～20

本例取组数 $k=9$。经验证明，组数太少会掩盖组内数据的变动情况，组数太多会使各组的高度参差不齐，从而看不出变化规律。通常确定的组数要使每组平均至少摊到 4～5 个数据。

③ 计算组距 h，即组与组间的间隔

$$h = \frac{L_a - S_m}{k-1} = \frac{54-16}{8} = 4.75\mu m \approx 5\mu m$$

④ 计算第一组的上、下界限值　$S_m \pm \frac{h}{2}$

第一组的上界限值为 $S_m + \frac{h}{2} = \left(16 + \frac{5}{2}\right)\mu m = 18.5\mu m$；

下界限值为 $S_m - \frac{h}{2} = \left(16 - \frac{5}{2}\right)\mu m = 13.5\mu m$。

⑤ 计算其余各组的上、下界限值。第一组的上界限值就是第二组的下界限值。第二组的下界限值加上组距就是第二组的上界限值，其余类推。

⑥ 计算各组的中心值 x_i。中心值是每组中间的数值。

$$x_i = (某组上限值 + 某组下限值)/2$$

第一组中心值 $x_i = \frac{13.5 + 18.5}{2}\mu m = 16\mu m$

⑦ 记录各组的数据，整理成频数分布表，如表 3-4 所示。

⑧ 统计各组的尺寸频数、频率和频率密度，并填入表 3-4 中。

表 3-4　频数分布表

组数 n	组界/μm	中心值 x_i	频数统计	频数 m_i	频率/%	频率密度/$(\mu m^{-1})(\%)$
1	13.5～18.5	16	|||	3	3	0.6
2	18.5～23.5	21	|||||||	7	7	1.4
3	23.5～28.5	26	||||||||	8	8	1.6
4	28.5～33.5	31	|||||||||||||	13	13	2.6
5	33.5～38.5	36	||||||||||||||||||||||||||	26	26	5.2
6	38.5～43.5	41	||||||||||||||||	16	16	3.2
7	43.5～48.5	46	||||||||||||||||	16	16	3.2
8	48.5～53.5	51	||||||||||	10	10	2
9	53.5～58.5	56			1	1	0.2

⑨ 按表列数据以频率密度为纵坐标、组距（尺寸间隔）为横坐标就可以画出直方图，如图 3-7 所示。

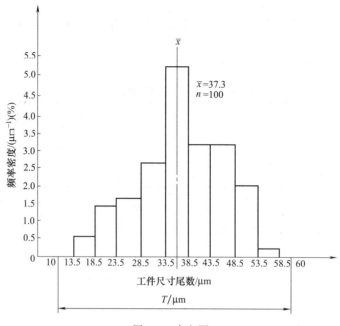

图 3-7　直方图

由图 3-7 可知，该批工件的尺寸分散范围大部分居中，偏大、偏小者较少。

尺寸分散范围＝最大直径－最小直径＝60.054－60.016＝0.038（mm）

尺寸分散范围中心：

$$\bar{x} = \frac{1}{n}\sum_{i=1}^{n} x_i = \frac{60.016 \times 3 + 60.021 \times 7 + \cdots + 60.056 \times 1}{100} = 60.037 \text{（mm）}$$

直径的公差带中心 $= 60 + \dfrac{0.06+0.01}{2} = 60.035$（mm）

标准差为：$\sigma = \sqrt{\dfrac{1}{n}\sum_{i=1}^{n}(x_i - \bar{x})^2}$

$$= \sqrt{\frac{(60.016-60.037)^2 \times 3 + \cdots + (60.056-60.037)^2 \times 1}{100}} = 0.0092 \text{（mm）}$$

从图中可看出，这批工件的分散范围为 0.038，比公差带还小，但尺寸分散范围中心与公差带中心不重合，若设法将分散范围中心调整到与公差带重合，即只要把机床的径向进给量增大 0.001mm，就能消除常值系统误差。

2. 理论分布图

（1）正态分布曲线　大量的试验、统计和理论分析表明：当一批工件总数极多，加工的误差是由许多相互独立的随机因素引起的，而且这些误差因素中又都没有任何特殊的倾向，其分布是服从正态分布的。这时的分布曲线称为正态分布曲线（即高斯曲线），如图 3-8 所示。其函数表达式为：

$$y = \frac{1}{\sigma\sqrt{2\pi}} e^{-\frac{1}{2}\left(\frac{x-\bar{x}}{\sigma}\right)^2}$$

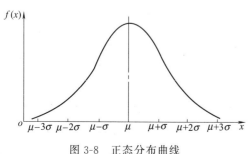

图 3-8　正态分布曲线

式中　　y——分布的概率密度（相当于直方图上的频率密度）；

$\bar{x}$——工件尺寸的平均值；

σ——标准差，$\sigma=\sqrt{\dfrac{1}{n}\sum\limits_{i=1}^{n}(x_i-\bar{x})^2}$；

n——样本工件的总数。

从正态分布图上可看出下列特征：

① 曲线以 $x=\bar{x}$ 直线为左右对称，靠近 $\bar{x}$ 的工件尺寸出现概率较大，远离 $\bar{x}$ 的工件尺寸概率较小。

② 对 $\bar{x}$ 的正偏差和负偏差，其概率相等。

③ 分布曲线与横坐标所围成的面积包括了全部零件数（即100%），故其面积等于1；其中 $x-\bar{x}=\pm3\sigma$（即 $\bar{x}\pm3\sigma$）范围内的面积占了99.73%（见表3-6），即99.73%的工件尺寸落在 $\pm3\sigma$ 范围内，仅有0.27%的工件落在此范围之外（可忽略不计）。因此，取正态分布曲线的分布范围为 $\pm3\sigma$。

$\pm3\sigma$（或 6σ）的概念，在研究加工误差时应用很广，是一个很重要的概念。6σ 的大小代表某加工方法在一定条件（如毛坯余量，切削用量，正常的机床、夹具、刀具等）下所能达到的加工精度，所以在一般情况下，应该使所选择的加工方法的标准偏差 σ 与公差带宽度 T 之间具有下列关系：

$$6\sigma \leqslant T$$

如果改变参数 $\bar{x}$（σ 保持不变），则曲线沿 x 轴平移而不改变形状，如图3-9所示。$\bar{x}$ 的变化主要是常值系统性误差引起的。如果 $\bar{x}$ 值保持不变，当 σ 值减少时，则曲线形状陡峭；σ 值增大时，曲线形状平坦，如图3-10所示，σ 是由随机性误差决定的，随机性误差越大，则 σ 越大。

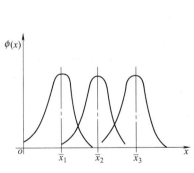

图3-9　σ 相同，$\bar{x}$ 对曲线位置的影响

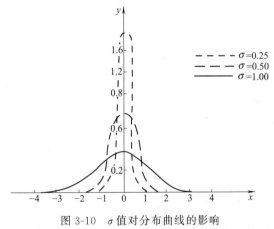

图3-10　σ 值对分布曲线的影响

（2）非正态分布曲线　工件的实际分布，有时并不接近于正态分布。例如，将在两台机床上分别调整加工出的工件混在一起测定，得图3-11所示的双峰曲线。实际上是两组正态分布曲线（如虚线所示）的叠加，也即随机性误差中混入了常值系统误差。每组有各自的分散中心和标准差 σ。

又如，在活塞销贯穿磨削中，如果砂轮磨损较快而没有补偿的话，工件的实际尺寸分布将成平顶分布，如图3-12所示。它实质上是正态分布曲线的分散中心在不断地移动，也即在随机性误差中混有变值系统误差。

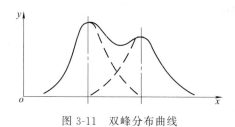

图 3-11 双峰分布曲线　　　　　图 3-12 平顶分布曲线

3. 分布图分析法的应用

(1) 判别加工误差的性质　如前所述，假如加工过程中没有变值系统误差，那么其尺寸分布就服从正态分布，即实际分布与正态分布基本相符，这时就可进一步根据 $\bar{x}$ 是否与公差带中心重合来判断是否存在常值系统误差（$\bar{x}$ 与公差带中心不符说明存在常值系统误差）。如实际分布与正态分布有较大出入，可根据直方图初步判断变值系统误差是什么类型。

(2) 确定各种加工方法所能达到的精度　由于各种加工方法在随机性因素影响下所得的加工尺寸的分散规律符合正态分布，因而可以在多次统计的基础上，为每一种加工方法求得它的标准差 σ 值。然后，按分布范围等于 6σ 的规律，即可确定各种加工方法所能达到的精度。

(3) 确定工艺能力及其等级　工艺能力即工序处于稳定状态时，加工误差正常波动的幅度。由于加工时误差超出分散范围的概率极小，可以认为不会发生分散范围以外的加工误差，因此可以用该工序的尺寸分散范围来表示工艺能力。当加工尺寸分布接近正态分布时，工艺能力为 6σ。

工艺能力等级是以工艺能力系数来表示的，即工艺能满足加工精度要求的程度。

当工艺处于稳定状态时工艺能力系数 C_p 按下式计算：

$$C_p = T/6\sigma$$

式中　T——工件尺寸公差。

根据工艺能力系数 C_p 的大小，共分为五级，如表 3-5 所示。

表 3-5　工艺能力等级

工艺能力系数	等　级	说　明
$C_p > 1.67$	特级	工艺能力过高,可以允许有异常波动,不一定经济
$1.67 \geqslant C_p > 1.33$	一级	工艺能力足够,可以允许有一定的异常波动
$1.33 \geqslant C_p > 1.00$	二级	工艺能力勉强,必须密切注意
$1.00 \geqslant C_p > 0.67$	三级	工艺能力不足,可能出现少量不合格品
$C_p \leqslant 0.67$	四级	工艺能力差,必须加以改进

一般情况下，工艺能力不应低于二级。

(4) 估算疵品率　正态分布曲线与 x 轴之间所包含的面积代表一批零件的总数 100%，如果尺寸分散范围大于零件的公差 T 时，则将有疵品产生。如图 3-13 所示，在曲线下面至 C、D 两点间的面积（阴影部分）代表合格品的数量，而其余部分，则为疵品的数量。当加工外圆表面时，图的左边空白部分为不可修复的疵品，而图的右边空白部分为可修复的疵品。加工孔时，恰好相反。对于某一规定的 x 范围的曲线面积［见图 3-13（b）］，可由下面的积分式求得：

$$y = \frac{1}{\sigma\sqrt{2\pi}}\int_0^x e^{-\frac{x^2}{2\sigma^2}} dx$$

为了方便起见，设 $z = \frac{x}{\sigma}$

所以
$$y = \frac{1}{\sqrt{2\pi}}\int_0^z e^{-\frac{z^2}{2}} dz$$

正态分布曲线的总面积为：
$$2\phi(\infty) = \frac{1}{\sqrt{2\pi}}\int_0^\infty e^{-\frac{z^2}{2}} dz = 1$$

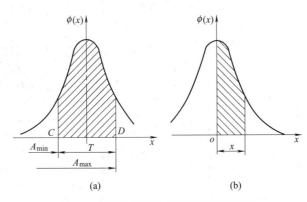

图 3-13 利用正态分布曲线估算疵品率

在一定的 z 值时，函数 y 的数值等于加工尺寸在 x 范围的概率。各种不同 z 值的 y 值列于表 3-6 中。

例 在磨床上加工销轴，要求外径 $d = 12^{-0.016}_{-0.043}$ mm，$\bar{x} = 11.974$ mm，$\sigma = 0.005$ mm，其尺寸分布符合正态分布，试分析该工序的工艺能力和计算疵品率。

解：该工序尺寸分布如图 3-14 所示。

由于
$$C_p = \frac{T}{6\sigma} = \frac{0.027}{6 \times 0.005} = 0.9 < 1$$

工艺能力系数 $C_p < 1$，说明该工序工艺能力不足，因此产生疵品是不可避免的。

工件最小尺寸 $d_{min} = \bar{x} - 3\sigma = 11.959$ mm $>$ $A_{min} = 11.957$ mm

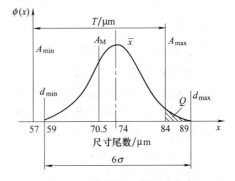

图 3-14 磨削轴工序尺寸分布

故不会产生不可修复的疵品。

工件最大尺寸
$$d_{max} = \bar{x} + 3\sigma = 11.989 \text{ mm} > A_{max} = 11.984 \text{ mm}$$

故要产生可修复的疵品。

疵品率 $Q = 0.5 - y$

$$z = \frac{|x - \bar{x}|}{\sigma} = \frac{|11.984 - 11.974|}{0.005} = 2$$

查表 3-6，$z = 2$ 时，$y = 0.4772$

$Q = 0.5 - 0.4772 = 0.0228 = 2.28\%$

表 3-6 $y=\dfrac{1}{\sqrt{2\pi}}\int_0^z e^{-\frac{z^2}{2}}dz$

z	y	z	y	z	y	z	y	z	y
0.00	0.0000	0.26	0.1023	0.52	0.1985	1.05	0.3531	2.60	0.4953
0.01	0.0040	0.27	0.1064	0.54	0.2054	1.10	0.3643	2.70	0.4965
0.02	0.0080	0.28	0.1103	0.56	0.2123	1.15	0.3749	2.80	0.4974
0.03	0.0120	0.29	0.1141	0.58	0.2190	1.20	0.3849	2.90	0.4981
0.04	0.0160	0.30	0.1179	0.60	0.2257	1.25	0.3944	3.00	0.49865
0.05	0.0199	—	—	—	—	—	—	—	—
0.06	0.0239	0.31	0.1217	0.62	0.2324	1.30	0.4032	3.20	0.49931
0.07	0.0279	0.32	0.1255	0.64	0.2389	1.35	0.4115	3.40	0.49966
0.08	0.0319	0.33	0.1293	0.66	0.2454	1.40	0.4192	3.60	0.499841
0.09	0.0359	0.34	0.1331	0.68	0.2517	1.45	0.4265	3.80	0.499928
0.10	0.0398	0.35	0.1368	0.70	0.2580	1.50	0.4332	4.00	0.499968
0.11	0.0438	0.36	0.1406	0.72	0.2642	1.55	0.4394	4.50	0.499997
0.12	0.0478	0.37	0.1443	0.74	0.2703	1.60	0.4452	5.00	0.49999997
0.13	0.0517	0.38	0.1480	0.76	0.2764	1.65	0.4505	—	—
0.14	0.0557	0.39	0.1517	0.78	0.2823	1.70	0.4554	—	—
0.15	0.0596	0.40	0.1554	0.80	0.2881	1.75	0.4599	—	—
0.16	0.0636	0.41	0.1591	0.82	0.2939	1.80	0.4641	—	—
0.17	0.0675	0.42	0.1628	0.84	0.2995	1.85	0.4678	—	—
0.18	0.0714	0.43	0.1664	0.86	0.3051	1.90	0.4713	—	—
0.19	0.0753	0.44	0.1700	0.88	0.3106	1.95	0.4744	—	—
0.20	0.0793	0.45	0.1736	0.90	0.3159	2.00	0.4772	—	—
0.21	0.0832	0.46	0.1772	0.92	0.3212	2.10	0.4821	—	—
0.22	0.0871	0.47	0.1808	0.94	0.3264	2.20	0.4861	—	—
0.23	0.0910	0.48	0.1844	0.96	0.3315	2.30	0.4893	—	—
0.24	0.0948	0.49	0.1879	0.98	0.3365	2.40	0.4918	—	—
0.25	0.0987	0.50	0.1915	1.00	0.3413	2.50	0.4938	—	—

如重新调整机床使分散中心 $\bar{x}$ 与公差带中心 A_M 重合,则可减少疵品率。

4. 分布图分析法的缺点

用分布图分析加工误差有下列主要缺点。

① 不能反映误差的变化趋势。加工中随机性误差和系统性误差同时存在,由于分析时没有考虑到工件加工的先后顺序,故很难把随机性误差与变值系统误差区分开来。

② 由于必须等一批工件加工完毕后,才能得出分布情况。因此,不能在加工过程中及时提供控制精度的资料。

第三节 机械加工表面质量

机械加工后的表面,总存在一定的微观几何形状的偏差,表面层的物理力学性能也发生变化。因此,机械加工表面质量包括加工表面的几何特征和表面层物理力学性能两个方面的内容。

一、加工表面的几何特征

加工表面的微观几何特征主要由表面粗糙度和表面波度两部分组成,如图 3-15 所示。

表面粗糙度是波距 L 小于 1mm 的表面微小波纹；表面波度是指波距 L 在 1~20mm 之间的表面波纹。通常情况下，当 L/H（波距/波高）<50 时为表面粗糙度，$L/H=50$~1000 时为表面波度。

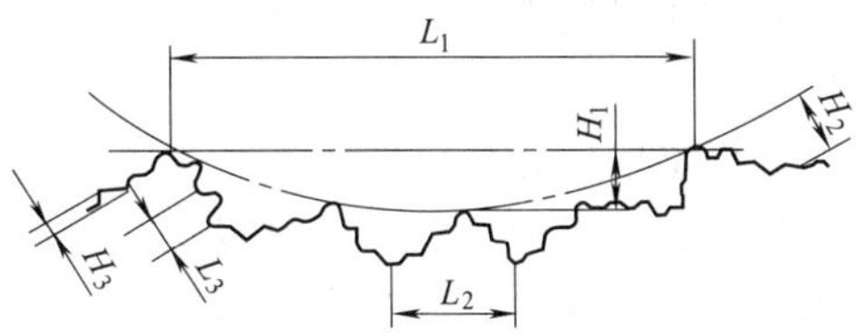

1. 表面粗糙度

表面粗糙度主要是由刀具的形状以及切削过程中塑性变形和振动等因素引起的，它是指已加工表面的微观几何形状误差。

图 3-15 表面粗糙度和表面波度

在理想切削条件下，由于切削刃的形状和进给量的影响，在加工表面上遗留下来的切削层残留面积就形成了理论表面粗糙度。

由图 3-16 中的关系可得：

刀尖圆弧半径为零时，$H=\dfrac{f}{\cot\kappa_r+\cot\kappa_r'}$

刀尖圆弧半径为 r_ε 时，$H=\dfrac{f^2}{8r_\varepsilon}$

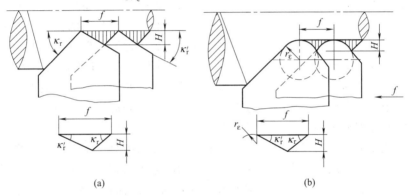

图 3-16 切削层残留面积

由上式可见，进给量 f、刀具主偏角 κ_r、副偏角 κ_r' 越大、刀尖圆弧半径 r_ε 越小，则切削层残留面积就越大，表面就越粗糙。以上两式是理论计算结果，称为理论粗糙度。切削加工后表面的实际粗糙度与理论粗糙度有较大的差别，这是由于存在着与被加工材料的性能及切削机理有关的物理因素的缘故。

切削过程中由于刀具的刃口圆角及后刀面的挤压与摩擦使金属材料发生塑性变形，从而使理论残留面积挤歪或沟纹加深，促使表面粗糙度恶化；在加工塑性材料而形成带切屑时，在前刀面上容易形成硬度很高的积屑瘤，其轮廓很不规则，因而使工件表面上出现深浅和宽窄不断变化的刀痕，有些积屑瘤嵌入工件表面，增加了表面粗糙度；加工中的振动，也将会影响加工表面的粗糙度等。

2. 表面波度

主要是由加工过程中工艺系统的低频振动引起的周期性形状误差（图 3-15 中 L_2/H_2），介于形状误差（$L_1/H_1>1000$）与表面粗糙度（$L_3/H_3<50$）之间。

二、加工表面层的物理力学性能

表面层的物理力学性能包括表面层的加工硬化、残余应力和表面层的金相组织变化。

1. 表面层的加工硬化

在切削加工过程中，若加工表面层产生的塑性变形使晶体间产生剪切滑移，晶格严重扭曲，并产生晶粒的拉长、破碎和纤维化，引起表面层的强度和硬度提高的现象，称为冷作硬化现象。

表面层的硬化程度取决于产生塑性变形的力、变形速度及变形时的温度。力越大，塑性变形越大，产生的硬化程度也越大。变形速度越大，塑性变形越不充分，产生的硬化程度也就相应减小。变形时的温度影响塑性变形程度，温度高，硬化程度减小。

2. 表面层金相组织的变化

在加工过程（特别是磨削）中的高温作用下，工件表层温度升高，当温度超过材料的相变临界点时，就会产生金相组织的变化，称为工件表面烧伤。工件烧伤时，表面会出现黄、褐、紫、青等烧伤色，大大降低零件使用性能。烧伤色是工件表面在瞬时高温下产生的氧化膜颜色，不同烧伤色表面烧伤程度不同。在烧伤部位会产生细小裂纹，成为将来使用中的隐患。

选择合理的切削用量、合理的刀具几何参数、适当的冷却方式可以避免或减小表面烧伤的影响。

3. 表面层的残余应力

工件经机械加工后，其表面层都存在残余应力。残余拉应力将使工件表面产生裂纹；残余压应力虽可提高工件表面的疲劳强度，但若应力值超过工件材料的疲劳强度极限时，也可使工件表面产生裂纹，加速工件的损坏。引起残余应力的原因有以下三个方面。

(1) 冷塑性变形引起的残余应力　在切削力作用下，已加工表面受到强烈的冷塑性变形，其中以刀具后刀面对已加工表面的挤压和摩擦产生的塑性变形最为突出，此时基体金属受到影响而处于弹性变形状态。切削力除去后，基体金属趋向恢复，但受到已产生塑性变形的表面层的限制，恢复不到原状，因而在表面层产生残余压应力。

(2) 热塑性变形引起的残余应力　工件加工表面在切削热作用下产生热膨胀，此时基体金属温度较低，因此表层金属产生热压应力。当切削过程结束时，表面温度下降较快，故收缩变形大于里层，由于表层变形受到基体金属的限制，故而产生残余拉应力。切削温度越高，热塑性变形越大，残余拉应力也越大，有时甚至产生裂纹。磨削时产生的热塑性变形比较明显。

(3) 金相组织变化引起的残余应力　切削时产生的高温会引起表面层的金相组织变化。不同的金相组织有不同的密度，表面层金相组织变化的结果造成了体积的变化。表面层体积膨胀时，因为受到基体的限制，产生了压应力；反之，则产生拉应力。

第四节　机械加工振动简介

机械加工过程中，工艺系统常常会发生振动，即在工件和刀具的切削刃之间，除了名义上的切削运动外，还会出现一种周期性的相对运动。产生振动时，工艺系统的正常切削过程便受到干扰和破坏，从而使零件加工表面出现振纹，降低了零件的加工精度和表面质量，频率低时产生波度，频率高时产生微观不平度。强烈的振动会使切削过程无法进行，甚至造成刀具"崩刃"，使机床、刀具的工作性能得不到充分的发挥，限制了生产率的提高。振动还影响刀具的耐用度和机床的寿命，发出噪声，恶化工作环境，影响工人健康。

振动按其产生的原因来分类有三种：自由振动，受迫振动和自激振动。据统计，受迫振动约占 30%，自激振动约占 65%，自由振动占比重则很小。自由振动往往是由于切削力的突然变化或其他外界力的冲击等原因所引起的。这种振动一般可以迅速衰减，因此对机械加工过程的影响较小。而受迫振动和自激振动都是不能自然衰减而且危害较大的振动。下面就这两种振动形式进行简单的分析。

一、机械加工中的受迫振动

1. 受迫振动产生的原因

机械加工中的受迫振动，是一种由工艺系统内部或外部周期交变的激振力（即振源）作用引起的振动。机械加工中引起工艺系统受迫振动的激振力，主要来自以下几方面。

（1）机床上高速回转零件的不平衡　机床上高速回转的零件较多，如电动机转子、带轮、主轴、卡盘和工件、磨床的砂轮等，由于不平衡而产生激振力 F（即离心惯性力）。

（2）机床传动系统中的误差　机床传动系统中的齿轮，由于制造和装配误差而产生周期性的激振力。此外，传动带接缝、轴承滚动体尺寸差和液压传动中油液脉动等各种因素均可能引起工艺系统受迫振动。

（3）切削过程本身的不均匀性　切削过程的间歇特性，如铣削、拉削及车削带有键槽的断续表面等，由于间歇切削而引起切削力的周期性变化，从而激起振动。

（4）外部振源　由邻近设备（如冲压设备、龙门刨等）工作时的强烈振动通过地基传来，使工艺系统产生相同（或整倍数）频率的受迫振动。

2. 减少受迫振动的途径

受迫振动是由于外界周期性干扰力引起的，因此为了消除受迫振动，应先找出振源，然后采取适当的措施加以控制。

（1）减小或消除振源的激振力　对转速在 600r/min 以上的零件必须经过平衡，特别是高速旋转的零件，如砂轮，因其本身砂粒的分布不均匀和工作时表面磨损不均匀等原因，容易造成主轴的振动，因此对于新换的砂轮必须进行修整前和修整后的两次平衡。

提高齿轮的制造精度和装配精度，特别是提高齿轮的工作平稳性精度，从而减少因周期性的冲击而引起的振动，并可减少噪声；提高滚动轴承的制造和装配精度，以减少因滚动轴承的缺陷而引起的振动；选用长短一致、厚薄均匀的传动带等。

（2）避免激振力的频率与系统的固有频率接近，以防止共振　如采取更换电动机的转速或改变主轴的转速来避开共振区；用提高接触面精度、降低结合面的粗糙度、消除间隙、提高接触刚度等方法，来提高系统的刚度和固有频率。

（3）采取隔振措施　如使机床的电动机与床身采用柔性连接以隔离电动机本身的振动；把液压部分与机床分开；采用液压缓冲装置以减少部件换向时的冲击；采用厚橡皮、木材将机床与地基隔离，用防振沟隔开设备的基础和地面的联系，以防止周围的振源通过地面和基础传给机床等。

二、机械加工中的自激振动

当系统受到外界或本身某些偶然的瞬时的干扰力作用而触发自由振动时，由振动过程本身的某种原因使得切削力产生周期性的变化，并由这个周期性变化的动态力反过来加强和维持振动，使振动系统补充由阻尼作用所消耗的能量，这种类型的振动称为自激振动。切削过程中产生的自激振动是频率较高的强烈振动，通常又称为颤振。

1. 自激振动的特点

① 自激振动是一种不衰减的振动，振动过程本身能引起周期性变化的力，此力可从非

交变特性的能源中周期性地获得能量的补充,以维持这个振动。

② 自激振动频率等于或接近系统的固有频率,即由系统本身的参数决定。

③ 自激振动振幅大小取决于每一振动周期内系统获得的能量与消耗能量的比值。当获得的能量大于消耗的能量时,则振幅将不断增加,一直到两者能量相等为止。反之振幅将不断减小。当获得的能量小于消耗的能量时,自激振动也随之消失。

到目前为止尚无完全成熟的理论来解释各种情况下发生自激振动的原因。目前克服和消除机械加工中的自激振动的途径,仍是通过各种实验,在设备、工具和实际操作等方面解决。

2. 控制自激振动的途径

(1) 合理选择切削用量 图 3-17 所示是车削时切削速度 v_c 与振幅 A 的关系曲线。v_c 在 20~60m/min 范围内时,A 增大很快,而 v_c 高于或低于此范围时,振动逐渐减弱。图 3-18 所示是进给量 f 与振幅 A 的关系曲线,f 较小时 A 较大;随着 f 的增大,A 反而减小。图 3-19 所示是背吃刀量 a_p 与振幅 A 的关系曲线,a_p 越大,A 也越大。

(2) 合理选择刀具几何角度 适当增大前角 γ_o、主偏角 κ_r,能减小 F_p 而减小振动。后角 α_o 可尽量取小,但在精加工中,由于 α_o 较小,切削刃不容易切入工件,而且 α_o 过小时,刀具后面与加工表面间的摩擦可能过大,这样反而容易引起颤振。通常在车刀的主后面上磨出一段负倒棱,能起到很好的消振作用,这种刀具称为消振车刀,如图 3-20 所示。

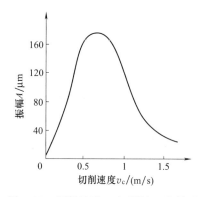

图 3-17 切削速度 v_c 与振幅 A 的关系

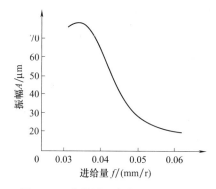

图 3-18 进给量 f 与振幅 A 的关系

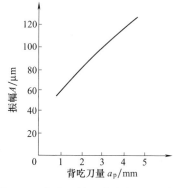

图 3-19 背吃刀量 a_p 与振幅 A 的关系

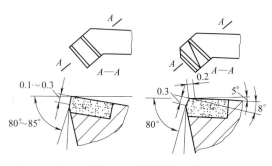

图 3-20 消振车刀

(3) 提高工艺系统抗振性 工艺系统本身的抗振性能是影响颤振的主要因素之一。应设法提高工艺系统的接触刚度,如对接触面进行刮研,减小主轴系统的轴承间隙,对滚动轴承施加一定的预紧力，提高顶尖孔的研磨质量等。加工细长轴时，使用中心架或跟刀架，尽量缩短镗杆和刀具的悬伸量，用死顶尖代替活顶尖，采用弹性刀杆等都能收到较好的减振效果。

（4）采用减振装置　当采用上述措施仍然达不到消振的目的时，可考虑使用减振装置。减振装置通常都附加在工艺系统中，用来吸收或消耗振动时的能量，达到减振的目的。它对抑制强迫振动和颤振同样有效，是提高工艺系统抗振性的一个重要途径，但它并不能提高工艺系统的刚度。减振装置主要有阻尼器和吸振器两种类型。

① 阻尼器是利用固体或液体的阻尼来消耗振动的能量，实现减振。图 3-21 所示为利用多层弹簧片相互摩擦，消除振动能量的干摩擦阻尼器。阻尼器的减振效果与其运动速度的快慢、行程的大小有关。运动越快、行程越长，则减振效果越好。故阻尼器应装在振动体相对运动最大的地方。

② 吸振器又分为动力式吸振器和冲击式吸振器两种。

动力式吸振器是利用弹性元件把一个附加质量块连接到系统上，利用附加质量的动力作用，使弹性元件加在系统的力与系统的激振力相互抵消，以此来减弱振动。图 3-22 所示为用于镗刀杆的动力吸振器。这种吸振器用微孔橡皮衬垫做弹性元件，并有附加阻尼作用，因而能得到较好的消振作用。

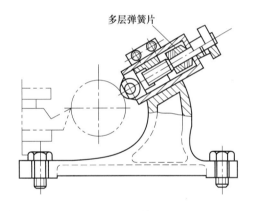

图 3-21　干摩擦阻尼器

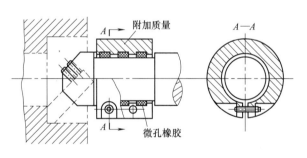

图 3-22　用于镗刀杆的动力吸振器

冲击式吸振器是由一个与振动系统刚性连接的壳体和一个在壳体内自由冲击的质量块组成的。当系统振动时，由于自由质量的往复运动而冲击壳体，消耗了振动的能量，故可减小振动。图 3-23 所示为螺栓式冲击吸振器。当刀具振动时自由质量 1 也振动，但由于自由质量与刀具是弹性连接，振动相位相差 180°。当刀具向下挠曲时，自由质量却克服弹簧 2 的弹力向上移动。这时自由质量与刀杆之间形成间隙。当刀具向上运动时，自由质量以一定速度向下运动，产生冲击而消耗能量。

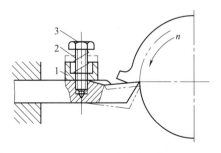

图 3-23　螺栓式冲击吸振器
1—自由质量；2—弹簧；3—螺钉

习　题

1. 机械加工质量有哪两大指标？机械加工精度和机械加工表面质量包含哪些内容？

2. 什么叫做加工误差？它与加工精度、公差有何区别？
3. 何为误差敏感方向？车床与磨床的误差敏感方向有何不同？
4. 什么叫误差复映？误差复映的大小与哪些因素有关？如何减小误差复映的影响？
5. 工艺系统的几何误差包括哪些方面？
6. 工件产生残余应力的主要原因有哪些？在工艺方面采取哪些措施可减小残余应力的影响？
7. 车削加工时，工件的热变形对加工精度有何影响？如何减小热变形的影响？
8. 加工误差根据它的统计规律可分为哪些类型？各有什么特点？试举例说明。
9. 在实际生产中，在什么条件下加工一大批工件才能获得加工尺寸的正态分布曲线？该曲线有何特征？如何根据这些特征去分析加工精度？
10. 车削一批小轴，其外圆尺寸为 $\phi 20_{-0.1}^{0}$ mm。根据测量结果，尺寸分布曲线符合正态分布，已求得标准差值 $\sigma=0.025$，尺寸分散中心大于公差带中心，其偏移量为 0.03mm：
    (1) 试指出该批工件的常值系统误差及随机性误差；
    (2) 计算疵品率及工艺能力系数；
    (3) 判断这些疵品可否修复及工艺能力是否满足生产要求？
11. 镗孔公差为 0.1mm，该工序精度的标准差值 $\sigma=0.025$，已知不能修复的废品率为 0.5%，试求产品的合格率为多少？
12. 产生磨削烧伤的原因是什么？试述减少磨削烧伤的工艺措施。
13. 可以采取哪些工艺措施减小表面粗糙度的值？
14. 控制自激振动的措施有哪些？

第四章 轴类零件加工工艺及常用工艺装备

主 要 内 容

选择外圆表面加工方法和常用工艺装备是机械加工工艺中的重要内容之一,本章即通过介绍典型的轴类零件阐明上述内容。因此本章主要内容是常用外圆表面加工方法及外圆表面精密加工方法;车刀的结构和砂轮的特性及砂轮的选用;车床夹具的结构及设计要点;螺旋夹紧机构的组成;轴类零件的结构和加工工艺特点分析。

教 学 目 标

了解外圆表面各种常用加工方法;了解外圆表面精密加工的原理;熟悉外圆表面各种常用加工方法能达到的经济精度和经济粗糙度;熟悉各类外圆表面精密加工方法能改善精度的范围;了解常用车刀和砂轮的结构;掌握车床夹具的设计要点和夹具总图上影响加工精度的三类尺寸的标注方法;熟悉螺旋夹紧机构的正确使用;了解轴类零件的结构特点和加工工艺特点;具有正确选择外圆表面加工方案的能力;具有正确选择车刀和砂轮的能力;具有设计车床夹具的初步能力。

第一节 概 述

一、轴类零件的功用与结构特点

轴类零件主要用于支承传动零件(齿轮、带轮等),承受载荷、传递转矩以及保证装在轴上零件的回转精度。

根据轴的结构形状,轴的分类如图 4-1 所示。

根据轴的长度 L 与直径 d 之比,又可分为刚性轴($L/d \leqslant 12$)和挠性轴($L/d > 12$)两种。

轴类零件通常由内外圆柱面、内外圆锥面、端面、台阶面、螺纹、键槽、花键、横向孔及沟槽等组成。

二、轴类零件的技术要求、材料和毛坯

装轴承的轴颈和装传动零件的轴头处表面,一般是轴类零件的重要表面,其尺寸精度、形状精度(圆度、圆柱度等)、位置精度(同轴度、与端面的垂直度等)及表面粗糙度要求均较高,是在制订轴类零件机械加工工艺规程时,应着重考虑的因素。

一般轴类零件常选用 45 钢;对于中等精度而转速较高的轴可用 40Cr;对于高速、重载荷等条件下工作的轴可选用 20Cr、20CrMnTi 等低碳合金钢进行渗碳淬火,或用 38CrMoAlA 氮化钢进行氮化处理。

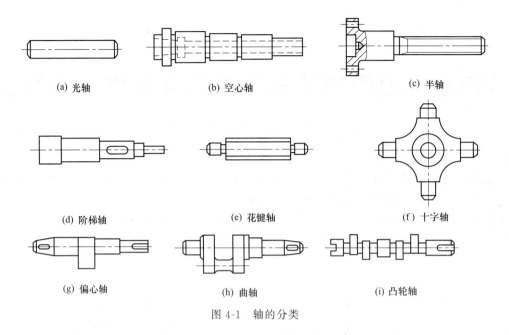

图 4-1 轴的分类

轴类零件的毛坯最常用的是圆棒料和锻件，只有某些大型的、结构复杂的轴才采用铸件（铸钢或球墨铸铁）。

第二节 外圆表面的加工方法和加工方案

外圆表面是轴类零件的主要表面，因此要能合理地制定轴类零件的机械加工工艺规程，首先应了解外圆表面的各种加工方法和加工方案。本章主要介绍常用的几种外圆加工方法和常用的外圆加工方案。

一、外圆表面的车削加工

根据毛坯的制造精度和工件最终加工要求，外圆车削一般可分为粗车、半精车、精车、精细车。

粗车的目的是切去毛坯硬皮和大部分余量。加工后工件尺寸精度 IT11～IT13，表面粗糙度 $Ra50～12.5\mu m$。

半精车的尺寸精度可达 IT8～IT10，表面粗糙度 $Ra6.3～3.2\mu m$。半精车可作为中等精度表面的终加工，也可作为磨削或精加工的预加工。

精车后的尺寸精度可达 IT7～IT8，表面粗糙度 $Ra1.6～0.8\mu m$。

精细车后的尺寸精度可达 IT6～IT7，表面粗糙度 $Ra0.4～0.025\mu m$。精细车尤其适合于有色金属加工，有色金属一般不宜采用磨削，所以常用精细车代替磨削。

二、外圆表面的磨削加工

磨削是外圆表面精加工的主要方法之一。它既可加工淬硬后的表面，又可加工未经淬火的表面。

根据磨削时工件定位方式的不同，外圆磨削可分为中心磨削和无心磨削两大类。

（一）中心磨削

中心磨削即普通的外圆磨削，被磨削的工件由中心孔定位，在外圆磨床或万能外圆磨床上加工。磨削后工件尺寸精度可达 IT6～IT8，表面粗糙度 $Ra0.8～0.1\mu m$。按进给方式不同分为纵向进给磨削法和横向进给磨削法。

1. 纵向进给磨削法（纵向磨法）

如图 4-2 所示，砂轮高速旋转，工件装在前后顶尖上，工件旋转并和工作台一起纵向往复运动。

2. 横向进给磨削法（切入磨法）

如图 4-3 所示，此种磨削法没有纵向进给运动。当工

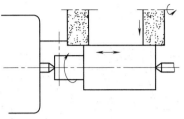

图 4-2　纵向进给磨削法

件旋转时，砂轮以慢速作连续的横向进给运动。其生产率高，适用于大批量生产，也能进行成形磨削。但横向磨削力较大，磨削温度高，要求机床、工件有足够的刚度，故适合磨削短而粗、刚性好的工件；加工精度低于纵向磨法。

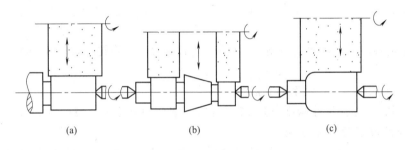

图 4-3　横向进给磨削法

（二）无心磨削

无心磨削是一种高生产率的精加工方法，以被磨削的外圆本身作为定位基准。目前无心磨削的方式主要有贯穿法和切入法。

如图 4-4 所示为外圆贯穿磨法的原理。

工件处于磨轮和导轮之间，下面用支承板支承。磨轮轴线水平放置，导轮轴线倾斜一个不大的 λ 角。这样导轮的圆周速度 $v_导$ 可以分解为带动工件旋转的 $v_工$ 和使工件轴向进给的分量 $v_纵$。

如图 4-5 为切入磨削法磨削的原理。导轮 3 带动工件 2 旋转并压向磨轮 1。加工时，工件和导轮及支承板一起向砂轮作横向进给。磨削结束后，导轮后退，取下工件。导轮的轴线与砂轮的轴线平行或相交成很小的角度（0.5°～1°），此角度大小能使工件与挡铁 4（限制工件轴向位置）很好地贴住即可。

无心磨削时，必须满足下列条件。

① 由于导轮倾斜了一个 λ 角度，为了保证切削平稳，导轮与工件必须保持线接触，为此导轮表面应修整成双曲线回转体形状。

② 导轮材料的摩擦因数应大于砂轮材料的摩擦因数；砂轮与导轮同向旋转，且砂轮的速度应大于导轮的速度；支承板的倾斜方向应有助于工件紧贴在导轮上。

③ 为了保证工件的圆度要求，工件中心应高出砂轮和导轮中心连线。高出数值 H 与工件直径有关。当工件直径 $d_工=8～30mm$ 时，$H\approx d_工/3$；当 $d_工=30～70mm$ 时，$H\approx d_工/4$。

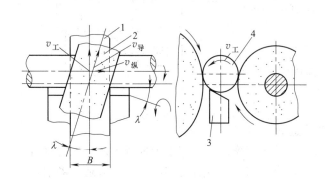
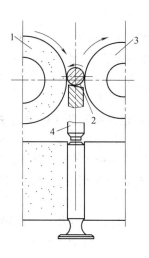

图 4-4 外圆贯穿磨法原理
1—磨轮；2—导轮；3—支承板；4—工件

图 4-5 切入磨削法
1—磨轮；2—工件；3—导轮；4—挡铁

④ 导轮倾斜一个 λ 角度。如图 4-4，当导轮以速度 $v_导$ 旋转时，可分解为：

$$v_工 = v_导 \cos\lambda; \quad v_纵 = v_导 \sin\lambda$$

粗磨时，λ 取 3°～6°；精磨时，λ 取 1°～3°。

无心磨削时，工件尺寸精度可达 IT6～IT7，表面粗糙度 $Ra0.8～0.2\mu m$。

（三）外圆磨削的质量分析

在磨削过程中，由于有多种因素的影响，零件表面容易产生各种缺陷。常见的缺陷及解决措施分析如下。

（1）多角形 在零件表面沿母线方向存在一条条等距的直线痕迹，其深度小于 $0.5\mu m$，如图 4-6 所示。

图 4-6 多角形缺陷

产生原因主要是由于砂轮与工件沿径向产生周期性振动所致。如砂轮或电动机不平衡；轴承刚性差或间隙太大；工件中心孔与顶尖接触不良；砂轮磨损不均匀等。消除振动的措施为：仔细地平衡砂轮和电动机；改善中心孔和顶尖的接触情况；及时修整砂轮；调整轴承间隙等。

（2）螺旋形 磨削后的工件表面呈现一条很深的螺旋痕迹，痕迹的间距等于工件每转的纵向进给量，如图 4-7 所示。

产生原因主要是砂轮微刃的等高性破坏或砂轮与工件局部接触。如砂轮母线与工件母线不平行；头架、尾座刚性不等；砂轮主轴刚性差。消除的措施为，修正砂轮，保持微刃等高性；调整轴承间隙；保持主轴的位置精度；砂轮两边修磨成台阶形或倒圆角，使砂轮两端不参加切削；工件台润滑油要合适，同时应有卸载装置；使导轨润滑为低压供油。

（3）拉毛（划伤或划痕） 常见的工件表面拉毛现象如图 4-8 所示。

产生原因主要是磨粒自锐性过强；切削液不清洁；砂轮罩上磨屑落在砂轮与工件之间等。消除拉毛的措施为，选择硬度稍高一些的砂轮；砂轮修整后用切削液和毛刷清洗；对切削液进行过滤；清理砂轮罩上的磨屑等。

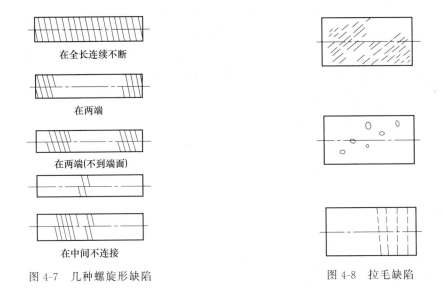

图 4-7 几种螺旋形缺陷　　　　图 4-8 拉毛缺陷

（4）烧伤　可分为螺旋形烧伤和点烧伤，如图 4-9 所示。

烧伤的原因主要是由于磨削高温的作用，使工件表层金相组织发生变化，因而使工件表面硬度发生明显变化。消除烧伤的措施为，降低砂轮硬度；减小磨削深度；适当提高工件转速；减少砂轮与工件接触面积；及时修正砂轮；进行充分冷却等。

三、外圆表面的精密加工

随着科学技术的发展，对工件和加工精度和表面质量要求也越来越高。因此在外圆表面精加工后，往往还要进行精密加工。外圆表面的精密加工方法常用的有高精度磨削、超精加工、研磨和滚压加工等。

图 4-9 烧伤

（一）高精度磨削

使轴的表面粗糙度值在 $Ra0.16\mu m$ 以下的磨削工艺称为高精度磨削，它包括精密磨削（$Ra0.16\sim0.06\mu m$）、超精密磨削（$Ra0.04\sim0.02\mu m$）和镜面磨削（$Ra<0.01\mu m$）。

高精度磨削的实质在于砂轮磨粒的作用。经过精细修整后的砂轮的磨粒形成了同时能参加磨削的许多微刃。如图 4-10（a）、（b），这些微刃等高程度好，参加磨削的切削刃数大大增加，能从工件上切下微细的切屑，形成粗糙度值较小的表面。随着磨削过程的继续，锐利的微刃逐渐钝化，如图 4-10（c）。钝化的磨粒又可起抛光作用，使粗糙度进一步降低。

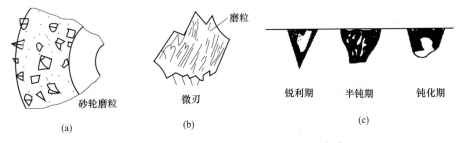

图 4-10 磨粒微刃及磨削中微刃变化

（二）超精加工

用细粒度磨具的油石对工件施加很小的压力，油石作往复振动和慢速沿工件轴向运动，

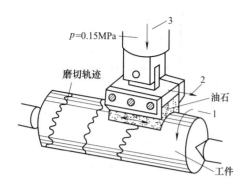

图 4-11 超精加工原理图
1—工件低速回转运动；2—磨头轴向
进给运动；3—磨头高速往复振动

以实现微量磨削的一种光整加工方法。

如图 4-11 所示为其加工原理图。加工中有三种运动：工件低速回转运动 1；磨头轴向进给运动 2；磨头高速往复振动 3。如果暂不考虑磨头轴向进给运动，磨粒在工件表面上走过的轨迹是正弦曲线。

超精加工大致有如下四个阶段。

(1) 强烈切削阶段　开始时，由于工件表面粗糙，少数凸峰与油石接触，单位面积压力很大，破坏了油膜，故切削作用强烈。

(2) 正常切削阶段　当少数凸峰磨平后，接触面积增加，单位面积压力降低，致使切削作用减弱，进入正常切削阶段。

(3) 微弱切削阶段　随着接触面积进一步增大，单位面积压力更小，切削作用微弱，且细小的切屑形成氧化物而嵌入油石的空隙中，因而油石产生光滑表面，具有摩擦抛光作用。

(4) 自动停止切削阶段　工件磨平，单位面积上的压力很小，工件与油石之间形成液体摩擦油膜，不再接触，切削作用停止。

经超精加工后的工件表面粗糙度值 $Ra 0.08 \sim 0.01 \mu m$。然而由于加工余量较小（小于 0.01mm），因而只能去除工件表面的凸峰，对加工精度的提高不显著。

(三) 研磨

用研磨工具和研磨剂，从工件表面上研去一层极薄的表层的精密加工方法称为研磨。

研磨用的研具采用比工件材料软的材料（如铸铁、铜、巴氏合金及硬木等）制成。研磨时，部分磨粒悬浮在工件和研具之间，部分研粒嵌入研具表面，利用工件与研具的相对运动，磨粒应切掉一层很薄的金属，主要切除上工序留下来的粗糙度凸峰。一般研磨的余量为 $0.01 \sim 0.02mm$。研磨除可获得高的尺寸精度和小的表面粗糙度值外，也可提高工件表面形状精度，但不能改善相互位置精度。

当两个工件要求良好配合时，利用工件的相互研磨（对研）是一种有效的方法。如内燃机中的气阀与阀座，油泵油嘴中的偶件等。

(四) 滚压加工

滚压加工是用滚压工具对金属材质的工件施加压力，使其产生塑性变形，从而降低工件表面粗糙度，强化表面性能的加工方法。它是一种无切屑加工。

图 4-12 为滚压加工示意图。滚压加工有如下特点。

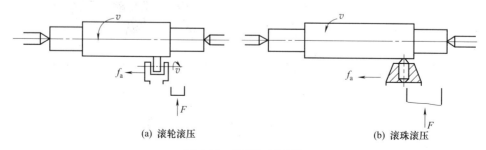

图 4-12 滚压加工示意

① 滚压前工件加工表面粗糙度值不大于 $Ra5\mu m$，表面要求清洁，直径余量为 0.02～0.03mm。

② 滚压后的形状精度和位置精度主要取决于前道工序。

③ 滚压的工件材料一般是塑性材料，并且材料组织要均匀。铸铁件一般不适合滚压加工。

④ 滚压加工生产率高。

四、外圆表面加工方案的选择

上面介绍了外圆表面常用的几种加工方法及其特点。零件上一些精度要求较高的面，仅用一种加工方法往往是达不到其规定的技术要求的。这些表面必须顺序地采用粗加工、半精加工和精加工等加工方法以逐步提高其表面精度。不同加工方法的有序组合即为加工方案。表 2-14 即为外圆柱面的加工方法。

确定某个表面的加工方案时，先由加工表面的技术要求（加工精度、表面粗糙度等）确定最终加工方法，然后根据此种加工方法的特点确定前道工序的加工方法，如此类推。但由于获得同一精度及表面粗糙度的加工方法可有若干种，实际选择时还应结合零件的结构、形状、尺寸大小及材料和热处理的要求全面考虑。

表 2-14 中序号 3（粗车-半精车-精车）与序号 5（粗车-半精车-磨削）的两种加工方案能达到同样的精度等级。但当加工表面需淬硬时，最终加工方法只能采用磨削。如加工表面未经淬硬，则两种加工方案均可采用。若零件材料为有色金属，一般不宜采用磨削。

再如表 2-14 中序号 7（粗车-半精车-粗磨-精磨-超精加工）与序号 10（粗车-半精车-粗磨-精磨-研磨）两种加工方案也能达到同样的加工精度。当表面配合精度要求比较高时，终加工方法采用研磨较合适；当只需要求较小的表面粗糙度值，则采用超精加工较合适。但不管采用研磨还是超精加工，其对加工表面的位置精度改善不显著，所以前道工序应采用精磨，使加工表面的位置精度和几何形状精度达到技术要求。

第三节　外圆表面加工常用工艺装备

一、焊接式车刀和可转位车刀

（一）硬质合金焊接式车刀

硬质合金焊接式车刀是由硬质合金刀片和普通结构钢刀杆通过焊接而成的。其优点是结构简单、制造方便、刀具刚性好、使用灵活，故应用较为广泛。图 4-13 所示为焊接式车刀。

1. 刀片型号及其选择

硬质合金刀片除正确选用材料和牌号外，还应合理选择其型号。表 4-1 为硬质合金焊接式刀片示例。焊接式车刀刀片分为 A、B、C、D、E 五类。刀片型号由一个字母和一个或两个数字组成。字母表示刀片形状、数字代表刀片主要尺寸。

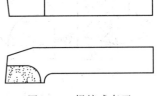

图 4-13　焊接式车刀

表 4-1 GB 5244—1985 硬质合金焊接式刀片示例

型号	基本尺寸/mm				主 要 用 途
	l	t	s	r	
A20	20	12	7	7	直头外圆车刀、端面车刀、车孔刀左切
B20	20	12	7	7	
C20	20	12	7		$\kappa_r<90°$外圆车刀、镗孔刀、宽刃光刀、切断刀、车槽刀
D8	8.5	16	8		
E12	12	20	6		精车刀、螺纹车刀

刀片尺寸中的 l 要根据背吃刀量和主偏角确定。外圆车刀一般应使参加工作的切削刃长度不超过刀片长度的 60%~70%。对于切断刀、车槽刀用的 l 应该根据槽宽或切断刀的宽度选取，切断刀可按 $l=0.6d^{0.5}$ 估计（式中 d 为工件直径）。刀片尺寸中的 t 的大小要考虑重磨次数和刀头结构尺寸的大小。刀片尺寸中的 s 要根据切削力的大小等因素确定。

2. 刀槽的形状和尺寸

图 4-14 为所用的刀槽形式。

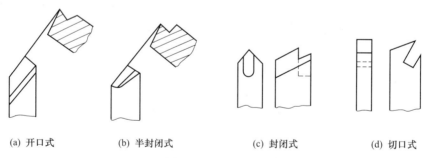

(a) 开口式　　(b) 半封闭式　　(c) 封闭式　　(d) 切口式

图 4-14 刀槽形式

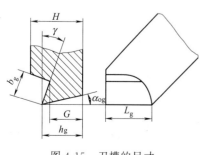

图 4-15 刀槽的尺寸

开口式　制造简单，焊接面积小，适用于 C 型和 D 型刀片。

半封闭式　焊接后刀片较牢固，但刀槽加工不便，适用于 A 型、B 型刀片。

封闭式　能增加焊接面积，但制造困难，适用于 E 型刀片。

切口式　用于车槽，切断刀。可使刀片焊接牢固，但制造复杂，适用于 E 型刀片。

刀槽尺寸 h_g，b_g，L_g 应与刀片尺寸相适应。为便于刃磨，一般要使刀片露出刀槽 0.5～1mm，刀槽后角 α_{og} 要比刀具后角 α_o 大 2°～4°，如图 4-15 所示。

3. 刀杆及刀头的形状和尺寸

刀杆的截面尺寸一般可按机床中心高确定。刀杆上支承部分高度 H_1 与刀片厚度 S 应有一定的比例，如图 4-16 所示：$H_1/S>3$ 时焊接后刀片表面引起的拉应力不显著，不易产生裂纹；$H_1/S<3$ 时，刀片表面层的拉应力较大，易出现裂纹。

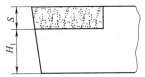

图 4-16　刀片厚度与支承部分高度的比例

刀杆长度可按刀杆高度 H 的 6 倍估计，并选用标准尺寸系列，如 100、125、150、175 等。

刀头形状一般有直头和弯头两种。直头制造容易，弯头通用性好。刀头尺寸主要有刀头有效长度 L 及刀尖偏距 m，如图 4-17 所示。可按下式计算：

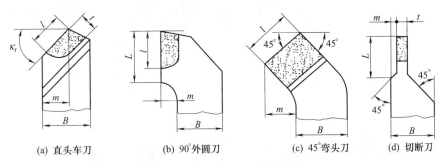

(a) 直头车刀　　(b) 90°外圆刀　　(c) 45°弯头刀　　(d) 切断刀

图 4-17　常用车刀刀头的形状

直头车刀　$m>l\cos\kappa_r$ 或 $(B-m)>t\cos\kappa_r'$；
45°弯头车刀　$m>l\cos 45°$；
90°外圆车刀　$m\approx B/4$；$L=1.2l$
切断刀　$m\approx L/3$，$L>R$（工件半径）。

（二）可转位车刀

1. 可转位车刀特点

可转位车刀是用机械夹固的方式将可转位刀片固定在刀槽中而组成的车刀，当刀片上一条切削刃磨钝后，松开夹紧机构，将刀片转过一个角度，调换一个新的刀刃，夹紧后即可继续进行切削。和焊接式车刀相比，它有如下特点：

① 刀片未经焊接，无热应力，可充分发挥刀具材料性能，耐用度高；
② 刀片更换迅速、方便，节省辅助时间，提高生产率；
③ 刀杆多次使用，降低刀具费用；
④ 能使用涂层刀片、陶瓷刀片、立方氮化硼和金刚石复合刀片；
⑤ 结构复杂，加工要求高；一次性投资费用较大；
⑥ 不能由使用者随意刃磨，使用不灵活。

2. 可转位刀片

图 4-18 所示为可转位车刀刀片标注示例。它有 10 个代号表示。任何一个型号必须用前七位代号。不管是否有第 8 位或第 9 位代号，第 10 位代号必须用短划线"-"与前面代号隔开，如

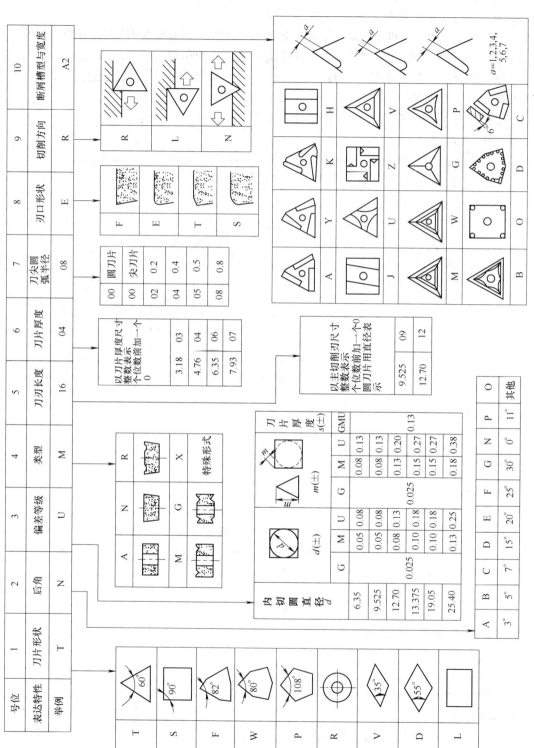

图 4-18 可转拉车刀刀片标注示例

T N U M 16 04 08-A$_2$

刀片代号中，号位 1 表示刀片形状。其中正三角形刀片（T）和正方形刀片（S）为最常用，而棱形刀片（V、D）适用于仿形和数控加工。

号位 2 表示刀片后角。后角 0°（N）使用最广。

号位 3 表示刀片精度。刀片精度共分 11 级，其中 U 为普通级，M 为中等级，使用较多。

号位 4 表示刀片类型。常见的有带孔和不带孔的，主要与采用的夹紧机构有关。

号位 5、6、7 表示切削刃长度、刀片厚度、刀尖圆弧半径。

号位 8 表示刃口形式。如 F 表示锐刃等，无特殊要求可省略。

号位 9 表示切削方向。R 表示右切刀片，L 表示左切刀片，N 表示左右均可。

号位 10 表示断屑槽宽。表 4-2 为常用可转位车刀刀片断屑槽槽型特点及适用场合。

表 4-2　常用可转位车刀刀片断屑槽槽型特点及适用场合

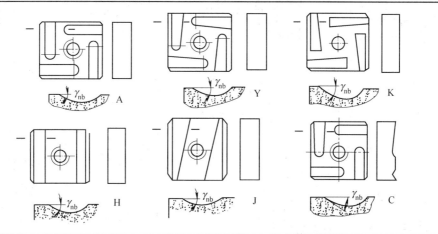

名　称	槽型代号	刀片角度			特点及适用场合
		γ_{nb}	α_{nb}	λ_{sb}	
直槽	A	20°	0°	0°	槽宽前、后相等。用于切削用量变化不大的外圆车削与镗孔
外斜槽	Y				槽前宽后窄；切屑易折断。宜用于中等背吃刀量
内斜槽	K				槽前窄后宽；断屑范围宽。用于半精和粗加工
直通槽	H				适用范围广。用于 45°弯头车刀，进行大用量切削
外斜通槽	J				具有 Y、H 型特点，断屑效果好
正刃倾角型	C			0°	加大刃倾角，背向力小。用于系统刚性差的情况

3. 可转位车刀的定位夹紧机构

可转位车刀的定位夹紧机构应满足定位正确、夹紧可靠、装卸转位方便、结构简单等要求。图 4-19 和表 4-3 列举了各种典型结构及其特点。

4. 可转位车刀型号表示规则

可转位车刀型号共有 10 个代号，分别表示车刀的各项特性，如表 4-4 所示。

第 1 位代号表示刀片夹紧方式，如表 4-5 所示。

第 2、4、5、9 位代号与刀片型号中的代号意义相同。

第 3 位代号表示刀头形式，共 19 种。例如：A 表示主偏角为 90°的直头外圆车刀；W 表示主偏角为 60°的偏头端面车刀。

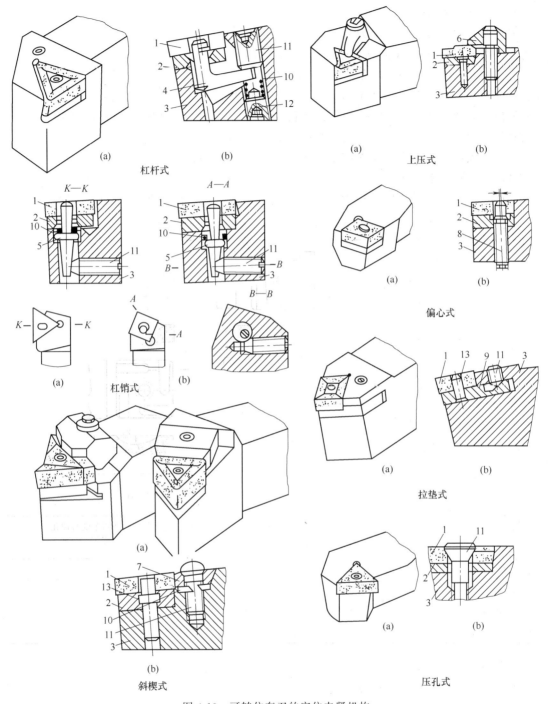

图 4-19 可转位车刀的定位夹紧机构

1—刀片；2—刀垫；3—刀杆；4—杠杆；5—杠销；6—压板；7—楔块；8—偏心销；
9—拉垫；10—弹簧（套圈）；11—压紧（加力）螺钉；12—调节螺钉；13—圆柱销

第 6、7、8 位代号分别表示车刀的刀尖高度、刀杆宽度、车刀长度。其中刀尖高度和刀杆宽度分别用两位数字表示。如刀尖高度为 32mm，则代号为 32。当车刀长度为标准长度时，第 8 位用"-"表示；若车刀长度不适合标准长度时，则用一个字母表示，每个字母代表不同长度。

表 4-3 定位夹紧机构典型结构及特点

结构名称	定位面	夹紧元件	主要特点
杠杆式	底面两侧	杠杆螺杆	定位精确,夹紧行程大,夹紧可靠,拆卸方便
杠销式		杠销螺钉	结构较简单,制造容易,夹紧行程小,拆卸较方便
上压式		压板螺钉	结构简单、可靠,卸装容易,元件外露,排屑受阻
偏心式		偏心销	元件少,结构紧凑,夹紧行程小,要求制造精度高
拉垫式		拉垫螺钉销	夹紧可靠,允许刀片尺寸有较大变动,接触刚度差,不宜粗加工
斜楔式	底面	楔块螺钉	夹紧可靠,允许刀片尺寸变化大,定位精度较低
上压斜楔式	内孔	模式上压板螺钉	夹紧可靠,允许刀片尺寸变化大,定位精度较低
压孔式	单侧	锥头螺钉	结构简单紧凑,夹紧可靠,内锥孔定位时精度较低

表 4-4 可转位车刀 10 位代号表示意义

代号位数	1	2	3	4	5	6	7	8	9	10
特性	夹紧方式	刀片形状	刀头形式	刀片后角	切削方向	车刀刀尖高度	刀杆宽度	车刀长度	刀片边长	精密刀杆测量基准

表 4-5 刀片夹紧方式代号

代号	刀片夹紧方式
C	装无孔刀片,利用压板从刀片上方将刀片夹紧。如上压式
M	装圆孔刀片,从刀片上方并利用刀片孔将刀片夹紧。如楔块式
P	装圆孔刀片,利用刀片孔将刀片夹紧。如杠杆式、偏心式
S	装沉孔刀片,用螺钉直接穿过刀片孔将刀片夹紧。如压孔式

第10位代号用一个字母代表车刀不同的测量基准,见表4-6。

表 4-6 精密级车刀的测量基准

代 号	Q	F	B
测量基准	外侧面和后端面	内侧面和后端面	内、外侧面和后端面
图示	$b_1 \pm 0.08$ $L \pm 0.08$	$b_2 \pm 0.08$ $L \pm 0.08$	$b_1 \pm 0.08$ $b_2 \pm 0.08$ $L \pm 0.08$

例 车刀代号 C T G N R 32 25 M 16 Q

其含义为:夹紧方式为上压式;刀片形状为三角形;主偏角为90°的偏头外圆车刀;刀片法向后角为0°;右切车刀;刀尖高度32mm;刀杆宽度25mm;车刀长度150mm;刀片边长16mm;以刀杆外侧面和后端面为测量基准。

二、砂轮

砂轮是由一定比例的磨粒和结合剂经压坯、干燥、焙烧和车整而制成的特殊的一种切削工具。磨粒起切削刃作用,结合剂把分散的磨粒黏结起来,使之具有一定

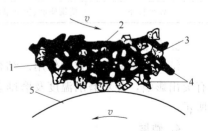

图 4-20 砂轮的构造
1—砂轮;2—结合剂;3—磨粒;4—磨屑;5—工件

强度，在烧结过程中形成的气孔暴露在砂轮表面时，形成容屑空间。所以磨粒、黏结剂和气孔是构成砂轮的三要素，如图 4-20 所示。

（一）砂轮的特性

1. 磨料

磨料即砂轮中的硬质点颗粒。表 4-7 列出常用磨料的性能及其适用范围。

表 4-7　常用磨料的性能及其适用范围

	磨料名称	原代号	新代号	成　分	颜色	力学性能	反应性	热稳定性	适用磨削范围
刚玉类	棕刚玉	GZ	A	Al_2O_3 95% TiO_2 2%~3%	褐色	硬度高 强度高	稳定	2100℃ 熔融	碳钢、合金钢
	白刚玉	GB	WA	Al_2O_3>90%	白色				淬火钢、高速钢
碳化硅类	黑碳化硅	TH	C	SiC>95%	黑色		与铁有反应	>1500℃ 汽化	铸铁、黄铜、非金属材料
	绿碳化硅	TL	GC	SiC>99%	绿色				硬质合金等
高磨硬料类	立方氮化硼	JLD	DL	B,N	黑色	硬度高	高温时与水碱有反应	<1300℃ 稳定	高强度钢、耐热合金等
	人造金刚石	JR		碳结晶体	乳白色			>700℃ 石墨化	硬质合金、光学玻璃等

2. 粒度

粒度是指磨料颗粒的大小，通常以粒度号表示。磨料的粒度可分为两大类：基本颗粒尺寸粗大的磨料称为磨粒；基本颗粒尺寸细小的磨料称为磨粉。磨料粒度用筛选法确定。其粒度号值是磨粒通过的筛网在每英寸长度上筛孔的数目。磨料粒度范围为 $4^\#$~$240^\#$。微粉粒度是用显微镜测量区分的，其粒度号值是基本颗粒的最大尺寸。微粉粒度范围为 W0.5~W63。表 4-8 列出了不同粒度磨具的使用范围。

表 4-8　不同粒度磨具使用范围

磨具粒度	一般使用范围
$14^\#$~$24^\#$	磨钢锭、铸件去毛刺、切钢坯等
$36^\#$~$46^\#$	一般平面磨、外圆磨和无心磨
$60^\#$~$100^\#$	精磨、刀具刃磨
$120^\#$~W20	精磨、珩磨、螺纹磨
W20 以下	精细研磨、镜面磨削

3. 结合剂

结合剂起黏结磨粒的作用。结合剂的性能对砂轮的强度、耐冲击性、耐腐蚀性及耐热性有突出影响，并对磨削温度及磨削表面质量有一定影响。常用的结合剂性能及用途如表 4-9 所示。

4. 硬度

砂轮硬度是指在磨削力的作用下磨粒从砂轮表面上脱落的难易程度。磨粒黏结得越牢固越不易脱落，即砂轮硬度越硬，反之越软。砂轮硬度与磨料硬度是不同的两个概念。砂轮硬度的分级见表 4-10。

表 4-9　常用的结合剂性能及用途

名　称	代　号	性　能	用　途
陶瓷	V(A)	耐热,耐腐蚀,气孔率大,易保持砂轮廓形,弹性差,不耐冲击	应用最广,可制薄片砂轮以外的各种砂轮
树脂	B(S)	强度及弹性好,耐热及耐腐蚀性差	制作高速及耐冲击砂轮,薄片砂轮
橡胶	R(X)	强度及弹性好,能吸振,耐热性很差,不耐油,气孔率小	制作薄片砂轮,精磨及抛光用砂轮
菱苦土	Mg(L)	自锐性好,结合能力较差	制作粗磨砂轮
金属（常用青铜）	(J)	强度最高,自锐性较差	制作金属石磨具

表 4-10　硬度分级与代号

等级	超软			软			中软		中		中硬			硬		超硬
	超软	软$_1$	软$_2$	软$_3$	中软$_1$	中软$_2$	中$_1$	中$_2$	中硬$_1$	中硬$_2$	中硬$_3$	硬$_1$	硬$_2$	超硬		
原代号	CR	R$_1$	R$_2$	R$_3$	ZR$_1$	ZR$_2$	Z$_1$	Z$_2$	ZY$_1$	ZY$_2$	ZY$_3$	Y$_1$	Y$_2$	CY		
新代号	E	F	G	H	J	K	L	M	N	P	Q	R	S	T	Y	

5. 组织

砂轮的组织表示磨粒、结合剂和孔隙三者的体积比例,也表示砂轮中磨粒排列的紧密程度。表 4-11 列出了砂轮的组织号及相应的磨粒占砂轮体积的百分比。组织号越大,磨粒排列越疏松,即砂轮空隙越大。如图 4-21 所示。

表 4-11　砂轮组织号及磨粒率

级　别	紧　密				中　等				疏　松						
组织号	0	1	2	3	4	5	6	7	8	9	10	11	12	13	14
磨粒率（磨粒占砂轮体积×100）	62	60	58	56	54	52	50	48	46	44	42	40	38	36	34

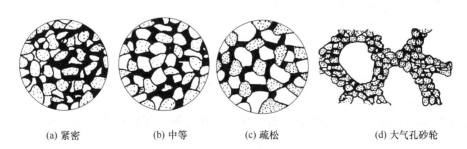

(a) 紧密　　(b) 中等　　(c) 疏松　　(d) 大气孔砂轮

图 4-21　砂轮的组织

（二）砂轮的形状、尺寸及代号

常用砂轮的形状、代号、尺寸及主要用途如表 4-12 所示。

砂轮基本特性参数一般印在砂轮的端面上,举例如下：

PSA　400×100×127　A　60　L　5　B　25

形状　外径　厚度　孔径　磨料　粒度　硬度　组织　结合剂　最高工作线速度

表 4-12 常用砂轮的形状、代号、尺寸及主要用途

砂轮种类	断面形状	形状代号	主要尺寸 D	主要尺寸 d	主要尺寸 H	主要用途
平行砂轮	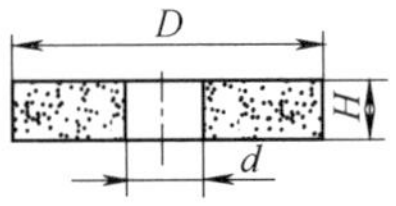	P	3～90 100～1100	1～20 20～350	2～63 63～500	磨外圆、内孔,无心磨,周磨平面及刃磨刀口
薄片砂轮	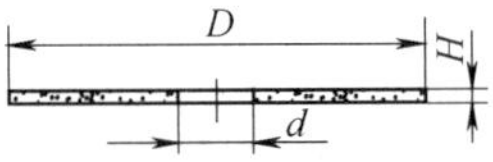	PB	50～400	6～127	0.2～5	切断磨槽
双面凹砂轮	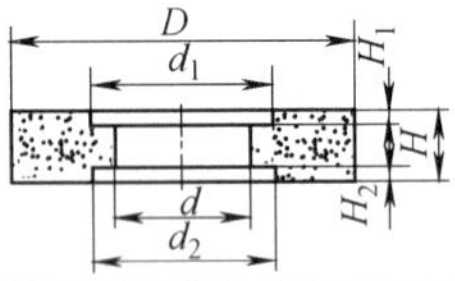	PSA	200～900	75～305	50～400	磨外圆、无心磨的砂轮和导轮,刃磨车刀后面
双斜边一号砂轮	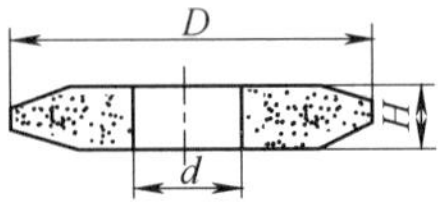	PSX₁	125～500	20～305	3～23	磨齿轮与螺纹
筒形砂轮	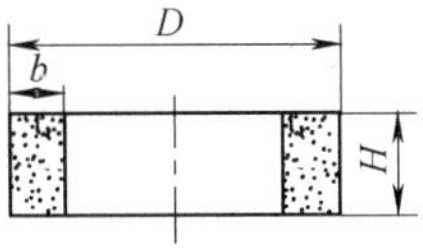	N	250～600	b=25～100	75～150	端磨平面
碗形砂轮	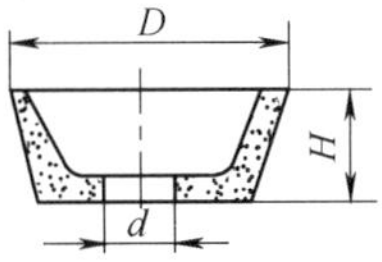	BW	100～300	20～140	30～150	端磨平面,刃磨刀具后面
碟形一号砂轮	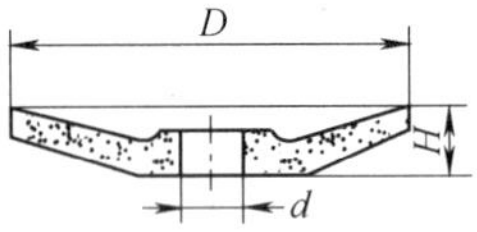	D₁	75 100～300	13 20～400	8 10～35	刃磨刀具前面

(三) 砂轮的选择

选择砂轮应符合工作条件、工件材料、加工要求等各种因素,以保证磨削质量。下面提出几条供参考。

① 磨削钢等韧性材料应选择刚玉类磨料;磨削铸铁、硬质合金等脆性材料应选择碳化硅类磨料。

② 粗磨时选择粗粒度,精磨时选择细粒度。

③ 薄片砂轮应选择橡胶或树脂结合剂。

④ 工件材料硬度高,应选择软砂轮,工件材料硬度低应选择硬砂轮。

⑤ 磨削接触面积大应选择软砂轮。因此内圆磨削和端面磨削的砂轮硬度比外圆磨削的砂轮硬度要低。

⑥ 精磨和成形磨时砂轮硬度应高一些。

⑦ 砂轮粒度细时,砂轮硬度应低一些。

⑧ 磨有色金属等软材料，应选软的且疏松的砂轮，以免砂轮堵塞。
⑨ 成形磨削、精密磨削时应取组织较紧密的砂轮。
⑩ 工件磨削面积较大时，应选组织疏松的砂轮。

三、车床夹具

（一）车床夹具的主要类型

根据夹具在车床上的安装位置，车床夹具分为两种基本类型。

1. 安装在滑板或床身上的夹具

对于某些形状不规则或尺寸较大的工件，常常把夹具安装在车床滑板上，刀具则安装在机床主轴中做旋转运动，夹具连同工件做进给运动。

2. 安装在车床主轴上的夹具

这类夹具除了各种卡盘、顶尖等通用夹具和机床附件外，往往根据加工需要设计各种心轴和其他专用夹具，加工时夹具随主轴一起旋转，刀具做进给运动。

生产中用得较多的是安装在车床主轴上的各种回转类夹具。故下面只讨论该类夹具的结构特点和设计要点。

（二）车床专用夹具的典型结构

本节将介绍三种车床夹具的典型结构：角铁式车床夹具；带分度装置的车床夹具；自定心式车床夹具（弹簧心轴）。

1. 角铁式车床夹具

角铁式车床夹具的结构特点是具有类似于角铁的夹具体。常用于加工壳体、支座、接头等类零件上的圆柱面及端面。

图 4-22 为加工的托架。该工序的加工表面为外圆柱面 $\phi100js6$，应保证其轴线的距离尺寸为（100±0.10）mm 和 （57.5±0.05）mm，并保证其轴线与底面 B 平行。

图 4-23 为本工序的角铁式专用车床夹具的结构示例。该夹具的夹具体 1 为角铁式结构，外形为一方形，但四角倒圆。结合图 4-22，为了保证工序尺寸（100±0.10）mm 和（57.5±0.05）mm，根据基准重合原则，选择底平面 B 为主要定位基准限制三个自由度，在夹具体上用三个支承钉，作为定位元件，三个支承钉装配后须磨平，以达到工作面等

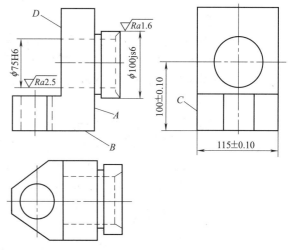

图 4-22 托架

高的要求。以工件侧面 C 在夹具的支承板 6 上定位限制两个自由度。再以 D 面靠住配重块 2 的平面作为止推基准，限制一个自由度（此自由度根据加工要求可以不限制）。用两副螺旋压板 4 夹紧工件。为使整个夹具回转平衡，加配重块 2。夹具与机床主轴的连接是通过过渡盘 5 实现的。角铁式夹具体 1 用螺钉与过渡盘 5 连接，过渡盘 5 与机床主轴前端部连接。过渡盘一般均为车床的附件，随车床一起提供，如没有过渡盘则应根据车床主轴端部结构自行设计。

夹具体中间的 ϕd 孔为工艺孔，作为组装夹具时尺寸（100±0.10）mm 和（57.5±0.05）

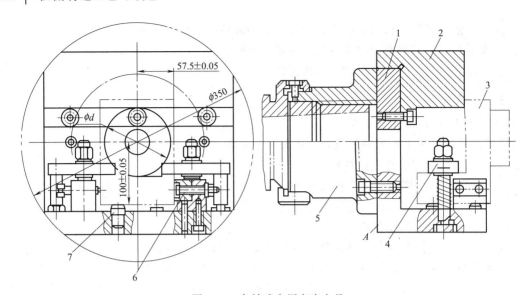

图 4-23 角铁式专用车床夹具

1—夹具体；2—配重块；3—工件；4—螺旋压板；5—过渡盘；6—支承板；7—支承钉

mm 的测量工艺孔，也可作为夹具安装到车轴主轴时找正夹具中心与机床主轴回转轴线同轴度的找正孔。

这个工艺孔是角铁式夹具上很重要的一个结构要素。

2. 带分度装置的车床夹具（花盘式车床夹具）

花盘式车床夹具的夹具体为圆盘形。在花盘式夹具上加工的零件形状一般较复杂。多数情况下，工件的定位基准为圆柱面和与其垂直的端面。夹具上的平面定位元件的工作面与机床主轴的轴线相垂直。

图 4-24 为回水盖工序图。本工序加工回水盖上 $2\times G1''$ 螺孔。加工要求：两螺孔的中心距为 (78 ± 0.3)mm，两螺孔连心线之间夹角为 $45°$，两孔轴线与底面垂直。

图 4-25 为本工序的带分度装置的车床夹具结构示例。

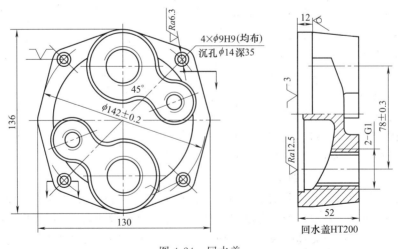

图 4-24 回水盖

工件以底面及 $2\times\phi9$mm 孔分别在分度盘 3、圆柱销 7 和菱形销 6 上定位，采用一面两孔定位方式，拧紧螺母 9，两副螺旋压板 8 夹紧工件。

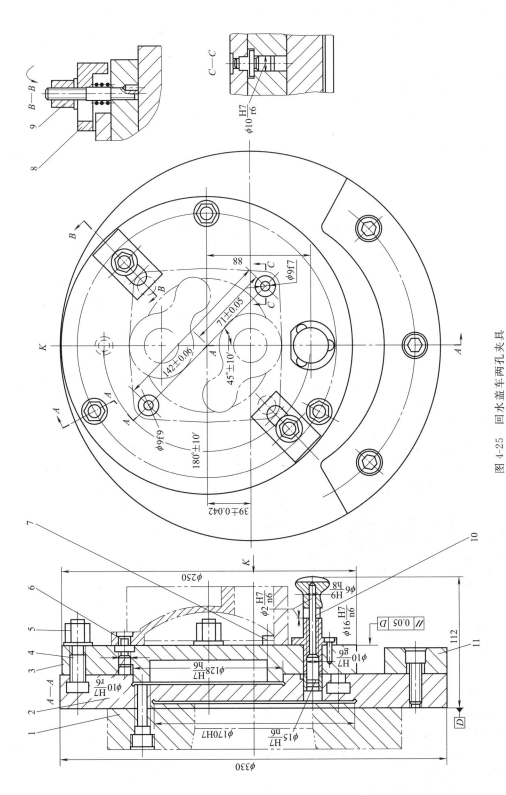

图 4-25 回水盖车两孔夹具

1—过渡盘；2—夹具体；3—分度盘；4—T形螺钉；5,9—螺母；6—削边销；
7—圆柱销；8—压板；10—对定销；11—配重块

车完一个孔后，松开3个螺母5，拔出对定销，将分度盘3回转180°，当对定销在弹簧力的作用下，插入另一分度孔中，拧紧T形螺钉的螺母5，即可加工另一孔。

夹具体2以端面D和止口（φ170H7）与过渡盘1对定，并用螺钉紧固，过渡盘与机床主轴连接。

为使整个夹具回转平衡，夹具上设置配重块11。

3. 自定心式车床夹具（弹簧心轴）

图4-26所示是加工阶梯轴上 $\phi30_{-0.033}^{0}$ mm 外圆柱面及其端面的车床夹具。如果用自定心三爪卡盘装夹工件，则很难保证两端圆柱面的同轴度要求，为此，设计了专用弹簧夹头。

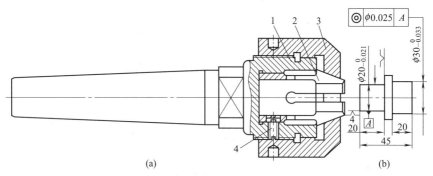

图4-26 轴向固定式弹簧夹头
1—夹具体；2—筒夹；3—螺母；4—螺钉

工件以 $\phi20_{-0.021}^{0}$ mm 的圆柱面及端面C在弹簧筒夹2内定位，夹具体以锥柄插入车床主轴的锥孔中。当拧紧螺母3时，其内锥面迫使筒夹收缩将工件夹紧。反转螺母时，筒夹胀开，松开工件。当螺母迫使筒夹收缩时，由于筒夹的厚度均匀，径向变形量相等，故在装夹工件过程中，将定位基面的误差沿径向均匀分布，使工件的定位基准（轴线）总能与定位元件（筒夹轴线）重合，即 $\Delta_Y=0$，这种有定心和夹紧双重功能的机构，称为定心夹紧机构。

图4-27所示是弹簧筒夹心轴。因工件的长径比 $L/d \gg 1$，故将弹簧筒夹2的两端设计为错槽簧瓣。旋转螺母4便使锥套3和心轴体1的外锥面相互靠拢，迫使弹簧筒夹2两端簧瓣向外均匀扩张，将基准孔定心夹紧。反向旋转螺母4，带退锥套3，便可卸下工件。

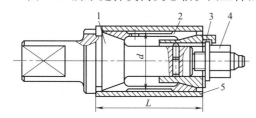

图4-27 弹簧筒夹心轴
1—心轴体；2—弹簧筒体；3—锥套；4—螺母；5—工件

如图4-28所示，筒夹工作锥面的锥角 2α 对定心夹紧效果有一定的影响。为使定心夹紧后获得较高定心精度及延长其使用寿命，一般对夹头取 $2\alpha=30°$；其锥套锥角可酌情减小或增大1°；若夹紧范围不大，也可不必增减。

弹簧筒夹大部已标准化，可供选用。如需自行设计，其主要结构参数可参考下列各式确定。

$n=1\sim3$ mm；

$d=d_1-(2\sim3)$ mm；

d_1——导向圆柱外径，按结构需要确定，mm；

$l_1=(0.5\sim1.2)D$；

D——工件定位基准的直径，mm；

$l_2=(1.5\sim2.5)d$；

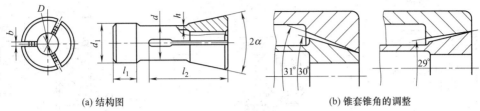

(a) 结构图 (b) 锥套锥角的调整

图 4-28 弹簧夹头的结构

$b=2\sim 4$ mm；

n——槽数，当 $D\leqslant 30$ mm 时，$n=3$；当 30 mm$<D\leqslant 80$ mm 时，$n=4$。

（三）车床夹具设计要点

① 设计定位装置时应使加工表面的回转轴线与车床主轴的回转轴线重合。

② 设计夹紧装置时一定要注意可靠，安全。因为夹具和工件一起随主轴旋转，除了切削力还有离心力的影响。因此，夹紧机构所产生的夹紧力必须足够，自锁要可靠，以防止发生设备及人身事故。

图 4-29 为夹紧力实施方案的比较。图 4-29（b）的夹紧方案安全可靠性优于图 4-29（a）的夹紧方案。

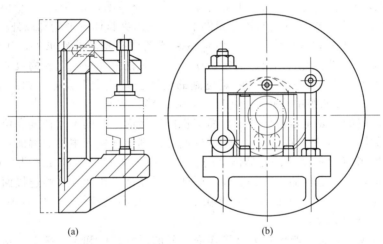

图 4-29 夹紧力实施方案的比较

③ 夹具与车床主轴的连接方式，根据夹具体径向尺寸的大小，一般有以下两种方法。

a. 对于径向尺寸 $D<140$ mm，或 $D<(2\sim 3)d$ 的小型夹具，一般用锥柄安装在主轴的锥孔中，并用螺栓拉紧。如图 4-30（a）所示。

b. 对于径向尺寸较大的夹具，一般通过过渡盘与车床主轴前端连接。如图 4-30（b）、(c)、(d) 所示，其连接方式与车床主轴前端的结构形式有关。专用夹具以其定位止口按 H7/h6 或 H7/js6 装配在过渡盘的凸缘上，再用螺钉紧固。为了提高安装精度，在车床上安装夹具时，也可在夹具体外圆上作一个找正圆，按找正圆找正夹具中心与机床主轴轴线的同轴度，此时止口与过渡凸缘的配合间隙应适当加大。

④ 夹具的悬伸长度 L 与轮廓尺寸 D 的比值应参照下列数值选取：

直径小于 150mm 的夹具，$L/D\leqslant 1.25$；

直径在 150～300mm 之间的夹具，$L/D\leqslant 0.9$；

直径大于 300mm 的夹具，$L/D\leqslant 0.6$。

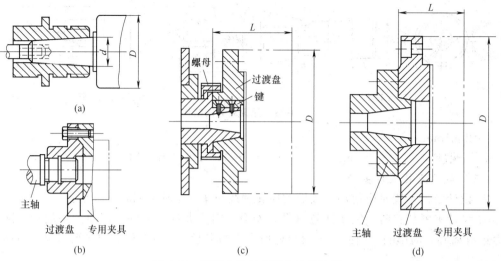

图 4-30 车床夹具与车床主轴的连接

⑤ 夹具总体结构应平衡。因此一般应对夹具加配重块或减重孔。为了弥补用估算法得出的配重的不准确性，配重块（或夹具体）上应设置径向槽或环形槽，方便调整配重块位置。

⑥ 为了保证安全，夹具体上的各种元件不允许突出夹具体圆形轮廓以外。

⑦ 夹具体总图上的尺寸标注除与一般机械装置图样有相同的要求外，还应注意其自身的特点。即在夹具总图上还应标出影响定位误差、安装误差和调整误差的尺寸和技术要求。

影响定位误差的主要是定位元件或定位副的制造公差或配合公差。如图 4-25 中两定位销公差 $\phi 9f9$ 和 $\phi 9f7$ 及两销中心距 (142 ± 0.06)mm 等。

影响安装误差的主要是定位元件工作面与机床连接面之间的尺寸精度和位置精度。夹具体上的底面（如图 4-23 中 A 面、图 4-25 中 D 面等）则体现机床主轴的端面；而夹具上的工艺孔（如图 4-23 中工艺孔 ϕd）、夹具体上的止口（如图 4-25 中 $\phi 170H7$ 孔）或夹具体外圆上的找正圆均体现机床主轴的回转轴心线。因此定位元件工作面与这些连接面均应标出尺寸精度或位置精度。如图 4-23 中的尺寸 (100 ± 0.05)mm 和 (57.5 ± 0.05)mm。又如图 4-25 中对 D 面的平行度要求等。

影响调整误差的是刀具与定位元件工作面之间的尺寸精度和位置精度。这在以后的钻床夹具和铣床夹具中再介绍。

四、螺旋夹紧机构

螺旋夹紧机构在生产中使用极为普遍。其结构简单，夹紧行程大，特别是它具有自锁性能和增力大两大特点。它主要有以下两种典型结构。

1. 单个螺栓夹紧机构

图 4-31（a）所示为六角头压紧螺钉，它是用螺钉头部直接压紧工件。图 4-31（b）所示在螺钉头部装上摆动压块，可防止螺钉旋转时损伤工件表面或带动工件旋转。摆动压块结构如图 4-32 所示。

2. 螺旋压板夹紧机构

图 4-33 为常用的五种典型螺旋压板机构。图 4-33（a）、(b) 两机构的施力螺钉位置不同。图 4-33（a）减力但增加夹紧行程，图 4-33（b）不增力但可改变夹紧力方向。图 4-33（c）采用铰链压板增力，但减小夹紧行程，使用上受工件尺寸形状的限制。图 4-33（d）为钩形压板，其结构紧凑，适用于夹紧机构空间位置受到限制的场合。图 4-33（e）为自调式压板，它能适应工件高度由零到一定范围内的变化，其结构简单，使用方便。

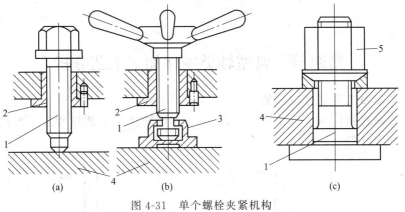

图 4-31 单个螺栓夹紧机构
1—螺钉、螺杆；2—螺母套；3—摆动压块；4—工件；5—球面带肩螺母

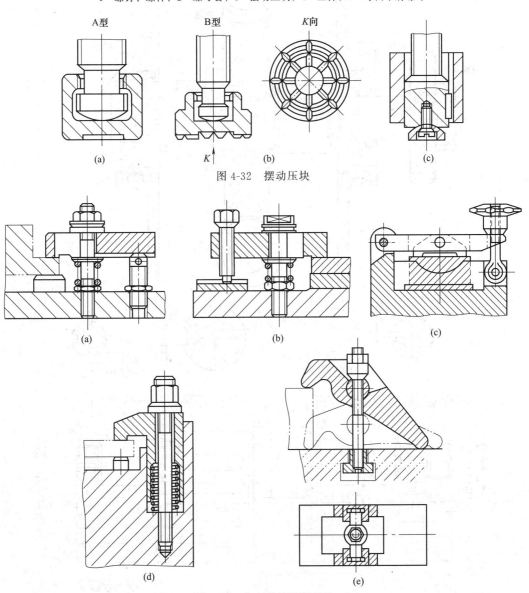

图 4-32 摆动压块

图 4-33 典型螺旋压板机构

第四节 典型轴类零件加工工艺分析

一、阶梯轴加工工艺过程分析

图 4-34 为减速箱传动轴工作图样。表 4-13 为该轴加工工艺过程。生产批量为小批生产，材料为 45 热轧圆钢，零件需调质。

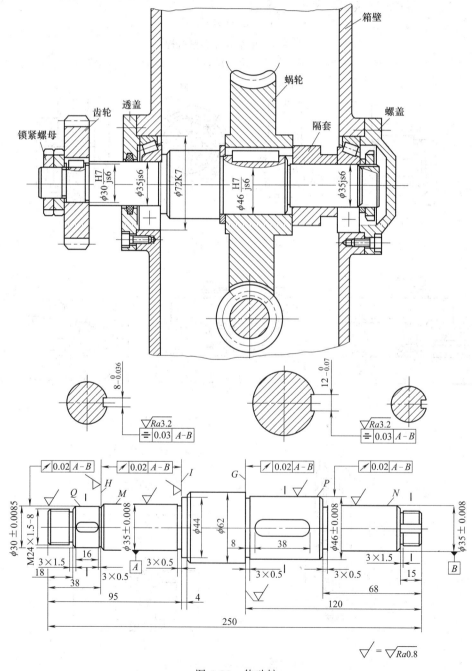

图 4-34 传动轴

表 4-13 传动轴加工工艺过程

工序号	工种	工序内容	加 工 简 图	设备
1	下料	φ60×265		
2	车	三爪卡盘夹持工件,车端面见平,钻中心孔,用尾架顶尖顶住,粗车三个台阶,直径、长度均留余量 2mm		
		调头,三爪卡盘夹持工件另一端,车端面保证总长 750mm,钻中心孔,用尾架顶尖顶住,粗车另外四个台阶,直径、长度均留余量 2mm		
3	热	调质处理 24～38HRC		
4	钳	修研两端中心孔		车床
5	车	双顶尖装夹。半精车三个台阶,螺纹大径车到 $\phi24_{-0.2}^{-0.1}$,其余两个台阶直径上留余量 0.5mm,车槽三个,倒角三个		
		调头,双顶尖装夹,半精车余下的五个台阶,φ44 及 φ52 台阶车到图纸规定的尺寸。螺纹大径车到 $\phi24_{-0.2}^{-0.1}$,其余两个台阶直径上留余量 0.5mm,车槽三个,倒角四个		

续表

工序号	工种	工序内容	加 工 简 图	设备
6	车	双顶尖装夹,车一端螺纹 M24×1.5-6g,调头,双顶尖装夹,车另一端螺纹 M24×1.5-6g		
7	钳	划键槽及一个止动垫圈槽加工线		
8	铣	铣两个键槽及一个止动垫圈槽,键槽深度比图纸规定尺寸多铣 0.25mm,作为磨削的余量		键槽铣床或立铣床
9	钳	修研两端中心孔		车床
10	磨	磨外圆 Q 和 M,并用砂轮端面靠磨台阶 H 和 I。调头,磨外圆 N 和 P,靠磨台肩 G		外圆磨床
11	检	检验		

（一）结构及技术条件分析

该轴为没有中心通孔的多阶梯轴。根据该零件工作图,其轴颈 M、N,外圆 P、Q 及轴肩 G、H、I 有较高的尺寸精度和形状位置精度,并有较小的表面粗糙度值,该轴有调质热处理要求。

（二）加工工艺过程分析

1. 确定主要表面加工方法和加工方案

传动轴大多是回转表面,主要是采用车削和外圆磨削。由于该轴主要表面 M、N、P、Q 的公差等级较高（IT6）,表面粗糙度值较小（$Ra0.8\mu m$）,最终加工应采用磨削。其加工方案可参考表 4-13。

2. 划分加工阶段

该轴加工划分为三个加工阶段，即粗车（粗车外圆、钻中心孔）、半精车（半精车各处外圆、台阶和修研中心孔等）、粗精磨各处外圆。各加工阶段大致以热处理为界。

3. 选择定位基准

轴类零件的定位基面，最常用的是两中心孔。因为轴类零件各外圆表面、螺纹表面的同轴度及端面对轴线的垂直度是相互位置精度的主要项目，而这些表面的设计基准一般都是轴的中心线，采用两中心孔定位就能符合基准重合原则。而且由于多数工序都采用中心孔作为定位基面，能最大限度地加工出多个外圆和端面，这也符合基准统一原则。

但下列情况不能用两中心孔作为定位基面。

① 粗加工外圆时，为提高工件刚度，则采用轴外圆表面为定位基面，或以外圆和中心孔同作定位基面，即一夹一顶。

② 当轴为通孔零件时，在加工过程中，作为定位基面的中心孔因钻出通孔而消失。为了在通孔加工后还能用中心孔作为定位基面，工艺上常采用以下三种方法：

a. 当中心通孔直径较小时，可直接在孔口倒出宽度不大于 2mm 的 60° 内锥面来代替中心孔；

b. 当轴有圆柱孔时，可采用图 4-35（a）所示的锥堵，取 1：500 锥度；当轴孔锥度较小时，取锥堵锥度与工件两端定位孔锥度相同；

c. 当轴通孔的锥度较大时，可采用带锥堵的心轴，简称锥堵心轴，如图 4-35（b）所示。

使用锥堵或锥堵心轴时应注意，一般中途不得更换或拆卸，直到精加工完各处加工面，不再使用中心孔时方能拆卸。

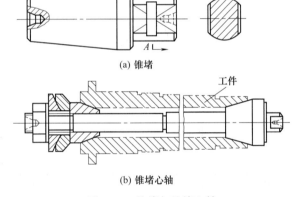

(a) 锥堵

(b) 锥堵心轴

图 4-35 锥堵与锥堵心轴

4. 热处理工序的安排

该轴需进行调质处理。它应放在粗加工后、半精加工前进行。如采用锻件毛坯，必须首先安排退火或正火处理。该轴毛坯为热轧钢，可不必进行正火处理。

5. 加工顺序安排

除了应遵循加工顺序安排的一般原则，如先粗后精、先主后次等，还应注意：

① 外圆表面加工顺序应为，先加工大直径外圆，然后再加工小直径外圆，以免一开始就降低了工件的刚度。

② 轴上的花键、键槽等表面的加工应在外圆精车或粗磨之后，精磨外圆之前。

轴上矩形花键的加工，通常采用铣削和磨削加工，产量大时常用花键滚刀在花键铣床上加工。以外径定心的花键轴，通常只磨削外径，而内径铣后不必进行磨削，但如经过淬火而使花键扭曲变形过大时，也要对侧面进行磨削加工。以内径定心的花键，其内径和键侧均需进行磨削加工。

③ 轴上的螺纹一般有较高的精度，如安排在局部淬火之前进行加工，则淬火后产生的变形会影响螺纹的精度。因此螺纹加工宜安排在工件局部淬火之后进行。

二、带轮轴加工工艺过程分析

图 4-36 为挂轮架轴。带轮轴中的主要技术条件有两项：一为渗碳层深度，应控制在 1.2~1.5mm 范围内；二为外圆 ϕ22f7 需经渗碳淬火，其硬度为 58~63HRC。可以看出，只有 ϕ22f7 处需渗碳处理，其余部分均不可渗碳。零件上不需渗碳的部分，可用加大余量待渗碳后车去渗碳层或在不需渗碳处涂防渗材料。加工余量应单面略大于渗碳深度，故右端直径取 ϕ25mm，单面去碳余量为 2.5mm，总长两端也应放去渗碳余量各 3mm。在磨外圆前由于已经过淬火工序，两端中心孔在淬火时易产生氧化皮及变形，故增加一道研磨中心孔的工序。

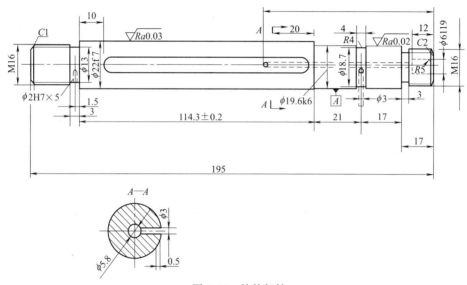

图 4-36 挂轮架轴

表 4-14 为带轮轴的加工工艺过程。

表 4-14 带轮轴加工工艺过程

工序号	工 作 内 容	工作地点
1	按渗碳工艺图粗车至尺寸	车床
2	渗碳深度 1.5mm	热处理车间
3	去碳，车两端面取总长 195mm，注意两端车去要相等，右端钻中心孔，车外圆 ϕ22f7 及 ϕ19.7k6，放磨 0.3~0.4mm，车螺纹 M16 至 ϕ17mm 并倒角、沉割至尺寸	车床
4	铣平面 104×0.5 至尺寸，深度应除去放磨量	铣床
5	钳划钻孔 ϕ2H7 至 ϕ1.8mm，ϕ5.8×82 及 ϕ3 至尺寸，ϕ6H9 至 ϕ5.8mm	钻床
6	淬火硬度 58~63HRC	热处理车间
7	车两端螺纹 M16 至尺寸	车床
8	研中心孔	中心孔研磨机
9	铰孔 ϕ2H7×5 及 ϕ6H9 至尺寸	钳工台
10	磨外圆 ϕ22f7 及 ϕ19.7k6 至尺寸，光出肩面	磨床

三、细长轴加工工艺特点及反向走刀车削法

（一）细长轴车削的工艺特点

① 细长轴刚性很差，车削时装夹不当，很容易因切削力及重力的作用而发生弯曲变形，产生振动，从而影响加工精度和表面粗糙度。

② 细长轴的热扩散性能差，在切削热作用下，会产生相当大的线膨胀。如果轴的两端为固定支承，则工件会因伸长而顶弯。

③ 由于轴较长，一次走刀时间长，刀具磨损大，从而影响零件的几何形状精度。

④ 车细长轴时由于使用跟刀架，若支承工件的两个支承块对零件压力不适当，会影响加工精度。若压力过小或不接触，就不起作用，不能提高零件的刚度；若压力过大，零件被压向车刀，切削深度增加，车出的直径就小，当跟刀架继续移动后，支承块支承在小直径外圆处，支承块与工件脱离，切削力使工件向外让开，切削深度减小，车出的直径变大，以后跟刀架又跟到大直径圆上，又把工件压向车刀，使车出的直径变小，这样连续有规律的变化，就会把细长的工件车成"竹节"形，如图4-37所示。

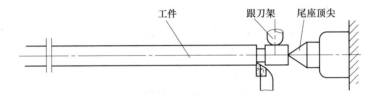

(a) 因跟刀架初始压力过大,工件轴线偏向车刀而车出凹心

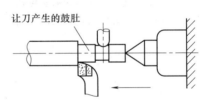

(b) 因工件轴线偏离车刀而车出鼓肚

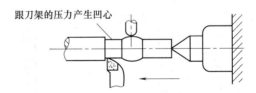

(c) 因跟刀架压力过大,工件轴线偏向车刀而车出凹心

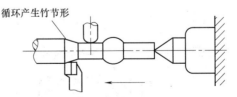

(d) 因工件轴线偏离车刀而车出鼓肚,如此循环而形成"竹节"形

图4-37 车细长工件时"竹节"形的形成过程示意

（二）细长轴的先进车削法——反向走刀车削法

图4-38为反向走刀车削法示意图，这种方法的特点如下。

① 细长轴左端缠有一圈钢丝，利用三爪自定心卡盘夹紧，减小接触面积，使工件在卡盘内能自由地调节其位置，避免夹紧时形成弯曲力矩，在切削过程中发生的变形也不会因卡盘夹死而产生内应力。

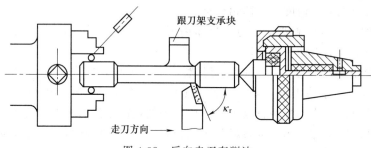

图 4-38 反向走刀车削法

② 尾座顶尖改成弹性顶尖，当工件因切削热发生线膨胀伸长时，顶尖能自动后退，可避免热膨胀引起的弯曲变形。

③ 采用三个支承块跟刀架，以提高工件刚性和轴线的稳定性，避免"竹节"形。

④ 改变走刀方向，使床鞍由主轴箱向尾座移动，使工件受拉，不易产生弹性弯曲变形。

习　题

1. 试述轴类零件的主要功用。其结构特点和技术要求有哪些？
2. 试比较外圆磨削时纵磨法、横磨法和综合磨法的特点及应用。
3. 在磨削过程中容易产生哪些常见缺陷？如何避免缺陷的产生？
4. 试比较焊接式车刀、可转位车刀的结构和使用性能方面的特点。

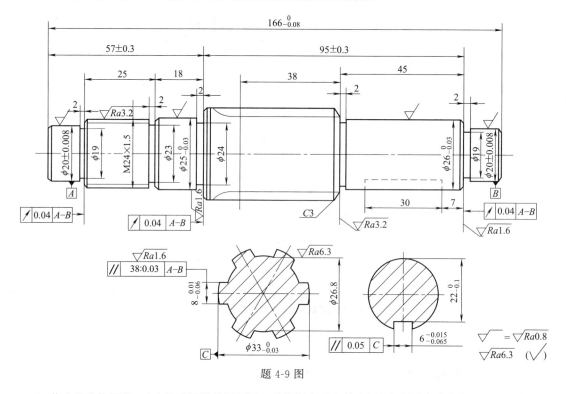

题 4-9 图

5. 什么是砂轮硬度？它与磨粒硬度是否相同？砂轮硬度对磨削过程有何影响？应如何选择？

6. 试述车床夹具的设计要点。

7. 中心孔在轴类零件加工中起什么作用？什么情况下要对中心孔进行修磨？精加工时，修磨后中心孔的圆度误差对轴颈的加工精度有何影响？

8. 试分析细长轴车削的工艺特点，为改变加工时的工艺缺陷，可采取哪些措施？

9. 试按加工工艺卡要求编制如题4-9图花键轴的工艺规程。材料为40Cr，大批生产。

第五章　套筒类零件加工工艺及常用工艺装备

主 要 内 容

选择内孔表面加工方法和常用工艺装备是机械加工工艺中的重要内容之一，本章即通过介绍典型的套筒类零件阐明上述内容。因此本章主要内容是常用内孔表面加工方法及内孔表面精密加工方法；常用孔加工刀具的结构和选用；钻床夹具的结构及设计要点；套筒类零件的结构和加工工艺特点分析。

教 学 目 标

了解内孔表面各种常用加工方法；了解内孔表面精密加工的原理；熟悉内孔表面各种常用加工方法能达到的经济精度和经济粗糙度；熟悉各类内孔表面精密加工方法能改善精度的范围；了解常用孔加工刀具的结构；了解钻夹具的类型及适用场合；掌握钻床夹具的设计要点和夹具总图上影响加工精度的三类尺寸的标注方法；掌握选择钻套形式的方法；掌握选择钻模板形式的方法；了解套筒类零件的结构特点和加工工艺特点；具有正确选择内孔表面加工方案的能力；具有正确选择孔加工刀具的能力；具有设计钻夹具的初步能力。

第一节　概　　述

一、套筒类零件的功用与结构特点

套筒类零件是机械中常见的一种零件，它的应用范围很广。如支承旋转轴的各种形式的滑动轴承、夹具上引导刀具的导向套、内燃机汽缸套、液压系统中的液压缸以及一般用途的套筒，如图 5-1 所示。由于其功用不同，套筒类零件的结构和尺寸有着很大的差别，但其结构上仍有共同点，即：零件的主要表面为同轴度要求较高的内外圆表面；零件壁的厚度较薄且易变形；零件长度一般大于直径等。

二、套筒类零件的技术要求、材料和毛坯

（一）套筒类零件的技术要求

套筒类零件的主要表面是孔和外圆，其主要技术要求如下。

1. 孔的技术要求

孔是套筒类零件起支承或导向作用的最主要表面，通常与运动的轴、刀具或活塞相配合。孔的直径尺寸公差等级一般为IT7，精密轴套可取IT6，汽缸和液压缸由于与其配合的活塞上有密封圈，要求较低，通常取IT9。孔的形状精度，应控制在孔径公差以内，一些精密套筒控制在孔径公差的1/3～1/2，甚至更严。对于长的套筒，除了圆度要求以外，还应

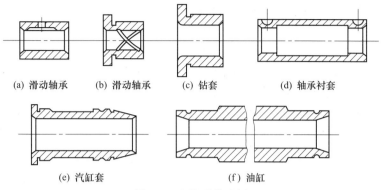

图 5-1 套筒零件示例

注意孔的圆柱度。为了保证零件的功用和提高其耐磨性，孔的表面粗糙度值为 $Ra1.6\sim0.16\mu m$，要求高的精密套筒可达 $Ra0.04\mu m$。

2. 外圆表面的技术要求

外圆是套筒类零件的支承面，常以过盈配合或过渡配合与箱体或机架上的孔相连接。外径尺寸公差等级通常取 IT6～IT7，其形状精度控制在外径公差以内，表面粗糙度值为 $Ra3.2\sim0.63\mu m$。

3. 孔与外圆的同轴度要求

当孔的最终加工是将套筒装入箱体或机架后进行时，套筒内外圆间的同轴度要求较低；若最终加工是在装配前完成的，则同轴度要求较高，一般为 $\phi0.01\sim0.05mm$。

4. 孔轴线与端面的垂直度要求

套筒的端面（包括凸缘端面）若在工作中承受载荷，或在装配和加工时作为定位基准，则端面与孔轴线垂直度要求较高，一般为 $0.01\sim0.05mm$。

（二）套筒类零件的材料与毛坯

套筒类零件一般用钢、铸铁、青铜或黄铜制成。有些滑动轴承采用双金属结构，以离心铸造法在钢或铸铁内壁上浇注巴氏合金等轴承合金材料，既可节省贵重的有色金属，又能提高轴承的寿命。

套筒类零件毛坯的选择与其材料、结构、尺寸及生产批量有关。孔径小的套筒，一般选择热轧或冷拉棒料，也可采用实心铸件；孔径较大的套筒，常选择无缝钢管或带孔的铸件、锻件；大量生产时，可采用冷挤压和粉末冶金等先进的毛坯制造工艺，既提高生产率，又节约材料。

第二节　内孔表面加工方法和加工方案

内孔表面加工方法较多，常用的有钻孔、扩孔、铰孔、镗孔、磨孔、拉孔、研磨孔、珩磨孔、滚压孔等。

一、钻孔

用钻头在工件实体部位加工孔称为钻孔。钻孔属粗加工，可达到的尺寸公差等级为 IT13～IT11，表面粗糙度值为 $Ra50\sim12.5\mu m$。由于麻花钻长度较长，钻芯直径小而刚性差，又有横刃的影响，故钻孔有以下工艺特点：

① 钻头容易偏斜。由于横刃的影响，定心不准，切入时钻头容易引偏；且钻头的刚性和导向作用较差，切削时钻头容易弯曲。在钻床上钻孔时，如图 5-2（a）所示，容易引起孔的轴线偏移和不直，但孔径无显著变化；在车床上钻孔时，如图 5-2（b）所示，容易引起孔径的变化，但孔的轴线仍然是直的。因此，在钻孔前应先加工端面，并用钻头或中心钻预钻一个锥坑，如图 5-3 所示，以便钻头定心。钻小孔和深孔时，为了避免孔的轴线偏移和不直，应尽可能采用工件回转方式进行钻孔。

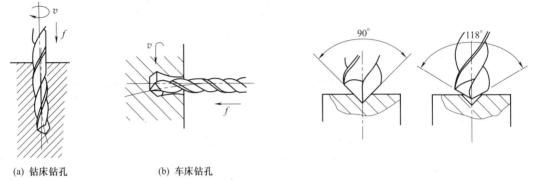

(a) 钻床钻孔　　(b) 车床钻孔

图 5-2　两种钻削方式引起的孔形误差　　　　图 5-3　钻孔前预钻锥孔

② 孔径容易扩大。钻削时钻头两切削刃径向力不等将引起孔径扩大；卧式车床钻孔时的切入引偏也是孔径扩大的重要原因；此外钻头的径向跳动等也是造成孔径扩大的原因。

③ 孔的表面质量较差。钻削切屑较宽，在孔内被迫卷为螺旋状，流出时与孔壁发生摩擦而刮伤已加工表面。

④ 钻削时轴向力大。这主要是由钻头的横刃引起的。试验表明，钻孔时 50％ 的轴向力和 15％ 的扭矩是由横刃产生的。因此，当钻孔直径 $d>30$ mm 时，一般分两次进行钻削。第一次钻出 $(0.5～0.7)d$，第二次钻到所需的孔径。由于横刃第二次不参加切削，故可采用较大的进给量，使孔的表面质量和生产率均得到提高。

二、扩孔

扩孔是用扩孔钻对已钻出的孔做进一步加工，以扩大孔径并提高精度和降低表面粗糙度值。扩孔可达到的尺寸公差等级为 IT11～IT10，表面粗糙度值为 $Ra12.5～6.3\mu m$，属于孔的半精加工方法，常作铰削前的预加工，也可作为精度不高的孔的终加工。

扩孔方法如图 5-4 所示，扩孔余量 $(D-d)$，可由表查阅。扩孔钻的形式随直径不同而不同。直径为 $\phi10～32$ 的为锥柄扩孔钻，如图 5-5（a）所示。直径为 $\phi25～80$ 的为套式扩孔钻，如图 5-5（b）所示。

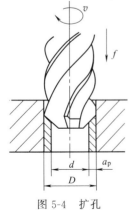

图 5-4　扩孔

扩孔钻的结构与麻花钻相比有以下特点。

① 刚性较好。由于扩孔的背吃刀量小，切屑少，扩孔钻的容屑槽浅而窄，钻芯直径较大，增加了扩孔钻工作部分的刚性。

② 导向性好。扩孔钻有 3～4 个刀齿，刀具周边的棱边数增多，导向作用相对增强。

③ 切屑条件较好。扩孔钻无横刃参加切削，切削轻快，可采用较大的进给量，生产率较高；又因切屑少，排屑顺利，不易刮伤已加工表面。

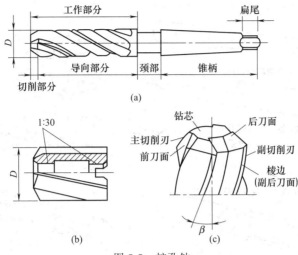

图 5-5 扩孔钻

因此扩孔与钻孔相比，加工精度高，表面粗糙度值较低，且可在一定程度上校正钻孔的轴线误差。此外，适用于扩孔的机床与钻孔相同。

三、铰孔

铰孔是在半精加工（扩孔或半精镗）的基础上对孔进行的一种精加工方法。铰孔的尺寸公差等级可达 IT9～IT6，表面粗糙度值可达 $Ra3.2～0.2\mu m$。

铰孔的方式有机铰和手铰两种。在机床上进行铰削称为机铰，如图 5-6 所示；用手工进行铰削的称为手铰，如图 5-7 所示。

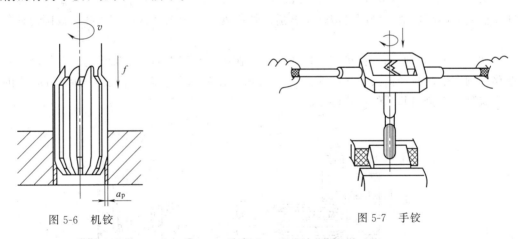

图 5-6 机铰　　　　　　图 5-7 手铰

铰刀一般分为机用铰刀和手用铰刀两种形式，如图 5-8 所示。

机用铰刀可分为带柄的［直径 1～20mm 为直柄，直径 10～32mm 为锥柄，如图 5-8 (a)、(b)、(c) 所示］和套式的［直径 25～80mm，如图 5-8 (f) 所示］。手用铰刀可分为整体式［如图 5-8 (d) 所示］和可调式［如图 5-8 (e) 所示］两种。铰削不仅可以用来加工圆柱形孔，也可用锥度铰刀加工圆锥形孔［如图 5-8 (g)、(h) 所示］。

1. 铰削方式

铰削的余量很小，若余量过大，则切削温度高，会使铰刀直径膨胀导致孔径扩大，使切屑增多而擦伤孔的表面；若余量过小，则会留下原孔的刀痕而影响表面粗糙度。一般粗铰余量为 0.15～0.25mm，精铰余量为 0.05～0.15mm。铰削应采用低切削速度，以免产生积屑

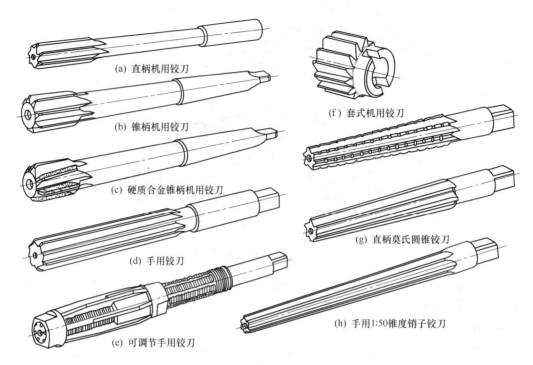

图 5-8 铰刀基本类型

瘤和引起振动，一般粗铰 $v_c=4\sim10\text{m/min}$，精铰 $v_c=1.5\sim5\text{m/min}$。机铰的进给量可比钻孔时高 3～4 倍，一般可取 0.5～1.5mm/r。为了散热以及冲排屑末、减小摩擦、抑制振动和降低表面粗糙度值，铰削时应选用合适的切削液。铰削钢件常用乳化液，铰削铸铁件可用煤油。

如图 5-9（a）所示，在车床上铰孔，若装在尾架套筒中的铰刀轴线与工件回转轴线发生偏移，则会引起孔径扩大。如图 5-9（b）所示，在钻床上铰孔，若铰刀轴线与原孔的轴线发生偏移，也会引起孔的形状误差。

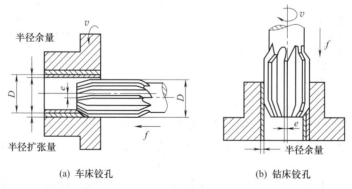

图 5-9 铰刀偏斜引起的加工误差

机用铰刀与机床常用浮动连接，以防止铰削时孔径扩大或产生孔的形状误差。铰刀与机床主轴浮动连接所用的浮动夹头如图 5-10 所示。浮动夹头的锥柄 1 安装在机床的锥孔中，铰刀锥柄安装在锥套 2 中，挡钉 3 用于承受轴向力，销钉 4 可传递扭矩。由于锥套 2 的尾部与大孔、销钉 4 与小孔间均有较大间隙，所以铰刀处于浮动状态。

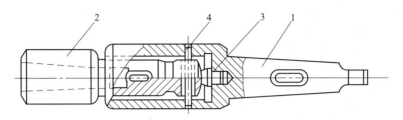

图 5-10　浮动夹头
1—锥柄；2—锥套；3—挡钉；4—销钉

2. 铰削的工艺特点

① 铰孔的精度和表面粗糙度主要不取决于机床的精度，而取决于铰刀的精度、铰刀的安装方式、加工余量、切削用量和切削液等条件。例如在相同的条件下，在钻床上铰孔和在车床上铰孔所获得的精度和表面粗糙度基本一致。

② 铰刀为定径的精加工刀具，铰孔比精镗孔容易保证尺寸精度和形状精度，生产率也较高，对于小孔和细长孔更是如此。但由于铰削余量小，铰刀常为浮动连接，故不能校正原孔的轴线偏斜，孔与其他表面的位置精度则需由前工序或后工序来保证。

③ 铰孔的适应性较差。一定直径的铰刀只能加工一种直径和尺寸公差等级的孔，如需提高孔径的公差等级，则需对铰刀进行研磨。铰削的孔径一般小于 $\phi 80\text{mm}$，常用的在 $\phi 40\text{mm}$ 以下。对于阶梯孔和盲孔，铰削的工艺性较差。

四、镗孔、车孔

镗孔是用镗刀对已钻出、铸出或锻出的孔做进一步的加工。可在车床、镗床或铣床上进行。镗孔是常用的孔加工方法之一，可分为粗镗、半精镗和精镗。粗镗的尺寸公差等级为 IT13～IT12，表面粗糙度值为 $Ra12.5\sim6.3\mu\text{m}$；半精镗的尺寸公差等级为 IT10～IT9，表面粗糙度值为 $Ra6.3\sim3.2\mu\text{m}$；精镗的尺寸公差等级为 IT8～IT7，表面粗糙度值为 $Ra1.6\sim0.8\mu\text{m}$。

1. 车床车孔

车床车孔如图 5-11 所示。车不通孔或具有直角台阶的孔［图 5-11（b）］，车刀可先作纵向进给运动，切至孔的末端时车刀改作横向进给运动，再加工内端面。这样可使内端面与孔壁良好衔接。车削内孔凹槽［图 5-11（d）］，将车刀伸入孔内，先作横向进刀，切至所需的深度后再作纵向进给运动。

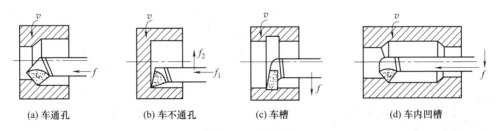

(a) 车通孔　　(b) 车不通孔　　(c) 车槽　　(d) 车内凹槽

图 5-11　车床车孔

车床上车孔是工件旋转、车刀移动，孔径大小可由车刀的切深量和走刀次数予以控制，操作较为方便。

车床车孔多用于加工盘套类和小型支架类零件的孔。

2. 镗床镗孔

镗床镗孔主要有以下三种方式。

① 镗床主轴带动刀杆和镗刀旋转，工作台带动工件作纵向进给运动，如图 5-12 所示。这种方式镗削的孔径一般小于 120mm 左右。图 5-12（a）所示为悬伸式刀杆，不宜伸出过长，以免弯曲变形过大，一般用以镗削深度较小的孔。图 5-12（b）所示的刀杆较长，用以镗削箱体两壁相距较远的同轴孔系。为了增加刀杆刚性，其刀杆另一端支承在镗床后立柱的导套座里。

② 镗床主轴带动刀杆和镗刀旋转，并作纵向进给运动，如图 5-13 所示。这种方式主轴悬伸的长度不断增大，刚性随之减弱，一般只用来镗削长度较短的孔。

上述两种镗削方式，孔径的尺寸和公差要由调整刀头伸出的长度来保证，如图 5-14 所示。需要进行调整、试镗和测量，孔径合格后方能正式镗削，其操作技术要求较高。

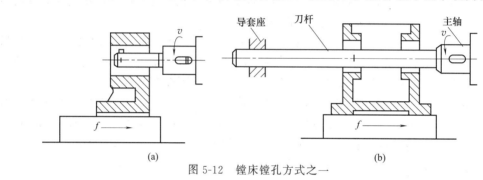

图 5-12 镗床镗孔方式之一

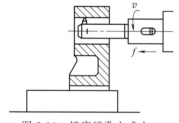

图 5-13 镗床镗孔方式之二

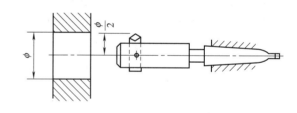

图 5-14 单刃镗刀刀头调整示意

③ 镗床平旋盘带动镗刀旋转，工作台带动工件做纵向进给运动。

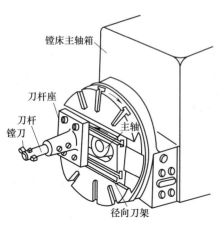

图 5-15 镗床平旋盘

图 5-15 所示的镗床平旋盘可随主轴箱上、下移动，自身又能做旋转运动。其中部的径向刀架可做径向进给运动，也可处于所需的任一位置上。

如图 5-16（a）所示，利用径向刀架使镗刀处于偏心位置，即可镗削大孔。φ200mm 以上的孔多用这种镗削方式，但孔不宜过长。图 5-16（b）为镗削内槽，平旋盘带动镗刀旋转，径向刀架带动镗刀作连续的径向进给运动。若将刀尖伸出刀杆端部，亦可镗削孔的端面。

镗床主要用于镗削大中型支架或箱体的支承孔、内槽和孔的端面；镗床也可用来钻孔、扩孔、铰孔、铣槽和铣平面。

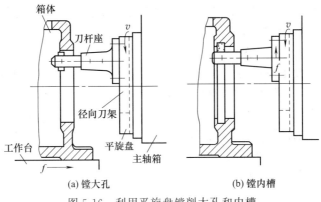

图 5-16 利用平旋盘镗削大孔和内槽

3. 铣床镗孔

在卧式铣床上镗孔与图 5-12（a）所示的方式相同，镗刀杆装在卧式铣床的主轴锥孔内做旋转运动，工件安装在工作台上做横向进给运动。

4. 浮动镗削

如上所述，车床、镗床和铣床镗孔多用单刃镗刀。在成批或大量生产时，对于孔径大（>φ80mm）、孔深长、精度高的孔，均可用浮动镗刀进行精加工。

可调节的浮动镗刀块如图 5-17 所示。调节时，松开两个螺钉 2，拧动螺钉 3 以调节刀块 1 的径向位置，使之符合所镗孔的直径和公差。浮动镗刀在车床上车削工件如图 5-18 所示。工作时刀杆固定在四方刀架上，浮动镗刀块装在刀杆的长方孔中，依靠两刃径向切削力的平衡而自动定心，从而可以消除因刀块在刀杆上的安装误差所引起的孔径误差。

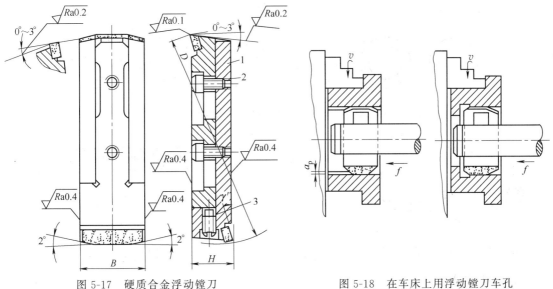

图 5-17 硬质合金浮动镗刀   图 5-18 在车床上用浮动镗刀车孔

浮动镗削实质上相当于铰削，其加工余量以及可达到的尺寸精度和表面粗糙度值均与铰削类似。浮动镗削的优点是易于稳定地保证加工质量，操作简单，生产率高。但不能校正原孔的位置误差，因此孔的位置精度应在前面的工序中得到保证。

5. 镗削的工艺特点

单刃镗刀镗削具有以下特点。

① 镗削的适应性强。镗削可在钻孔、铸出孔和锻出孔的基础上进行。可达的尺寸公差等级和表面粗糙度值的范围较广；除直径很小且较深的孔以外，各种直径和各种结构类型的孔几乎均可镗削，如表 5-1 所示。

② 镗削可有效地校正原孔的位置误差，但由于镗杆直径受孔径的限制，一般其刚性较差，易弯曲和振动，故镗削质量的控制（特别是细长孔）不如铰削方便。

③ 镗削的生产率低。因为镗削需用较小的切深和进给量进行多次走刀以减小刀杆的弯曲变形，且在镗床和铣床上镗孔需调整镗刀在刀杆上的径向位置，故操作复杂、费时。

④ 镗削广泛应用于单件小批生产中各类零件的孔加工。在大批量生产中，镗削支架和箱体的轴承孔，需用镗模。

表 5-1 可镗削的各种结构类型的孔

孔的结构						
车床	可	可	可	可	可	可
镗床	可	可	可	—	可	可
铣床	可	可	可	—	—	—

五、拉孔

拉孔是一种高效率的精加工方法。除拉削圆孔外，还可拉削各种截面形状的通孔及内键槽，如图 5-19 所示。拉削圆孔可达的尺寸公差等级为 IT9～IT7，表面粗糙度值为 $Ra1.6～0.4\mu m$。

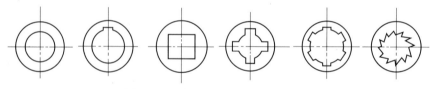

图 5-19 可拉削的各种孔的截面形状

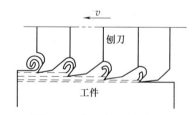

图 5-20 多刃刨刀刨削示意

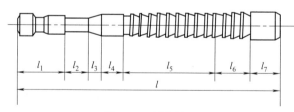

图 5-21 圆孔拉刀

1. 拉削方式

拉削可看作是按高低顺序排列的多刃刨刀进行的刨削，如图 5-20 所示。

圆孔拉刀的结构如图 5-21 所示，其各部分的作用如下。

柄部 l_1　是拉床刀夹夹住拉刀的部位。

颈部 l_2　直径最小，当拉削力过大时，一般在此断裂，便于焊接修复。

过渡锥 l_3　引导拉刀进入被加工的孔中。

前导部分 l_4　保证工件平稳过渡到切削部分，同时可检查拉前的孔径是否过小，以免第一个刀齿负载过大而被损坏。

切削部分 l_5　包括粗切齿和精切齿，承担主要的切削工作。

校准部分 l_6　为校准齿，其作用是校正孔径，修光孔壁。当切削齿刃磨后直径减小时，前几个校准齿则依次磨成切削齿。

后导部分 l_7　在拉刀刀齿切离工件时，防止工件下垂刮伤已加工表面和损坏刀齿。

卧式拉床如图 5-22 所示。床身内装有液压驱动油缸，活塞拉杆的右端装有随动支架和刀夹，用以支承和夹持拉刀。工作前，拉刀支持在滚轮和拉刀尾部支架上，工件由拉刀左端穿入。当刀夹夹持拉刀向左作直线移动时，工件贴靠在支承上，拉刀即可完成切削加工。拉刀的直线移动为主运动，进给运动是靠拉刀的每齿升高量来完成的。

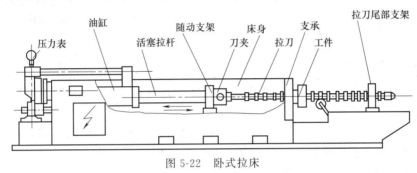

图 5-22　卧式拉床

（1）拉削圆孔　如图 5-23 所示。拉削的孔径一般为 8～125mm，孔的长径比一般不超过 5。拉前一般不需要精确的预加工，钻削或粗镗后即可拉削。若工件端面与孔轴线不垂直，则将端面贴靠在拉床的球面垫圈上，在拉削力的作用下，工件连同球面垫圈一起略微转动，使孔的轴线自动调节到与拉刀轴线方向一致，可避免拉刀折断。

（2）拉削内键槽　如图 5-24（a）所示。键槽拉刀呈扁平状，上部为刀齿。工件与拉刀的正确位置由导向元件来保证。拉刀导向元件［图 5-24（b）］的圆柱 1 插入拉床端部孔内，圆柱 2 用以安放工件，槽 3 安放拉刀。

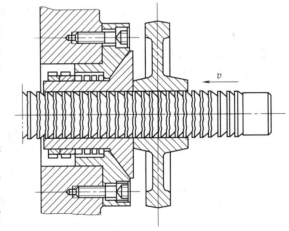

图 5-23　拉削圆孔的方法

2. 拉削的工艺特点

① 拉削时拉刀多齿同时工作，在一次行程中完成粗、精加工，因此生产率高。

② 拉刀为定尺寸刀具，且有校准齿进行校准和修光；拉床采用液压系统，传动平稳，拉削速度很低（$v_c = 2 \sim 8 \text{m/min}$），切削厚度薄，不会产生积屑瘤，因此拉削可获得较高的加工质量。

③ 拉刀制造复杂，成本昂贵，一把拉刀只适用于一种规格尺寸的孔或键槽，因此拉削主要用于大批大量生产或定型产品的成批生产。

④ 拉削不能加工台阶孔和盲孔。由于拉床的工作特点，某些复杂零件的孔也不宜进行拉削，例如箱体上的孔。

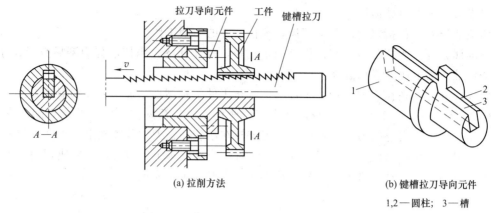

(a) 拉削方法　　　　　　　　　(b) 键槽拉刀导向元件

1,2—圆柱；3—槽

图 5-24　拉削内键槽的方法

六、磨孔

磨孔是孔的精加工方法之一，可达到的尺寸公差等级为 IT8～IT6，表面粗糙度值为 $Ra0.8～0.4\mu m$。

磨孔可在内圆磨床或万能外圆磨床上进行，如图 5-25 所示。使用端部具有内凹锥面的砂轮可在一次装夹中磨削孔和孔内台阶面，如图 5-26 所示。

磨孔与磨外圆相比，有以下不利的方面。

① 磨孔的表面粗糙度值一般比外圆磨削略大，因为常用的内圆磨头其转速一般不超过 20000r/min，而砂轮的直径小，其圆周速度很难达到外圆磨削的 35～50m/s。

② 磨削精度的控制不如外圆磨削方便。因为砂轮与工件的接触面积大，发热量大，冷却条件差，工件易烧伤；特别是砂轮轴细长、刚性差，容易产生弯曲变形而造成内圆锥形误差。因此，需要减小磨削深度，增加光磨行程次数。

③ 生产率较低。因为砂轮直径小，磨损快；且冷却液不容易冲走屑末，砂轮容易堵塞，需要经常修整或更换，使辅助时间增加。此外磨削深度减少和光磨次数的增加，也必然影响生产率。因此磨孔主要用于不宜或无法进行镗削、铰削和拉削的高精度孔以及淬硬孔的精加工。

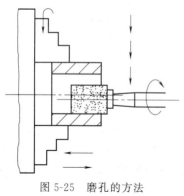

图 5-25　磨孔的方法

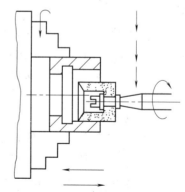

图 5-26　磨削孔内台阶面的方法

七、孔的精密加工

1. 精细镗孔

精细镗与镗孔方法基本相同，由于最初是使用金刚石作镗刀，所以又称金刚镗。这种方法常用于材料为有色金属合金和铸铁的套筒零件孔的终加工，或作为珩磨和滚压前的预加工。精细镗孔可获得精度高和表面质量好的孔，其加工的经济精度为 IT7～IT6，表面粗糙度值为 $Ra0.4$～$0.05\mu m$。

目前普遍采用硬质合金 YT30、YT15、YG3X 或人工合成金刚石和立方氮化硼作为精细镗刀具的材料。为了达到高精度与较小的表面粗糙度值，减少切削变形对加工质量的影响，采用回转精度高、刚度大的金刚镗床，且选择的切削速度较高（切钢为 200m/min，切铸铁为 100m/min，切铝合金为 300m/min）、加工余量较小（0.2～0.3mm）、进给量较小（0.03～0.08mm/r），以保证其加工质量。

精细镗孔的尺寸控制，采用微调镗刀头，图 5-27 所示的是一种带游标刻度盘的微调镗刀，微调刀杆 4 上有精密的小螺距螺纹，刻度盘 3 的螺母与刀杆 4 组成精密的丝杠螺母副。微调时，半松开夹紧螺钉 7，转动刻度盘 3，因刀杆 4 用键 9 导向，因此刀杆只能作直线移动，从而实现微调，最后将夹紧螺钉锁紧。这种微调镗刀的刻度值可达 0.0025mm。

2. 珩磨

珩磨是用油石条进行孔加工的一种高效率的光整加工方法，需要在磨削或精镗的基础上进行。珩磨的加工精度高，珩磨后尺寸公差等级为 IT7～IT6，表面粗糙度值为 $Ra0.2$～$0.05\mu m$。

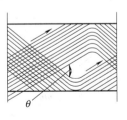

图 5-27 微调镗刀
1—镗杆；2—套筒；3—刻度盘；4—微调刀杆；5—刀片；6—垫圈；7—夹紧螺钉；8—螺钉；9—键

珩磨的应用范围很广，可加工铸铁件、淬硬和不淬硬的钢件以及青铜等，但不宜加工易堵塞油石的塑性金属。珩磨加工的孔径为 $\phi 5$～500mm，也可加工 $L/D>10$ 的深孔，因此广泛应用于加工发动机的汽缸、液压装置的油缸以及各种炮筒的孔。

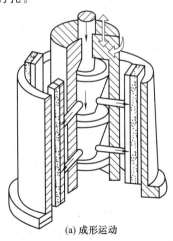

(a) 成形运动　　(b) 一根油石在双行程中的切削轨迹

图 5-28 珩磨运动及其切削轨迹

珩磨是低速大面积接触的磨削加工，与磨削原理基本相同。珩磨所用的磨具是由几根粒度很细的油石条组成的珩磨头。珩磨时，珩磨头的油石有三种运动：旋转运动、往复直线运动和施加压力的径向运动，如图 5-28（a）所示。旋转和往复直线运动是珩磨的主要运动，这两种运动的组合，使油石上的磨粒在孔的内表面上的切削轨迹成交叉而不重复的网纹，如

图 5-28（b）所示。径向加压运动是油石的进给运动，施加压力越大，进给量就越大。

在珩磨时，油石与孔壁的接触面积较大，参加切削的磨粒很多，因而加在每颗磨粒上的切削力很小（磨粒的垂直载荷仅为磨削的 1/50～1/100），珩磨的切削速度较低（一般在 100m/min 以下，仅为普通磨削的 1/30～1/100），在珩磨过程中又施加大量的冷却液，所以在珩磨过程中发热少，孔的表面不易烧伤，而且加工变形层极薄，从而被加工孔可获得很高的尺寸精度、形状精度和表面质量。

为使油石能与孔表面均匀地接触，能切去小而均匀的加工余量，珩磨头相对工件有小量的浮动，珩磨头与机床主轴是浮动连接，因此珩磨不能修正孔的位置精度和孔的直线度，孔的位置精度和孔的直线度应在珩磨前的工序给予保证。

3. 研磨

研磨也是孔常用的一种光整加工方法，需在精镗、精铰或精磨后进行。研磨后孔的尺寸公差等级可提高到 IT6～IT5，表面粗糙度值为 $Ra0.1\sim0.008\mu m$，孔的圆度和圆柱度亦相应提高。

研磨孔所用的研具材料、研磨剂、研磨余量等均与研磨外圆类似。

套筒零件孔的研磨方法如图 5-29 所示。图中的研具为可调式研磨棒，由锥度心棒和研套组成。拧动两端的螺母，即可在一定范围内调整直径的大小。研套上的槽和缺口，为了在调整时研套能均匀地张开或收缩，并可存储研磨剂。研磨前，套上工件，将研磨棒安装在车床上，涂上研磨剂，调整研磨棒直径使其对工件有适当的压力，即可进行研磨。研磨时，研磨棒旋转，手握工件往复移动。

固定式研磨棒多用于单件生产。其中带槽研磨棒［如图 5-30（a）］便于存储研磨剂，用于粗研；光滑研磨棒［如图 5-30（b）］一般用于精研。

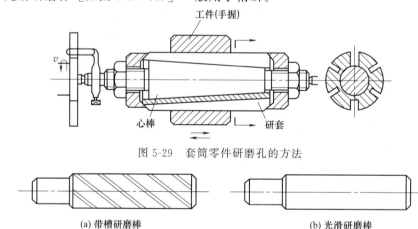

图 5-29 套筒零件研磨孔的方法

(a) 带槽研磨棒　　(b) 光滑研磨棒

图 5-30 固定式研磨棒

壳体或缸筒类零件的大孔，需要研磨时可在钻床或改装的简易设备上进行，由研磨棒同时作旋转运动和轴向移动，但研磨棒与机床主轴需成浮动连接。否则当研磨棒轴线与孔轴线发生偏斜时，将产生孔的形状误差。

4. 滚压

孔的滚压加工原理与滚压外圆相同。由于滚压加工效率高，近年来多采用滚压工艺来代替珩磨工艺，效果较好。孔径滚压后尺寸精度在 0.01mm 以内，表面粗糙度值为 $Ra0.16\mu m$ 或更小，表面硬化耐磨，生产效率比珩磨提高数倍。

滚压对铸件的质量有很大的敏感性，如铸件的硬度不均匀、表面疏松、含气孔和砂眼等缺陷，对滚压有很大影响。因此，对铸件油缸不可采用滚压工艺而是选用珩磨。对于淬硬套筒的孔精加工，也不宜采用滚压。

图 5-31 所示为一加工液压缸的滚压头，滚压头表面的圆锥形滚柱 3 支承在锥套 5 上，滚压时圆锥形滚柱与工件有 0.5°～1°的斜角，使工件能逐渐弹性恢复，避免工件孔壁的表面变粗糙。

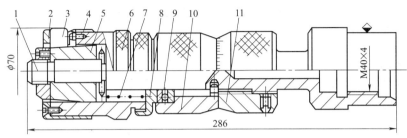

图 5-31 油缸滚压头
1—心轴；2—盖板；3—圆锥形滚柱；4—销子；5—锥套；6—套圈；7—压缩弹簧；
8—衬套；9—推力轴承；10—过渡套；11—调节螺母

孔滚压前，通过调节螺母 11 调整滚压头的径向尺寸，旋转调节螺母可使其相对心轴 1 沿轴向移动，向左移动时，推动过渡套 10、推力轴承 9、衬套 8 及套圈 6 经销子 4，使圆锥形滚柱 3 沿锥套的表面向左移，结果使滚压头的径向尺寸缩小。当调节螺母向右移动时，由压缩弹簧 7 压移衬套，经推力轴承使过渡套始终紧贴在调节螺母的左端面，当衬套右移时，带动套圈，经盖板 2 使圆锥形滚柱也沿轴向右移，使滚压头的径向尺寸增大。滚压头径向尺寸应根据孔滚压过盈量确定，通常钢材的滚压过盈量为 0.1～0.12mm，滚压后孔径增大 0.02～0.03mm。

径向尺寸调整好的滚压头，在滚压加工过程中圆锥形滚柱所受的轴向力经销子、套圈、衬套作用在推力轴承上，最终经过渡套、调节螺母及心轴传至与滚压头右端 M40×4 螺纹相连的刀杆上。滚压完毕后，滚压头从孔反向退出时，圆锥形滚柱受一向左的轴向力，此力传给盖板 2 经套圈、衬套将压缩弹簧压缩，实现向左移动，使滚压头直径缩小，保证滚压头从孔中退出时不碰坏已滚压好的孔壁。滚压头从孔中退出后，在弹簧力作用下复位，使径向尺寸又恢复到原调数值。

滚压用量：通常选用滚压速度 $v=60\sim80$m/min；进给量 $f=0.25\sim0.35$mm/r；切削液采用 50%硫化油加 50%柴油或煤油。

八、孔加工方案及其选择

以上介绍了孔加工的常用加工方法、原理以及可达到的精度和表面粗糙度。但要达到孔表面的设计要求，一般只用一种加工方法是达不到的，而往往要由几种加工方法顺序组合，即选用合理的加工方案。表 2-15 所示为孔的加工方案。选择加工方案时应考虑零件的结构形状、尺寸大小、材料和热处理要求以及生产条件等。

例如表 2-15 中序号 5 "钻-扩-铰"和序号 8 "钻-扩-拉"两种加工方案能达到的技术要求基本相同，但序号 8 所示的加工方案应该在大批大量生产中采用较为合理。再如序号 11 "粗镗（粗扩）-半精镗（精扩）-精镗（铰）"和序号 13 "粗镗（扩）-半精镗-磨孔"两种加工方案达到的技术要求也基本相同，但如果内孔表面经淬火后只能用磨孔方案（即序号 13），而材料为有色金属时以采用序号 11 所示方案为宜，如未经淬硬的工件则两种方案均能采用，这时可根据生产现场设备等情况来决定加工方案。又如序号 16 中所示的三种加工方案，如为大批大量生产则可选择"钻-(扩)-拉-珩磨"的方案，如孔径较小则可选择"钻-(扩)-粗铰-精铰-珩磨"的方案，如孔径较大时则可选择"粗镗-半精镗-精镗-珩磨"的加工方案。

第三节　孔加工常用工艺装备

一、孔加工用刀具

在金属切削中，孔加工占很大比重。孔加工的刀具种类很多，按其用途可分为两类：一类是在实心材料上加工出孔的刀具，如麻花钻、扁钻、深孔钻等；另一类是对工件已有孔进行再加工的刀具，如扩孔钻、铰刀、镗刀等。本节介绍常用的几种孔加工刀具。

（一）麻花钻

1. 麻花钻的结构要素

图 5-32 为麻花钻的结构图。它由工作部分、柄部和颈部组成。

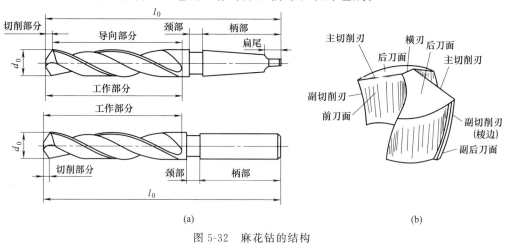

图 5-32　麻花钻的结构

（1）工作部分　麻花钻的工作部分分为切削部分和导向部分。

① 切削部分　麻花钻可看成为两把内孔车刀组成的组合体，如图 5-33 所示。而这两把内孔车刀必须有一实心部分——钻心将两者连成一个整体。钻心使两条主切削刃不能直接相交于轴心处，而相互错开，使钻心形成了独立的切削刃——横刃。因此麻花钻的切削部分有两条主切削刃、两条副切削刃和一条横刃［见图 5-32（b）］。麻花钻的钻心直径取为 $(0.125\sim0.15)d_0$（d_0 为钻头直径）。为了提高钻头的强度和刚度，把钻心做成正锥体，钻心从切削部分向尾部逐渐增大，其增大量每 100mm 长度上为 1.4～2.0mm。

两条主切削刃在与它们平行的平面上投影的夹角称为锋角 2ϕ，如图 5-34 所示。标准麻花钻的锋角 $2\phi=118°$，此时两条主切削刃呈直线；若磨出的锋角 $2\phi>118°$，则主切削刃呈凹形；若 $2\phi<118°$，则主切削刃呈凸形。

② 导向部分　导向部分在钻孔时起引导作用，也是切削部分的后备部分。

导向部分的两条螺旋槽形成钻头的前刀面，也是排屑、容屑和切削液流入的空间。螺旋槽的螺旋角 β 是指螺旋槽最外缘的螺旋线展开成直线后与钻头轴线之间的夹角，如图 5-34

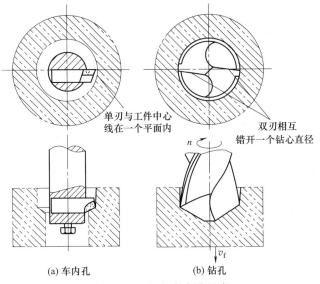

图 5-33 钻孔与车内孔示意

所示。越靠近钻头中心螺旋角越小。螺旋角 β 增大，可获得较大前角，因而切削轻快，易于排屑，但会削弱切削刃的强度和钻头的刚性。

导向部分的棱边即为钻头的副切削刃，其后刀面呈狭窄的圆柱面。标准麻花钻导向部分直径向柄部方向逐渐减小，其减小量每 100mm 长度上为 0.03～0.12mm，螺旋角 β 可减小棱边与工件孔壁的摩擦，也形成了副偏角 κ'_r。

（2）柄部　柄部用来装夹钻头和传递扭矩。钻头直径 $d_0 < 12$mm 常制成圆柱柄（直柄）；钻头直径 $d_0 > 12$mm 常采用圆锥柄。

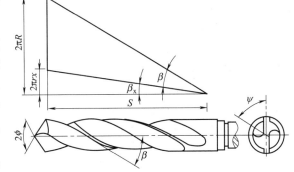

图 5-34 标准麻花钻的锋角和螺旋角

（3）颈部　颈部是柄部与工作部分的连接部分，并作为磨外径时砂轮退刀和打印标记处。小直径钻头不做出颈部。

2. 麻花钻切削部分的几何角度

由图 5-33 所示，钻头实际上相当于正反安装的两把内孔车刀的组合刀具，只是这两把内孔车刀的主切削刃高于工件中心（因为有钻心而形成横刃的缘故，钻心半径为 r_c）。

在分析麻花钻的几何角度时，首先必须弄清楚钻头的基面和切削平面。

基面　切削刃上任一点的基面，是通过该点，且垂直于该点切削速度方向的平面，如图 5-35（a）所示。在钻削时，如果忽略进给运动，钻头就只有圆周运动，主切削刃上每一点都绕钻头轴线作圆周运动，它的速度方向就是该点所在圆的切线方向，如图 5-35（b）中 A 点的切削速度 v_A 垂直于 A 点的半径方向，B 点的切削速度 v_B 垂直于 B 点的半径方向。不难看出，切削刃上任一点的基面就是通过该点并包含钻头轴线的平面。由于切削刃上各点的切削速度方向不同，所以切削刃上各点的基面也就不同。

切削平面　切削刃上任一点的切削平面是包含该点切削速度方向，而又切于该点加工表面的平面[图 5-35（a）所示为钻头外缘刀尖 A 点的基面和切削平面]。切削刃上各点的切削平面与基面在空间相互垂直，并且其位置是变化的。

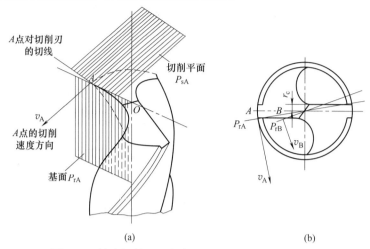

图 5-35 钻头切削刃上各点的基面和切削平面的变化

图 5-36 所示为主切削刃的几何角度。

① 端面刃倾角 λ_{st}　为方便起见，钻头的刃倾角通常在端平面内表示。钻头主切削刃上某点的端面刃倾角是主切削刃在端平面的投影与该点基面之间的夹角。如图 5-36 所示，其值总是负的。且主切削刃上各点的端面刃倾角是变化的，越靠近钻头中心端面刃倾角的绝对值越大[见图 5-36（b）]。

② 主偏角 κ_r　麻花钻主切削刃上某点的主偏角是该点基面上主切削刃的投影与钻头进给方向之间的夹角。由于主切削刃上各点的基面不同，各点的主偏角也随之改变。主切削刃上各点的主偏角是变化的，外缘处大，钻心处小。

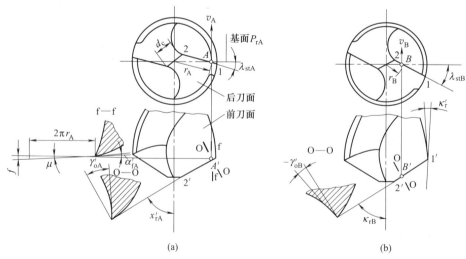

图 5-36 钻头的刃倾角、主偏角、前角和后角

③ 前角 γ_o　麻花钻的前角 γ_o 是正交平面内前刀面与基面间的夹角。由于主切削刃上各点的基面不同，所以主切削刃上各点的前角也是变化的，如图 5-36 所示。前角的值从外缘到钻心附近大约由 $+30°$ 减小到 $-30°$，其切削条件很差。

④ 后角 α_f　切削刃上任一点的后角 α_f，是该点的切削平面与后刀面之间的夹角。钻头

后角不在主剖面内度量,而是在假定工作平面(进给剖面)内度量[见图5-36(a)]。在钻削过程中,实际起作用的是这个后角,同时测量也方便。

钻头的后角是刃磨得到的,刃磨时要注意使其外缘处磨得小些(8°~10°),靠近钻心处要磨得大些(20°~30°)。这样刃磨的原因,是可以使后角与主切削刃前角的变化相适应,使各点的楔角大致相等,从而达到其锋利程度、强度、耐用度相对平衡;其次能弥补由于钻头的轴向进给运动而使刀刃上各点实际工作后角减少一个该点的合成速度角 μ(见图5-36中f—f剖面)所产生的影响;此外还能改变横刃处的切削条件。

图5-37所示为横刃的几何角度。

① 横刃前角 $\gamma_{o\psi}$。由于横刃的基面位于刀具的实体内,故横刃前角 $\gamma_{o\psi}$ 为负值($-45°\sim-60°$),所以钻削时在横刃处发生严重的挤压而造成很大的轴向力。

② 横刃后角 $\alpha_{o\psi}$。横刃后角 $\alpha_{o\psi} \approx 90°-|\gamma_{o\psi}|$,故 $\alpha_{o\psi} \approx 30°\sim35°$。

③ 横刃主偏角 $\kappa_{r\psi}=90°$。

④ 横刃刃倾角 $\lambda_{s\psi}=0°$。

⑤ 横刃斜角 ψ。横刃斜角是在钻头

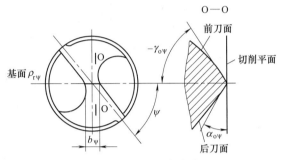

图5-37 横刃几何角度

的端面投影中,横刃与主切削刃之间的夹角。它是刃磨钻头时自然形成的,锋角一定时,后角刃磨正确的标准麻花钻横刃斜角 ψ 为 $47°\sim55°$,而后角越大则 ψ 越小,横刃的长度会增加。

(二)其他结构的钻头

(1) 扁钻　扁钻切削部分磨成一个扁平体,主切削刃磨出锋角、后角并形成横刃;副切削刃磨出后角与副偏角并控制钻孔直径。扁钻前角小,没有螺旋槽,排屑困难,但由于制造简单,成本低,在仪表和钟表工业中直径1mm以下的小孔加工上得到广泛应用。

近年来,扁钻由于结构上有较大改进,加上上述优点,故在自动线和数控机床上加工直径35mm以上孔时,也使用扁钻。

扁钻可做成整体式,如图5-38(a)所示;或装配式,如图5-38(b)所示。在数控机床和组合机床上钻、扩较大直径孔($d=25\sim125$mm)时常用装配式扁钻。

(2) 硬质合金钻头　加工硬脆材料如合金铸铁、玻璃、淬硬钢等难加工材料,必须使用硬质合金钻头。

小直径硬质合金钻头都做成整体结构,除用于加工硬材料外,也适用于加工非金属压层材料。

直径大于6mm的硬质合金钻头都做成镶片式结构,如图5-39所示。其结构特点是刀片用YG8,刀体用9SiCr;钻心较粗,$d_0=(0.25\sim0.3)d$,导向部分缩短;加宽容屑槽;增大倒锥量;制成双螺旋角。用以增强钻体刚度,减少振动,便于排屑,防止刀片崩裂。

(3) 群钻　基本型群钻刃形及几何参数如图5-40所示。其结构和几何参数有以下特点。

① 切削刃形成三尖七刃。该钻型将每条主切削刃磨成三段,即外直刃、圆弧刃和内直刃,两边则共有七刃(含横刃)。这种分段刃形结构使钻头各部分的几何参数可分别控制并趋于合理。同普通麻花钻相比,群钻外直刃前角增加较小;圆弧刃前角平均增加10°;内直刃处平均增大25°;横刃处增大4°~6°。所以群钻的平均前角获得显著增加,从而使群钻刃

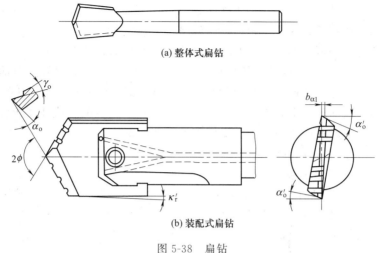

图 5-38 扁钻

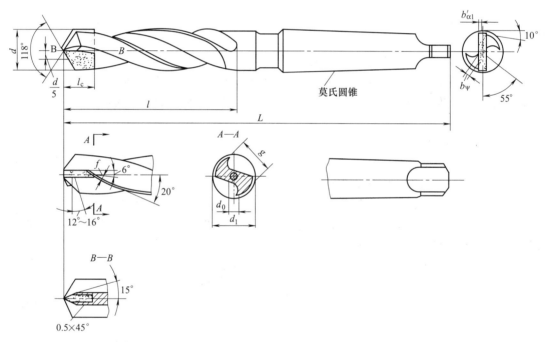

图 5-39 镶片硬质合金钻头

口锋利，切削性能好。

除原钻尖外，圆弧刃和外直刃的交点又形成新的钻尖，故群钻具有"三尖"。这种三尖结构显著增强了钻头的定心和导向性能。

② 横刃低、窄、尖。群钻中心尖高 $h=0.03d_0$，横刃长度仅为修磨前的 1/4～1/6。由于磨出月牙槽（圆弧刃后面），使已磨窄的横刃进一步变尖。这种低、窄、尖的横刃使轴向抗力显著降低，并增强了定心性能。

③ 分屑结构。主切削刃的分段结构使切屑分段变窄。钻头直径较大时，可在外直刃一侧再磨出分屑槽，或在两侧磨出交错槽，充分改善切屑的卷曲、折断和排出效果。

如上所述，基本型群钻的结构特点是：三尖七刃锐当先，月牙弧槽分两边，外刃再开分

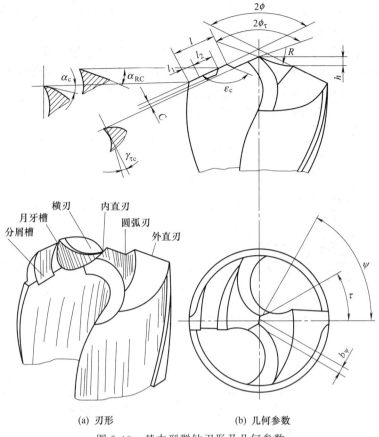

(a) 刃形　　(b) 几何参数

图 5-40　基本型群钻刃形及几何参数

屑槽，横刃磨低窄又尖。

（三）锪钻

在已加工出的孔上加工圆柱形沉头孔［见图 5-41（a）］、锥形沉头孔［见图 5-41（b）］和端面凸台［见图 5-41（c）］时，都使用锪钻。如图 5-41（a）所示的锪钻为平底锪钻，其圆周和端面上各有 3~4 个刀齿，在已加工好的孔内插入导柱，其作用为控制被锪孔与原有孔的同轴度误差。导柱一般做成可拆式，以便于锪钻的端面齿的制造与刃磨。锥面锪钻的钻尖角有 60°、90°和 120°三种。

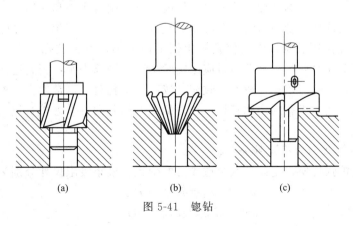

(a)　　(b)　　(c)

图 5-41　锪钻

(四) 铰刀

铰刀一般由高速钢和硬质合金制造。

铰刀的精度等级分为 H7、H8、H9 三级,其公差由铰刀专用公差确定,分别适用于铰削 H7、H8、H9 公差等级的孔。多数铰刀又分为 A、B 两种类型,A 型为直槽铰刀,B 型为螺旋槽铰刀。螺旋槽铰刀切削平稳,适用于加工断续表面。

下面介绍机用硬质合金铰刀的设计要点。

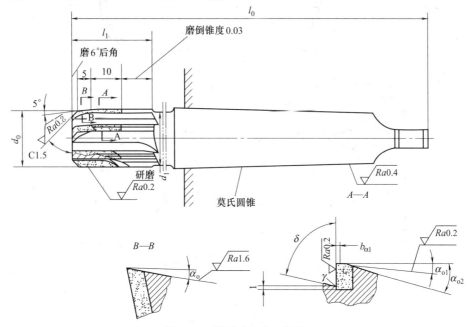

图 5-42 硬质合金铰刀结构

图 5-42 为一般机用硬质合金铰刀的结构,它由工作部分、颈部和柄部组成。工作部分包括引导锥、切削部和校准部。为了使铰刀易于引入预制孔,在铰刀前端制出引导锥。校准部由圆柱部分和倒锥部分组成。圆柱部分用来校准孔的直径尺寸并提高孔的表面质量,以及在切削时增强导向作用;倒锥部分用来减小摩擦。铰刀的主要设计内容是确定工作部分的参数。

1. 铰刀直径及其公差的确定

铰刀直径公差直接影响被加工孔的尺寸精度、铰刀制造成本和使用寿命。铰孔时,由于刀齿径向跳动以及铰削用量和切削液等因素会使孔径大于铰刀直径,称为铰孔"扩张";而由于刀刃钝圆半径挤压孔壁,则会使孔产生恢复而缩小,称为铰孔"收缩"。一般"扩张"和"收缩"的因素同时存在,最后结果应由实验决定。经验表明:用高速钢铰刀铰孔一般发生扩张,用硬质合金铰刀铰孔一般发生收缩,铰削薄壁孔时,也常发生收缩。

铰刀的公称直径等于孔的公称直径。铰刀的上下偏差则要考虑扩张量、收缩量,并留出必要的磨损公差。

图 5-43 所示为铰刀直径及其公差。

若铰孔发生扩张现象,则设计及制造铰刀的最大、最小极限尺寸分别为:

$$d_{0\max} = d_{\omega\max} - P_{\max} \tag{5-1}$$

$$d_{0\min} = d_{0\max} - G \tag{5-2}$$

若铰孔发生收缩现象,则设计及制造铰刀的最大、最小极限尺寸分别为:

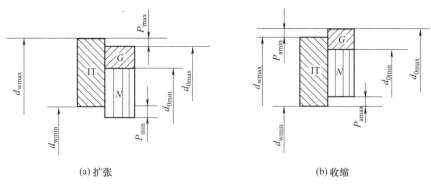

(a) 扩张　　　　　　　　　　(b) 收缩

图 5-43　铰刀直径及其公差

d_w—工件直径；d_0—新铰刀直径；IT—工件孔公差；P—扩张量；
P_a—收缩量；G—铰刀制造公差；N—铰刀磨损公差

$$d_{0\max}=d_{\omega\max}+P_{a\min} \tag{5-3}$$
$$d_{0\min}=d_{0\max}-G \tag{5-4}$$

国家标准规定：铰刀制造公差 $G=0.35\mathrm{IT}$。根据一般经验数据，高速钢铰刀可取 $P_{\max}=0.15\mathrm{IT}$；硬质合金铰刀铰孔后的收缩量往往因工件材料不同而不同，故常取 $P_{a\min}=0$，或取 $P_{a\min}=0.1\mathrm{IT}$。$P_{\max}$ 及 $P_{a\min}$ 的可靠确定办法是由实验测定的。

2. 铰刀的齿数及齿槽

铰刀的齿数影响铰孔精度、表面粗糙度、容屑空间和刀齿强度。其值一般按铰刀直径和工件材料确定。铰刀直径较大时，可取较多齿数；加工韧性材料时，齿数应取少些；加工脆性材料时，齿数可取多些。为了便于测量铰刀直径，齿数应取偶数。在常用直径 $d_0=8\sim40\mathrm{mm}$ 范围内，一般取齿数 $z=4\sim8$ 个。

铰刀刀齿沿圆周可以等齿距分布，也可以不等齿距分布。为了便于制造，铰刀一般按等齿距分布。

如图 5-44 所示，铰刀的齿槽形状一般有直线齿背 [图 5-44（a）]、圆弧齿背 [图 5-44（b）] 和折线齿背 [图 5-44（c）]，硬质合金铰刀一般采用折线齿背。

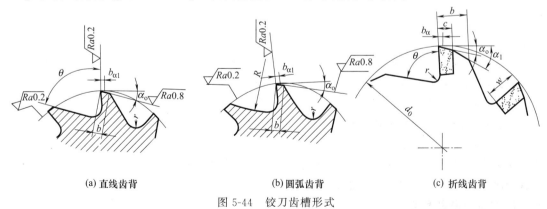

(a) 直线齿背　　　　　　(b) 圆弧齿背　　　　　　(c) 折线齿背

图 5-44　铰刀齿槽形式

铰刀齿槽方向有直槽和螺旋槽两种，如图 5-45 所示。为了便于制造，常采用直槽。为改善排屑条件，提高铰孔质量，硬质合金铰刀常做成左螺旋槽，螺旋角取 $3°\sim5°$。

3. 铰刀的几何角度

① 主偏角 κ_r　加工钢等韧性材料一般取 $\kappa_r=15°$；加工铸铁等脆性材料一般取 $\kappa_r=3°\sim$

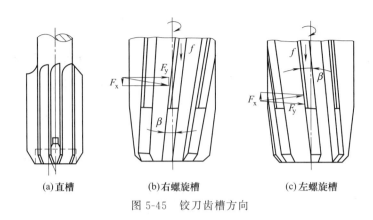

(a) 直槽　　　　(b) 右螺旋槽　　　　(c) 左螺旋槽

图 5-45　铰刀齿槽方向

$5°$；粗铰和铰盲孔时一般取 $\kappa_r = 45°$；手用铰刀一般取 $\kappa_r = 0.5° \sim 1.5°$。

② 前角 γ_o。　铰孔时一般余量很小，切屑很薄，切屑与前刀面接触长度很短，故前角的影响不显著。为了制造方便，一般取均 $\gamma_o = 0°$。加工韧性材料时，为减小切屑变形，可取 $\gamma_o = 5° \sim 10°$。

③ 后角 $0\alpha_o$。　铰刀系精加工刀具，为使其重磨后径向尺寸不致变化太大，一般铰刀后角取 $\alpha_o = 6° \sim 8°$。

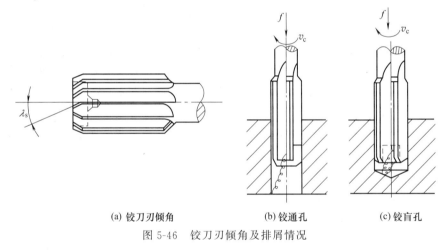

(a) 铰刀刃倾角　　　　(b) 铰通孔　　　　(c) 铰盲孔

图 5-46　铰刀刃倾角及排屑情况

④ 刃倾角 λ_s。　一般铰刀的刃倾角 $\lambda_s = 0°$。但刃倾角能使切削过程平稳，提高铰孔质量。在铰削韧性较大的材料时，可在铰刀的切削部分磨出 $\lambda_s = 15° \sim 20°$ 刃倾角，如图 5-46 (a) 所示，这样可使铰削时切屑向前排出，不至于划伤已加工表面 [见图 5-46 (b)]。在加工盲孔时，可在这种带刃倾角的铰刀前端开出一较大的凹坑，以容纳切屑 [见图 5-46 (c)]。

(五) 孔加工复合刀具

孔加工复合刀具是由两把或两把以上同类或不同类的孔加工刀具组合成一体，同时或按先后顺序完成不同工步进行加工的刀具。

1. 复合刀具的种类

复合刀具的种类较多，按工艺类型可分为同类工艺复合刀具和不同类工艺复合刀具两种。同类工艺复合刀具如图 5-47 所示。不同类工艺复合刀具如图 5-48 所示。

2. 复合刀具的特点

① 能减少机床台数或工位数，工序集中，节省机动和辅助时间，因而可以提高生产率，

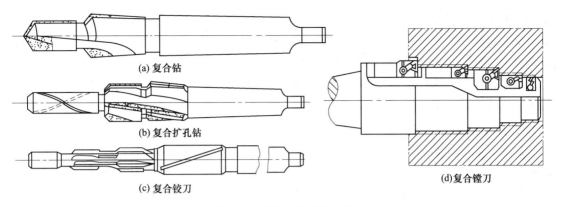

(a) 复合钻
(b) 复合扩孔钻
(c) 复合铰刀
(d) 复合镗刀

图 5-47 同类工艺复合刀具

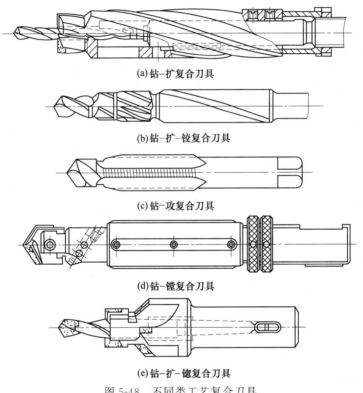

(a) 钻-扩复合刀具
(b) 钻-扩-铰复合刀具
(c) 钻-攻复合刀具
(d) 钻-镗复合刀具
(e) 钻-扩-锪复合刀具

图 5-48 不同类工艺复合刀具

降低成本。

② 减少工件安装次数,容易保证各加工表面间的位置精度。

③ 复合刀具结构复杂,在制造、刃磨和使用中都可能会出现问题。例如各单个刀具的直径、切削时间和切削条件悬殊较大,切屑的排出和切削液的输入不够畅快等。

3. 复合刀具的合理使用

由于复合刀具的结构特点及特殊的工作条件,在使用复合刀具时有以下几点特殊的要求。

① 由于复合刀具刃磨困难,刀具安装、调整麻烦,故应制订较高的刀具耐用度,选择较低的切削速度。

② 复合刀具中各单个刀具的直径往往差别很大,选择切削用量时需考虑主要矛盾。如

最小直径刀具的强度最弱,应按最小直径刀具选择进给量;又如最大直径刀具的切削速度最高,磨损最快,故应按最大直径刀具确定切削速度。各单个刀具所进行的加工工艺不同时,需兼顾其不同点。如采用钻-铰复合刀具加工孔,采用的切削速度比一般钻削低一些,而比一般铰削速度高一些;钻孔时进给量取低一些,使切削力不至于太大,铰孔时可取较大的进给量,以提高生产率。

二、钻夹具

钻夹具(俗称钻模)是用来在钻床上钻孔、扩孔、铰孔的机床夹具,通过钻套引导刀具进行加工是钻模的主要特点。钻削时,被加工孔的尺寸和精度主要由刀具本身的尺寸和精度来保证,而孔的位置精度则由钻套在夹具上相对于定位元件的位置精度来确定。

(一)钻夹具的类型及结构特点

钻夹具的结构形式主要决定于工件被加工孔的分布位置情况,如有的孔系是分布在同一平面上,或分布在几个不同表面上,或分布在同一圆周上,还有的是单孔等。因此钻模的结构形式很多,常用的有以下几种。

1. 固定式钻模

如图 5-49 所示,这种钻模在使用时被固定在钻床工作台上,主要用在立式钻床上加工较大的单孔或在摇臂钻床上加工平行孔系。在立式钻床工作台上安装钻模时,首先用装在主轴上的钻头(精度要求较高时可用心轴)插入钻套内,以校正钻模的位置,然后将其固定。这样既可减少钻套的磨损,又可保证孔的位置精度。

图 5-49 所示的固定式钻模,工件以其端面和键槽与钻模上的定位法兰 3 及定位键 4 相接触而定位。转动螺母 9 使螺杆 2 向右移动时,通过钩形开口垫圈 1 将工件夹紧。松开螺母 9,螺杆 2 在弹簧的作用下向左移,钩形垫圈 1 松开并绕螺钉摆下即可卸下工件。

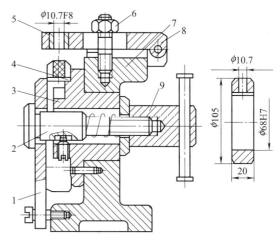

图 5-49 固定式钻模
1—钩形垫圈;2—螺杆;3—定位法兰;4—定位键;
5—钻套;6,9—螺母;7—夹具体;8—钻模板

2. 回转式钻模

回转式钻模主要用来加工围绕一定的回转轴线(立轴、卧轴或倾斜轴)分布的轴向或径向孔系以及分布在工件几个不同表面上的孔。工件在一次装夹中,靠钻模回转可依次加工各孔,因此这类钻模必须有分度装置。

回转式钻模按所采用的对定机构的类型,分为轴向分度式回转钻模和径向分度式回转钻模。

图 5-50 为轴向分度式回转钻模。工件以其端面和内孔与钻模上的定位表面及圆柱销 7 相接触完成定位;拧紧螺母 8,通过快换垫圈 9 将工件夹紧;通过钻套引导刀具对工件上的孔进行加工。

对工件上若干个均匀分布的孔的加工,是借助分度机构完成的。如图 5-50 所示,在加工完一个孔后,转动手柄 3,可将分度盘(与定位销 7 装为一体)松开,利用把手 5 将对定销 6 从定位套中拔出,使分度盘带动工件回转至某一角度后,对定销 6 又插入分度盘上的另一定位套中即完成一次分度，再转动手柄 3 将分度盘锁紧，即可依次加工其余各孔。

3. 移动式钻模

这类钻模用于加工中、小型工件同一表面上的多个孔。图 5-51 所示的移动式钻模用于加工连杆大、小头上的孔。工件以端面及大、小头圆弧面作为定位基准，在定位套 12、13 和固定 V 形块 2 及活动 V 形块 7 上定位。夹紧时先通过手轮 8 推动活动 V 形块 7 压紧工件，然后转动手轮 8 带动螺钉 11 转动，压迫钢球 10，使两片半月键 9 向外胀开而锁紧。V 形块带有斜面，使工件在夹紧分力作用下与定位套贴紧。通过移动钻模，使钻头分别在两个钻套 4、5 中导入，从而加工工件上的两个孔。

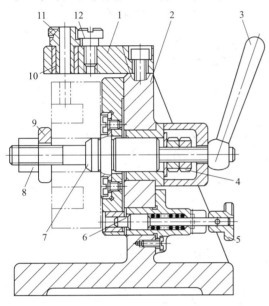

图 5-50 轴向分度式回转钻模

1—钻模板；2—夹具体；3—手柄；4,8—螺母；
5—把手；6—对定销；7—圆柱销；9—快换垫圈；10—衬套；11—钻套；12—螺钉

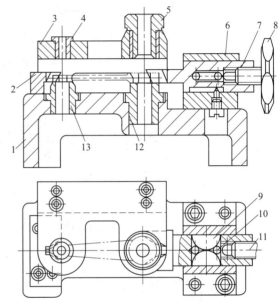

图 5-51 移动式钻模

1—夹具体；2—固定 V 形块；3—钻模板；4,5—钻套；
6—支座；7—活动 V 形块；8—手轮；9—半月键；
10—钢球；11—螺钉；12,13—定位套

4. 翻转式钻模

这类钻模主要用于加工中、小型工件中分布在不同表面上的孔，图 5-52 所示为加工套筒上四个径向孔的翻转式钻模。工件以内孔及端面在台阶销 1 上定位，用快换垫圈 2 和螺母 3 夹紧。钻完一组孔后，翻转 60°钻另一组孔。该夹具的结构比较简单，但每次钻孔都需要找正钻套相对钻头的位置，所以辅助时间较长，而且翻转费力。因此该类夹具连同工件的总重量不能太重，一般不宜超过 80～100N。

5. 盖板式钻模

盖板式钻模的结构最为简单，它没有夹具体，只有一块钻模板。一般钻模板上除装有钻套外，还装有定位元件和夹紧装置。加工时，只要将它盖在工件上定位夹紧即可。

图 5-53 所示为加工车床溜板箱上多个小孔的盖板式钻模。在钻模盖板 1 上不仅装有钻套，还装有定位用的圆柱销 2、削边销 3 和支承钉 4。因钻小孔，钻削力矩小，故未设置夹紧装置。

盖板式钻模结构简单，一般多用于加工大型工件上的小孔。因夹具在使用时经常搬动，

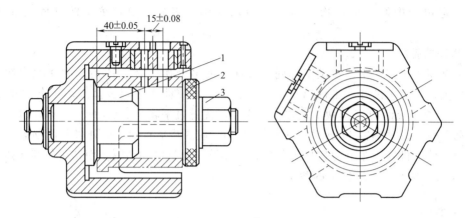

图 5-52　60°翻转式钻模
1—台阶销；2—快换垫圈；3—螺母

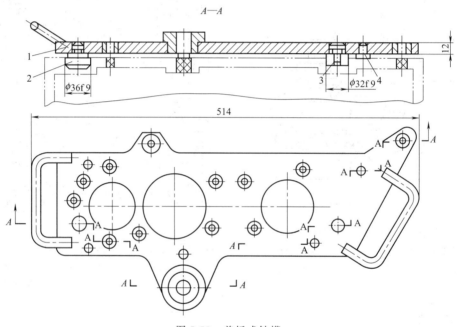

图 5-53　盖板式钻模
1—钻模盖板；2—圆柱销；3—削边销；4—支承钉

故盖板式钻模的重量不宜超过 100N。为了减轻重量，可在盖板上设置加强筋，以减小其厚度，也可用铸铝件。

6. 滑柱式钻模

滑柱式钻模是一种带有升降钻模板的通用可调夹具。图 5-54 所示为手动滑柱式钻模的通用结构，由夹具体 1、三根滑柱 2、钻模板 4 和传动、锁紧机构所组成。使用时只要根据工件的形状、尺寸和加工要求等具体情况，专门设计制造相应的定位、夹紧装置和钻套等，装在夹具体的平台和钻模板上的适当位置，就可用于加工。转动手柄 6，经过齿轮齿条的传动和左右滑柱的导向，便能顺利地带动钻模板升降，将工件夹紧或松开。

钻模板在夹紧工件或升降至一定高度后，必须自锁。锁紧机构的种类很多，但用得最广泛的则是图 5-54 所示的圆锥锁紧机构。其工作原理为：螺旋齿轮轴 7 的左端制成螺

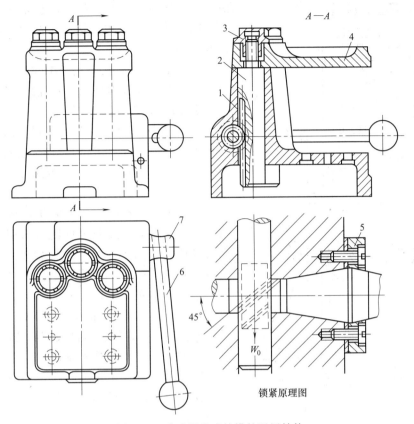

图 5-54 手动滑柱式钻模的通用结构

1—夹具体；2—滑柱；3—锁紧螺母；4—钻模板；5—套环；6—手柄；7—螺旋齿轮轴

旋齿，与中间滑柱后侧的螺旋齿条相啮合，其螺旋角为 45°。轴的右端制成双向锥体，锥度为 1:5，与夹具体 1 及套环 5 的锥孔配合。钻模板下降接触到工件后继续施力，则钻模板通过夹紧元件将工件夹紧，并在齿轮轴上产生轴向分力使锥体楔紧在夹具体的锥孔中。由于锥角小于 2 倍摩擦角（锥体与锥角的摩擦因数 $f=0.1$，$\varphi=6°$），故能自锁。当加工完毕，钻模板升到一定高度时，可以使齿轮轴的另一段锥体楔紧在套环 5 的锥孔中，将钻模板锁紧。

这种手动滑柱式钻模的机械效率较低，夹紧力不大，并且由于滑柱和导孔为间隙配合（一般为 H7/f7），因此被加工孔的垂直度和孔的位置尺寸难以达到较高的精度。但是其自锁性能可靠，结构简单，操作方便，具有通用可调的优点，所以不仅广泛使用于大批量生产，而且也已推广到小批生产中。该钻模适用于中、小件的加工。

图 5-55 所示为应用手动滑柱式钻模的实例。该滑柱式钻模用来钻、扩、铰拨叉上的 $\phi20H7$ 孔。工件以圆柱端面、底面及后侧面在夹具上的定位锥套 9、两个可调支承 2 及圆柱挡销 3 上定位。这些定位元件都装置在底座 1 上。转动手柄，通过齿轮、齿条传动机构使滑柱带动钻模板下降，由两个压柱 4 通过液性塑料对工件实施夹紧。刀具依次由快换钻套 7 引导，进行钻、扩、铰加工。图 5-55 中件号 1~9 所示的零件是专门设计制造的，钻模板也须作相应的加工，而其他件则为滑柱式钻模的通用结构。

（二）钻夹具设计要点

1. 钻模类型的选择

钻模类型很多，在设计钻模时，首先要根据工件的形状、尺寸、重量和加工要求，并考虑生产批量、工厂工艺装备的技术状况等具体条件，选择钻模类型和结构。在选型时要注意以下几点。

① 工件被加工孔径大于10mm时，钻模应固定在工作台上（特别是钢件）。因此其夹具体上应有专供夹压用的凸缘或凸台。

② 当工件上加工的孔处在同一回转半径，且夹具的总重量超过100N时，应采用具有分度装置的回转钻模，如能与通用回转台配合使用则更好。

③ 当在一般的中型工件某一平面上加工若干个任意分布的平行孔系时，宜采用固定式钻模在摇臂钻床上加工。大型工件则可采用盖板式钻模在摇臂钻床上加工。如生产批量较大，则可在立式钻床或组合机床上采用多轴传动头加工。

④ 对于孔的垂直度允差大于0.1mm和孔距位置允差大于±0.15mm的中小型工件，宜优先采用滑柱式钻模，以缩短夹具的设计制造周期。

2. 钻套类型的选择和设计

钻套和钻模板是钻夹具上的特殊元件。钻套装配在钻模板或夹具体上，其作用是确定被加工孔的位置和引导刀具加工。

（1）钻套的类型　根据钻套的结构和使用特点，主要有四种类型。

① 固定钻套　图5-56所示为固定钻套的两种形式［图5-56（a）为无肩，图5-56（b）为带肩］，该类钻套外圆以H7/n6或H7/r6配合，直接压入钻模板上的钻套底孔内。在使用过程中若不需要更换钻套（据经验统计，钻套一般可使用1000～12000次），则用固定钻套较为经济，钻孔的位置精度也较高。

② 可换钻套　当生产批量较大，需要更换磨损的钻套时，则用可换钻套较为方便，如图5-57所示。可换钻套装在衬套中，衬套是以H7/n6或H7/r6的配合直接压入钻模板的底孔内，钻套外圆与衬套内孔之间常采用F7/m6或F7/k6配合。当钻套磨损后，可卸下螺钉，更换新的钻套。螺钉还能防止加工时钻套转动或退刀时钻套随刀具拔出。

③ 快换钻套　当被加工孔需依次进行钻、扩、铰时，由于刀具直径逐渐增大，应使用外径相同而内径不同的钻套来引导刀具，这时使用快换钻套可减少更换钻套的时间，如图5-58所示。快换钻套的有关配合与可换钻套的相同。更换钻套时，将钻套的削边处转至螺钉处，即可取出钻套。钻套的削边方向应考虑刀具的旋向，以免钻套随刀具自行拔出。

以上三类钻套已标准化，其结构参数、材料和热处理方法等，可查阅有关手册。

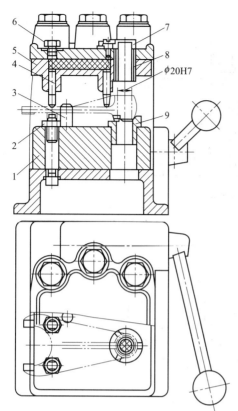

图 5-55　滑柱式钻模应用实例

1—底座；2—可调支承；3—圆柱挡销；4—压柱；
5—压柱体；6—螺塞；7—快换钻套；
8—衬套；9—定位锥套

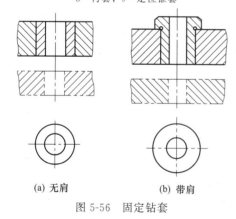

(a) 无肩　　　　　(b) 带肩

图 5-56　固定钻套

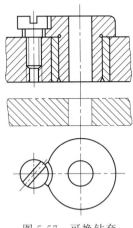

图 5-57 可换钻套

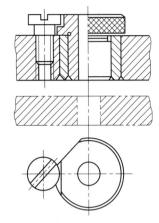

图 5-58 快换钻套

④ 特殊钻套 由于工件形状或被加工孔位置的特殊性，有时需要设计特殊结构的钻套，如图 5-59 所示。

在斜面上钻孔时，应采用图 5-59（a）所示的钻套，钻套应尽量接近加工表面，并使之与加工表面的形状相吻合。如果钻套较长，可将钻套孔上部的直径加大（一般取 0.1mm），以减少导向长度。

在凹坑内钻孔时，常用图 5-59（b）所示的加长钻套（H 为钻套导向长度）。图 5-59（c）、（d）为钻两个距离很近的孔时所设计的非标准钻套。

（2）钻套内孔的基本尺寸及公差配合的选择

① 钻套内孔 钻套内孔（又称导向孔）直径的基本尺寸应为所用刀具的最大极限尺寸，并采用基轴制间隙配合。钻孔或扩孔时其公差取 F7 或 F8，粗铰时取 G7，精铰时取 G6。若钻套引导的是刀具的导柱部分，

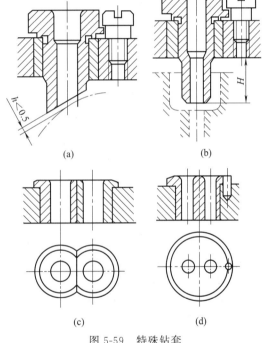

图 5-59 特殊钻套

则可按基孔制的相应配合选取，如 H7/f7、H7/g6 或 H6/g5 等。

② 导向长度 H 如图 5-60 所示，钻套的导向长度 H 对刀具的导向作用影响很大，H 较大时，刀具在钻套内不易产生偏斜，但会加快刀具与钻套的磨损；H 过小时，则钻孔时导向性不好。通常取导向长度 H 与其孔径之比为：$H/d=1\sim2.5$。当加工精度要求较高或加工的孔径较小时，由于所用的钻头刚性较差，则 H/d 值可取大些，如钻孔直径 $d<5$mm 时，应取 $H/d\geqslant2.5$；如加工两孔的距离公差为 ±0.05mm 时，可取 $H/d=2.5\sim3.5$。

③ 排屑间隙 h 如图 5-61 所示，排屑间隙 h 是指钻套底部与工件表面之间的空间。如果 h 太小，则切屑排出困难，会损伤加工表面，甚至还可能折断钻头。如果 h 太大，则会使钻头的偏斜增大，影响被加工孔的位置精度。一般加工铸铁件时，$h=(0.3\sim0.7)d$；加工钢件时，$h=(0.7\sim1.5)d$；式中 d 为所用钻头的直径。对于位置精度要求很高的孔或在斜

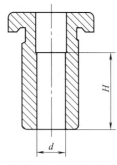

图 5-60 导向长度 H

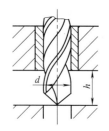

图 5-61 排屑间隙 h

面上钻孔时,可将 h 值取得尽量小些,甚至可以取为零。

3. 钻模板的类型和设计

(1) 钻模板的类型　钻模板通常装配在夹具体或支架上,或与夹具体上的其他元件相连接,常见的有以下几种类型。

① 固定式钻模板　如图 5-62 (a) 所示,这种钻模板是直接固定在夹具体上的,故钻套相对于夹具体也是固定的,钻孔精度较高。但是这种结构对某些工件而言,装拆不太方便。该钻模板与夹具体多采用圆锥销定位、螺钉紧固的结构。对于简单钻模也可采用整体铸造或焊接结构。

② 分离式钻模板　如图 5-62 (b) 所示,这种钻模板与夹具体是分离的,并成为一个独立部分,且模板对工件要确定定位要求。工件在夹具体中每装卸一次,钻模板也要装卸一次。该钻模板钻孔精度较高,但装卸工件的时间较长,因而效率较低。

③ 铰链式钻模板　如图 5-62 (c) 所示,这种钻模板是通过铰链与夹具体或固定支架连接在一起的,钻模板可绕铰链轴翻转。铰链轴和钻模板上相应孔的配合为基轴制间隙配合 (G7/h6),铰链轴和支座孔的配合为基轴制过盈配合 (N7/h6),钻模板和支座两侧面间的配合则按基孔制间隙配合 (H7/g6)。当钻孔的位置精度要求较高时,应予配制,并将钻模板与支座侧面间的配合间隙控制在 0.01~0.02mm 之内。同时还要注意使钻模板工作时处于正确位置。图 5-63 所示是为保证这一要求的几种常用结构,设计时可根据情况选用。

这种钻模板常采用翼型螺母锁紧,装卸工件比较方便,对于钻孔后还要进行锪平面、攻螺纹等工步尤为适宜。但该钻模板可达到的位置精度较低,结构也较复杂。

④ 悬挂式钻模板　如图 5-62 (d) 所示,这种钻模板悬挂在机床主轴或主轴箱上,随主轴的往复移动而靠紧工件或离开,它多与组合机床或多头传动轴联合使用。图中钻模板 4 由锥端紧定螺钉将其固定在导柱 2 上,导柱 2 的上部伸入多轴传动头 6 的座架孔中,从而将钻模板 4 悬挂起来;导柱 2 的下部则伸入夹具体 1 的导孔中,使钻模板 4 准确定位。当多轴传动头 6 向下移动进行加工时,依靠弹簧 5 压缩时产生的压力使钻模板 4 向下靠紧工件。加工完毕后,多轴传动头上升继而退出钻头,并提起钻模板恢复至原始位置。

(2) 钻模板的设计要点　在设计钻模板的结构时,主要根据工件的外形大小、加工部位、结构特点和生产规模以及机床类型等条件进行。要求所设计的钻模板结构简单、使用方便、制造容易,并注意以下几点。

① 在保证钻模板有足够刚度的前提下,要尽量减轻其重量。在生产中,钻模板的厚度往往按钻套的高度来确定,一般在 10~30mm 之间。如果钻套较长,可将钻模板局部加厚。此外,钻模板一般不宜承受夹紧力。

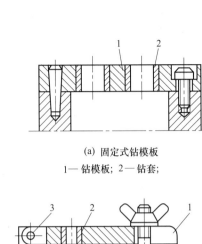
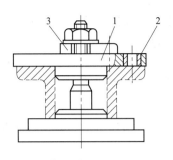
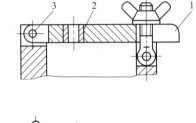
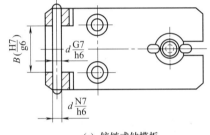
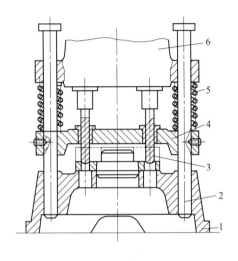

(a) 固定式钻模板
1—钻模板；2—钻套；

(b) 分离式钻模板
1—钻模板；2—钻套；3—开口压板

(c) 铰链式钻模板
1—钻模板；2—钻套；3—销轴；

(d) 悬挂式钻模板
1—夹具体；2—导柱；3—工件；4—钻模板；5—弹簧；6—多轴传动头

图 5-62 钻模板的结构

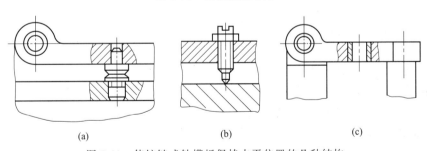

图 5-63 使铰链式钻模板保持水平位置的几种结构

② 钻模板上安装钻套的底孔与定位元件间的位置精度直接影响工件孔的位置精度，因此至关重要。在上述各钻模板结构中，以固定式钻模板钻套底孔的位置精度最高，而以悬挂式钻模板钻套底孔的位置精度为最低。

③ 焊接结构的钻模板往往因焊接内应力不能彻底消除，而不易保持精度。一般当工件孔距大于±0.1mm时方可采用。若孔距公差小于±0.05mm时，应采用装配式钻模板。

④ 要保证加工过程的稳定性。如用悬挂式钻模板，则其导柱上的弹簧力必须足够大，以使钻模板在夹具体上能维持所需的定位压力；当钻模板本身的重量超过800N时，导柱上

可不装弹簧；为保证钻模板移动平稳和工作可靠，当钻模板处于原始位置时，装在导柱上经过预压的弹簧长度一般不应小于工作行程的3倍，其预压力不小于150N。

（三）几种典型钻床夹具的结构分析

1. 钻铰支架孔钻模

图5-64所示为支架工序图。$\phi 20H9$孔的下端面和$\phi 24_{-0.05}^{0}$mm短圆柱面均已加工，本工序要求钻铰$\phi 20H9$孔，并要求保证该孔轴线到下端面的距离为25 ± 0.05mm。

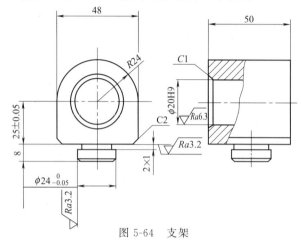

图 5-64 支架

图5-65所示为在立式钻床上钻铰支架上$\phi 20H9$孔的钻模。工件以$\phi 20H9$孔的下端面、$\phi 24_{-0.05}^{0}$mm短圆柱面和$R24$mm外圆弧面为定位基准，通过夹具上定位套1的孔、定位套的端面和一个摆动V形块2实现六点定位。为了装卸工件方便，采用铰链式压板4和摆动V形块2夹紧工件。该夹具定位结构简单，装卸工件方便，夹紧可靠。

上一章已指出机床夹具总图中应正确标注出影响定位误差、安装误差和调整误差的有关尺寸和技术要求。该夹具的上述尺寸和技术要求的分析如下。

定位副的制造误差应是影响定位误差的因素，因此在夹具总图上应标注出定位元件的精度和技术要求，如定位套孔径$\phi 24_{+0.02}^{+0.04}$mm，定位套与夹具体配合尺寸$\phi 35H7/n6$。

定位元件工作表面与机床连接面之间的技术要求是影响安装误差的因素，而该钻夹具与机床的连接面是夹具体底面A，因此定位元件工件表面与夹具体底面的技术要求应标出，如衬套端面对夹具体底面A的垂直度0.02mm。定位元件工作面与刀具位置之间的技术要求是影响调整误差的因素，对钻夹具而言，钻套轴线的位置即为孔加工刀具的位置，因此钻套轴线与定位元件工作面之间应标出必要的技术要求。如钻套轴线与夹具体底面A的垂直度0.02mm，钻套轴线与定位套端面的距离尺寸精度(25 ± 0.015)mm，钻套内径的尺寸公差$\phi 20F7$，钻套与衬套之间、衬套与钻模板之间的配合精度$\phi 26F7/m6$、$\phi 32H7/n6$等。钻夹具的调整误差也称导向误差。

此外还应标注出一些其他装配尺寸，如销子3与V形块2、与压板4之间的配合尺寸$\phi 10G7/h6$、$\phi 10N7/h6$等。

2. 铰链模板固定式钻模

图5-66所示为在拨叉45上加工直径$\phi 8.4$mm的M10底孔的工序图和在立式钻床上完成以上工序的钻模总图。

工件以圆孔$\phi 15.81F8$、叉口$51_{0}^{+0.1}$mm及槽$14.2_{0}^{+0.1}$mm作为定位基准，通过夹具上的定位轴6、扁销1及偏心轮8上的对称楔块等定位元件实现六点定位，且符合基准重合原

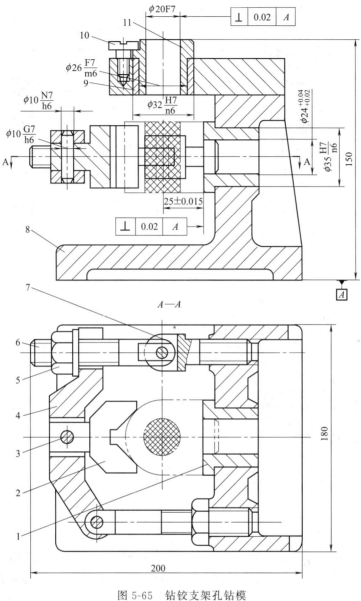

图 5-65 钻铰支架孔钻模

1—定位套；2—V形块；3—销子；4—压板；5—螺母；6—螺栓；
7—铰链；8—夹具体；9—衬套；10—螺钉；11—钻套

则。由于钻孔后需要攻螺纹，并且考虑使工件装拆方便，故该钻模采用了可翻开的铰链式钻模板。

夹紧时，通过手柄顺时针转动偏心轮 8，偏心轮上的对称楔块插入工件槽内，在定位的同时将工件夹紧。由于钻削力不大，故工作时比较可靠。

钻模板 4 用销轴 3 采用基轴制装在模板座 7 上，翻下时与支承钉 5 接触，以保证钻套的位置精度，并用紧定螺钉 2 锁紧。

该夹具对工件的定位考虑合理，且采用偏心轮使工件既定位又夹紧，简化了夹具的结构。

对该夹具所标注的技术要求分析如下。

影响工件定位误差的技术要求有：定位轴直径及公差 $\phi15.81h6$，扁销直径及公差

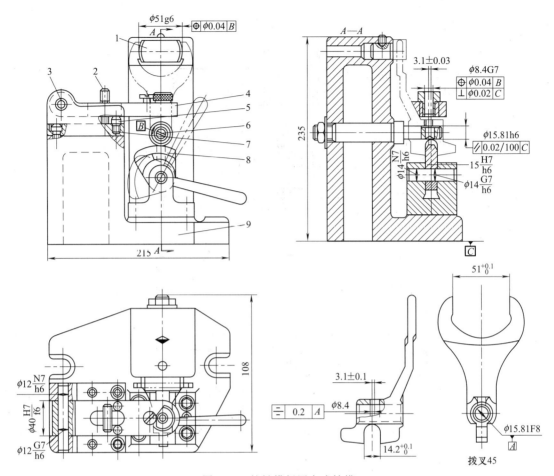

图 5-66 铰链模板固定式钻模

1—扁销；2—紧定螺钉；3—销轴；4—钻模板；5—支承钉；6—定位轴；7—模板座；8—偏心轮；9—夹具体

$\phi 51g6$、扁销轴线的位置度等。

影响安装误差的技术要求有：定位轴轴线与安装基面 C 的平行度。

影响导向误差的技术要求有：钻套中心线与夹紧偏心轮对称面的距离尺寸（3.1±0.03）mm，夹紧偏心轮与底座的配合公差 15H7/h6，钻套中心与基准 B 的位置度；另外对于铰链钻模板夹具，铰链钻模板与铰链座的配合精度 $\phi 12G7/h6$ 和 $\phi 40H7/f6$ 也影响导向误差。

此外，还应标注出一些其他装配尺寸，请读者自行分析。

第四节 典型套筒类零件加工工艺分析

一、套筒类零件的结构特点及工艺分析

套筒类零件的加工工艺根据其功用、结构形状、材料和热处理以及尺寸大小的不同而异。就其结构形状来划分，大体可以分为短套筒和长套筒两大类。它们在加工中，其装夹方法和加工方法都有很大的差别，以下分别予以介绍。

(一) 轴承套加工工艺分析

加工如图 5-67 所示的轴承套，材料为 ZQSn6-6-3，每批数量为 200 件。

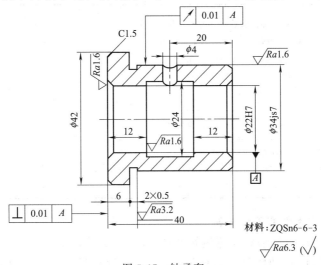

图 5-67 轴承套

1. 轴承套的技术条件和工艺分析

该轴承套属于短套筒，材料为锡青铜。其主要技术要求为：φ34js7 外圆对 φ22H7 孔的径向圆跳动公差为 0.01mm；左端面对 φ22H7 孔轴线的垂直度公差为 0.01mm。轴承套外圆为 IT7 级精度，采用精车可以满足要求；内孔精度也为 IT7 级，采用铰孔可以满足要求。内孔的加工顺序为：钻孔-车孔-铰孔。

由于外圆对内孔的径向圆跳动要求在 0.01mm 内，用软卡爪装夹无法保证。因此精车外圆时应以内孔为定位基准，使轴承套在小锥度心轴上定位，用两顶尖装夹。这样可使加工基准和测量基准一致，容易达到图纸要求。

车铰内孔时，应与端面在一次装夹中加工出，以保证端面与内孔轴线的垂直度在 0.01mm 以内。

2. 轴承套的加工工艺

表 5-2 为轴承套的加工工艺过程。粗车外圆时，可采取同时加工五件的方法来提高生产率。

(二) 液压缸加工工艺分析

液压缸为典型的长套筒零件，与短套筒零件的加工方法和工件安装方式都有较大的差别。

表 5-2 轴承套加工工艺过程

序号	工序名称	工 序 内 容	定位与夹紧
1	备料	棒料，按 5 件合一加工下料	
2	钻中心孔	(1) 车端面，钻中心孔 (2) 调头车另一端面，钻中心孔	三爪夹外圆
3	粗车	车外圆 φ42 长度为 6.5mm，车外圆 φ34js7 为 φ35mm，车空刀槽 2× 0.5mm，取总长 40.5mm，车分割槽 φ20×3mm，两端倒角 1.5×45°，5 件同加工，尺寸均相同	中心孔
4	钻	钻孔 φ22H7 至 φ22mm 成单件	软爪夹 φ42mm 外圆

续表

序号	工序名称	工序内容	定位与夹紧
5	车、铰	(1) 车端面,取总长 40mm 至尺寸 (2) 车内孔 φ22H7 为 $\phi 22_{-0.08}^{0}$ mm (3) 车内槽 φ24mm×16mm 至尺寸 (4) 铰孔 φ22H7 至尺寸 (5) 孔两端倒角	软爪夹 φ42mm 外圆
6	精车	车 φ34js7(±0.012)mm 至尺寸	φ22H7 孔心轴
7	钻	钻径向油孔 φ4mm	φ34mm 外圆及端面
8	检查		

1. 液压缸的技术条件和工艺分析

液压缸的材料一般有铸铁和无缝钢管两种。图 5-68 所示为采用无缝钢管材料的液压缸。为保证活塞在液压缸内移动顺利,对该液压缸内孔有圆柱度要求,对内孔轴线有直线度要求,内孔轴线与两端面间有垂直度要求,内孔轴线对两端支承外圆(φ82h6)的轴线有同轴度要求。除此之外还特别要求:内孔必须光洁无纵向刻痕;若为铸铁材料时,则要求其组织紧密,不得有砂眼、针孔及疏松。

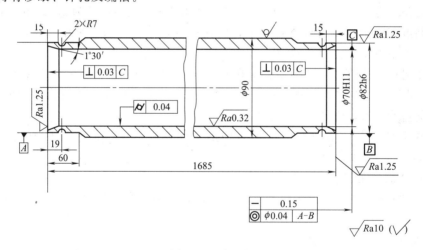

图 5-68 液压缸

2. 液压缸的加工工艺

表 5-3 为液压缸的加工工艺过程。

二、套筒类零件加工中的主要工艺问题

一般套筒类零件在机械加工中的主要工艺问题是保证内外圆的相互位置精度(即保证内外圆表面的同轴度以及轴线与端面的垂直度要求)和防止变形。

1. 保证相互位置精度

要保证内外圆表面间的同轴度以及轴线与端面的垂直度要求,通常可采用下列三种工艺方案。

表 5-3 液压缸加工工艺过程

序号	工序名称	工 序 内 容	定位与夹紧
1	配料	无缝钢管切断	
2	车	(1)车 $\phi 82$mm 外圆到 $\phi 88$mm 及 (M88×1.5)mm 螺纹(工艺用)	三爪卡盘夹一端,大头顶尖顶另一端
		(2)车端面及倒角	三爪卡盘夹一端,搭中心架托 $\phi 88$mm 处
		(3)调头车 $\phi 82$mm 外圆到 $\phi 84$mm	三爪卡盘夹一端,大头顶尖顶另一端
		(4)车端面及倒角,取总长 1686mm(留加工余量 1mm)	三爪卡盘夹一端,搭中心架托 $\phi 88$mm 处
3	深孔推镗	(1)半精推镗孔到 $\phi 68$mm	一端用(M88×1.5)mm 螺纹固定在夹具中,另一端搭中心架
		(2)精推镗孔到 $\phi 69.85$mm	
		(3)精铰(浮动镗刀镗孔)到 $(\phi 70 \pm 0.02)$mm,表面粗糙度值 Ra 为 $2.5 \mu m$	
4	滚压孔	用滚压头滚压孔至 $\phi 70^{+0.20}_{0}$mm,表面粗糙度值 R_a 为 $0.32 \mu m$	一端用螺纹固定在夹具中,另一端搭中心架
5	车	(1)车去工艺螺纹,车 $\phi 82$h6 到尺寸,割 $R7$ 槽	软爪夹一端,以孔定位顶另一端
		(2)镗内锥孔 $1°30'$ 及车端面	软爪夹一端,中心架托另一端(百分表找正孔)
		(3)调头,车 $\phi 82$h6 到尺寸,割 $R7$ 槽	软爪夹一端,顶另一端
		(4)镗内锥孔 $1°30'$ 及车端面	软爪夹一端,顶另一端

① 在一次安装中加工内外圆表面与端面。这种工艺方案由于消除了安装误差对加工精度的影响,因而能保证较高的相互位置精度。在这种情况下,影响零件内外圆表面间的同轴度和孔轴线与端面的垂直度的主要因素是机床精度。该工艺方案一般用于零件结构允许在一次安装中加工出全部有位置精度要求的表面的场合。为了便于装夹工件,其毛坯往往采用多件组合的棒料,一般安排在自动车床或转塔车床等工序较集中的机床上加工。图 5-69 所示的衬套零件就是采用这一方案的典型零件。其加工工艺过程参见表 5-4 和图 5-70。

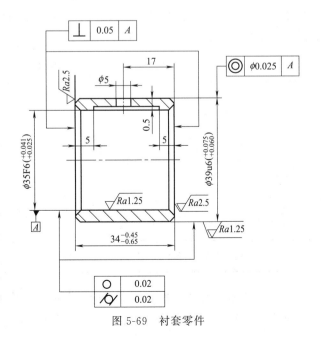

图 5-69 衬套零件

表 5-4 棒料毛坯的机械加工工艺过程

序号	工序内容	定位基准
1	加工端面、粗加工外圆表面,半精加工孔,半精加工或精加工外圆、精加工孔、倒角、切断(见图 5-70)	外圆表面、端面(定位用)
2	加工另一端面、倒角	外圆表面
3	钻润滑油孔	外圆表面
4	加工油槽 精加工外圆表面(如要求不高的衬套,该工序可由工序 1 中的精车代替)	外圆表面

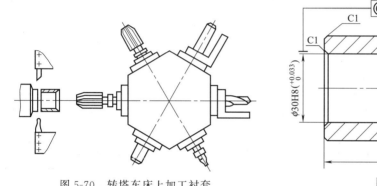

图 5-70 转塔车床上加工衬套

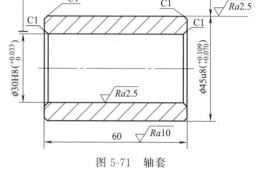

图 5-71 轴套

② 全部加工分在几次安装中进行,先加工孔,然后以孔为定位基准加工外圆表面。用这种方法加工套筒,由于孔精加工常采用拉孔、滚压孔等工艺方案,生产效率较高,同时可以解决镗孔和磨孔时因镗杆、砂轮杆刚性差而引起加工误差的问题。当以孔为基准加工套筒的外圆时,常用刚度较好的小锥度心轴安装工件。小锥度心轴结构简单,易于制造,心轴用两顶尖安装,其安装误差很小,因此可获得较高的位置精度。图 5-71 所示的轴套即可采用这一方案加工,其加工工艺过程见表 5-5。

表 5-5 单件毛坯轴套的机械加工工艺过程

序号	工序内容	定位基准
1	粗加工端面、钻孔、倒角	外 圆
2	粗加工外圆及另一端、倒角	孔(用梅花顶尖和活络顶尖)
3	半精加工孔(扩孔或镗孔)、精加工端面	外 圆
4	精加工孔(拉孔或压孔)	孔及端面
5	精加工外圆及端面	内 孔

③ 全部加工分在几次安装中进行,先加工外圆,然后以外圆表面为定位基准加工内孔。这种工艺方案,如用一般三爪自定心卡盘夹紧工件,则因卡盘的偏心误差较大会降低工件的

同轴度。故需采用定心精度较高的夹具,以保证工件获得较高的同轴度。较长的套筒一般多采用这种加工方案。

2. 防止变形的方法

薄壁套筒在加工过程中,往往由于夹紧力、切削力和切削热的影响而引起变形,致使加工精度降低。需要热处理的薄壁套筒,如果热处理工序安排不当,也会造成不可校正的变形。防止薄壁套筒的变形,可以采取以下措施。

(1) 减小夹紧力对变形的影响

① 夹紧力不宜集中于工件的某一部分,应使其分布在较大的面积上,以使工件单位面积上所受的压力较小,从而减少其变形。例如工件外圆用卡盘夹紧时,可以采用软卡爪,来增加卡爪的宽度和长度,如图 5-72 所示。同时软卡爪应采取自镗的工艺措施,以减少安装误差,提高加工精度。图 5-73 是用开缝套筒装夹薄壁工件,由于开缝套筒与工件接触面大,夹紧力均匀分布在工件外圆上,不易产生变形。当薄壁套筒以孔为定位基准时,宜采用胀开式心轴。

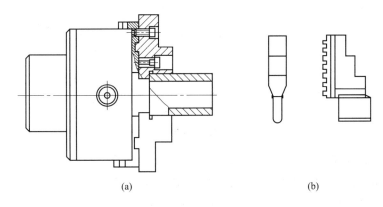

图 5-72 用软卡爪装夹工件

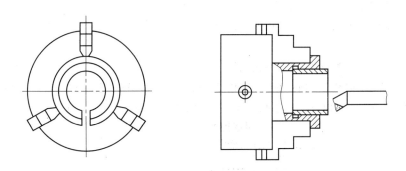

图 5-73 用开缝套筒装夹薄壁工件

② 采用轴向夹紧工件的夹具。如图 5-74 所示,由于工件靠螺母端面沿轴向夹紧,故其夹紧力产生的径向变形极小。

③ 在工件上做出加强刚性的辅助凸边,加工时采用特殊结构的卡爪夹紧,如图 5-75 所示。当加工结束时,将凸边切去。

(2) 减少切削力对变形的影响 常用的方法有下列几种。

① 减小径向力,通常可借助增大刀具的主偏角来达到。

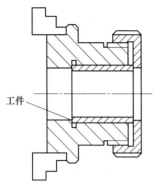
图 5-74 轴向夹紧工件

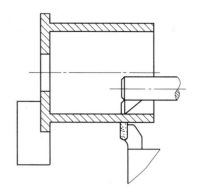
图 5-75 辅助凸边的作用

② 内外表面同时加工，使径向切削力相互抵消，见图 5-75 所示。

③ 粗、精加工分开进行，使粗加工时产生的变形能在精加工中得到纠正。

（3）减少热变形引起的误差　工件在加工过程中受切削热后要膨胀变形，从而影响工件的加工精度。为了减少热变形对加工精度的影响，应在粗、精加工之间留有充分冷却的时间，并在加工时注入足够的切削液。

热处理对套筒变形的影响也很大，除了改进热处理方法外，在安排热处理工序时，应安排在精加工之前进行，以使热处理产生的变形在以后的工序中得到纠正。

习　题

1. 孔加工的常用方法有哪些？其中哪些方法属粗加工？哪些方法属精加工或精密加工？
2. 钻孔、扩孔和铰孔可在哪些机床上进行？在什么情况下的孔常采用钻、扩、铰的方法加工？
3. 用工件旋转和用刀具旋转对孔进行加工，对孔的加工精度的影响有何不同？
4. 为保证套筒零件内、外圆的同轴度，可采用哪些工艺措施？
5. 采取哪些工艺措施可防止薄壁零件加工时产生的受力变形？
6. 珩磨时，珩磨头与机床为何采用浮动连接？珩磨加工能修正哪些加工误差？不能修正哪些加工误差？
7. 试述钻夹具的主要类型及各类型的适用场合。
8. 指出钻、扩、铰时钻套导向孔的公差带代号，钻套和工件之间的排屑间隙一般采用多大？
9. 试编制题 5-9 图工件的加工工艺过程，设计一用于钻、铰的钻夹具，并计算定位误差。

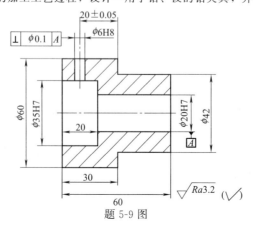
题 5-9 图

10. 标注题 5-10 图所示钻夹具简图中影响加工精度的尺寸及公差。

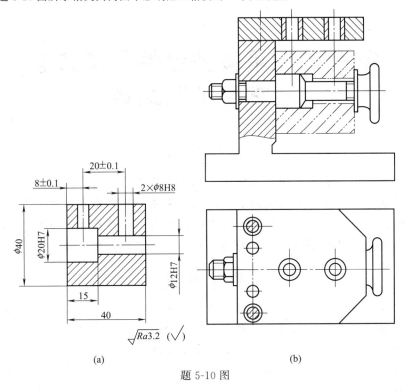

题 5-10 图

第六章　箱体类零件加工工艺及常用工艺装备

主要内容

选择平表面加工方法和常用工艺装备是机械加工工艺中的重要内容之一，本章即通过介绍典型的箱体类零件阐明上述内容。因此本章主要内容是常用平面加工方法及平面精密加工方法；常用铣削刀具的结构和选用；铣床夹具的结构及设计要点；孔系加工的方法；镗夹具设计要点；箱体类零件的结构和加工工艺特点分析。

教学目标

了解平面各种常用加工方法；了解平面精密加工的原理；熟悉各种平面常用加工方法能达到的经济精度和经济粗糙度；熟悉各类平面精密加工方法能改善精度的范围；了解常用铣削刀具的结构；了解铣夹具的类型及适用场合；熟悉铣夹具的结构；掌握联动夹紧机构的应用；熟悉孔系加工的方法；掌握孔系加工中的坐标法；掌握铣床夹具的设计要点和夹具总图上影响加工精度的三类尺寸的标注方法；掌握对刀块和定向键的选择方法；了解镗套的类型及选择原则；了解镗套的布置形式；了解箱体类零件的结构特点和加工工艺特点；具有正确选择平面加工方案的能力；具有正确选择铣削刀具的能力；具有设计铣夹具的初步能力。

第一节　概　　述

一、箱体类零件的功用及结构特点

箱体类是机器或部件的基础零件，它将机器或部件中的轴、套、齿轮等有关零件组装成一个整体，使它们之间保持正确的相互位置，并按照一定的传动关系协调地传递运动或动力。因此，箱体的加工质量将直接影响机器或部件的精度、性能和寿命。

常见的箱体类零件有机床主轴箱、机床进给箱、变速箱体、减速箱体、发动机缸体和机座等。根据箱体类零件的结构形式不同，可分为整体式箱体［如图 6-1（a）、（b）、（d）所示］和分离式箱体［如图 6-1（c）所示］两大类。前者是整体铸造、整体加工，加工较困难，但装配精度高；后者可分别制造，便于加工和装配，但增加了装配工作量。

箱体的结构形式虽然多种多样，但仍有共同的主要特点：形状复杂，壁薄且不均匀，内部呈腔形，加工部位多，加工难度大，既有精度要求较高的孔系和平面，也有许多精度要求较低的紧固孔。因此，一般中型机床制造厂用于箱体类零件的机械加工劳动量占整个产品加工量的 15%～20%。

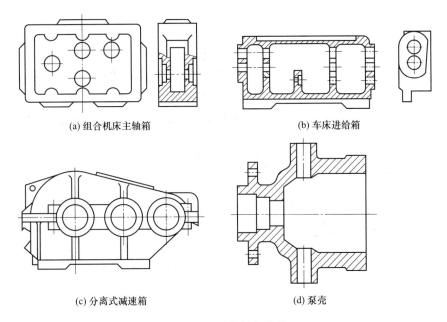

(a) 组合机床主轴箱　　(b) 车床进给箱

(c) 分离式减速箱　　(d) 泵壳

图 6-1　几种箱体的结构

二、箱体类零件的主要技术要求、材料和毛坯

（一）箱体类零件的主要技术要求

箱体类零件中以机床主轴箱的精度要求最高。以某车床主轴箱（如图 6-2 所示）为例，箱体类零件的技术要求主要可归纳如下。

1. 主要平面的形状精度和表面粗糙度

箱体的主要平面是装配基准，并且往往是加工时的定位基准，所以，应有较高的平面度和较小的表面粗糙度值，否则，直接影响箱体加工时的定位精度，影响箱体与机座总装时的接触刚度和相互位置精度。

一般箱体主要平面的平面度在 0.1～0.03mm，表面粗糙度 $Ra2.5\sim0.63\mu m$，各主要平面对装配基准面垂直度为 0.1/300。

2. 孔的尺寸精度、几何形状精度和表面粗糙度

箱体上的轴承支承孔本身的尺寸精度、形状精度和表面粗糙度都要求较高，否则，将影响轴承与箱体孔的配合精度，使轴的回转精度下降，也易使传动件（如齿轮）产生振动和噪声。一般机床主轴箱的主轴支承孔的尺寸精度为 IT6，圆度、圆柱度公差不超过孔径公差的一半，表面粗糙度值为 $Ra0.63\sim0.32\mu m$。其余支承孔尺寸精度为 IT7～IT6，表面粗糙度值为 $Ra2.5\sim0.63\mu m$。

3. 主要孔和平面相互位置精度

同一轴线的孔应有一定的同轴度要求，各支承孔之间也应有一定的孔距尺寸精度及平行度要求，否则，不仅装配有困难，而且使轴的运转情况恶化，温度升高，轴承磨损加剧，齿轮啮合精度下降，引起振动和噪声，影响齿轮寿命。支承孔之间的孔距公差为 0.12～0.05mm，平行度公差应小于孔距公差，一般在全长取 0.1～0.04mm。同一轴线上孔的同轴度公差一般为 0.04～0.01mm。支承孔与主要平面的平行度公差为 0.1～0.05mm。主平面间及主要平面对支承孔之间垂直度公差为 0.1～0.04mm。

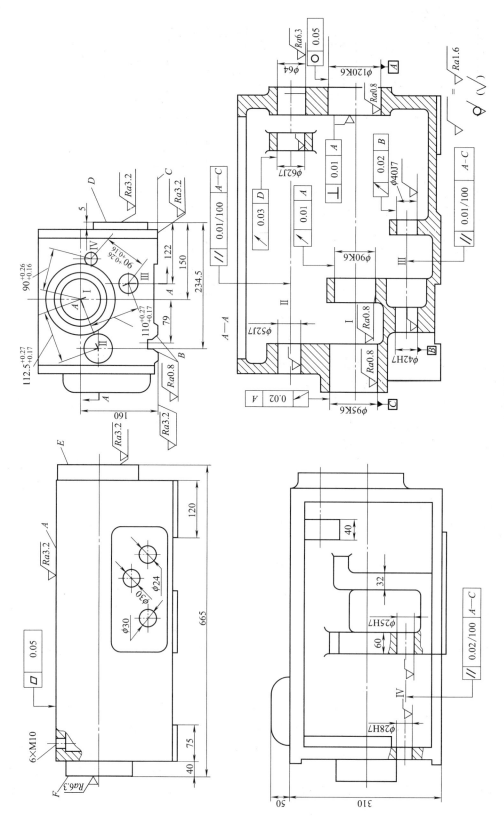

图 6-2 车床主轴箱

(二) 箱体的材料及毛坯

箱体材料一般选用 HT200～HT400 的各种牌号的灰铸铁，而最常用的为 HT200。灰铸铁不仅成本低，而且具有较好的耐磨性、可铸性、可切削性和阻尼特性。单件生产或某些简易机床的箱体，为了缩短生产周期和降低成本，可采用钢材焊接结构。此外，精度要求较高的坐标镗床主轴箱则选用耐磨铸铁，负荷大的主轴箱也可采用铸钢件。

毛坯的加工余量与生产批量、毛坯尺寸、结构、精度和铸造方法等因素有关。有关数据可查有关资料及根据具体情况决定。

毛坯铸造时，应防止砂眼和气孔的产生。为了减少毛坯制造时产生残余应力，应使箱体壁厚尽量均匀，箱体浇注后应安排时效或退火工序。

第二节 平面加工方法和平面加工方案

平面加工方法有刨、铣、拉、磨等，刨削和铣削常用作平面的粗加工和半精加工，而磨削则用作平面的精加工。此外还有刮研、研磨、超精加工、抛光等光整加工方法。采用哪种加工方法较合理，需根据零件的形状、尺寸、材料、技术要求、生产类型及工厂现有设备来决定。

一、刨削

刨削是单件小批量生产的平面加工最常用的加工方法，加工精度一般可达 IT9～IT7 级，表面粗糙度值为 $Ra12.5～1.6\mu m$。刨削可以在牛头刨床或龙门刨床上进行，如图 6-3 所示。刨削的主运动是变速往复直线运动。因为在变速时有惯性，限制了切削速度的提高，并且在回程时不切削，所以刨削加工生产效率低。但刨削所需的机床、刀具结构简单，制造安装方便，调整容易，通用性强。因此在单件、小批生产中特别是加工狭长平面时被广泛应用。

当前，普遍采用宽刃刀精刨代替刮研，能取得良好的效果。采用宽刃刀精刨，切削速度较低（2～5m/min），加工余量小（预刨余量 0.08～0.12mm，终刨余量 0.03～0.05mm），工件发热变形小，可获得较小的表面粗糙度值（$Ra0.8～0.25\mu m$）和较高的加工精度（直线度为 0.02/1000），且生产率也较高。图 6-4 为宽刃精刨刀，前角为 $-10°～-15°$，有挤光作用；后角为 $5°$，可增加后面支承，防止振动；刃倾角为 $3°～5°$。加工时用煤油作切削液。

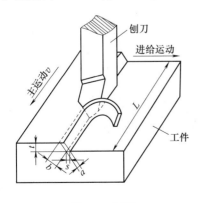

图 6-3 刨削

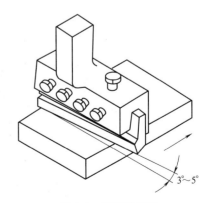

图 6-4 宽刃精刨刀

二、铣削

铣削是平面加工中应用最普遍的一种方法,利用各种铣床、铣刀和附件,可以铣削平面、沟槽、弧形面、螺旋槽、齿轮、凸轮和特形面,如图 6-5 所示。一般经粗铣、精铣后,尺寸精度可达 IT9~IT7,表面粗糙度可达 $Ra12.5 \sim 0.63 \mu m$。

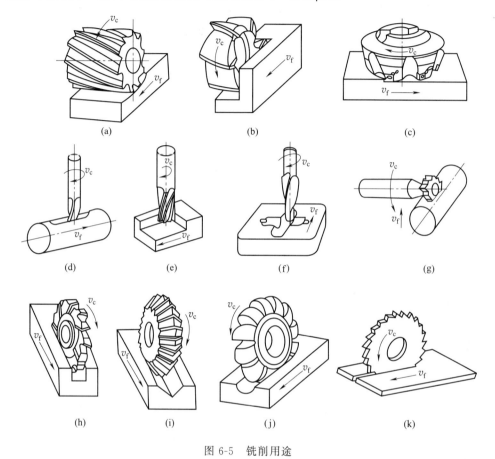

图 6-5 铣削用途

铣削的主运动是铣刀的旋转运动,进给运动是工件的直线运动。图 6-6 为圆柱铣刀和面铣刀的铣削运动。

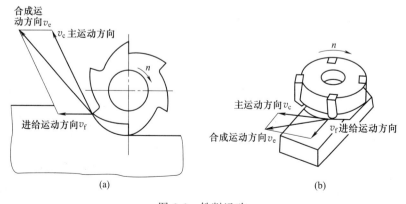

图 6-6 铣削运动

（一）铣削的工艺特征及应用范围

铣刀由多个刀齿组成，各刀齿依次切削，没有空行程，而且铣刀高速回转，因此与刨削相比，铣削生产率高，在中批以上生产中多用铣削加工平面。

当加工尺寸较大的平面时，可在龙门铣床上，用几把铣刀同时加工各有关平面，这样，既可保证平面之间的相互位置精度，也可获得较高的生产率。铣削工艺特点如下。

1. 生产效率高但不稳定

由于铣削属于多刃切削，且可选用较大的切削速度，所以铣削效率较高。但由于各种原因易导致刀齿负荷不均匀，磨损不一致，从而引起机床的振动，造成切削不稳，直接影响工件的表面粗糙度。

2. 断续切削

铣刀刀齿切入或切出时产生冲击，一方面使刀具的寿命下降，另一方面引起周期性的冲击和振动。但由于刀齿间断切削，工作时间短，在空气中冷却时间长，故散热条件好，有利于提高铣刀的耐用度。

3. 半封闭切削

由于铣刀是多齿刀具，刀齿之间的空间有限，若切屑不能顺利排出或没有足够的容屑槽，则会影响铣削质量或造成铣刀的破损，所以选择铣刀时要把容屑槽当做一个重要因素考虑。

（二）铣削用量四要素

如图 6-7 所示，铣削用量四要素如下。

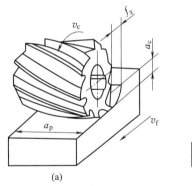 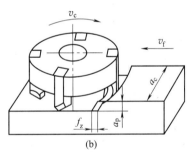

图 6-7　铣削用量

(1) 铣削速度　铣刀旋转时的切削速度。

$$v_c = \pi d_0 n / 1000$$

式中　v_c——铣削速度，m/min；

　　　d_0——铣刀直径，mm；

　　　n——铣刀转速，r/min。

(2) 进给量　指工件相对铣刀移动的距离，分别用三种方法表示：f，f_z，v_f。

① 每转进给量 f　指铣刀每转动一周，工件与铣刀的相对位移量，单位为 mm/r。

② 每齿进给量 f_z　指铣刀每转过一个刀齿，工件与铣刀沿进给方向的相对位移量，单位为 mm/z。

③ 进给速度 v_f　指单位时间内工件与铣刀沿进给方向的相对位移量，单位为 mm/min。通常情况下，铣床加工时的进给量均指进给速度 v_f。

三者之间的关系为：
$$v_f = f \times n = f_z \times z \times n$$

式中 z——铣刀齿数；

n——铣刀转数，r/min。

(3) 铣削深度 a_p 指平行于铣刀轴线方向测量的切削层尺寸。

(4) 铣削宽度 a_e 指垂直于铣刀轴线并垂直于进给方向度量的切削层尺寸。

(三) 铣削方式及其合理选用

1. 铣削方式的选用

铣削方式是指铣削时铣刀相对于工件的运动关系。

(1) 周铣法（圆周铣削方式） 周铣法铣削工件时有两种方式，即逆铣与顺铣。铣削时若铣刀旋转切入工件的切削速度方向与工件的进给方向相反称为逆铣，反之则称为顺铣。

① 逆铣 如图 6-8 (a) 所示，切削厚度从零开始逐渐增大，当实际前角出现负值时，刀齿在加工表面上挤压、滑行，不能切除切屑，既增大了后刀面的磨损，又使工件表面产生较严重的冷硬层。当下一个刀齿切入时，又在冷硬层表面上挤压、滑行，更加剧了铣刀的磨损，同时工件加工后的表面粗糙度值也较大。逆铣时，铣刀作用于工件上的纵向分力 F_f，总是与工作台的进给方向相反，使得工作台丝杠与螺母之间没有间隙，始终保持良好的接触，从而使进给运动平稳；但是，垂直分力 F_{fN} 的方向和大小是变化的，并且当切削齿切离工件时，F_{fN} 向上，有挑起工件的趋势，引起工作台的振动，影响工件表面的粗糙度。

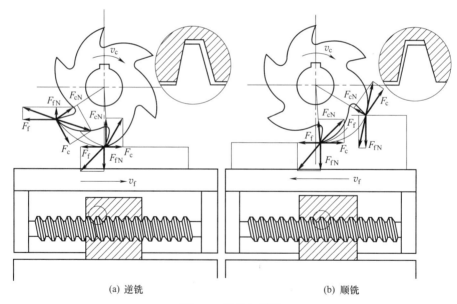

图 6-8 逆铣与顺铣

② 顺铣 如图 6-8 (b) 所示，刀齿的切削厚度从最大开始，避免了挤压、滑行现象；并且垂直分力 F_{fN} 始终压向工作台，从而使切削平稳，提高铣刀耐用度和加工表面质量；但纵向分力 F_f 与进给运动方向相同，若铣床工作台丝杠与螺母之间有间隙，则会造成工作台窜动，使铣削进给量不匀，严重时会打刀。因此，若铣床进给机构中没有丝杠和螺母消除间隙机构，则不能采用顺铣。

(2) 端铣削方式 端铣有对称端铣、不对称逆铣和不对称顺铣三种方式。

① 对称铣削 如图 6-9 (a) 所示，铣刀轴线始终位于工件的对称面内，它切入、切出

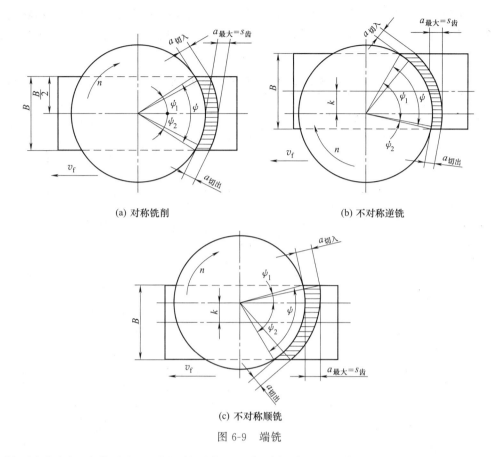

图 6-9 端铣

时切削厚度相同,有较大的平均切削厚度。一般端铣多用此种铣削方式,尤其适用于铣削淬硬钢。

② 不对称逆铣 如图 6-9(b)所示,铣刀偏置于工件对称面的一侧,它切入时切削厚度最小,切出时切削厚度最大。这种加工方法,切入冲击较小,切削力变化小,切削过程平稳,适用于铣削普通碳钢和高强度低合金钢,并且加工表面粗糙度值小,刀具耐用度较高。

③ 不对称顺铣 如图 6-9(c)所示,铣刀偏置于工件对称面的一侧,它切出时切削厚度最小,这种铣削方法适用于加工不锈钢等中等强度和高塑性的材料。

2. 铣削用量的选择

铣削用量的选择原则是:在保证加工质量的前提下,充分发挥机床工作效能和刀具切削性能。在工艺系统刚性所允许的条件下,首先应尽可能选择较大的铣削深度 a_p 和铣削宽度 a_c;其次选择较大的每齿进给量 f_z;最后根据所选定的耐用度计算铣削速度 v_c。

(1) 铣削深度 a_p 和铣削宽度 a_c 的选择 对于端铣刀,选择吃刀量的原则是:当加工余量≤8mm,且工艺系统刚度大,机床功率足够时,留出半精铣余量 0.5~2mm 以后,应尽可能一次去除多余余量;当余量>8mm 时,可分两次或多次走刀。铣削宽度和端铣刀直径应保持以下关系:

$$d_0 = (1.1 \sim 1.6) a_c \text{ (mm)}$$

对于圆柱铣刀,铣削深度 a_p 应小于铣刀长度,铣削宽度 a_c 的选择原则与端铣刀铣削深度的选择原则相同。

(2) 进给量的选择　每齿进给量 f_z 是衡量铣削加工效率水平的重要指标。粗铣时 f_z 主要受切削力的限制；半精铣和精铣时，f_z 主要受表面粗糙度限制。表 6-1 为每齿进给量 f_z 的推荐值。

表 6-1　每齿进给量 f_z 的推荐值　　　　　　　　　　　　　mm/z

工件材料	工件硬度 HBS	硬质合金		高速钢			
		面铣刀	三面刃铣刀	圆柱铣刀	立铣刀	面铣刀	三面刃铣刀
低碳钢	<150 150～200	0.20～0.40 0.20～0.35	0.15～0.30 0.12～0.25	0.12～0.20 0.12～0.20	0.04～0.20 0.03～0.18	0.15～0.30 0.15～0.30	0.12～0.20 0.10～0.15
中、高碳钢	120～180 180～220 220～300	0.15～0.50 0.15～0.40 0.12～0.25	0.15～0.30 0.12～0.25 0.07～0.20	0.12～0.20 0.12～0.20 0.07～0.15	0.05～0.20 0.04～0.20 0.03～0.15	0.15～0.30 0.10～0.25 0.10～0.20	0.12～0.20 0.07～0.15 0.05～0.12
灰铸铁	150～180 180～220 220～300	0.20～0.50 0.20～0.40 0.15～0.30	0.12～0.30 0.12～0.25 0.10～0.20	0.20～0.30 0.15～0.25 0.10～0.20	0.07～0.18 0.05～0.15 0.03～0.10	0.20～0.35 0.15～0.30 0.10～0.15	0.15～0.25 0.12～0.20 0.07～0.12
可锻铸铁	110～160 160～200 200～240 240～280	0.20～0.50 0.20～0.40 0.15～0.30 0.10～0.30	0.20～0.35 0.15～0.30 0.12～0.25 0.10～0.15	0.08～0.25 0.07～0.20 0.05～0.15 0.10～0.20	0.20～0.40 0.15～0.35 0.10～0.20 0.02～0.08	0.15～0.25 0.10～0.20 0.07～0.12	
含碳量 <0.3% 的合金钢	125～170 170～220 220～280 280～300	0.15～0.50 0.15～0.40 0.10～0.30 0.08～0.20	0.12～0.30 0.12～0.25 0.08～0.20 0.05～0.15	0.12～0.20 0.10～0.20 0.07～0.12 0.05～0.10	0.05～0.20 0.05～0.10 0.03～0.08 0.025～0.05	0.15～0.30 0.15～0.25 0.12～0.20 0.07～0.12	0.07～0.15 0.07～0.15 0.07～0.12 0.05～0.10
含碳量 >0.3% 的合金钢	170～220 220～280 280～320 320～380	0.125～0.40 0.10～0.30 0.08～0.20 0.06～0.15	0.12～0.30 0.08～0.25 0.05～0.15 0.05～0.12	0.12～0.20 0.07～0.15 0.05～0.12	0.12～0.20 0.07～0.15 0.15～0.12	0.15～0.25 0.10～0.20 0.07～0.12 0.05～0.10	0.07～0.15 0.07～0.15 0.07～0.12
工具钢	退火状态 36HRC 46HRC 56HRC	0.15～0.50 0.12～0.25 0.08～0.15 0.07～0.10	0.12～0.30 0.08～0.15 0.06～0.12 0.05～0.10	0.07～0.20 0.05～0.10	0.05～0.10 0.03～0.08	0.12～0.30 0.07～0.12	0.07～0.15 0.05～0.10
铝镁合金	95～100	0.15～0.38	0.125～0.30	0.15～0.20	0.05～0.15	0.20～0.30	0.07～0.20

注：表中小值用于精铣，大值用于粗铣。

(3) 铣削速度 v_c 的确定　铣削速度的确定可查铣削用量手册，如《机械加工工艺手册》第 1 卷等。

3. 铣刀的选择

铣刀直径通常据铣削用量选择，一些常用铣刀的选择方法见表 6-2、表 6-3。

表 6-2　圆柱、端铣刀直径的选择（参考）　　　　　　　/mm

名　称	高速钢圆柱铣刀			硬质合金端铣刀					
铣削深度 a_p	≤5	约8	约10	≤4	约5	约6	约7	约8	约10
铣削宽度 a_c	≤70	约90	约100	≤60	约90	约120	约180	约260	约350
铣刀直径 d_0	≤80	80～100	100～125	≤80	100～125	160～200	200～250	320～400	400～500

注：如 a_p、a_c 不能同时与表中数值统一，而选择铣刀又较大时，主要应根据 a_p（圆柱铣刀）或 a_c（端铣刀）选择铣刀直径。

表 6-3　盘形、锯片铣刀直径的选择　　　　　　　　　　　　　/mm

切削深度 a_p	≤8	约15	约20	约30	约45	约60	约80
铣刀直径 d_0	63	80	100	125	160	200	250

三、磨削

平面磨削与其他表面磨削一样，具有切削速度高、进给量小、尺寸精度易于控制及能获得较小的表面粗糙度值等特点，加工精度一般可达 IT7～IT5 级，表面粗糙度值可达 $Ra1.6～0.2\mu m$。平面磨削的加工质量比刨和铣都高，而且还可以加工淬硬零件，因而多用于零件的半精加工和精加工。生产批量较大时，箱体的平面常用磨削来精加工。

在工艺系统刚度较大的平面磨削时，可采用强力磨削，不仅能对高硬度材料和淬火表面进行精加工，而且还能对带硬皮、余量较均匀的毛坯平面进行粗加工。平面磨削可在电磁工作平台上同时安装多个零件，进行连续加工，因此，在精加工中对需保持一定尺寸精度和相互位置精度的中小型零件的表面来说，不仅加工质量高，而且能获得较高的生产率。

平面磨削方式有平磨和端磨两种。

1. 平磨

如图 6-10（a）所示，砂轮的工作面是圆周表面，磨削时砂轮与工件接触面积小，发热小，散热快，排屑与冷却条件好，因此可获得较高的加工精度和表面质量，通常适用于加工精度要求较高的零件。但由于平磨采用间断的横向进给，因而生产率较低。

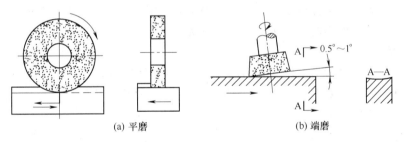

图 6-10　平磨和端磨

2. 端磨

如图 6-10（b）所示，砂轮工作面是端面。磨削时磨头轴伸出长度短，刚性好，磨头又主要承受轴向力，弯曲变形小，因此可采用较大的磨削用量。砂轮与工件接触面积大，同时参加磨削的磨粒多，故生产率高，但散热和冷却条件差，且砂轮端面沿径向各点圆周速度不等而产生磨损不均匀，故磨削精度较低。一般适用于大批生产中精度要求不太高的零件表面加工，或直接对毛坯进行粗磨。为减小砂轮与工件接触面积，将砂轮端面修成内锥面形，或使磨头倾斜一微小的角度，这样可改善散热条件，提高加工效率，磨出的平面中间略成凹形，但由于倾斜角度很小，下凹量极微。

磨削薄片工件时，由于工件刚度较差，工件翘曲变形较为突出。变形的主要原因有以下两个。

① 工件在磨削前已有挠曲度（淬火变形）。当工件在电磁工作台上被吸紧时，在磁力作用下被吸平，但磨削完毕松开后，又恢复原形，如图 6-11（a）所示。针对这种情况，可以减小电磁工作台的吸力，吸力大小只需使工件在磨削时不打滑即可，以减小工件的变形。还可在工件与电磁工作台之间垫入一块很薄的纸或橡皮（0.5mm 以下），工件在电磁工作台上吸紧时变形就能减小，因而可得到平面度较高的平面，如图 6-11（b）所示。

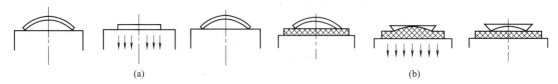

图 6-11 用电磁工作台装夹薄件的情况

② 工件磨削受热产生挠曲。磨削热使工件局部温度升高，上层热下层冷，工件就会突起，如两端被夹住不能自由伸展，工件势必产生翘曲。针对这种情况，可用开槽砂轮进行磨削。由于工件和砂轮间断接触，改善了散热条件，而且工件受热时间缩短，温度升高缓慢。磨削过程中采用充足的冷却液也能收到较好的效果。

四、平面的光整加工

对于尺寸精度和表面粗糙度要求很高的零件，一般都要进行光整加工。平面的光整加工方法很多，一般有研磨、刮研、超精加工、抛光。下面介绍研磨和刮研。

（一）研磨

研磨加工是应用较广的一种光整加工。加工后精度可达 IT5 级，表面粗糙度可达 $Ra0.1\sim0.006\mu m$。既可加工金属材料，也可以加工非金属材料。

研磨加工时，在研具和工件表面间存在分散的细粒度砂粒（磨料和研磨剂），在两者之间施加一定的压力，并使其产生复杂的相对运动，这样经过砂粒的磨削和研磨剂的化学、物理作用，在工件表面上去掉极薄的一层，获得很高的精度和较小的表面粗糙度。

研磨的方法按研磨剂的使用条件分以下三类。

1. 干研磨

研磨时只需在研具表面涂以少量的润滑附加剂，如图 6-12（a）所示。砂粒在研磨过程中基本固定在研具上，它的磨削作用以滑动磨削为主。这种方法生产率不高，但可达到很高的加工精度和较小的表面粗糙度值（Ra 值为 $0.02\sim0.01\mu m$）。

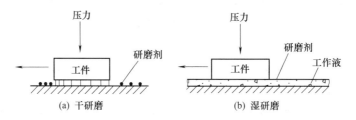

图 6-12 干研磨与湿研磨

2. 湿研磨

在研磨过程中将研磨剂涂在研具上，用分散的砂粒进行研磨。研磨剂中除砂粒外还有煤油、机油、油酸、硬脂酸等物质。在研磨过程中，部分砂粒存在于研具与工件之间，如图 6-12（b）所示。此时砂粒以滚动磨削为主，生产率高，表面粗糙度 Ra 值为 $0.04\sim0.02\mu m$，一般作粗加工用，加工表面一般无光泽。

3. 软磨粒研磨

在研磨过程中，用氧化铬作磨料的研磨剂涂在研具的工作表面，由于磨料比研具和工件软，因此研磨过程中磨料悬浮于工件与研具之间，主要利用研磨剂与工件表面的化学作用，产生很软的一层氧化膜，凸点处的薄膜很容易被磨料磨去。此种方法能得到极细的表面粗糙度（Ra 值为 $0.02\sim0.01\mu m$）。

（二）刮研

刮研平面用于未淬火的工件，它可使两个平面之间达到紧密接触，能获得较高的形状和位置精度，加工精度可达 IT7 级以上，表面粗糙度值 Ra 为 $0.8\sim0.1\mu m$。刮研后的平面能形成具有润滑油膜的滑动面，因此能减少相对运动表面间的磨损和增强零件接合面间的接触刚度。刮研表面质量是用单位面积上接触点的数目来评定的，粗刮为 $1\sim2$ 点/cm^2，半精刮为 $2\sim3$ 点/cm^2，精刮为 $3\sim4$ 点/cm^2。

刮研劳动强度大，生产率低；但刮研所需设备简单，生产准备时间短，刮研力小，发热小，变形小，加工精度和表面质量高。此法常用于单件小批生产及维修工作中。

五、平面加工方案及其选择

表 2-16 为常用平面加工方案。应根据零件的形状、尺寸、材料、技术要求和生产类型等情况正确选择平面加工方案。

第三节 铣削加工常用工艺装备

一、铣削刀具

铣刀的种类很多（大部分已经标准化），按齿背形式可分为尖齿铣刀和铲齿铣刀两大类。尖齿铣刀齿背经铣削而成，后刀面是简单平面，如图 6-13（a）所示，用钝后重磨后刀面即可。该刀具应用很广泛，加工平面及沟槽的铣刀一般都设计成尖齿的。铲齿铣刀与尖齿铣刀的主要区别是有铲制而成的特殊形状的后刀面，如图 6-13（b）所示，用钝后重磨前刀面。经铲制的后刀面可保证铣刀在其使用的全过程中廓形不变。现按铣刀的用途分述如下。

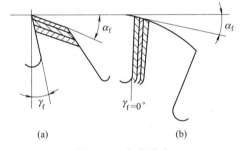

图 6-13 齿背形式

（一）加工平面用铣刀

1. 圆柱形铣刀

圆柱形铣刀一般用于在卧式铣床上用周铣方式加工较窄的平面。图 6-14 为其工作部分的几何角度。为便于制造，其切削刃前角通常规定在法平面内，用 γ_n 表示；为测量和刃磨方便，其后角规定在正交平面内，用 α_o 表示；螺旋角即为其刃倾角 λ_s；其主偏角为 $\kappa_r=90°$。圆柱形铣刀有两种类型：粗齿圆柱形铣刀具有齿数少、刀齿强度高、容屑空间大、重磨次数多等特点，适用于粗加工；细齿圆柱形铣刀齿数多，工作平稳，适于精加工。

2. 面铣刀

高速钢面铣刀一般用于加工中等宽度的平面。标准铣刀直径范围为 $\phi80\sim250mm$。硬质合金面铣刀的切削效率及加工质量均比高速钢铣刀高，故目前广泛使用硬质合金面铣刀加工平面。

图 6-15 所示为整体焊接式面铣刀。该刀结构紧凑，较易制造。但刀齿磨损后整把刀将报废，故已较少使用。

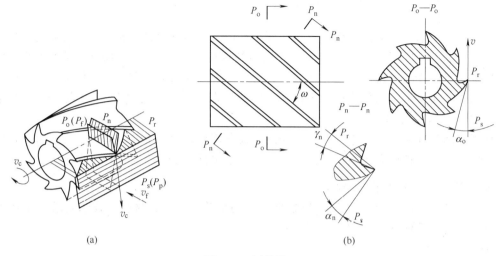

图 6-14 圆柱铣刀

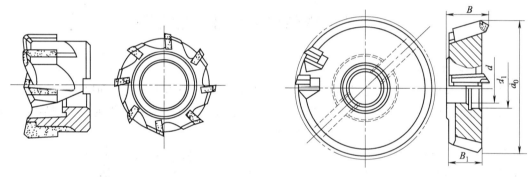

图 6-15 整体焊接式面铣刀　　　　图 6-16 机夹焊接式面铣刀

图 6-16 为机夹焊接式面铣刀。该铣刀是将硬质合金刀片焊接在小刀头上，再采用机械夹固的方法将刀装夹在刀体槽中。刀头报废后可换上新刀头，因此延长了刀体的使用寿命。

图 6-17 为可转位面铣刀。该铣刀将刀片直接装夹在刀体槽中。切削刃用钝后，将刀片

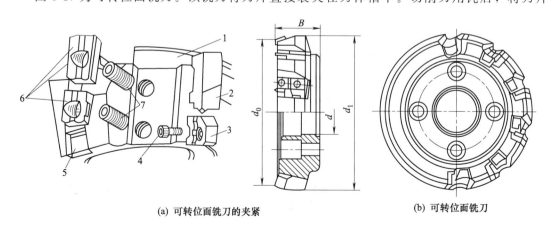

(a) 可转位面铣刀的夹紧　　　(b) 可转位面铣刀

图 6-17 可转位面铣刀

1—刀体；2—轴向支承块；3—刀垫；4—内六角螺钉；5—刀片；6—楔块；7—紧固螺钉

转位或更换刀片即可继续使用。可转位铣刀与可转位车刀一样具有效率高、寿命长、使用方便、加工质量稳定等优点。这种铣刀是目前平面加工中应用最广泛的刀具之一。可转位面铣刀已形成系列标准，可查阅刀具标准等有关资料。

（二）加工沟槽用铣刀

1. 三面刃铣刀

三面刃铣刀除圆周表面具有主切削刃外，两侧面也有副切削刃，从而改善了切削条件，提高了切削效率和减小了表面粗糙度。主要用于加工沟槽和阶台面。三面刃铣刀的刀齿结构可分为直齿、错齿和镶齿三种。

图 6-18（a）所示为直齿三面刃铣刀。该刀易制造、易刃磨。但侧刃前角 $\gamma_o=0°$，切削条件较差。

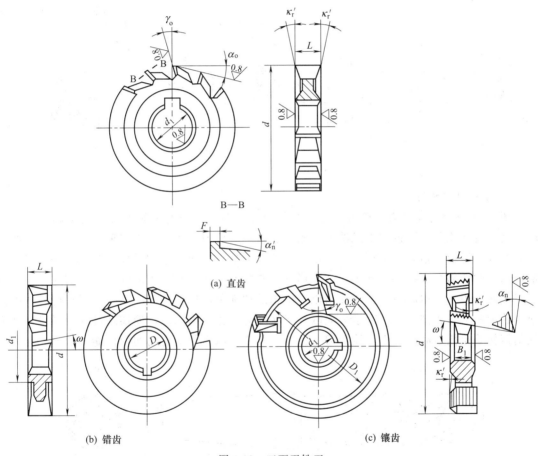

图 6-18　三面刃铣刀

图 6-18（b）为错齿三面刃铣刀。该刀的刀齿交错向左、右倾斜螺旋角 ω。每一刀齿只在一端有副切削刃，并由 ω 角形成副切削刃的正前角，且 ω 角使切削过程平稳，易于排屑，从而改善了切削条件。整体错齿铣刀重磨后会减少其宽度尺寸。

图 6-18（c）为镶齿三面刃铣刀，它可克服整体式三面刃铣刀刃磨后厚度尺寸变小的不足。该刀齿镶嵌在带齿纹的刀体槽中。刀的齿数为 Z，则同向倾斜的齿数 $Z_1=Z/2$，并使同向倾斜的相邻齿槽的齿纹错开 P/Z_1（P 为齿纹的齿距）。铣刀重磨后宽度减小时，可将同向倾斜的刀齿取出并顺次移入相邻的同向齿槽内，调整后的铣刀宽度增加了 P/Z_1，再通过刃

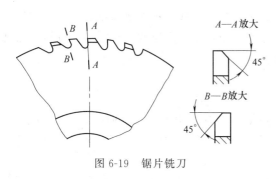

图 6-19 锯片铣刀

磨使之恢复原来的宽度。

2. 锯片铣刀

如图 6-19 是薄片的槽铣刀,用于切削或切断。

3. 立铣刀

立铣刀主要用在立式铣床上加工凹槽、阶台面,也可以利用靠模加工成形表面。如图 6-20 所示,立铣刀圆周上的切削刃是主切削刃,端面上的切削刃是副切削刃,故切削时一般不宜沿铣刀轴线方向进给。为了提高副切削刃的强度,应在端刃前面上磨出棱边。

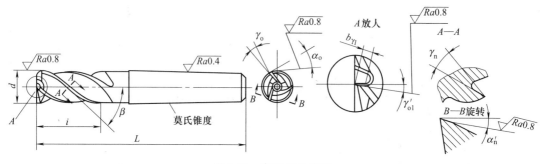

图 6-20 高速钢立铣刀

4. 波形刃立铣刀

图 6-21 所示为波形刃立铣刀。它是在普通高速钢立铣刀的螺旋前刀面的基础上,用专用铣夹具将螺旋前刀面再加工成波浪形螺旋面,它与后刀面相交成波浪形切削刃。相邻两波形刃的峰谷沿轴线错开一定距离,使切削宽度显著减小,而切削刃的实际切削厚度约增大 3 倍,切下的切屑窄而厚,降低了切削变形程度,并使切削刃避开表面硬化层而切入工件。波形刃使切削刃各点刃倾角、工作前角以及承担的切削负荷均不相同。而且波形刃使同一端截面内的齿距也不相同。这些因素大大减轻了切削力变化的周期性,使切削过程较平稳。铣削气割钢板等粗糙表面的工件,波形刃立铣刀尤其能显示出其优良的切削性能。

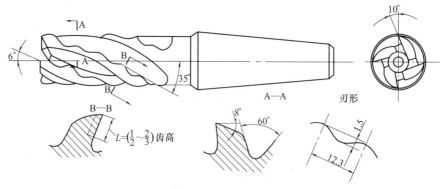

图 6-21 波形刃立铣刀

5. 键槽铣刀

图 6-22 所示为键槽铣刀,用于加工圆头封闭键槽。该铣刀外形似立铣刀,立铣刀有三

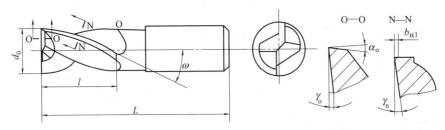

图 6-22 键槽铣刀

个或三个以上的刀齿,而键槽铣刀仅有两个刀齿,端面铣削刃为主切削刃,强度较高;圆周切削刃是副切削刃。按国家标准规定,直柄键槽铣刀直径 $d=2\sim22\text{mm}$,锥柄键槽铣刀直径 $d=14\sim50\text{mm}$。键槽铣刀的精度等级有 e_B 和 d_B 两种,通常分别加工 H9 和 N9 键槽。加工时,键槽铣刀沿刀具轴线作进给运动,故仅在靠近端面部分发生磨损。重磨时只需刃磨端面刃,所以重磨后刀具直径不变,加工精度高。

(三)加工成形面用铣刀

1. 成形铣刀

成形铣刀是根据工件的成形表面形状而设计切削刃廓形的专用成形刀具,有尖齿和铲齿两种类型,如图 6-23 所示。前者与一般尖齿铣刀一样,用钝后重磨刀齿的后刀面,其耐用度和加工表面质量较高,但因后刀面也是成形表面,制造与刃磨都比较困难。后者的齿背(后刀面)是按照一定的曲线铲制的,用钝后则重磨前刀面(平面),比较方便。所以在铣削成形表面时,多采用铲齿成形铣刀。

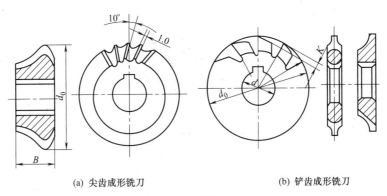

(a) 尖齿成形铣刀　　　　　(b) 铲齿成形铣刀

图 6-23 成形铣刀

设计和使用成形铣刀的关键在于每次重磨后,要求刀齿的切削刃形状不变和具有适当的后角,且要工艺性好,制造、刃磨简单。为了满足这些要求,铲齿成形铣刀常制成侧前角 $\gamma_f=0°$(这时前刀面就在铣刀轴向平面内),且铲齿铣刀的后刀面应是铣刀切削刃在绕其轴线回转的同时,沿其半径方向均匀地趋近铣刀轴线而形成的表面。铲齿成形铣刀的后刀面都采用阿基米德螺旋面,并用 $\gamma_f=0°$ 的平体成形车刀(其刃形与 $\gamma_f=0°$ 铣刀的刃形相同,但凹凸相反),在铲齿车床上进行铲齿得到。

2. 模具铣刀

模具铣刀用于加工模具型腔或凸模成形表面。模具铣刀是由立铣刀演变而成的,如图 6-24 所示。按工作部分外形可分为圆锥形平头、圆柱形球头、圆锥形球头三种。硬质合金模具铣刀用途非常广泛,除可铣削各种模具型腔外,还可代替手用锉刀和砂轮磨头清理铸、

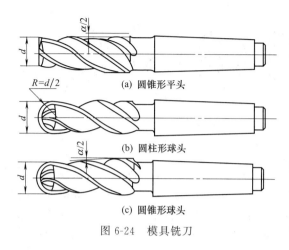

图 6-24 模具铣刀

锻、焊工件的毛边,以及对某些成形表面进行光整加工等。该铣刀可装在风动或电动工具上使用,生产效率和耐用度比砂轮和锉刀提高数十倍。

二、铣床夹具

(一)铣削加工的常用装夹方法

铣削加工是平面、键槽、齿轮以及各种成形面的常用加工方法。在铣床上加工工件时,一般采用以下几种装夹方法。

① 直接装夹在铣床工作台上 大型工件常直接装夹在工作台上,用螺柱、压板压紧,这种方法需用百分表、划针等工具找正加工面和铣刀的相对位置,如图 6-25(a)所示。

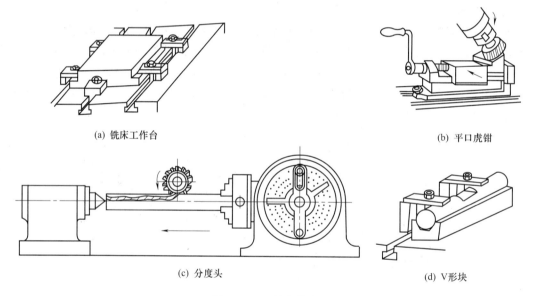

图 6-25 工件的装夹

② 采用机床用平口虎钳装夹工件 对于形状简单的中、小型工件,一般可装夹在机床用平口虎钳中,如图 6-25(b)所示,使用时需保证虎钳在机床中的正确位置。

③ 用分度头装夹工件 如图 6-25(c)所示,对于需要分度的工件,一般可直接装夹在分度头上。另外,不需分度的工件用分度头装夹加工也很方便。

④ 用V形块装夹工件 这种方法一般适用于轴类零件,除了具有较好的对中性以外,还可承受较大的切削力,如图 6-25(d)所示。

⑤ 用专用夹具装夹工件 专用夹具定位准确、夹紧方便,效率高,一般适用于成批、大量生产中。

(二)铣床夹具的主要类型

在铣削加工时,往往把夹具安装在铣床工作台上,工件连同夹具随工作台作进给运动。根据工件的进给方式,一般可将铣床夹具分为下列两种类型。

1. 直线进给式铣床夹具

这类夹具在铣削加工中随铣床工作台作直线进给运动。如图 6-26 所示为双工位直线进给式铣床夹具。夹具 1、2 安装在双工位转台 3 上,当夹具 1 工作时,可以在夹具 2 上装卸工件。夹具 1 上的工件加工完毕,可将工作台 5 退出,然后将工位转台转 180°,这样可以对夹具 2 上的工件进行加工,同时在夹具 1 上装卸工件。

2. 圆周进给式铣床夹具

这类夹具常用于具有回转工作台的铣床上,工件连同夹具随工作台作连续、缓慢的回转进给运动,不需停车就

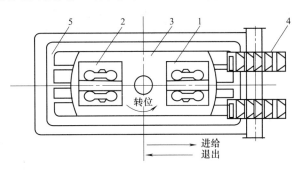

图 6-26 双工位直线进给式铣床夹具
1,2—夹具;3—双工位转台;4—铣刀;5—工作台

可装卸工件。如图 6-27 所示为一圆周进给的铣床夹具。工件 1 依次装夹在沿回转工件台 3 圆周位置安装的夹具上,铣刀 2 不停地铣削,回转工作台 3 作连续的回转运动,将工件依次送入切削。此例是用一个铣刀头加工的。根据加工要求,也可用两个铣刀头同时进行粗、精加工。

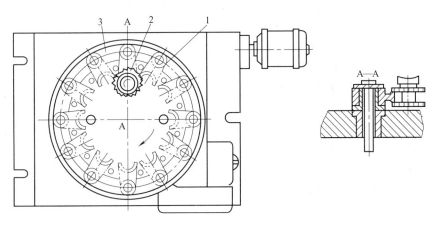

图 6-27 圆周进给式铣床夹具
1—工件;2—铣刀;3—回转工作台

(三)专用铣床夹具的结构分析

1. 杠杆铣斜面夹具

图 6-28 为杠杆类零件上铣两斜面的工序图,工件形状不规则。图 6-29 为成批生产中加工该零件的单件铣床夹具。

工件以精加工过的孔 $\phi22H7$ 和端面在台阶定位销 9 上定位,限制工件的五个自由度;以圆弧面在可调支承 6 上定位,限制工件的转动自由度。从而实现了工件的完全定位。

工件的夹紧以钩形压板 10 为主,其结构见 A—A 剖面图,另在接近加工表面处采用浮动的辅助夹紧机构,当拧紧该机构的螺母时,卡爪 2 和 3 相向移动,同时将工件夹紧。在卡爪 3 的末端开有三条轴向槽,形成三片簧瓣,继续拧紧螺母,锥套 5 即迫使簧瓣胀开,使其锁紧在夹具中,从而增强夹紧刚度,以免铣削时产生振动。

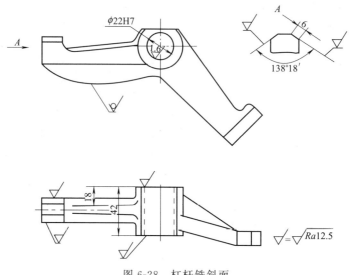

图 6-28 杠杆铣斜面

夹具体的底面 A 放置在铣床工作台面上，夹具的两个定位键 8 安装在工作台 T 形槽内，这样铣夹具与铣床保持了正确的位置。因此铣夹具底面 A 和定位键的工作面 B 是铣夹具与铣床的接合面。定位元件工作表面与铣夹具的 A 面和 B 面的精度是影响安装误差 ΔA 的因素。该夹具定位销 9 的轴心线应垂直于定位键的 B 面，定位销 9 的台阶平面应垂直于底面 A，它们的精度均影响夹具的安装误差。

夹具上的对刀块 7 是确定铣刀加工位置的元件，即对刀块的位置体现了刀具的位置，因此对刀块与定位元件的精度是影响调整误差 ΔT 的因素。该夹具中对刀块 7 与定位销 9 的轴心线的距离 (18±0.1)mm、(3±0.1)mm 即是影响调整误差的因素。

定位元件的精度即 φ22H7/f7、(36±0.1)mm 等尺寸是影响定位误差 ΔD 的因素。

2. 双件铣双槽专用夹具

图 6-30 为车床尾座套筒铣键槽和油槽的工序图，工件外圆和两端面都已加工。

本工序采用两把铣刀同时进行加工，图 6-31 为用于大批生产的夹具。在工位 I 上用三面刃盘铣刀铣键槽，工件以外圆和端面在 V 形块 8、10 和止推销 13 上定位，限制了工件的五个自由度。在工位 II 上，用圆弧铣刀铣油槽，工件以外圆、已加工过的键槽及端面作为定位基准，在 V 形块 9、11，定位销 12 和止推销 14 上完全定位。由于键槽和油槽的长度不等，为了能同时加工完毕，可将两个止推销的位置前后错开，并设计成可调支承，以便调整。

夹具采用液压驱动联动夹紧，当压力油从油路系统进入液压缸 5 的上腔时，推动活塞下行，通过支承钉 4、浮动杠杆 2、螺杆 3 带动铰链压板 7 下行夹紧工件。为了使压板均匀地夹紧工件，联动夹紧机构的各环节采用浮动连接。

该夹具中影响定位误差、调整误差、安装误差的各项技术要求请读者自行分析。

（四）铣床夹具的设计要点

1. 铣夹具的总体设计及夹具体

在铣削加工时，切削力比较大，并且刀齿的工作是不连续切削的，易引起冲击和振动，所以夹紧力要求较大，以保证工件的夹紧可靠，因此铣床夹具要有足够的强度和刚度，必要时应设置加强筋。

第六章　箱体类零件加工工艺及常用工艺装备 | **225**

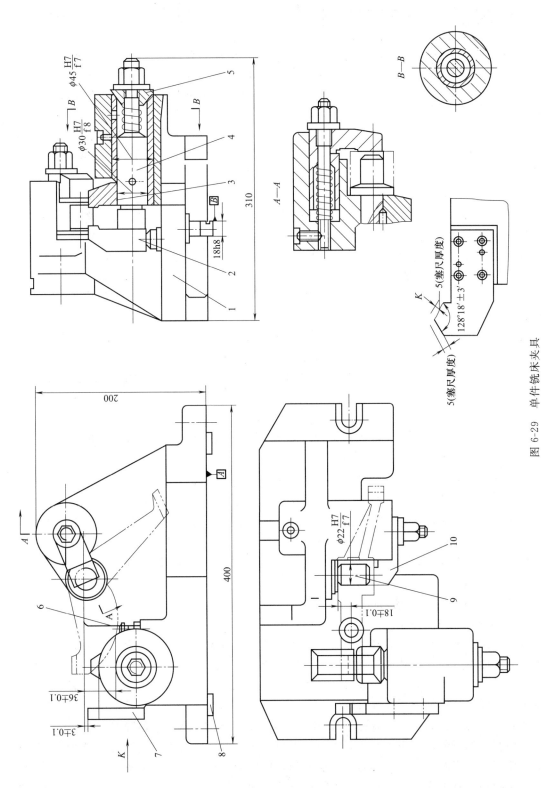

图 6-29　单件铣床夹具

1—夹具体；2、3—卡爪；4—连接杆；5—锥套；6—可调支承；7—对刀块；8—定位键；9—定位销；10—压板

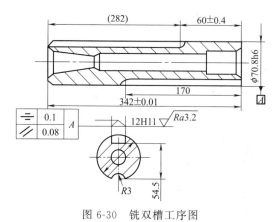

图 6-30 铣双槽工序图

为了提高铣床夹具在机床上安装的稳定性和动态下的抗振性能,各种装置的结构应紧凑,加工面尽量靠近工作台面,以降低夹具的重心,一般夹具的高度 H 与宽度 B 之比应限制在 $H/B \leqslant 1 \sim 1.25$ 范围内。

铣削加工生产率高(切削时间短),设计夹具时要考虑如何快速地安装工件以缩短辅助时间,一般在夹具上还设置有确定刀具位置及方向的元件,以便于迅速地调整好夹具、机床和刀具的相对位置。

另外,铣削加工时产生大量切屑,应有足够的排屑空间。对于重型铣床夹具,为便于搬运,还应在夹具体上设置吊环等。

2. 铣床夹具的安装

铣床夹具在铣床工作台上的安装位置,直接影响被加工表面的位置精度,所以在设计时就必须考虑其安装方法。一般情况下,在夹具底座下面装两个定位键,将这两个定位键嵌入到铣床工作台的同一条 T 形槽中,再用 T 形螺栓和垫圈、螺母将夹具体紧固在工作台上。

常用的定位键的断面为矩形,如图 6-32 所示。定位键可以承受铣削时的扭矩,其结构尺寸已标准化,设计时应按铣床工作台的 T 形槽尺寸选定。对于 A 型键,其与夹具体槽和工作台 T 形槽的配合尺寸均为 B,其公差带可选 h6 或 h8。夹具上安装定位键的槽宽 B_2 取与 B 尺寸相同,其公差带可选 h7 或 js6。为了提高精度可采用 B 型键,与 T 形槽配合的尺寸 B_1 留有 0.5mm 磨量,与机床 T 形槽实际尺寸配作。

另外,在夹具体上还需要提供两个穿 T 形螺栓的耳座,如图 6-33 所示,其结构尺寸也已标准化,可参考有关夹具设计手册。

为保证安装精度,两个定位键间的距离尽可能大些。安装夹具时,让键紧靠 T 形槽一侧,减小间隙的影响。

对于精度要求高的夹具,常不设置定位键,而在夹具体的侧面加工出一窄长平面作为夹具安装时的找正基面。

如夹具宽度较大时,可以在同侧设置两个耳座,但两耳座的间距必须与工作台上两个 T 形槽的间距相同。如定位精度要求高时,可修配定位键下部的尺寸 b,或在安装夹具时将夹具推向 T 形槽的一侧。以避免间隙的影响。

3. 铣床夹具的对刀装置

铣床夹具在工作台上安装好了以后,还要调整铣刀对夹具的相对位置,以便于进行定距加工。为了使刀具与工件被加工表面的相对位置能迅速而正确地对准,在夹具上可以采用对刀装置。对刀装置是由对刀块和塞尺等组成的,其结构尺寸已标准化。各种对刀块的结构,可以根据工件的具体加工要求进行选择。

图 6-34(a)所示是对刀的简图,图中 1 是对刀块,2 是塞尺,3 是铣刀。

采用塞尺的目的,是为了不使刀具与对刀块直接接触,以免损坏刀刃或造成对刀块过早磨损。使用时,将塞尺放在刀具与对刀块之间,凭抽动的松紧感觉来判断,以适度为宜。

常用的塞尺有平塞尺和圆塞尺两种,都已标准化,如图 6-34(b)、(c)所示为常用标准塞尺的结构,一般在夹具总图上应注明塞尺的尺寸。平塞尺[见图 6-34(b)]的厚度 a 常用的

第六章 箱体类零件加工工艺及常用工艺装备 | 227

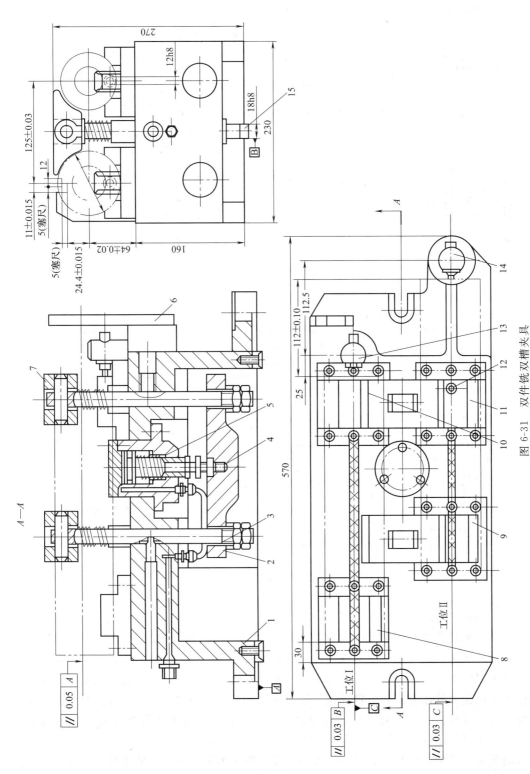

图 6-31 双件铣双槽夹具

1—夹具体；2—浮动杠杆；3—螺杆；4—支承钉；5—液压缸；6—对刀块；7—压板；8~11—V形块；12—定位销；13、14—止推销

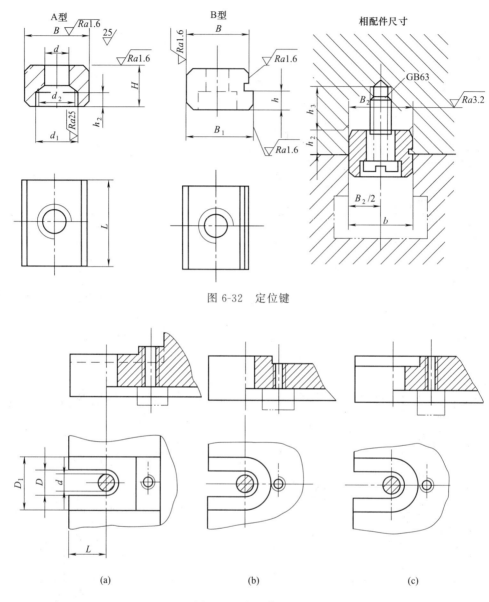

图 6-32 定位键

图 6-33 夹具体耳座

为 1mm、3mm、5mm，圆塞尺 [见图 6-34（c）] 的基本尺寸 d 为 ϕ3mm 或 ϕ5mm，设计时可参阅标准《夹具零件及部件》中的 JB/T8032.1—1999 和 JB/T8032.2—1999。

标准对刀块的结构尺寸可参阅标准《夹具零件及部件》中的 JB/T8031.1—1999 等。若采用标准对刀块不便时，可以设计非标准的特殊对刀块。对刀块通常制成单独元件，用螺钉和定位销定位在夹具体上，其位置应便于使用塞尺对刀和不妨碍工件的装卸。对刀块工作表面的位置尺寸（H、L），一般是从定位表面注起，其数值应等于工件相应尺寸的平均值再减去或加上塞尺的厚度 S。其公差常取工件相应尺寸公差的 1/5～1/3。

为简化夹具结构，生产中有时不用对刀装置，而采用试切法、标准件对刀法或用百分表来校正定位元件相对于刀具的位置。

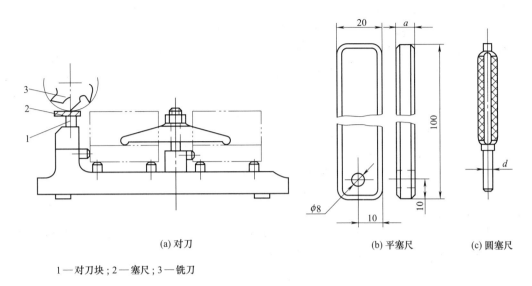

(a) 对刀 (b) 平塞尺 (c) 圆塞尺

1—对刀块；2—塞尺；3—铣刀

图 6-34　对刀装置

第四节　箱体孔系加工及常用工艺装备

一、箱体零件孔系加工

箱体上一系列相互位置有精度要求的孔的组合，称为孔系。孔系可分为平行孔系［如图 6-35（a）所示］、同轴孔系［如图 6-35（b）所示］和交叉孔系［如图 6-35（c）所示］。

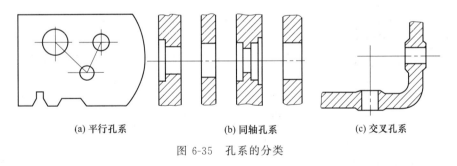

(a) 平行孔系　　　(b) 同轴孔系　　　(c) 交叉孔系

图 6-35　孔系的分类

孔系加工不仅孔本身的精度要求较高，而且孔距精度和相互位置精度的要求也高，因此是箱体加工的关键。

孔系的加工方法根据箱体批量不同和孔系精度要求的不同而不同，现分别予以讨论。

（一）平行孔系的加工

平行孔系的主要技术要求是各平行孔中心线之间及中心线与基准面之间的距离尺寸精度和相互位置精度。生产中常采用以下几种方法。

1. 找正法

找正法是在通用机床上，借助辅助工具来找正要加工孔的正确位置的加工方法。这种方法加工效率低，一般只适用于单件小批生产。根据找正方法的不同，找正法又可分为以下几种。

（1）划线找正法　加工前按照零件图在毛坯上划出各孔的位置轮廓线，然后按划线一一进行加工。划线和找正时间较长，生产率低，而且加工出来的孔距精度也低，一般在±0.5mm左右。为提高划线找正的精度，往往结合试切法进行。即先按划线找正镗出一孔，再按线将主轴调至第二孔中心，试镗出一个比图样要小的孔，若不符合图样要求，则根据测量结果更新调整主轴的位置，再进行试镗、测量、调整，如此反复几次，直至达到要求的孔距尺寸。此法虽比单纯的按线找正所得到的孔距精度高，但孔距精度仍然较低，且操作的难度较大，生产效率低，适用于单件小批生产。

（2）心轴和块规找正法　镗第一排孔时将心轴插入主轴孔内（或直接利用镗床主轴），然后根据孔和定位基准的距离组合一定尺寸的块规来校正主轴位置，如图6-36所示。校正时用塞尺测定块规与心轴之间的间隙，以避免块规与心轴直接接触而损伤块规。镗第二排孔时，分别在机床主轴和加工孔中插入心轴，采用同样的方法来校正主轴线的位置，以保证孔心距的精度。这种找正法的孔心距精度可达±0.3mm。

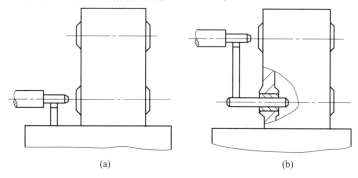

图6-36　心轴和块规找正法

（3）样板找正法　用10～20mm厚的钢板制造样板，装在垂直于各孔的端面上（或固定于机床工作台上），如图6-37。样板上的孔距精度较箱体孔系的孔距精度高（一般为±0.1～±0.3mm），样板上的孔径较工件孔径大，以便于镗杆通过。样板上孔径尺寸精度要求不高，但要有较高的形状精度和较细的表面粗糙度。当样板准确地装到工件上后，在机床主轴上装一千分表，按样板找正机床主轴，找正后，即换上镗刀加工。此法加工孔系不易出差错，找正方便，孔距精度可达±0.05mm。这种样板成本低，仅为镗模成本的1/7～1/9，单件小批的大型箱体加工常用此法。

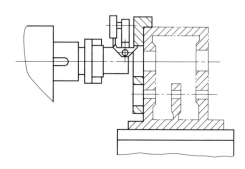

图6-37　样板找正法

（4）定心套找正法　如图6-38所示，先在工件上划线，再按线攻螺钉孔，然后装上形状精度高而光洁的定心套，定心套与螺钉间有较大间隙，然后按图样要求的孔心距公差的1/3～1/5调整全部定心套的位置，并拧紧螺钉。复查后即可上机床，按定心套找正镗床主轴位置，卸下定心套，镗出一孔。每加工一个孔找正一次，直至孔系加工完毕。此法工装简单，可重复使用，特别适宜于单件生产下的大型箱体和缺乏坐标镗床条件下加工钻模板上的孔系。

2. 镗模法

镗模法即利用镗模夹具加工孔系。镗孔时，工件装夹在镗模上，镗杆被支承在镗模的导套

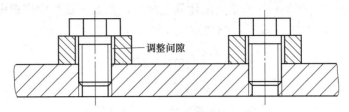

图 6-38 定心套找正法

里,增加了系统刚性。这样,镗刀便通过模板上的孔将工件上相应的孔加工出来,机床精度对孔系加工精度影响很小,孔距精度主要取决于镗模的制造精度,因而可以在精度较低的机床上加工出精度较高的孔系。当用两个或两个以上的支承来引导镗杆时,镗杆与机床主轴必须浮动连接。

镗模法加工孔系时镗杆刚度大大提高,定位夹紧迅速,节省了调整、找正的辅助时间,生产效率高,是中批生产、大批大量生产中广泛采用的加工方法。但由于镗模自身存在的制造误差,导套与镗杆之间存在间隙与磨损,所以孔距的精度一般可达±0.05mm,同轴度和平行度从一端加工时可达 0.02~0.03mm;当分别从两端加工时可达 0.04~0.05mm。此外,镗模的制造要求高、周期长、成本高,对于大型箱体较少采用镗模法。

用镗模法加工孔系,既可在通用机床上加工,也可在专用机床或组合机床上加工。图 6-39 为组台机床上用镗模加工孔系的示意图。

3. 坐标法

坐标法镗孔是在普通卧式镗床、坐标镗床或数控镗铣床等设备上,借助于测量

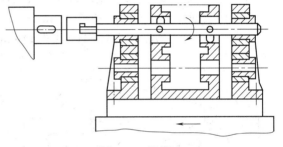

图 6-39 镗模法

装置,调整机床主轴与工件间在水平和垂直方向的相对位置,来保证孔距精度的一种镗孔方法。

在箱体的设计图样上,因孔与孔间有齿轮啮合关系,对孔距尺寸有严格的公差要求,采用坐标法镗孔之前,必须把各孔距尺寸及公差借助三角几何关系及工艺尺寸链规律换算成以主轴孔中心为原点的相互垂直的坐标尺寸及公差。目前许多工厂编制了主轴箱传动轴坐标计算程序,用微机很快即可完成该项工作。

如图 6-40(a)所示为两轴孔的坐标尺寸及公差计算的示意图。两孔中心距 $L_{OB}=166.5^{+0.3}_{+0.2}$mm,$Y_{OB}=54$mm。加工时,先镗孔 O 后,调整机床在 X 方向移动 X_{OB}、在 Y 方向移动 Y_{OB},再加工孔 B。由此可见中心距 L_{OB} 是由 X_{OB} 和 Y_{OB} 间接保证的。

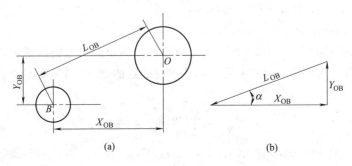

图 6-40 两轴孔的坐标尺寸及公差计算

下面着重分析 X_{OB} 和 Y_{OB} 的公差分配计算。注意，在计算过程中应把中心距公差化为对称偏差，即 $L_{OB}=166.5^{+0.3}_{+0.2}\text{mm}=(166.75\pm 0.05)\text{mm}$。

$$\sin\alpha=\frac{Y_{OB}}{L_{OB}}=\frac{54}{166.75}=0.3238$$

$$\alpha=18°53'43''$$

$$X_{OB}=L_{OB}\cos\alpha=157.764 \text{ (mm)}$$

在确定两坐标尺寸公差时，要利用平面尺寸链的解算方法。现介绍一种简便的计算方法。如图 6-40（b）所示：

$$L_{OB}^2=X_{OB}^2+Y_{OB}^2$$

对上式取全微分并以增量代替各个微分时，可得到下列关系

$$2L_{OB}\Delta L_{OB}=2X_{OB}\Delta X_{OB}+2Y_{OB}\Delta Y_{OB}$$

采用等公差法并以公差值代替增量，即令 $\Delta X_{OB}=\Delta Y_{OB}=\varepsilon$，则

$$\varepsilon=\frac{L_{OB}\times\Delta L_{OB}}{X_{OB}+Y_{OB}} \tag{6-1}$$

式（6-1）是图 6-40（b）所示尺寸链公差计算的一般式。

将本例数据代入，可得 $\varepsilon=0.041\text{mm}$。

$$X_{OB}=(157.764\pm 0.041)\text{mm} \quad Y_{OB}=(54\pm 0.041)\text{mm}$$

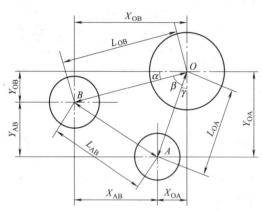

图 6-41 三轴孔的坐标尺寸及公差计算

由以上计算可知：在加工孔 O 以后，只要调整机床，在 X 方向移动 $X_{OB}=(157.764\pm 0.041)\text{mm}$，在 Y 方向移动 $Y_{OB}=(54\pm 0.041)\text{mm}$，再加工孔 B，就可以间接保证两孔中心距 $L_{OB}=166.5^{+0.3}_{+0.2}\text{mm}$。

在箱体类零件上还有三根轴之间保持一定的相互位置要求的情况。如图 6-41 所示，其中 $L_{OA}=129.49^{+0.27}_{+0.17}\text{mm}$，$L_{AB}=125^{+0.27}_{+0.17}\text{mm}$，$L_{OB}=166.5^{+0.30}_{+0.20}\text{mm}$，$Y_{OB}=54\text{mm}$。加工时，镗完孔 O 以后，调整机床，在 X 方向移动 X_{OA}，在 Y 方向移动 Y_{OA}，再加工孔 A；然后用同样的方法调整机床，再加工孔 B。由此可见，孔 A 和孔 B 的中心距是由两次加工间接保证的。

在加工过程中应先确定两组坐标，即（X_{OA}，Y_{OA}）和（X_{OB}，Y_{OB}）及其公差。

由图 6-41 通过数学计算可得：

$X_{OA}=50.918\text{mm}$，$Y_{OA}=119.298\text{mm}$；

$X_{OB}=157.76\text{mm}$，$Y_{OB}=54\text{mm}$。

在确定坐标公差时，为计算方便，可分解为几个简单的尺寸链来研究，如图 6-42 所示。首先由图 6-42（a）求出为满足中心距 L_{AB} 公差而确定的 X_{AB}、Y_{AB} 的公差。

由式（6-1）得：

$$\varepsilon=\frac{L_{AB}\times\Delta L_{AB}}{X_{AB}+Y_{AB}}=\pm 0.036\text{mm}$$

$X_{AB}=X_{OB}-X_{OA}=106.842\pm 0.036$（mm），$Y_{AB}=Y_{OA}-Y_{OB}=65.298\pm 0.036$（mm）；

但 X_{AB}、Y_{AB} 是间接得到保证的，由图 6-42（b）、（c）两尺寸链采用等公差法，即可求

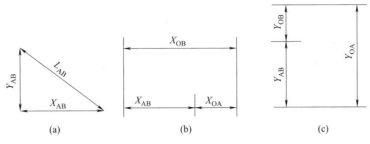

图 6-42 三轴坐标尺寸链的分解

出孔 A、B 的坐标尺寸及公差如下：

$X_{OA} = (50.918 \pm 0.018)$ mm, $Y_{OA} = (119.298 \pm 0.018)$ mm；

$X_{OB} = (157.76 \pm 0.018)$ mm, $Y_{OB} = (54 \pm 0.018)$ mm。

为保证按坐标法加工孔系时的孔距精度，在选择原始孔和考虑镗孔顺序时，要把有孔距精度要求的两孔的加工顺序紧连在一起，以减少坐标尺寸累积误差对孔距精度的影响；同时应尽量避免因主轴箱和工作台的多次往返移动而由间隙造成对定位精度的影响。此外，选择的原始孔应有较高的加工精度和较细的表面粗糙度，以保证加工过程中检验镗床主轴相对于坐标原点位置的准确性。

坐标法镗孔的孔距精度取决于坐标的移动精度，实际上就是坐标测量装置的精度。坐标测量装置的主要形式如下。

① 普通刻线尺与游标尺加放大镜测量装置，其位置精度为 $\pm 0.1 \sim \pm 0.3$ mm。

② 百分表与块规测量装置。一般与普通刻线尺测量配合使用，在普通镗床上用百分表和块规来调整主轴垂直和水平位置，百分表装在镗床头架和横向工作台上。位置精度可达 $\pm 0.02 \sim \pm 0.04$ mm。这种装置调整费时，效率低。

③ 经济刻度尺与光学读数头测量装置，这是用得最多的一种测量装置。该装置操作方便，精度较高，经济刻度尺任意二划线间误差不超过 $5\mu m$，光学读数头的读数精度为 0.01 mm。

④ 光栅数字显示装置和感应同步器测量装置。其读数精度高，为 $0.0025 \sim 0.01$ mm。

(二) 同轴孔系的加工

成批生产中，一般采用镗模加工孔系，其同轴度由镗模保证。单件小批生产，其同轴度用以下几种方法来保证。

1. 利用已加工孔作支承导向

如图 6-43 所示，当箱体前壁上的孔加工好后，在孔内装一导向套，支承和引导镗杆加工后壁上的孔，以保证两孔的同轴度要求。此法适于加工箱壁较近的孔。

2. 利用镗床后立柱上的导向套支承镗杆

这种方法中的镗杆系两端支承，刚性好，但此法调整麻烦，镗杆要长，很笨重，故只适于大型箱体的加工。

3. 采用调头镗

当箱体箱壁相距较远时，可采用调头镗，如图 6-44 所示。工件在一次装夹下，镗好一端孔后，将镗床工作台回转 $180°$，调整工作台位置，使已加工孔与镗床主轴同轴，然后再加工孔。

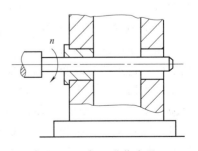

图 6-43 加工孔作支承

当箱体上有一较长并与所镗孔轴线有平行度要求的平面时，镗孔前应先用装在镗杆上的百分表对此平面进行校正，使其与镗杆轴线平行。如图 6-44（a）所示，校正后加工孔 A，孔加工后，再将工作台回转 180°，并用装在镗杆上的百分表沿此平面重新校正，如图 6-44（b）所示，然后再加工 B 孔，就可保证 A、B 孔同轴。若箱体上无长的加工好的工艺基面，也可用平行长铁置于工作台上，使其表面与要加工的孔轴线平行后固定。调整方法同上，也可达到两孔同轴的目的。

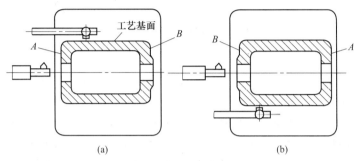

图 6-44　调头镗对工件的校正

（三）交叉孔系的加工

交叉孔系的主要技术要求是控制有关孔的垂直度误差。在普通镗床上主要靠机床工作台上的 90° 对准装置。因为它是挡块装置，结构简单，但对准精度低。

当有些镗床工作台 90° 对准装置精度很低时，可用心棒与百分表找正来提高其定位精度，即在加工好的孔中插入心棒，工作台转位 90°，摇工作台用百分表找正，如图 6-45 所示。

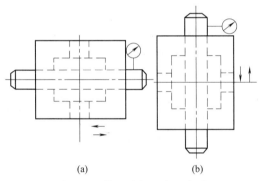

图 6-45　找正法加工交叉孔系

二、箱体孔系加工精度分析

（一）镗杆受力变形的影响

镗杆受力变形是影响镗孔加工质量的主要原因之一。尤其当镗杆与主轴刚性连接采用悬臂镗孔时，镗杆的受力变形最为严重，现以此为例进行分析。

悬臂镗杆在镗孔过程中，受到切削力矩 M、切削力 F_r 及镗杆自重 G 的作用，如图 6-46、图 6-47 所示，切削力矩 M 使镗杆产生弹性扭曲，主要影响工件的表面粗糙度和刀具的寿命；切削力 F_r 和自重 G 使镗杆产生弹性弯曲（挠曲变形），对孔系加工精度的影响严重，下面分析 F_r 和 G 的影响。

1. 由切削力 F_r 所产生的挠曲变形

作用在镗杆上的切削力 F_r，随着镗杆的旋转，不断地改变方向，由此而引起的镗杆的挠曲变形也不断地改变方向，如图 6-46 所示，使镗杆的中心偏离了原来的理想中心。由图可见，当切削力大小不变时刀尖的运动轨迹仍然呈正圆，只不过所镗出孔的直径比刀具调整尺减少了 $2f_F$，f_F 的大小与切削力 F_r 和镗杆的伸出长度有关，F_r 越大或镗杆伸出越长，则 f_F 就越大。但应该指出，在实际生产中由于实际加工余量的变化和材质的不匀，切削力 F_r 是变化的，因此刀尖运动轨迹不可能是正圆。同理，在被加工孔的轴线方向上，由于加工余

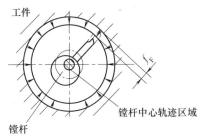 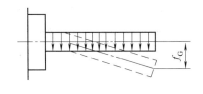

图 6-46　切削力对镗杆挠曲变形的影响　　　　图 6-47　自重对镗杆挠曲变形的影响

量和材质的不匀，或者采用镗杆进给时，镗杆的挠曲变形也是变化的。

2. 镗杆自重 G 所产生的挠曲变形

镗杆自重 G 在镗孔过程中，其大小和方向不变。因此，由它所产生的镗杆挠曲变形 f_G 的方向也不变。高速镗削时，由于陀螺效应，自重所产生的挠曲变形很小；低速精镗时，自重对镗杆的作用相当于均布载荷作用在悬臂梁上，使镗杆实际回转中心始终低于理想回转中心一个 f_G 值。G 愈大或镗杆悬伸越长，则 f_G 越大，如图 6-47 所示。

3. 镗杆在自重 G 和切削力 F_r 共同作用下的挠曲变形

事实上，镗杆在每一瞬间所产生的挠曲变形，是切削力 F_r 和自重 G 所产生的挠曲变形的合成。可见，在 F_r 和 G 的综合作用下，镗杆的实际回转中心偏离了理想回转中心。由于材质不匀、加工余量的变化、切削用量的不一，以及镗杆伸出长度的变化，使镗杆的实际回转中心在切削过程中作无规律的变化，从而引起了孔系加工的各种误差；对同一孔的加工，引起圆柱差；对同轴孔系引起同轴度误差；对平行孔系引起孔距误差和平行度误差。粗加工时，切削力大，这种影响比较显著；精加工时，削力小，这种影响也就比较小。

从以上分析可知，镗杆在自重和切削力作用下的挠曲变形，对孔的几何形状精度和相互位度都有显著的影响。因此，在镗孔中必须十分注意提高镗杆的刚度，一般可采取下列措施：第一，尽可能加粗镗杆直径和减少悬伸长度；第二，采用导向装置，使镗杆的挠曲变形得以约束。此外，也可通过减小镗杆自重和减小切削力对挠曲变形的影响来提高孔系加工精度。当镗杆直径较大时（$\phi 80$ mm 以上），应加工成空心，以减轻重量；合理选择定位基准，使加工余量均匀；精加工时采用较小的切削用量，并使加工各孔所用的切削用量基本一致，以减小切削力影响。

（二）镗杆与导向套的精度及配合间隙的影响

采用导向装置或镗模镗孔时，镗杆由导套支承，镗杆的刚度较悬臂镗时大大提高。此时，镗杆与导套的几何形状精度及其相互的配合间隙，将成为影响孔系加工精度的主要因素之一，现分析如下。

由于镗杆与导套之间存在着一定的配合间隙，在镗孔过程中，当切削力 F_r 大于自重 G 时，刀具不管处在任何切削位置，切削力都可以推动镗杆紧靠在与切削位置相反的导套内表面，这样，随着镗杆的旋转，镗杆表面以一固定部位沿导套的整个内圆表面滑动。因此，导套的圆度误差将引起被加工孔的圆度误差，而镗杆的圆度误差对被加工孔的圆度没有影响。

精镗时，切削力很小，通常 $F_r < G$，切削力 F_r 不能抬起镗杆。随着镗杆的旋转，镗杆轴颈以不同部位沿导套内孔的下方摆动，如图 6-48 所示。显然，刀尖运动轨迹为一个圆心低于导套中心的非正圆，直接造成了被加工孔的圆度误差；此时，镗杆与导套的圆度误差也将反映到被加工孔上而引起圆度误差。当加工余量与材质不匀或切削用量选取不一样时，使

切削力发生变化，引起镗杆在导套内孔下方的摆幅也不断变化。这种变化对同一孔的加工，可能引起圆柱度误差，对不同孔的加工，可能引起相互位置的误差和孔距误差。所引起的这些误差的大小与导套和镗杆的配合间隙有关：配合间隙越大，在切削力作用下，镗杆的摆动范围越大，所引起的误差也就越大。

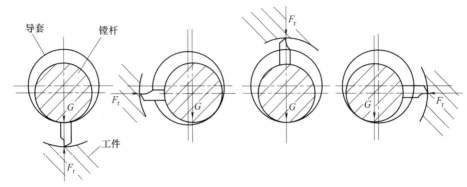

图 6-48　镗杆在导套下方的摆动

综上所述，在有导向装置的镗孔中，为了保证孔系加工质量，除了要保证镗杆与导套本身必须具有较高的几何形状精度外，尤其要注意合理地选择导向方式和保持镗杆与导套合理的配合间隙，在采用前后双导向支承时，应使前后导向的配合间隙一致。此外，由于这种影响还与切削力的大小和变化有关，因此在工艺上应如前所述，注意合理选择定位基准和切削用量，精加工时，应适当增加走刀次数，以保持切削力的稳定和尽量减少切削力的影响。

（三）机床进给运动方式的影响

镗孔时常有两种进给方式：由镗杆直接进给；由工作台在机床导轨上进给。进给方式对孔系加工精度的影响与镗孔方式有关，当镗杆与机床主轴浮动连接采用镗模镗孔时，进给方式对孔系加工精度无明显的影响；而采用镗杆与主轴刚性连接悬臂镗孔时，进给方式对孔系加工精度有较大的影响。

悬臂镗孔时，若以镗杆直接进给，如图 6-49（a）所示，在镗孔过程中随着镗杆的不断伸长，刀尖处的挠曲变形量越来越大，使被加工孔越来越小，造成圆柱度误差；同理，若用镗杆直接进给加工同轴线上的各孔，则造成同轴度误差。反之，若镗杆伸出长度不变，而以工作台进给，如图 6-49（b）所示，在镗孔过程中，刀尖处的挠度值不变（假定切削力不变）。因此，镗杆的挠曲变形对被加工孔的几何形状精度和孔系的相互位置精度均无影响。

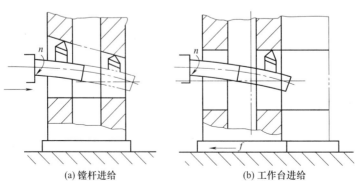

(a) 镗杆进给　　　　　　(b) 工作台进给

图 6-49　机床进给运动方式的影响

但是，当用工作台进给时，机床导轨的直线度误差会使被加工孔产生圆柱度误差，使同轴线上的孔产生同轴度误差。机床导轨与主轴轴线的平行度误差，使被加工孔产生圆度误差，如图 6-50 所示。在垂直于镗杆旋转轴线的截面 $A—A$ 内，被加工孔是正圆；而在垂直于进给方向的截面 $B—B$ 内，被加工孔为椭圆。不过所产生圆度误差在一般情况下是极其微小的，可以忽略不计。例如当机床导轨与主轴轴线在 100mm 长上倾斜 1mm，对直径为 100mm 的被加工孔，所产生的圆度误差仅为 0.005mm。此外，工作台与床身导轨的配合间隙对孔系加工精度也有一定影响，因为当工作台作正、反向进给时，通常是以不同部位与导轨接触的，这样，工作台就会随着进给方向的改变而发生偏摆，间隙愈大，工作台愈重，其偏摆量愈大。

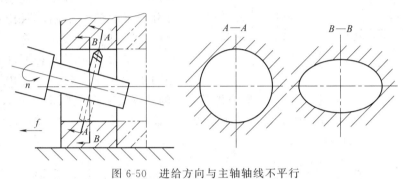

图 6-50 进给方向与主轴轴线不平行

因此，当镗同轴孔系时，会产生同轴度误差；镗相邻孔系时，则会产生孔距误差和平行度误差。

比较以上两种进给方式，在悬臂镗孔中，镗杆的挠曲变形较难控制，而机床的工作台进给，并采用合理的操作方式，比镗杆进给较易保证孔系的加工质量。因此，在一般的悬臂镗孔中，特别是当孔深大于 200mm 时，大都采用工作台进给，但当加工大型箱体时，镗杆的刚度好，而用工作台进给十分沉重，易产生爬行，反而不如镗杆直接进给快，此时宜用镗杆进给；另外，当孔深小于 200mm 时，镗杆悬伸短，也可直接采用镗杆进给。

三、镗夹具（镗模）

镗夹具又称镗模，是一种精密夹具，主要用来加工箱体、支座类零件上的精密孔或孔系。镗模与钻模相比结构要复杂得多，制造精度也要高得多。镗模不仅广泛应用于各类镗床上，而且还可以用于车床、摇臂钻床及组合机床上。

（一）镗夹具的设计要点

1. 镗套

（1）镗套的结构选择 镗模和钻模一样，是依靠导向元件——镗套来引导镗杆（也可导引扩孔钻或铰刀）从而保证被加工孔的位置精度。镗孔的位置精度可不受机床精度影响（镗杆和机床主轴采用浮动连接），而主要取决于镗套的位置精度和结构的合理性。同时镗套结构对于被镗孔的形状精度、尺寸精度以及表面粗糙度都有影响。

常用的镗套结构有固定式和回转式两种。设计时可根据工件的不同加工要求和加工条件合理选择采用。

① 固定式镗套 如图 6-51 所示，这种镗套的外形尺寸小，结构紧凑，制造简单，易获得高的位置精度，所以一般在扩孔、镗孔或铰孔中应用较多。由于镗套是固定在镗模支架上，不随镗杆转动和移动，而镗杆在镗套中既有相对转动又有相对移动，镗套易于磨损，故只宜于低速的情况下工作，且应采取有效的润滑措施。

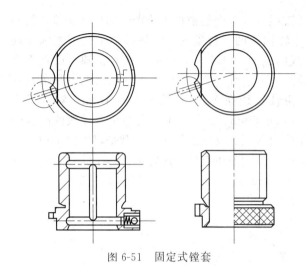

图 6-51 固定式镗套

固定式镗套材料常采用青铜,大直径的也可用铸铁。

固定式镗套结构已标准化了,设计时可参阅国标中的有关规定。

② 回转式镗套 回转式镗套随镗杆一起转动,适于镗杆在较高速度条件下工作。由于镗杆在镗套内只作相对移动(转动部分采用轴承),因而可避免因摩擦发热而产生"卡死"现象。根据回转部分安排的位置不同,回转式镗套又分"外滚式"和"内滚式"。

图 6-52 所示是几种回转式镗套,其中图 6-52(a)、(b)是"内滚式镗套";图 6-52(c)、(d)为"外滚式镗套"。装有滑动轴承的外滚式镗套[见图 6-52(c)],在良好的润滑条件下具有较好的抗振性,常用于半精镗和精镗孔,压入滑动套内的铜套内孔应与刀杆配研,以保证较高的精度要求。

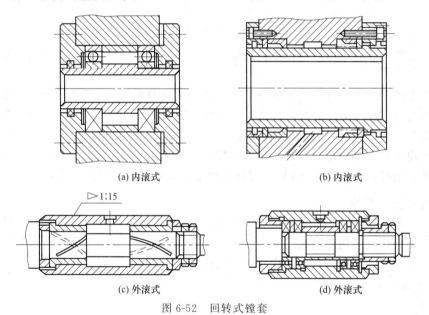

图 6-52 回转式镗套

(2) 镗套的布置形式 镗套的布置形式主要根据被加工孔的直径 D 以及孔长与孔径的比值 L/D 和精度要求而定。一般有以下四种形式。

① 单支承后引导 当 $D<60$ mm 时,常将镗套布置在刀具加工部位的后方(即机床主轴和工件之间)。当加工 $L<D$ 的通孔或小型箱体的盲孔时,应采用如图 6-53(b)所示的布置方式($d>D$),这种方式刀杆刚性很大,加工精度高,且用立镗时无切屑落入镗套;当加工 $L>(1\sim1.25)D$ 的通孔和盲孔时,应采用如图 6-53(c)所示的布置方式($d<D$),这种方式使刀具与镗套的垂直距离 h 大大减少,提高了刀具的刚度。镗套的长度(相当于钻套高度)H 宜根据镗杆导向部分的直径 d 来选取,一般取 $H=(2\sim3)d$。镗套距工件孔的距离 h 要根据更换刀具及排屑要求等而定。如果在立式镗床上则与钻模相似,h 值可参考钻模的

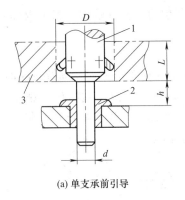 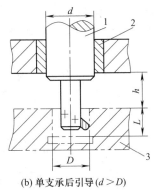 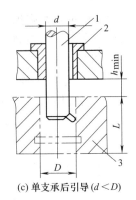

(a) 单支承前引导　　　　　(b) 单支承后引导($d>D$)　　　　(c) 单支承后引导($d<D$)

图 6-53　单支承引导

1—镗杆；2—镗套；3—工件

情况确定。在卧式镗床、组合机床上使用时，常取 $h=60\sim100$mm。

② 单支承前引导　当镗削直径 $D>60$mm，且 $L/D<1$ 的通孔或小型箱体上单向排列的同轴线通孔时，常将镗套（及其支架）布置在刀具加工部位的前方，如图 6-53（a）所示。这种方式便于在加工中进行观察和测量，特别适合锪平面或攻螺纹的工序，其缺点是切屑易带入镗套中。为了便于排屑，一般取 $h=(0.5\sim1)D$，但 h 不应小于 20mm。镗套长度 H 的选取与"单支承后引导"同。

③ 双支承前后引导　如图 6-54（a）所示，导向支架分别装在工件两侧。当镗长度 $L>1.5D$ 的通孔，且加工孔径较大，或排列在同一轴线上的几个孔，并且其位置精度也要求较高时，宜采用"双支承前后引导"。这种方式的缺点是镗杆较长、刚性差、更换刀具不方便。图中的后引导是采用内滚式镗套，前引导采用的是外滚式镗套。这两种滚动轴承所构成的回转式镗套的长度，可按 $H=0.75d$ 的关系和结构情况选取。若采用固定式镗套时，可按 $H=(1.5\sim2)d$ 来选取。

④ 双支承后引导　当在某些情况下，因条件限制不能使用前后双引导时，可在刀具后方布置两个镗套，如图 6-54（b）所示。这种布置方式装卸工件方便，更换镗杆容易，便于观察和测量，较多应用于大批生产中。由于镗杆在受切削力时呈悬臂状，为了提高刀具的刚度，一般镗杆外伸端应满足 $L_1<5d$。

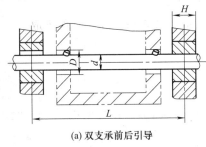 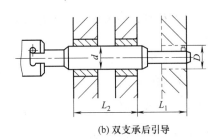

(a) 双支承前后引导　　　　　　(b) 双支承后引导

图 6-54　双支承引导

不论单面双支承还是双面单支承，布置的两镗套一定要同轴，且镗杆与机床主轴之间应采用浮动连接。

镗模与机床浮动连接的形式很多，图 6-55 为常用的一种形式。浮动连接应能自动调节以补偿角度

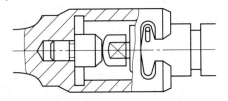

图 6-55　镗杆浮动连接头

偏差和位移量,否则失去浮动的效果,影响加工精度。轴向切削力由镗杆端部和镗套内部的支承钉来支承,圆周力由镗杆连接销和镗套横槽来传递。

2. 镗杆

图 6-56 为用于固定式镗套的镗杆导向部分的结构。当镗杆导向部分直径 $d<50\text{mm}$ 时,镗杆常采用整体式。当直径 $d>50\text{mm}$ 时,常采用图 6-56(d)所示的镶条式结构,镶条应采用摩擦系数小而耐磨的材料,如铜或钢。镶条磨损后,可在底部加垫片,重新修磨使用。

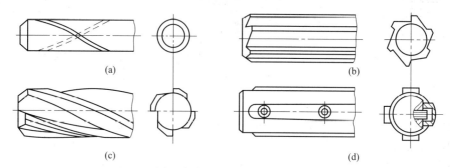

图 6-56 镗杆导向部分结构

图 6-57 所示为用于外滚式回转镗套的镗杆引进结构。图 6-57(a)所示为镗杆前端设置平键,键下装有压缩弹簧,键的前部有斜面,适用于开有键槽的镗套。无论镗杆以何位置进入导套,平键均能自动进入键槽,带动镗套回转。图 6-57(b)所示镗杆上开有键槽,其头部做成螺旋引导结构,其螺旋角应小于 45°,以便镗杆引进后使键顺利进入槽内。

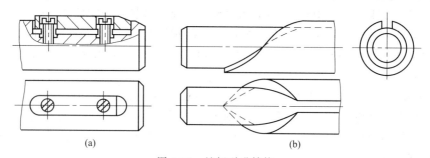

图 6-57 镗杆引进结构

确定镗杆直径时,应考虑镗杆的刚度和镗孔时应有的容屑空间。一般可取

$$d=(0.6\sim 0.8)D$$

式中　d——镗杆直径,mm;

　　　D——被镗孔直径,mm。

设计镗杆时,被镗孔直径 D、镗杆直径 d、镗刀截面 $B\times B$ 之间的关系一般按 $\dfrac{D-d}{2}=(1\sim 1.5)B$ 考虑,或参照表 6-4 选取。

表 6-4　镗杆直径 d、镗刀截面 $B\times B$ 与被镗孔直径 D 的关系　　　　mm

D	30~40	40~50	50~70	70~90	90~110
d	20~30	30~40	40~50	50~65	65~90
$B\times B$	10×10	10×10	12×12	16×16	16×16　20×20

注:表中所列镗杆直径的范围,在加工小孔时取大值;在加工大孔时,若导向好、切削负荷小,则可取小值;一般取中间值;若导向不良、切削负荷大时,可取大值。

镗杆的轴向尺寸,应按镗孔系统图上的有关尺寸确定。

镗杆的材料要求镗杆表面硬度高而心部有较好的韧性,因此采用 20 钢、20Cr 钢,渗碳淬火硬度为 61~63HRC;也可用氮化钢 38CrMoAlA;大直径的镗杆,还可采用 45 钢、40Cr 钢或 65Mn 钢。

镗杆的主要技术条件要求一般规定为:

① 镗杆导向部分的圆度与锥度允差控制在直径公差的 1/2 以内;

② 镗杆导向部分公差带为:粗镗为 g6,精镗为 g5。表面粗糙度值 $Ra0.8 \sim 0.4 \mu m$;

③ 镗杆在 500mm 长度内的直线度允差为 0.01~0.1mm。刀孔表面粗糙度一般为 $Ra1.6 \mu m$,装刀孔不淬火。

3. 支架与底座

镗模支架和底座多为铸铁件(一般为 HT200),常分开制造。镗模支架应具有足够的强度与刚度,且不允许承受夹紧力。其典型结构和尺寸参见表 6-5。

镗模底座上要安装各种装置和元件,并承受切削力和夹紧力,因此必须有足够的强度与刚度,并保持尺寸精度的稳定性。其典型结构和尺寸参见表 6-6。

表 6-5 镗模支架的典型结构和尺寸

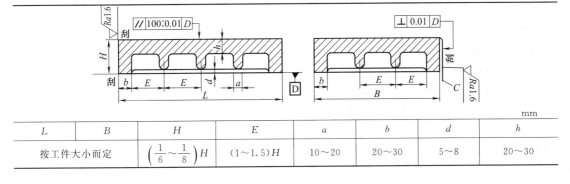

mm

形式	B	L	H	S_1, S_2	l	a	b	c	d	e	h	k
I	$\left(\frac{1}{2} \sim \frac{3}{5}\right)H$	$\left(\frac{1}{3} \sim \frac{1}{2}\right)H$		按工件相应尺寸取	按镗套相应尺寸取	10~20	15~25	30~40	3~5	20~30	3~5	
II	$\left(\frac{2}{3} \sim 1\right)H$	$\left(\frac{1}{2} \sim \frac{2}{3}\right)H$										

表 6-6 镗模底座的典型结构和尺寸

mm

L	B	H	E	a	b	d	h
按工件大小而定		$\left(\frac{1}{6} \sim \frac{1}{8}\right)H$	$(1 \sim 1.5)H$	10~20	20~30	5~8	20~30

4. 镗套与镗杆以及衬套等的配合选择

镗套与镗杆、衬套等的配合必须选择恰当，过紧容易研坏或咬死，过松则不能保证加工精度。一般加工低于 IT8 级公差的孔或粗镗时，镗杆选用 IT6 级公差，当精加工 IT7 级公差的孔时，通常选用 IT5 级公差，见表 6-7。当孔加工精度（如同轴度）高时，常用配研法使镗套与镗杆的配合间隙达到最小值，但此时应用低速加工。

表 6-7 镗套与镗杆、衬套等的配合

配合表面	镗杆与镗套	镗套与衬套	衬套与支架
配合性质	H7/g6(H7/h6),H6/g5(H6/h5)	H7/h6(H7/js6),H6/g5(H6/h5)	H7/n5,H6/h5

镗套内外圆的同轴度允差常取 0.01mm，内孔的圆度、圆柱度一般允差为 0.01～0.002mm，表面粗糙度为外圆表面粗糙度，取 $Ra0.32\mu m$。

衬套内外圆的同轴度在粗镗时常取 0.01mm；精镗时常取 0.01～0.005mm（外径小于 52mm 时取小值）。

（二）镗床夹具典型结构分析

图 6-58 所示为减速箱体零件图。本工序要求加工同轴孔 $\phi 47H7$ 与 $\phi 80H7$ 和另两个直径为 $\phi 47H7$ 的同轴孔，并使两组同轴孔互成 90°。

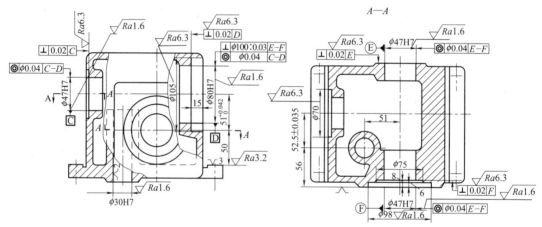

图 6-58 减速箱体（材料 HT200）

图 6-59 为用于卧式镗床上加工减速箱体的两组互成 90°的孔系的镗模。夹具安装于镗床回转工作台上，可随工作台一起移动和回转。

工件以耳座上凸台面为主要定位基准，向上定位于定位块 2 上；另以 $\phi 30H7$ 圆孔定位于可卸心轴 5 上；又以前端面（粗基准）定位于斜楔 10 上，从而完成六点定位。

工件定位时，先将镗套 9 拔出，把工件放在具有斜面的支承导轨 3 上，沿其斜面向前推移，由于支承导轨 3 与定位块 2 之间距离略小于工件耳座凸台的厚度，因此当工件推移进入支承导轨平面段后，开始压迫弹簧，从而保证工件定位基准与定位块工作表面接触。当工件上 $\phi 30H7$ 圆孔与定位衬套 4 对齐后，将可卸心轴 5 沿 $\phi 30H7$ 孔插入定位衬套 4 中，然后推动斜楔并适当摆动工件，使之接触。最后拧紧夹紧螺钉，四块压板 6 将工件夹紧。

由于加工 $\phi 98mm$ 台阶孔时，镗刀杆上采用多排刀事先装夹，因此设计夹具时将镗套 9 外径取得较大，待装好刀的镗刀杆伸入后再安装镗套 9。各镗套均有通油沟槽，以利加工时润滑。

第六章　箱体类零件加工工艺及常用工艺装备

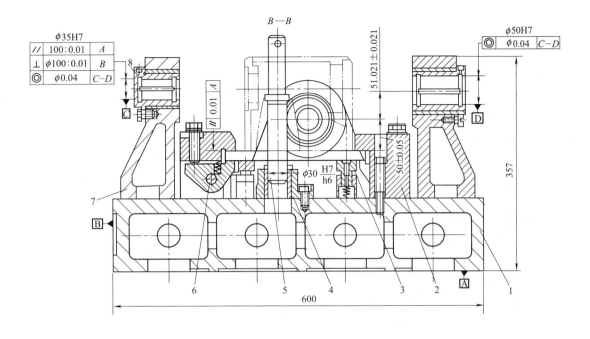

(a)

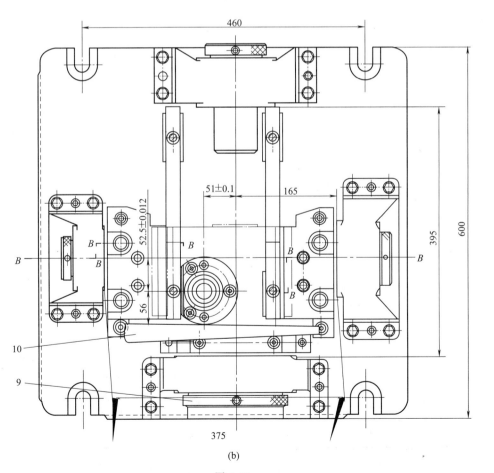

(b)

图 6-59

244 | 机械制造工艺与装备

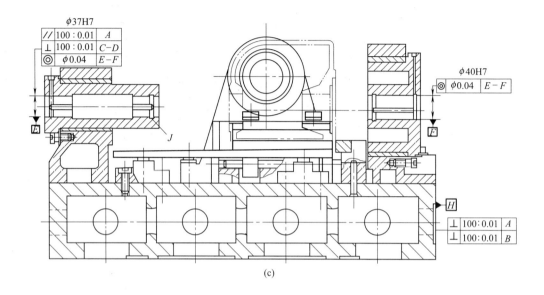

(c)

10	斜楔	1	T10	55～60HRC
9	镗套	1	45	40～45HRC
8	镗套	1	45	40～45HRC
7	支架	1	HT200	
6	压板	4	45	35～40HRC
5	可卸心轴	1	20	渗碳55～60HRC
4	定位衬套	1	T10	55～60HRC
3	支承导轨	2	35	35～40HRC
2	定位块	2	20	渗碳55～60HRC
1	底座	1	HT150	
件号	名称	数量	材料	备注

图 6-59 减速箱体镗模结构图

本夹具特点是底座 1 及支架 7 均设计成箱式结构，此与同样尺寸采用加强筋的结构相比，刚度要高得多。为调整方便，底座上加工有 H、B 两垂直平面，作为找正基准。此外在底座纵横方向上铸出一些孔，作为出砂及起重用。

四、联动夹紧机构

当要求在一个夹紧动作中，对几个作用点进行夹紧；或要求同时夹紧几个工件；或除了实现夹紧动作外，还需要完成一些其他动作，如先定位后夹紧或夹紧前使压板自行趋近工件，松开时使压板自行退出等，这时可以采用多位夹紧机构，即联动夹紧机构。多位（联动）夹紧机构是操作一个手柄或用一个动力装置在几个夹紧位置上同时夹紧一个工件（单件联动夹紧）或夹紧几个工件（多件联动夹紧）的夹紧机构。从夹紧过程来看，多位（联动）夹紧机构可分为平行、先后与平行先后多位夹紧三种结构形式。

（一）单件联动夹紧机构

又称多点夹紧，是指由一个作用力，通过一定的机构将这个力分解到几个点上对工件进行夹紧。如图 6-60 所示为单件联动夹紧机构。它能利用一种联动机构同时从各个方向均匀夹紧工件，而各部位夹紧力可以互相协调一致，可以大大提高生产率。

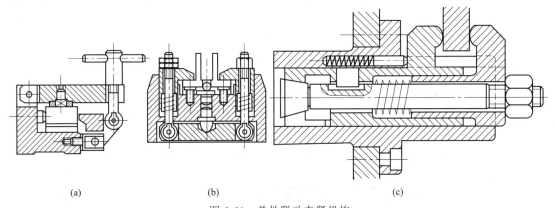

图 6-60 单件联动夹紧机构

单件联动夹紧机构最常用的结构是浮动夹头结构和浮动夹紧机构。图 6-61 是浮动夹头的两个例子。图中浮动零件夹紧时，若只有一个夹紧点与工件接触时，则这个浮动零件能摆动或移动，使两个夹紧点都接触工件，直至最后均衡夹紧。当分散的夹紧点相距较远或夹紧方向差别较大时，采用浮动夹紧机构来实现多点夹紧。

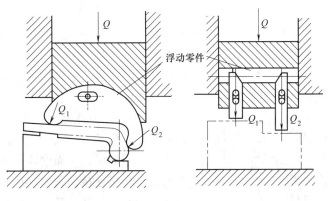

(a) 摆动式浮动夹头　　(b) 移动式浮动夹头

图 6-61 浮动夹头示意

(二) 多件联动夹紧机构

施加一个作用力，通过一定的机构实现对几个工件进行夹紧，称为多件夹紧。图 6-62（a）和图 6-62（c）表示平行多件联动夹紧机构，图 6-62（b）为先后多件联动夹紧机构。

不论是平行联动还是先后联动都必须保证每个工件的夹紧力 q 要满足实际的要求而且要稳定可靠，因此工件的数量要适当。夹紧方向、定位误差方向以及工序尺寸方向要合理配置，以避免夹紧时定位的累积误差对工序尺寸造成影响。图 6-62（b）的情况只适用于被加工表面与夹紧方向平行。如各工件铣中间开口槽，开槽的方向与夹紧方向要平行一致，这样工件定位时在夹紧方向上的累积误差对工件的工序尺寸（垂直于夹紧方向）就不会有影响。

由于同时被夹紧的工件尺寸有差异，必须采用浮动夹紧机构。

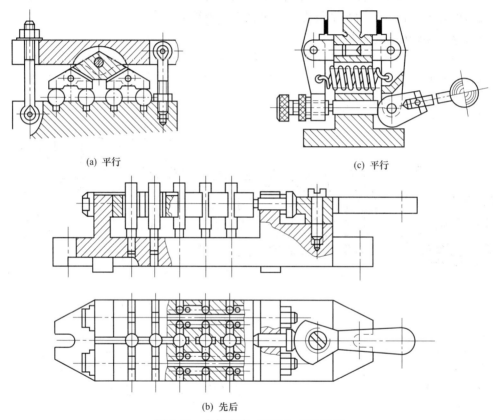

图 6-62　多件多位（联动）夹紧机构

图 6-62（a）所示是利用螺栓、铰链压板的复合夹紧机构，由于要实现四件同时夹紧，所以每两个工件用一个浮动压块来压紧，两个浮动压块之间，再用一个浮动件来连接，这样用三个浮动件夹紧四个工件。

图 6-63 为多件夹紧的另一种结构，四个工件分成两排，安放在四个 V 形块上，每两个工件用一块浮动压板压紧，而两块浮动压板用一根可轴向移动的螺杆来连接。为增加压板的浮动性，螺杆与压板之间都装有球面垫圈。螺杆与夹具体之间采用键销以防止螺杆旋转。

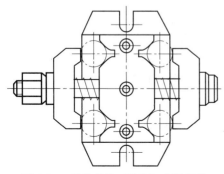

图 6-63　多件多位（联动）夹紧机构

(三) 设计联动夹紧机构应注意的问题

(1) 多位（联动）夹紧机构必须能同时而均匀地夹紧工件　由于工件和夹紧件都有制造公差，且夹紧件在使用后会产生磨损，因此工件定位后各夹紧部位就有位置差别，若用一个刚性夹紧件一次同时夹紧各部位或各工件是不可能的。如图 6-64（a）所示就有两个工件夹不住，必须改为图 6-64（b）的浮动压板，四个工件才能均匀夹紧。

为保证实现多位夹紧，需采取下列措施。

① 各夹紧件之间要能联动或浮动。

② 夹紧件或传力件应设计成可调节的，以便适应工件公差和夹紧件的磨损。图 6-65 是用液性塑料自动调节夹紧力来适应工件尺寸变化的。

③ 既要保证能同时夹紧，也要保证能同时松开。前述各种多位机构中的弹簧都是用来松脱夹紧件的。

(2) 保证每个工件都有足够的夹紧力　如图 6-65 所示。

(3) 夹紧件和传力件要有足够的刚性，保证传力均匀　如图 6-66 所示。

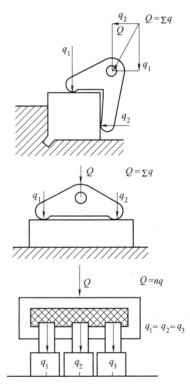

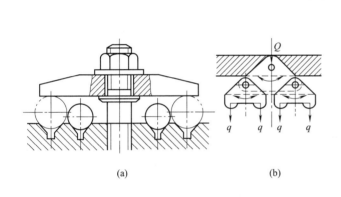

图 6-64　多件夹紧机构的合理设计

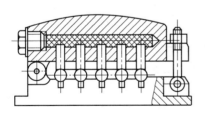

图 6-65　用液性塑料自动调节夹紧力

图 6-66　平行多位夹紧的受力分析

(4) 机动夹紧装置　手动夹紧机构，使用时比较费时费力。为了改善劳动条件和提高生产率，目前在大批量生产中均用气动、液压、电磁、真空等机动夹紧装置来代替人力夹紧。

机动夹紧装置一般由三部分组成：夹紧的动力装置，中间传动机构和夹紧件，如图 6-67 所示。

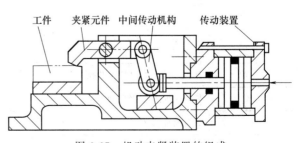

图 6-67　机动夹紧装置的组成

动力装置——用来产生原始力,并把原始力传给中间传动机构。如汽缸、液压缸等。

中间传动机构——将原始力传给夹紧件。它能够改变作用力的方向和大小,即为增力机构。有时也有自锁机构,动力来源消失后仍能保证可靠夹紧。

第五节 典型箱体零件加工工艺分析

一、主轴箱加工工艺过程及其分析

(一)主轴箱加工工艺过程

图 6-2 为某车床主轴箱简图,表 6-8 为该主轴箱小批量生产的工艺过程。表 6-9 为该主轴箱大批量生产的工艺过程。

表 6-8 某主轴箱小批量生产工艺过程

序 号	工 序 内 容	定位基准
10	铸造	
20	时效	
30	油漆	
40	划线:考虑主轴孔有加工余量,并尽量均匀。划 C、A 及 E、D 面加工线	
50	粗、精加工顶面 A	按线找正
60	粗、精加工 B、C 面及侧面 D	B、C 面
70	粗、精加工两端面 E、F	B、C 面
80	粗、半精加工各纵向孔	B、C 面
90	精加工各纵向孔	B、C 面
100	粗、精加工横向孔	B、C 面
110	加工螺孔各次要孔	
120	清洗去毛刺	
130	检验	

表 6-9 某主轴箱大批量生产工艺过程

序 号	工 序 内 容	定位基准
10	铸造	
20	时效	
30	油漆	
40	铣顶面 A	I 孔与 II 孔
50	钻、扩、铰 2×φ8H7 工艺孔	顶面 A 及外形
60	铣两端面 E、F 及前面 D	顶面 A 及两工艺孔
70	铣导轨面 B、C	顶面 A 及两工艺孔
80	磨顶面 A	导轨面 B、C

续表

序 号	工序内容	定位基准
90	粗镗各纵向孔	顶面A及两工艺孔
100	精镗各纵向孔	顶面A及两工艺孔
110	精镗主轴孔Ⅰ	顶面A及两工艺孔
120	加工横向孔及各面上的次要孔	
130	磨B、C导轨面及前面D	顶面A及两工艺孔
140	将2×φ8H7及4×φ7.8mm均扩钻至φ8.5mm，攻6×M10	
150	清洗、去毛刺、倒角	
160	检验	

(二) 箱体类零件加工工艺分析

1. 主要表面加工方法的选择

箱体的主要表面有平面和轴承支承孔。

主要平面的加工，对于中、小件，一般在牛头刨床或普通铣床上进行。对于大件，一般在龙门刨床或龙门铣床上进行。刨削的刀具结构简单，机床成本低，调整方便，但生产率低；在大批、大量生产时，多采用铣削；当生产批量大且精度又较高时可采用磨削。单件小批生产精度较高的平面时，除一些高精度的箱体仍需手工刮研外，一般采用宽刃精刨。当生产批量较大或为保证平面间的相互位置精度，可采用组合铣削和组合磨削，如图6-68所示。

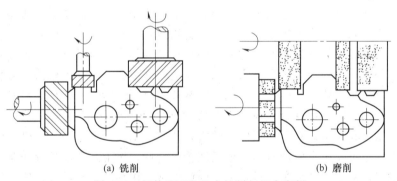

(a) 铣削　　　　　　　　　(b) 磨削

图 6-68　箱体平面的组合铣削与组合磨削

箱体支承孔的加工，对于直径小于φ50mm的孔，一般不铸出，可采用钻—扩（或半精镗）—铰（或精镗）的方案。对于已铸出的孔，可采用粗镗—半精镗—精镗（用浮动镗刀片）的方案。由于主轴轴承孔精度和表面质量要求比其余轴孔高，所以，在精镗后，还要用浮动镗刀片进行精细镗。对于箱体上的高精度孔，最后精加工工序也可采用珩磨、滚压等工艺方法。

2. 拟定工艺过程的原则

(1) 先面后孔的加工顺序　箱体主要由平面和孔组成，这也是它的主要表面。先加工平面，后加工孔，是箱体加工的一般规律。因为主要平面是箱体往机器上的装配基准，先加工主要平面后加工支承孔，使定位基准与设计基准和装配基准重合，从而消除因基准不重合而引起的误差。另外，先以孔为粗基准加工平面，再以平面为精基准加工孔，这样，可为孔的加工提供稳定可靠的定位基准，并且加工平面时切去了铸件的硬皮和凹凸不平，对后序孔的加工有利，可减少钻头引偏和崩刃现象，对刀调整也比较方便。

(2) 粗、精加工分阶段进行　粗、精加工分开的原则：对于刚性差、批量较大、要求精度较高的箱体，一般要粗、精加工分开进行，即在主要平面和各支承孔的粗加工之后再进行主要平面和各支承孔的精加工。这样，可以消除由粗加工所造成的内应力、切削力、切削热、夹紧力对加工精度的影响，并且有利于合理地选用设备等。

粗、精加工分开进行，会使机床，夹具的数量及工件安装次数增加，而使成本提高，所以对单件、小批生产、精度要求不高的箱体，常常将粗、精加工合并在一道工序进行，但必须采取相应措施，以减少加工过程中的变形。例如粗加工后松开工件，让工件充分冷却，然后用较小的夹紧力、以较小的切削用量，多次走刀进行精加工。

(3) 合理地安排热处理工序　为了消除铸造后铸件中的内应力，在毛坯铸造后安排一次人工时效处理，有时甚至在半精加工之后还要安排一次时效处理，以便消除残留的铸造内应力和切削加工时产生的内应力。对于特别精密的箱体，在机械加工过程中还应安排较长时间的自然时效（如坐标镗床主轴箱箱体）。箱体人工时效的方法，除加热保温外，也可采用振动时效。

3. 定位基准的选择

(1) 粗基准的选择　在选择粗基准时，通常应满足以下几点要求：

第一，在保证各加工面均有余量的前提下，应使重要孔的加工余量均匀，孔壁的厚薄尽量均匀，其余部位均有适当的壁厚；

第二，装入箱体内的回转零件（如齿轮、轴套等）应与箱壁有足够的间隙；

第三，注意保持箱体必要的外形尺寸。此外，还应保证定位稳定，夹紧可靠。

为了满足上述要求，通常选用箱体重要孔的毛坯孔作粗基准。例如，表 6-9 大批生产工艺规程中，以 I 孔和 II 孔作为粗基准。由于铸造箱体毛坯时，形成主轴孔、其他支承孔及箱体内壁的型芯是装成一整体放入的，它们之间有较高的相互位置精度，因此不仅可以较好地保证轴孔和其他支承孔的加工余量均匀，而且还能较好地保证各孔的轴线与箱体不加工内壁的相互位置，避免装入箱体内的齿轮、轴套等旋转零件在运转时与箱体内壁相碰。

根据生产类型不同，实现以主轴孔为粗基准的工件安装方式也不一样。大批大量生产时，由于毛坯精度高，可以直接用箱体上的重要孔在专用夹具上定位，工件安装迅速，生产率高。在单件、小批及中批生产时，一般毛坯精度较低，按上述办法选择粗基准，往往会造成箱体外形偏斜，甚至局部加工余量不够，因此通常采用划线找正的办法进行第一道工序的加工，即以主轴孔及其中心线为粗基准对毛坯进行划线和检查，必要时予以纠正，纠正后孔的余量应足够，但不一定均匀。

如表 6-9 大批生产工艺规程中，铣顶面以 I 孔和 II 孔直接在专用夹具上定位。在单件小批生产时，由于毛坯精度低，一般以划线找正法安装。表 6-8 小批生产工艺规程中的序号 40 规定的划线，划线时先找正主轴孔中心，然后以主轴孔为基准找出其他需加工平面的位置。加工箱体时，按所划的线找正安装工件，则体现的是以主轴孔作为粗基准。

(2) 精基准的选择　为了保证箱体零件孔与孔、孔与平面、平面与平面之间的相互位置和距离尺寸精度，箱体类零件精基准选择常用两种原则：基准统一原则、基准重合原则。

① 一面两孔（基准统一原则）　在多数工序中，箱体利用底面（或顶面）及其上的两孔作定位基准，加工其他的平面和孔系，以避免由于基准转换而带来的累积误差。如表 6-9 所示的大批生产工艺过程中，以顶面及其上两孔 $2\times\phi 8H7$ 为定位基准，采用基准统一原则。

② 三面定位（基准重合原则）　箱体上的装配基准一般为平面，而它们又往往是箱体上

其他要素的设计基准,因此以这些装配基准平面作为定位基准,避免了基准不重合误差,有利于提高箱体各主要表面的相互位置精度。表 6-8 小批生产过程中即采用基准重合原则。

由分析可知,这两种定位方式各有优缺点,应根据实际生产条件合理确定。在中、小批量生产时,尽可能使定位基准与设计基准重合,以设计基准作为统一的定位基准。而大批量生产时,优先考虑的是如何稳定加工质量和提高生产率,由此而产生的基准不重合误差通过工艺措施解决,如提高工件定位面精度和夹具精度等。

另外,箱体中间孔壁上有精度要求较高的孔需要加工时,需要在箱体内部相应的地方设置镗杆导向支承架,以提高镗杆刚度。因此可根据工艺上的需要,在箱体底面开一矩形窗口,让中间导向支承架伸入箱体。产品装配时窗口上加密封垫片和盖板用螺钉紧固。这种结构形式已被广泛认可和采纳。

若箱体结构不允许在底面开窗口,而又必须在箱体内设置导向支承架,中间导向支承需用吊架装置悬挂在箱体上方,如图 6-69 所示。吊架刚度差,安装误差大,影响孔系精度;且吊装困难,影响生产率。

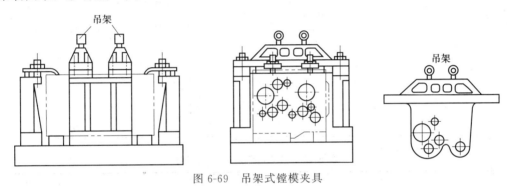

图 6-69 吊架式镗模夹具

二、分离式齿轮箱体加工工艺过程及其分析

一般减速箱,为了制造与装配的方便,常做成可分离的,如图 6-70 所示。

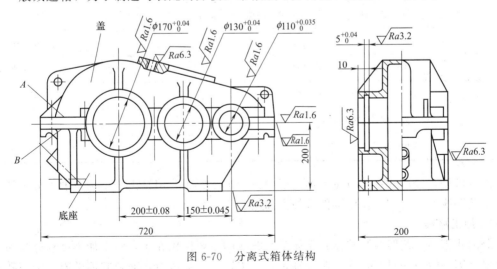

图 6-70 分离式箱体结构

(一) 分离式箱体的主要技术要求

① 对合面对底座的平行度误差不超过 0.5/1000。

② 对合面的表面粗糙度值小于 $Ra1.6\mu m$,两对合面的接合间隙不超过 0.03mm。

③ 轴承支承孔必须在对合面上，误差不超过±0.2mm。

④ 轴承支承孔的尺寸公差为 H7，表面粗糙度值小于 $Ra1.6\mu m$，圆柱度误差不超过孔径公差之半，孔距精度误差为±0.05~0.08mm。

(二) 分离式箱体的工艺特点

分离式箱体的工艺过程如表 6-10、表 6-11、表 6-12 所示。

表 6-10 箱盖的工艺过程

序号	工序内容	定位基准
10	铸造	
20	时效	
30	涂底漆	
40	粗刨对合面	凸缘 A 面
50	刨顶面	对合面
60	磨对合面	顶面
70	钻结合面连接孔	对合面、凸缘轮廓
80	钻顶面螺纹底孔、攻螺纹	对合面二孔
90	检验	

表 6-11 底座的工艺过程

序号	工序内容	定位基准
10	铸造	
20	时效	
30	涂底漆	
40	粗刨对合面	凸缘 B 面
50	刨底面	对合面
60	钻底面4孔、锪沉孔、铰2个工艺孔	对合面、端面、侧面
70	钻侧面测油孔、放油孔、螺纹底孔、锪沉孔、攻螺纹	底面、二孔
80	磨对合面	底面
90	检验	

表 6-12 箱体合装后的工艺过程

序　号	工序内容	定位基准
10	将盖与底座对准合拢夹紧，配钻、铰二定位销孔，打入锥销，根据盖配钻底座结合面的连接孔，锪沉孔	
20	拆开盖与底座、修毛刺、重新装配箱体，打入锥销，拧紧螺栓	
30	铣两端面	底面及两孔
40	粗镗轴承支承孔，割孔内槽	底面及两孔
50	精镗轴承支承孔，割孔内槽	底面及两孔
60	去毛刺、清洗、打标记	
70	检验	

由表可见，分离式箱体虽然遵循一般箱体的加工原则，但是由于结构上的可分离性，因而在工艺路线的拟订和定位基准的选择方面均有一些特点。

1. 加工路线

分离式箱体工艺路线与整体式箱体工艺路线的主要区别在于：整个加工过程分为两个大的阶段：第一阶段先对箱盖和底座分别进行加工，主要完成对合面及其他平面、紧固孔和定位孔的加工，为箱体的合装作准备；第二阶段在合装好的箱体上加工孔及其端面。在两个阶段之间安排钳工工序，将箱盖和底座合装成箱体，并用两销定位，使其保持一定的位置关系，以保证轴承孔的加工精度和拆装后的重复精度。

2. 定位基准

（1）粗基准的选择　分离式箱体最先加工的是箱盖和箱座的对合面。分离式箱体一般不能以轴承孔的毛坯面作为粗基准，而是以凸缘不加工面为粗基准，即箱盖以凸缘 A 面、底座以凸缘 B 面为粗基准。这样可以保证对合面凸缘厚薄均匀，减少箱体合装时对合面的变形。

（2）精基准的选择　分离式箱体的对合面与底面（装配基面）有一定的尺寸精度和相互位置精度要求；轴承孔轴线应在对合面上，与底面也有一定的尺寸精度和相互位置精度要求。为了保证以上几项要求，加工底座的对合面时，应以底面为精基准，使对合面加工时的定位基准与设计基准重合；箱体合装后加工轴承孔时，仍以底面为主要定位基准，并与底面上的两定位孔组成典型的"一面两孔"定位方式。这样，轴承孔的加工，其定位基准既符合"基准统一"原则，也符合"基准重合"原则，有利于保证轴承孔轴线与对合面的重合度及与装配基面的尺寸精度和平行度。

习　题

1. 箱体零件的结构特点及主要技术要求有哪些？
2. 试分析铣削和刨削的工艺特点和适用场合。
3. 顺铣和逆铣两种铣削方式各有什么特点？各应用于什么场合？
4. 平面磨削和其他磨削相比，各有什么特点？各应用于什么场合？
5. 镗模导向装置有哪些布置形式？镗杆和机床主轴，什么时候用刚性连接？什么时候用浮动连接？
6. 题 6-6 图中，已知：$N=100\text{mm}\pm 0.1\text{mm}$，$\alpha=30°$，镗孔时按坐标尺寸 A_x、A_y 调整，试计算 A_x、A_y 及其上下偏差。

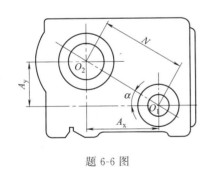

题 6-6 图

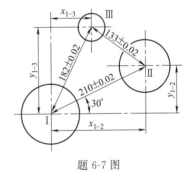

题 6-7 图

7. 在坐标镗床上加工镗模的三个孔，其孔间距如题 6-7 图所示，各孔的加工顺序是先镗孔 I，然后以孔 I 为基准，分别按坐标尺寸镗孔 II 及孔 III。试按等公差法计算确定各孔间的坐标尺寸及公差。
8. 在数控镗床上加工如题 6-8 图所示箱体上的两孔，已知孔 I 的坐标尺寸为 $X_1=180\text{mm}$，$Y_1=130\text{mm}$。两孔的孔距 $L=200\text{mm}\pm 0.1\text{mm}$，试按等公差法计算确定孔 II 的坐标尺寸 X_2、Y_2 及其公差。
9. 标注题 6-9 图所示铣夹具简图中影响加工精度的尺寸及公差。
10. 如何辨证地选择箱体加工的精基准？试举例比较采用"一面两孔"和"几个面组合"两种定位方案的优缺点及适用的场合。
11. 根据箱体零件的特点，粗基准选择时，主要考虑哪些问题？针对不同的生产类型如何选择粗基准？

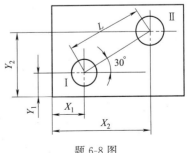

题 6-8 图

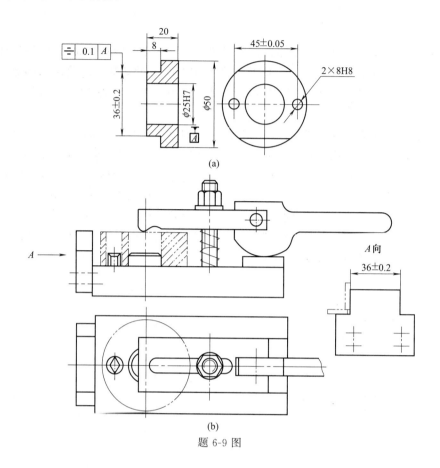

题 6-9 图

第七章　圆柱齿轮加工工艺及常用工艺装备

主 要 内 容

齿轮传动在现代机器和仪器中的应用极为广泛，本章主要介绍圆柱齿轮的技术条件、常用齿轮材料和热处理；齿坯加工工艺方案和齿形加工工艺方案；齿轮加工常用刀具的选择；典型齿轮零件加工工艺方案。

教 学 目 标

掌握根据生产类型选择相应的齿坯加工工艺方案；掌握各种齿形加工方法的工艺特点；掌握根据齿轮精度、生产批量和热处理方法等选择合理的齿形加工方案；通过分析典型齿轮零件的加工工艺，熟悉齿轮加工工艺；能合理地选择齿轮加工刀具。

第一节　概　　述

一、齿轮的功用与结构特点

齿轮传动在现代机器和仪器中的应用极为广泛，其功用是按规定的速比传递运动和动力。

齿轮由于使用要求不同而具有各种不同的形状，但从工艺角度可将齿轮看成是由齿圈和轮体两部分构成。按照齿圈上轮齿的分布形式，可分为直齿、斜齿、人字齿等；按照轮体的结构特点，齿轮大致分为盘形齿轮、套筒齿轮、轴齿轮、扇形齿轮和齿条等，如图7-1所示。

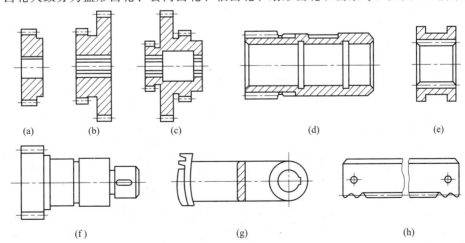

图 7-1　圆柱齿轮的结构形式

在上述各种齿轮中，以盘形齿轮应用最广。盘形齿轮的内孔多为精度较高的圆柱孔和花键孔。其轮缘具有一个或几个齿圈。单齿圈齿轮的结构工艺性最好，可采用任何一种齿形加工方法加工轮齿；双联或三联等多齿圈齿轮[见图 7-1 (b)、(c)]，当其轮缘间的轴向距离较小时，小齿圈齿形的加工方法的选择就受到限制，通常只能选用插齿。如果小齿圈精度要求高，需要精滚或磨齿加工，而轴向距离在设计上又不允许加大时，可将此多齿圈齿轮做成单齿圈齿轮的组合结构，以改善加工的工艺性。

二、齿轮的技术要求

齿轮本身的制造精度，对整个机器的工作性能、承载能力及使用寿命都有很大的影响。根据其使用条件，齿轮传动应满足以下几个方面的要求。

(1) 传递运动准确性　要求齿轮较准确地传递运动，传动比恒定，即要求齿轮在一转中的转角误差不超过一定范围。

(2) 传递运动平稳性　要求齿轮传递运动平稳，以减小冲击、振动和噪声，即要求限制齿轮转动时瞬时速比的变化。

(3) 载荷分布均匀性　要求齿轮工作时，齿面接触要均匀，以使齿轮在传递动力时不致因载荷分布不匀而使接触应力过大，引起齿面过早磨损。接触精度除了包括齿面接触均匀性以外，还包括接触面积和接触位置。

(4) 传动侧隙的合理性　要求齿轮工作时，非工作齿面间留有一定的间隙，以储存润滑油，补偿因温度、弹性变形所引起的尺寸变化和加工、装配时的一些误差。

齿轮的制造精度和齿侧间隙主要根据齿轮的用途和工作条件而定。对于分度传动用的齿轮，主要要求齿轮的运动精度较高；对于高速动力传动用齿轮，为了减少冲击和噪声，对工作平稳性精度有较高要求；对于重载低速传动用的齿轮，则要求齿面有较高的接触精度，以保证齿轮不致过早磨损；对于换向传动和读数机构用的齿轮，则应严格控制齿侧间隙，必要时，须消除间隙。

(5) 渐开线圆柱齿轮精度等级　GB/T 10095.1—2008 和 GB/T 10095.2—2008 中对渐开线圆柱齿轮精度作了如下规定：

① 轮齿同侧齿面偏差规定了 0、1~12 共 13 个精度等级，其中 0 级最高，12 级最低；

② 径向综合偏差规定了 4~12 共 9 个精度等级，其中 4 级最高，12 级最低；

③ 对于径向跳动，GB/T 10095.2—2008 在附录 B 中推荐了 0、1~12 共 13 个精度等级，其中 0 级最高，12 级最低。

表 7-1 为齿轮传动使用要求的评定指标。

表 7-1　齿轮传动使用要求的评定指标（单个齿轮）

评定指标		偏差	评定指标		对传动性能的主要影响
轮齿同侧齿面偏差	齿距偏差	单个齿距偏差 f_{pt}	径向综合偏差与径向跳动	径向综合总偏差 F_i''	其中 F_p、F_i''、F_r、F_i' 是长周期偏差，影响齿轮传递运动的准确性 F_i''、F_r 反映几何偏心引起的径向误差，F_i'、F_p 反映几何偏心、运动偏心引起切向误差 f_{pt}、f_i'、f_i'' 及齿廓偏差是短周期偏差，影响齿轮传动的平稳性 螺旋线偏差　主要影响载荷分布的均匀性
		单个齿距偏差 $\pm f_{pt}$			
		齿距累积偏差 F_{pk}			
		齿距累积偏差 $\pm F_{pk}$			
		齿距累积总偏差 F_p			
		齿距累积总偏差 F_p			
	齿廓偏差	齿廓总偏差 F_α			
		齿廓总偏差 F_α			
		齿廓形状偏差 $f_{f\alpha}$			
		齿廓形状偏差 $f_{f\alpha}$		一齿径向综合偏差 f_i''	
		齿廓倾斜偏差 $f_{H\alpha}$			
		齿廓倾斜偏差 $\pm f_{H\alpha}$			
	切向综合偏差	切向综合总偏差 F_i'			
		切向综合总偏差 F_i'			
		一齿切向综合偏差 f_i'			
		一齿切向综合偏差 f_i'		径向圆跳动 F_r	
	螺旋线偏差	螺旋线总偏差 F_β			
		螺旋线总偏差 F_β			
		螺旋线形状偏差 $f_{f\beta}$			
		螺旋线形状偏差 $f_{f\beta}$			
		螺旋线倾斜偏差 $f_{H\beta}$			
		螺旋线倾斜偏差 $\pm f_{H\beta}$			

三、齿轮的材料、热处理和毛坯

（一）齿轮的材料与热处理

1. 材料的选择

齿轮应按照使用时的工作条件选用合适的材料。齿轮材料的合适与否对齿轮的加工性能和使用寿命都有直接的影响。

一般来说，对于低速重载的传力齿轮，齿面受压产生塑性变形和磨损，且轮齿易折断。应选用机械强度、硬度等综合力学性能较好的材料，如 18CrMnTi；线速度高的传力齿轮，齿面容易产生疲劳点蚀，所以齿面应有较高的硬度，可用 38CrMoAlA 氮化钢；承受冲击载荷的传力齿轮，应选用韧性好的材料，如低碳合金钢 18CrMnTi；非传力齿轮可以选用不淬火钢、铸铁、夹布胶木、尼龙等非金属材料。一般用途的齿轮均用 45 钢等中碳结构钢和低碳结构钢如 20Cr、40Cr、20CrMnTi 等制成。

2. 齿轮的热处理

齿轮加工中根据不同的目的，安排两类热处理工序。

（1）毛坯热处理　在齿坯加工前后安排预备热处理——正火或调质。其主要目的是消除锻造及粗加工所引起的残余应力，改善材料的切削性能和提高综合力学性能。

（2）齿面热处理　齿形加工完毕后，为提高齿面的硬度和耐磨性，常进行渗碳淬火，高频淬火，碳氮共渗和氮化处理等热处理工序。

（二）齿轮毛坯

齿轮毛坯形式主要有棒料、锻件和铸件。棒料用于小尺寸、结构简单且对强度要求不太高的齿轮。当齿轮强度要求高，并要求耐磨损、耐冲击时，多用锻件毛坯。当齿轮的直径大于 $\phi 400 \sim 600$ 时，常用铸造齿坯。为了减少机械加工量，对大尺寸、低精度的齿轮，可以直接铸出轮齿；对于小尺寸、形状复杂的齿轮，可以采用精密铸造、压力铸造、精密锻造、粉末冶金、热轧和冷挤等新工艺制造出具有轮齿的齿坯，以提高劳动生产率，节约原材料。

四、齿坯加工

齿形加工之前的齿轮加工称为齿坯加工，齿坯的内孔（或轴颈）、端面或外圆经常是齿轮加工、测量和装配的基准，齿坯的精度对齿轮的加工精度有着重要的影响。因此，齿坯加工在整个齿轮加工中占有重要的地位。

（一）齿坯加工精度

齿坯加工中，主要要求保证的是基准孔（或轴颈）的尺寸精度和形状精度、基准端面相对于基准孔（或轴颈）的位置精度。不同精度的孔（或轴颈）的齿坯公差、齿轮基准面径向和端面圆跳动公差以及表面粗糙度等要求分别列于表 7-2、表 7-3 和表 7-4 中。

表 7-2　齿坯公差

齿轮精度等级[①]	5	6	7	8	9
孔　尺寸公差 　　形状公差	IT5	IT6	IT7		IT8
轴　尺寸公差 　　形状公差	IT5		IT6		IT7
顶圆直径[②]	IT7		IT8		IT8

① 当三个公差组的精度等级不同时，按最高精度等级确定公差值。
② 当顶圆不作为测量齿厚基准时，尺寸公差按 IT11 给定，但应小于 0.1mm。

表 7-3 齿轮基准面径向和端面圆跳动公差　　　　　　　　　　　　　μm

分度圆直径/mm		精度等级				
大于	到	1和2	3和4	5和6	7和8	9和12
0	125	2.8	7	11	18	28
125	400	3.6	9	14	22	36
400	800	5.0	12	20	32	50

表 7-4 齿坯基准面的表面粗糙度参数 R_a　　　　　　　　　　　　μm

精度等级	3	4	5	6	7	8	9	10
孔	≤0.2	≤0.2	0.4~0.2	≤0.8	1.6~0.8	≤1.6	≤3.2	≤3.2
颈端	≤0.1	0.2~0.1	≤0.2	≤0.4	≤0.8	≤1.6	≤1.6	≤1.6
端面顶圆	0.2~0.1	0.4~0.2	0.6~0.4	0.6~0.3	1.6~0.8	3.2~1.6	≤3.2	≤3.2

（二）齿坯加工方案

齿坯加工方案的选择主要与齿轮的轮体结构、技术要求和生产批量等因素有关。对轴、套筒类齿轮的齿坯，其加工工艺与一般轴、套筒零件的加工工艺相类同。下面主要对盘齿轮的齿坯加工方案作一介绍。

1. 中、小批生产的齿坯加工

中小批生产尽量采用通用机床加工。对于圆柱孔齿坯，可采用粗车—精车的加工方案：

① 在卧式车床上粗车齿轮各部分；

② 在一次安装中精车内孔和基准端面，以保证基准端面对内孔的跳动要求；

③ 以内孔在心轴上定位，精车外圆、端面及其他部分。

对于花键孔齿坯，采用粗车—拉—精车的加工方案。

2. 大批量生产的齿坯加工

大批量生产中，无论花键孔或圆柱孔，均采用高生产率的机床（如拉床、多轴自动或多刀半自动车床等），其加工方案如下：

① 以外圆定位加工端面和孔（留拉削余量）；

② 以端面支承拉孔；

③ 以孔在心轴上定位，在多刀半自动车床上粗车外圆、端面和切槽；

④ 不卸下心轴，在另一台车床上续精车外圆、端面、切槽和倒角，如图 7-2 所示。

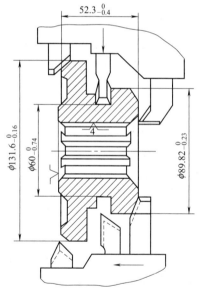

图 7-2 在多刀半自动车床上精车齿坯外形

第二节　圆柱齿轮齿形加工方法和加工方案

一个齿轮的加工过程是由若干工序组成的。为了获得符合精度要求的齿轮，整个加工过程都是围绕着齿形加工工序服务的。齿形加工方法很多，按加工中有无切削，可分为无切削加工和有切削加工两大类。

无切削加工包括热轧齿轮、冷轧齿轮、精锻、粉末冶金等新工艺。无切削加工具有生产率高、材料消耗少、成本低等一系列的优点，目前已推广使用。但因其加工精度较低，工艺不够稳定，特别是生产批量小时难以采用，又限制了它的使用。

齿形的有切削加工，具有良好的加工精度，目前仍是齿形的主要加工方法。按其加工原理可分为成形法和展成法两种。

成形法的特点是所用刀具的切削刃形状与被切齿轮轮槽的形状相同，如图 7-3 所示。用成形原理加工齿形的方法有：用齿轮铣刀在铣床上铣齿，用成形砂轮磨齿，用齿轮拉刀拉齿等。这些方法由于存在分度误差及刀具的安装误差，所以加工精度较低，一般只能加工出 9～10 级精度的齿轮。此外，加工过程中需作多次不连续分齿，生产率也很低。因此，主要用于单件小批量生产和修配工作中加工精度不高的齿轮。

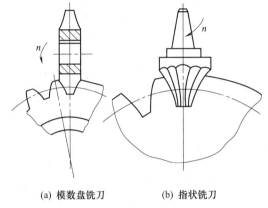

(a) 模数盘铣刀　　(b) 指状铣刀

图 7-3　成形法加工齿轮

展成法是应用齿轮啮合的原理来进行加工的，用这种方法加工出来的齿形轮廓是刀具切削刃运动轨迹的包络线。齿数不同的齿轮，只要模数和齿形角相同，都可以用同一把刀具来加工。用展成原理加工齿形的方法有：滚齿，插齿，剃齿，珩齿和磨齿等。其中剃齿、珩齿和磨齿属于齿形的精加工方法。展成法的加工精度和生产率都较高，刀具通用性好，所以在生产中应用十分广泛。

一、滚齿

（一）滚齿的原理及工艺特点

滚齿是齿形加工方法中生产率较高、应用最广的一种加工方法。在滚齿机上用齿轮滚刀加工齿轮的原理，相当于一对螺旋齿轮作无侧隙强制性的啮合，滚齿加工的通用性较好，既可加工圆柱齿轮，又能加工蜗轮；既可加工渐开线齿形，又可加工圆弧、摆线等齿形；既可加工大模数齿轮，又能加工大直径齿轮。

滚齿可直接加工 8～9 级精度齿轮，也可用作 7 级以上齿轮的粗加工及半精加工。滚齿可以获得较高的运动精度，但因滚齿时齿面是由滚刀的刀齿包络而成，参加切削的刀齿数有限，因而齿面的表面粗糙度较粗。为了提高滚齿的加工精度和齿面质量，宜将粗精滚齿分开。

（二）滚齿加工质量分析

（1）几何偏心　由于齿坯的实际回转中心与其基准孔中心不重合，使所切齿轮的轮齿一边齿高增大，一边齿高减少，如图 7-4 所示。当这种齿轮与理想齿轮啮合时，必然产生转角误差，从而影响齿轮传递运动准确性。

切齿时产生几何偏心的主要原因如下：
① 调整夹具时，心轴和机床工作台回转中心不重合；
② 齿坯基准孔与心轴间有间隙，装夹时偏向一边；
③ 基准端面定位不好，夹紧后内孔相对工作台回转中心产生偏心。

（2）运动偏心　切齿时产生运动偏心的主要原因是分度蜗轮在制造和安装中与工作台回

转中心不重合（运动偏心），使工作台回转中发生转角误差，并复映给齿轮。

由于运动偏心，实际齿廓相对理论位置沿圆周方向（切向）发生位移，如图 7-5 所示。因此，运动偏心也影响齿轮传递运动准确性。

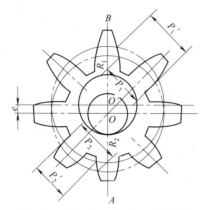
图 7-4　几何偏心引起的径向误差

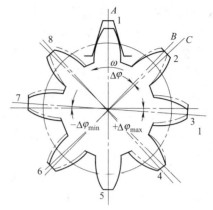
图 7-5　运动偏心引起的切向误差

（3）滚刀的安装误差和制造误差　齿轮滚刀的制造刃磨误差及滚刀的安装误差在滚刀的每一转中都会反映到齿面上，产生齿廓偏差。

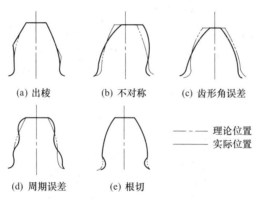
图 7-6　常见的齿廓形状偏差

齿廓形状偏差主要常见的如图 7-6 所示的各种形式。图 7-6（a）为齿面出棱、图 7-6（b）为齿形不对称、图 7-6（c）为齿形角误差、图 7-6（d）为齿面上的周期性误差、图 7-6（e）为齿轮根切。由于齿轮的齿面偏离了正确的渐开线，使齿轮传动中瞬时传动比不稳定，影响齿轮传递运动平稳性。

如滚刀的基节和齿形角存在误差，就会引起齿轮的齿距偏差。齿距偏差会使一对齿过渡到另一对齿啮合时传动比的瞬时突变，由于传动比瞬时突变而产生瞬时冲击、噪声和振动，从而也影响齿轮传递运动平稳性。

（4）机床的误差　滚齿机刀架导轨相对于工作台回转轴线存在平行度误差，使齿轮引起螺旋线偏差，如图 7-7 所示。

由于心轴、齿坯基准轴向圆跳动及垫圈两端面不平行等引起的齿坯安装歪斜，也会产生齿轮螺旋线偏差，如图 7-8 所示。

齿轮的螺旋线误差将影响齿轮齿面的载荷分布均匀性。

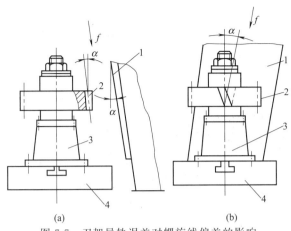 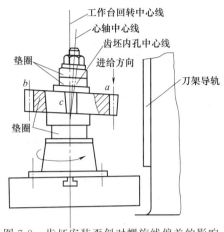

图 7-7 刀架导轨误差对螺旋线偏差的影响
1—刀架导轨；2—齿坯；3—夹具底座；4—机床工作台

图 7-8 齿坯安装歪斜对螺旋线偏差的影响

（三）提高滚齿生产率的途径

（1）**高速滚齿** 近年来，我国已开始设计和制造高速滚齿机，同时生产出铝高速钢（Mo5Al）滚刀。滚齿速度由一般 $v=30\text{m/min}$ 提高到 $v=100\text{m/min}$ 以上，轴向进给量 $f=1.38\text{mm/r}\sim2.6\text{mm/r}$，使生产率提高 25%。

国外用高速钢滚刀滚齿速度已提高到 $100\sim150\text{m/min}$；硬质合金滚刀已试验到 400m/min 以上。总之，高速滚齿具有一定的发展前途。

（2）**多头滚刀** 采用多头滚刀可明显提高生产率，但加工精度较低，齿面粗糙，因而多用于粗加工中。当齿轮加工精度要求较高时，可采用大直径滚刀，使参加展成运动的刀齿数增加，加工齿面粗糙度较细。

（3）**改进滚齿加工方法**

① 多件加工。将几个齿坯串装在心轴上加工，可以减少滚刀对每个齿坯的切入切出时间及装卸时间。

② 采用径向切入。滚齿时滚刀切入齿坯的方法有两种：径向切入和轴向切入。径向切入比轴向切入行程短，可节省切入时间，对大直径滚刀滚齿时尤为突出。

③ 采用轴向窜刀和对角滚齿。滚刀参与切削的刀齿负荷不等，磨损不均，当负荷最重的刀齿磨损到一定程度时，应将滚刀沿其轴向移动一段距离（即轴向窜刀）后继续切削，以提高刀具的使用寿命。

对角滚齿是滚刀在沿齿坯轴向进给的同时，还沿滚刀刀杆轴向连续移动，两种运动的合成，使齿面形成对角线刀痕，不仅降低了齿面粗糙度，而且使刀齿磨损均匀，提高了刀具的使用寿命和耐用度，如图 7-9 所示。

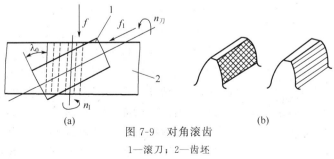

图 7-9 对角滚齿
1—滚刀；2—齿坯

二、插齿

(一) 插齿原理及运动

1. 插齿原理

从插齿过程的原理上分析,如图7-10所示,插齿相当于一对轴线相互平行的圆柱齿轮相啮合。插齿刀实质上就是一个磨有前后角并具有切削刃的齿轮。

2. 插齿的主要运动

(1) 切削运动 插齿刀的上、下往复运动。

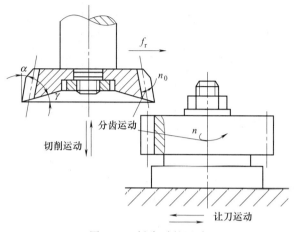

图7-10 插齿时的运动

(2) 分齿展成运动 插齿刀与工件之间应保持正确的啮合关系。插齿刀往复一次,工件相对刀具在分度圆上转过的弧长为加工时的圆周进给量,故刀具与工件的啮合过程也就是圆周进给过程。

(3) 径向进给运动 插齿时,为逐步切至全齿深,插齿刀应有径向进给量 f_r。

(4) 让刀运动 插齿刀做上下往复运动时,向下是切削行程。为了避免刀具擦伤已加工的齿面并减少刀齿的磨损,在插齿刀向上运动时,工作台带动工件退出切削区一段距离(径向)。插齿刀工作行程时,工作台再恢复原位。

(二) 插齿的工艺特点

插齿和滚齿相比,在加工质量、生产率和应用范围等方面都有其特点。

1. 插齿的加工质量

(1) 插齿的齿形精度比滚齿高 滚齿时,形成齿形包络线的切线数量只与滚刀容屑槽的数目和基本蜗杆的头数有关,它不能通过改变加工条件而增减;但插齿时,形成齿形包络线的切线数量由圆周进给量的大小决定,并可以选择。此外,制造齿轮滚刀时是近似造型的蜗杆来替代渐开线基本蜗杆,这就有造型误差。而插齿刀的齿形比较简单,可通过高精度磨齿获得精确的渐开线齿形。所以插齿可以得到较高的齿形精度。

(2) 插齿后齿面粗糙度值比滚齿小 这是因为滚齿时,滚刀在齿向方向上作间断切削,形成如图7-11(a)所示的鱼鳞状波纹;而插齿时插齿刀沿齿向方向的切削是连续的,如图7-11(b)所示。所以插齿时齿面粗糙度值较小。

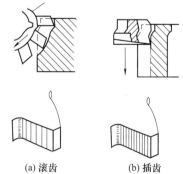

图7-11 滚齿和插齿齿面的比较

(3) 插齿的运动精度比滚齿差 这是因为插齿机的传动链比滚齿机多了一个刀具蜗轮副,即多了一部分传动误差。另外,插齿刀的一个刀齿相应切削工件的一个齿槽,因此,插齿刀本身的周节累积误差必然会反映到工件上。而滚齿时,因为工件的每一个齿槽都是由滚刀相同的2~3圈刀齿加工出来的,故滚刀的齿距累积误差不影响被加工齿轮的齿距精度,所以滚齿的运动精度比插齿高。

(4) 插齿的齿向误差比滚齿大 插齿时的齿向误差主要决定于插齿机主轴回转轴线与工作台回转轴线的平行度误差。由于插齿刀工作时往复运动的频率高,使得主轴与套筒之间的磨损大，因此插齿的齿向误差比滚齿大。

所以就加工精度来说，对运动精度要求不高的齿轮，可直接用插齿来进行齿形精加工，而对于运动精度要求较高的齿轮和剃前齿轮（剃齿不能提高运动精度），则用滚齿较为有利。

2. 插齿的生产率

切制模数较大的齿轮时，插齿速度要受到插齿刀主轴往复运动惯性和机床刚性的制约；切削过程又有空程的时间损失，故生产率不如滚齿高。只有在加工小模数、多齿数并且齿宽较窄的齿轮时，插齿的生产率才比滚齿高。

3. 滚、插齿的应用范围

① 加工带有台阶的齿轮以及空刀槽很窄的双联或多联齿轮，只能用插齿。这是因为：插齿刀"切出"时只需要很小的空间，而滚齿时滚刀会与大直径部位发生干涉。

② 加工无空刀槽的人字齿轮，只能用插齿。

③ 加工内齿轮，只能用插齿。

④ 加工蜗轮，只能用滚齿。

⑤ 加工斜齿圆柱齿轮，两者都可用。但滚齿比较方便。插制斜齿轮时，插齿机的刀具主轴上须设有螺旋导轨，来提供插齿刀的螺旋运动，并且要使用专门的斜齿插齿刀，所以很不方便。

（三）提高插齿生产率的途径

① 提高圆周进给量可减少机动时间，但圆周进给量和空行程时的让刀量成正比，因此，必须解决好刀具的让刀问题。

② 挖掘机床潜力增加往复行程次数，采用高速插齿。

有的插齿机往复行程次数可达 1200~1500 次/min，最高的可达到 2500 次/min。比常用的提高了 3~4 倍，使切削速度大大提高，同时也能减少插齿所需的机动时间。

③ 改进刀具参数，提高插齿刀的耐用度，充分发挥插齿刀的切削性能。如采用 W18Cr4V 插齿刀，切削速度可达到 60m/min；加大前角至 15°、后角至 9°，可提高耐用度 3 倍；在前刀面磨出 1~1.5mm 宽的平台，也可提高耐用度 30%左右。

三、剃齿

（一）剃齿原理

剃齿加工是根据一对螺旋角不等的螺旋齿轮啮合的原理，剃齿刀与被切齿轮的轴线空间交叉一个角度，如图 7-12（a）所示，剃齿刀为主动轮 1，被切齿轮为从动轮 2，它们的啮合为无侧隙双面啮合的自由展成运动。在啮合传动中，由于轴线交叉角"φ"的存在，齿面间沿齿向产生相对滑移，此滑移速度 $v_{切} = (v_{t2} - v_{t1})$ 即为剃齿加工的切削速度。剃齿刀的齿面开槽而形成刀刃，通过滑移速度将齿轮齿面上的加工余量切除。由于是双面啮合，剃齿刀的两侧面都能进行切削加工，但由于两侧面的切削角度不同，一侧为锐角，切削能力强；另一侧为钝角，切削能力弱，以挤压擦光为主，故对剃齿质量有较大影响。为使齿轮两侧获得同样的剃削条件，则在剃削过程中，剃齿刀做交替正反转运动。

剃齿加工需要有以下几种运动。

① 剃齿刀带动工件的高速正、反转运动——基本运动。

② 工件沿轴向往复运动——使齿轮全齿宽均能剃出。

③ 工件每往复一次做径向进给运动——以切除全部余量。

综上所述，剃齿加工的过程是剃齿刀与被切齿轮在轮齿双面紧密啮合的自由展成运动中，实现微细切削的过程，而实现剃齿的基本条件是轴线存在一个交叉角，当交叉角为零时,切削速度为零,剃齿刀对工件没有切削作用。

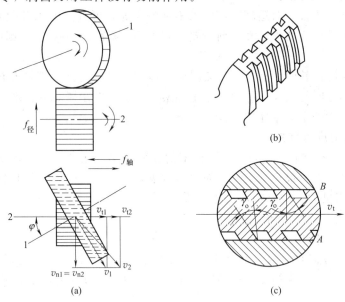

图 7-12 剃齿原理
1—剃齿刀;2—被切齿轮

(二) 剃齿特点

① 剃齿加工精度一般为 6~7 级,表面粗糙度 Ra 为 $0.8~0.4\mu m$,用于未淬火齿轮的精加工。

② 剃齿加工的生产率高,加工一个中等尺寸的齿轮一般只需 2~4min,与磨齿相比较,可提高生产率 10 倍以上。

③ 由于剃齿加工是自由啮合,机床无展成运动传动链,故机床结构简单,机床调整容易。

(三) 保证剃齿质量应注意的几个问题

1. 对剃前齿轮的加工要求

(1) 剃前齿轮材料　要求材料密度均匀,无局部缺陷,韧性不得过大,以免出现滑刀和啃切现象,影响表面粗糙度。剃前齿轮硬度在 22~32HRC 范围内较合适。

(2) 剃前齿轮精度　由于剃齿是"自由啮合",无强制的分齿运动,故分齿均匀性无法控制。由于剃前齿圈有径向误差,在开始剃齿时,剃齿刀只能与工件上距旋转中心较远的齿廓做无侧隙啮合的剃削,而与其他齿则有齿侧间隙,但此时无剃削作用。连续径向进给,其他齿逐渐与刀齿作无侧隙啮合。结果齿圈原有的径向跳动减少了,但齿廓的位置沿切向发生了新的变化,公法线长度变动量增加。故剃齿加工不能修正公法线长度变动量。虽对齿圈径向跳动有较强的修正能力,但为了避免由于径向跳动过大而在剃削过程中导致公法线长度的进一步变动,从而要求剃前齿轮的径向误差不能过大。除此以外,剃齿对齿轮其他各项误差均有较强的修正能力。

分析得知,剃齿对第一公差组的误差修正能力较弱,因此要求齿轮的运动精度在剃前不能低于剃后要求,特别是公法线长度变动量应在剃前保证;其他各项精度可比剃后低一级。

(3) 剃齿余量　剃齿余量的大小,对加工质量及生产率均有一定影响。余量不足,剃前误差和齿面缺陷不能全部除去;余量过大,刀具磨损快,剃齿质量反而变坏。表 7-5 可供选择余量时参考。

表 7-5 剃齿余量　　　　　　　　　　　　　　　　　　　mm

模数	1～1.75	2～3	3.25～4	4～5	5.5～6
剃齿余量	0.07	0.08	0.09	0.10	0.11

2. 剃齿刀的选用

剃齿刀的精度分 A、B、C 三级，分别加工 6、7、8 级精度的齿轮。剃齿刀分度圆直径随模数大小有三种：85mm、180mm、240mm；其中 240mm 应用最普遍。分度圆螺旋角有 5°、10°、15° 三种，其中 5° 和 10° 两种应用最广。15° 多用于加工直齿圆柱齿轮；5° 多用于加工斜齿轮和多联齿轮中的小齿轮。在剃削斜齿轮时，轴交叉角 φ 不宜超过 10°～20°，不然剃削效果不好。

3. 剃后的齿形误差与剃齿刀齿廓修形

剃齿后的齿轮齿形有时出现节圆附近凹入，如图 7-13 所示，一般在 0.03mm 左右。被剃齿轮齿数越少，中凹现象越严重。

为消除剃后齿面中凹现象，可将剃齿刀齿廓修形，需要通过大量实验才能最后确定。也可采用专门的剃前滚刀滚齿后，再进行剃齿。

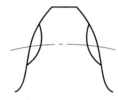

图 7-13　剃齿的齿形误差

四、珩齿

淬火后的齿轮轮齿表面有氧化皮，影响齿面粗糙度，热处理的变形也影响齿轮的精度。由于工件已淬硬，除可用磨削加工外，也可以采用珩齿进行精加工。

珩齿原理与剃齿相似，珩轮与工件类似于一对螺旋齿轮呈无侧隙啮合，利用啮合处的相对滑动，并在齿面间施加一定的压力来进行珩齿。

珩齿时的运动和剃齿相同。即珩轮带动工件高速正、反向转动，工件沿轴向往复运动及工件作径向进给运动。与剃齿不同的是开车后一次径向进给到预定位置，故开始时齿面压力较大，随后逐渐减小，直到压力消失时珩齿便结束。

珩轮由磨料（通常 80#～180# 粒度的电刚玉）和环氧树脂等原料混合后在铁芯中浇注而成。珩齿是齿轮热处理后的一种精加工方法。

与剃齿相比较，珩齿具有以下工艺特点。

① 珩轮结构和磨轮相似，但珩齿速度甚低（通常为 1～3m/s），加之磨粒粒度较细，珩轮弹性较大，故珩齿过程实际上是一种低速磨削、研磨和抛光的综合过程。

② 珩齿时，齿面间隙除沿齿向有相对滑动外，沿齿形方向也存在滑动，因而齿面形成复杂的网纹，提高了齿面质量，其粗糙度可从 $Ra1.6\mu m$ 降到 $Ra0.8～0.4\mu m$。

③ 珩轮弹性较大，对珩前齿轮的各项误差修正作用不强。因此，对珩轮本身的精度要求不高，珩轮误差一般不会反映到被珩齿轮上。

④ 珩轮主要用于去除热处理后齿面上的氧化皮和毛刺。珩齿余量一般不超过 0.025mm，珩轮转速达到 1000r/min 以上，纵向进给量为 0.05～0.065mm/r。

⑤ 珩轮生产率甚高，一般 1min 珩一个，通过 3～5 次往复即可完成。

五、磨齿

磨齿是目前齿形加工中精度最高的一种方法。它既可磨削未淬硬的齿轮，也可磨削淬硬的齿轮。磨齿精度 4～6 级，齿面粗糙度为 $Ra0.8～0.2\mu m$。对齿轮误差及热处理变形有较强的修正能力。多用于硬齿面高精度齿轮及插齿刀、剃齿刀等齿轮刀具的精加工。其缺点是生产率低,加工成本高,故适用于单件小批生产。

(一) 磨齿原理及方法

根据齿面渐开线的形成原理,磨齿方法分为仿形法和展成法两类。仿形法磨齿是用成形砂轮直接磨出渐开线齿形,目前应用甚少;展成法磨齿是将砂轮工作面制成假想齿条的两侧面,通过与工件的啮合运动包络出齿轮的渐开线齿面。

下面介绍几种常用的磨齿方法。

1. 锥面砂轮磨齿

采用这类磨齿方法的有 Y7131 和 Y7132 型磨齿机。它们是利用假想齿条

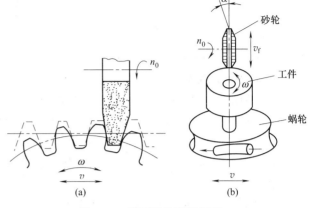

图 7-14 锥面砂轮磨齿原理

与齿轮的强制啮合关系进行展成加工,如图 7-14 所示。

由于齿轮有一定的宽度,为了磨出全部齿面,砂轮还必须沿齿轮轴向作往复运动。轴向往复运动和展成运动结合起来使磨粒在齿面上的磨削轨迹如图 7-15 所示。

2. 双片碟形砂轮磨齿

图 7-16 所示为双片碟形砂轮磨齿原理。

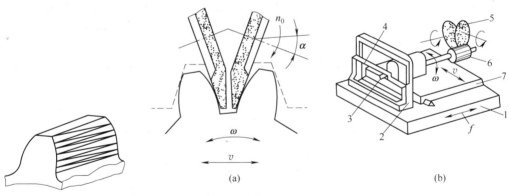

图 7-15 齿面磨削轨迹　　图 7-16 双片碟形砂轮磨齿原理

1—工作台;2—框架;3—滚圆盘;4—钢带;5—砂轮;6—工件;7—滑座

两片碟形砂轮磨齿构成假想齿条的两个侧面。磨齿时砂轮只在原位回转(n_0);工件作相应的正反转动(ω)和往复移动(v),形成展成运动。为了磨出工件全齿宽,工件还必须沿其轴线方向作慢速进给运动(f)。当一个齿槽的两侧面磨完后,工件快速退出砂轮,经分度后再进入下一个齿槽位置进行齿面加工。

上述展成运动可通过图 7-16 (b) 所示的机构实现。通过图中滑座 7 和框架 2、滚圆盘 3 及钢带 4 所组成的滚圆盘钢带机构,以实现工件正反转动(ω)与往复移动(v)的配合运动。工件慢速进给(f)由工作台 1 的移动完成。

这种磨齿方法由于产生展成运动的传动环节少、传动链误差小(砂轮磨损后有自动补偿装置予以补偿)和分齿精度高,故加工精度可达 4 级。但由于碟形砂轮刚性差,切削深度较小,生产率低,故加工成本较高,适用于单件小批生产中外啮合直齿和斜齿轮的高精度加工。

（二）提高磨齿精度和磨齿效率的措施

1. 提高磨齿精度的措施

（1）合理选择砂轮　砂轮材料选用白刚玉（WA），硬度以软、中软为宜。粒度则根据所用砂轮外形和表面粗糙度要求而定，一般在 $46^{\#}\sim 80^{\#}$ 的范围内选取。对蜗杆型砂轮，粒度应选得细一些，因为其展成速度较快，为保证齿面较低的粗糙度，粒度不宜较粗。此外，为保证磨齿精度，砂轮必须经过精确平衡。

（2）提高机床精度　主要是提高工件主轴的回转精度，如采用高精度轴承，提高分度盘的齿距精度，并减少其安装误差等。

（3）采用合理的工艺措施　主要有：按工艺规程进行操作；齿轮进行反复的定性处理和回火处理，以消除因残余应力和机械加工而产生的内应力；提高工艺基准的精度，减少孔和轴的配合间隙对工件的偏心影响；隔离振动源，防止外来干扰；磨齿时室温保持稳定，每磨一批齿轮，其温差不大于 $1^{\circ}\mathrm{C}$；精细修整砂轮，所用的金刚石必须锋利等。

2. 提高磨齿效率的措施

磨齿效率的提高主要是减少走刀次数，缩短行程长度及提高磨削用量等。常用措施如下：

① 磨齿余量要均匀，以便有效地减少走刀次数；

② 缩短展成长度，以便缩短磨齿时间，粗加工时可用无展成磨削；

③ 采用大气孔砂轮，以增大磨削用量。

六、齿轮加工方案选择

齿轮加工方案的选择，主要取决于齿轮的精度等级、生产批量和热处理方法等。下面提出齿轮加工方案选择时的几条原则，以供参考。

① 对于 8 级及 8 级以下精度的不淬硬齿轮，可用铣齿、滚齿或插齿直接达到加工精度要求。

② 对于 8 级及 8 级以下精度的淬硬齿轮，需在淬火前将精度提高一级，其加工方案可采用：滚（插）齿—齿端加工—齿面淬硬—修正内孔。

③ 对于 6~7 级精度的不淬硬齿轮，其齿轮加工方案：滚齿—剃齿。

④ 对于 6~7 级精度的淬硬齿轮，其齿形加工一般有以下两种方案。

a. 剃—珩磨方案：滚（插）齿—齿端加工—剃齿—齿面淬硬—修正内孔—珩齿。

b. 磨齿方案：滚（插）齿—齿端加工—齿面淬硬—修正内孔—磨齿。

剃—珩磨方案生产率高，广泛用于 7 级精度齿轮的成批生产中。磨齿方案生产率低，一般用于 6 级精度以上的齿轮。

⑤ 对于 5 级及 5 级精度以上的齿轮，一般采用磨齿方案。

⑥ 对于大批量生产，用滚（插）齿—冷挤齿的加工方案，可稳定地获得 7 级精度齿轮。

第三节　典型齿轮零件加工工艺分析

圆柱齿轮加工工艺过程常因齿轮的结构形状、精度等级、生产批量及生产条件不同而用不同的工艺方案。下面列出两个精度要求不同的齿轮典型工艺过程供分析比较。

一、普通精度齿轮加工工艺分析

（一）工艺过程分析

图 7-17 所示为一双联齿轮，材料为 40Cr，精度为 7 级，其加工要求见表 7-6，加工工艺过程见表 7-7。

表 7-6 双联齿轮加工要求

齿号	Ⅰ	Ⅱ
模数	2	2
齿数	28	42
精度等级	7GB/T 10095.1—2008	7GB/T 10095.1—2008

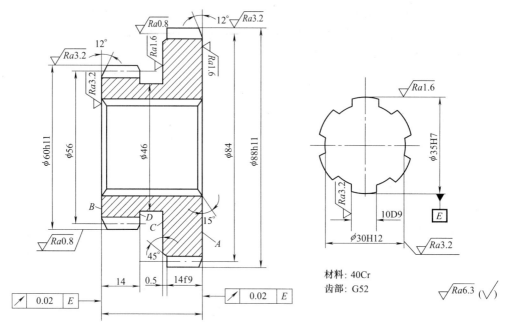

图 7-17 双联齿轮

表 7-7 双联齿轮加工工艺过程

序号	工序内容	定位基准
	毛坯锻造	
	正火	
1	粗车外圆及端面，留余量 1.5～2mm，钻镗花键底孔至尺寸 ϕ30H12	外圆及端面
2	拉花键孔	ϕ30H12 孔及 A 面
3	钳工去毛刺	
4	上心轴，精车外圆、端面及槽至要求	花键孔及 A 面
5	检验	
6	滚齿（$z=42$），留剃余量 0.07～0.10mm	花键孔及 B 面
7	插齿（$z=28$），留剃余量 0.04～0.06mm	花键孔及 A 面
8	倒角（Ⅰ、Ⅱ齿 12°牙角）	花键孔及端面

续表

序号	工 序 内 容	定 位 基 准
9	钳工去毛刺	
10	剃齿($z=42$),公法线长度至尺寸上限	花键孔及 A 面
11	剃齿($z=28$),采用螺旋角度为5°的剃齿刀,剃齿后公法线长度至尺寸上限	花键孔及 A 面
12	齿部高频淬火:G52	
13	推孔	花键孔及 A 面
14	珩齿	花键孔及 A 面
15	总检入库	

从表中可见,齿轮加工工艺过程大致要经过如下几个阶段:毛坯热处理、齿坯加工、齿形加工、齿端加工、齿面热处理、精基准修正及齿形精加工等。

加工的第一阶段是齿坯最初进入机械加工的阶段。由于齿轮的传动精度主要决定于齿形精度和齿距分布均匀性,而这与切齿时采用的定位基准(孔和端面)的精度有着直接的关系,所以,这个阶段主要是为下一阶段加工齿形准备精基准,使齿的内孔和端面的精度基本达到规定的技术要求。除了加工出基准外,对于齿形以外的次要表面的加工,也应尽量在这一阶段的后期加以完成。

第二阶段是齿形的加工。对于不需要淬火的齿轮,一般来说这个阶段也就是齿轮的最后加工阶段,经过这个阶段就应当加工出完全符合图样要求的齿轮来。对于需要淬硬的齿轮,必须在这个阶段中加工出能满足齿形的最后精加工所要求的齿形精度,所以这个阶段的加工是保证齿轮加工精度的关键阶段,应予以特别注意。

加工的第三阶段是热处理阶段。在这个阶段中主要对齿面进行淬火处理,使齿面达到规定的硬度要求。

加工的最后阶段是齿形的精加工阶段。这个阶段的目的,在于修正齿轮经过淬火后所引起的齿形变形,进一步提高齿形精度和降低表面粗糙度,使之达到最终的精度要求。在这个阶段中首先应对定位基准面(孔和端面)进行修整,因淬火以后齿轮的内孔和端面均会产生变形,如果在淬火后直接采用这样的孔和端面作为基准进行齿形精加工,是很难达到齿轮精度的要求的。以修整过的基准面定位进行齿形精加工,可以使定位准确可靠,余量分布也比较均匀,以便达到精加工的目的。

(二) 定位基准的确定

定位基准的精度对齿形加工精度有直接的影响。轴类齿轮的齿形加工一般选择顶尖孔定位,某些大模数的轴类齿轮多选择齿轮轴颈和一端面定位。盘套类齿轮的齿形加工常采用两种定位基准。

(1) 内孔和端面定位 选择既是设计基准又是测量和装配基准的内孔作为定位基准,既符合"基准重合"原则,又能使齿形加工等工序基准统一,只要严格控制内孔精度,在专用心轴上定位时不需要找正。故生产率高,广泛用于成批生产中。

(2) 外圆和端面定位 齿坯内孔在通用心轴上安装,用找正外圆来决定孔中心位置,故要求齿坯外圆对内孔的径向跳动要小。因找正效率低,一般用于单件小批生产。

(三) 齿端加工

如图7-18所示,齿轮的齿端加工有倒圆、倒尖、倒棱和去毛刺等。倒圆、倒尖后的齿轮,沿轴向滑动时容易进入啮合。倒棱可去除齿端的锐边,这些锐边经渗碳淬火后很脆,在齿轮传动中易崩裂。

用铣刀进行齿端倒圆，如图 7-19 所示。倒圆时，铣刀在高速旋转的同时沿圆弧做往复摆动（每加工一齿往复摆动一次）。加工完一个齿后工件沿径向退出，分度后再送进加工下一个齿端。

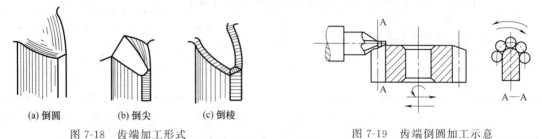

图 7-18　齿端加工形式　　　　图 7-19　齿端倒圆加工示意

齿端加工必须安排在齿轮淬火之前，通常多在滚（插）齿之后。

（四）精基准修正

齿轮淬火后基准孔产生变形，为保证齿形精加工质量，对基准孔必须给予修正。

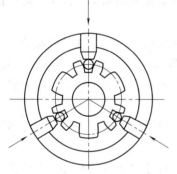

图 7-20　齿轮分度圆定心示意

对外径定心的花键孔齿轮，通常用花键推刀修正。推孔时要防止歪斜，有的工厂采用加长推刀前引导来防止歪斜，已取得较好效果。

对圆柱孔齿轮的修正，可采用推孔或磨孔，推孔生产率高，常用于未淬硬齿轮；磨孔精度高，但生产率低，对于整体淬火后内孔变形大、硬度高的齿轮，或内孔较大、厚度较薄的齿轮，则以磨孔为宜。

磨孔时一般以齿轮分度圆定心，如图 7-20 所示，这样可使磨孔后的齿圈径向跳动较小，对以后磨齿或珩齿有利。为提高生产率，有的工厂以金刚镗代替磨孔也取得了较好的效果。

二、高精度齿轮加工工艺特点

（一）加工工艺路线

图 7-21 所示为一高精度齿轮，材料为 40Cr，精度为 6（F_p）5（f_{pt}、F_α、F_β），其加工要求见表 7-8，加工工艺过程见表 7-9。

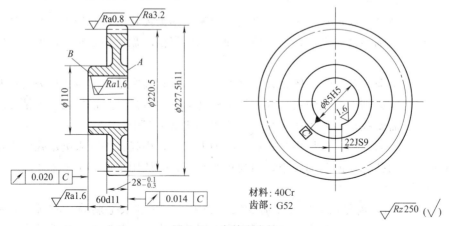

图 7-21　高精度齿轮

表 7-8 高精度齿轮加工要求

模数	3.5
齿数	63
精度等级	6(F_p)5(f_{pt}、$F_α$、$F_β$)GB/T10095.1—2008

表 7-9 高精度齿轮加工工艺过程

序号	工序内容	定位基准
	毛坯锻造	
	正火	
1	粗车各部分,留余量1.5~2mm	外圆及端面
2	精车各部分,内孔至ϕ84.8H7,总长留加工余量0.2mm,其余至尺寸	外圆及端面
3	检验	
4	滚齿(齿厚留磨加工余量0.10~0.15mm)	内孔及A面
5	倒角	内孔及A面
6	钳工去毛刺	
7	齿部高频淬火:G52	
8	插键槽	内孔(找正用)及A面
9	磨内孔至ϕ85H5	分度圆和A面(找正用)
10	靠磨大端A面	内孔
11	平面磨B面至总长度尺寸	A面
12	磨齿	内孔及A面
13	总检入库	

(二) 加工工艺特点

(1) 定位基准的精度要求较高 由图7-21可见,作为定位基准的内孔其尺寸精度标注为ϕ85H5,基准端面的粗糙度较细,为R_a1.6μm,它对基准孔的跳动为0.014mm,这几项均比一般精度的齿轮要求为高,因此,在齿坯加工中,除了要注意控制端面与内孔的垂直度外,尚需留一定的余量进行精加工。精加工孔和端面采用磨削,先以齿轮分度圆和端面作为定位基准磨孔,再以孔为定位基准磨端面,控制端面跳动要求,以确保齿形精加工用的精基准的精确度。

(2) 齿形精度要求高 图上标注为6(F_p)5(f_{pt}、$F_α$、$F_β$)。为满足齿形精度要求,其加工方案应选择磨齿方案,即滚(插)齿—齿端加工—高频淬火—修正基准—磨齿。磨齿精度可达4级,但生产率低。本例齿面热处理采用高频淬火,变形较小,故留磨余量可缩小到0.1mm左右,以提高磨齿效率。

第四节 齿轮刀具简介

用切削加工方法制造齿轮,可以分为成形法和展成法。展成法使用的是齿轮形和齿条形刀具,如插齿刀、齿轮滚刀、剃齿刀等。成形法使用的是成形齿轮刀具,如模数盘铣刀和指状铣刀,如图7-22所示。

一、盘形齿轮铣刀

用模数盘形齿轮铣刀铣削直齿圆柱齿轮时,刀具廓形应与工件端剖面内的齿槽的渐开线廓形相同,如图 7-22 所示。

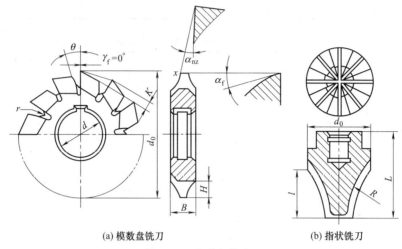

(a) 模数盘铣刀　　(b) 指状铣刀

图 7-22　成形齿轮滚刀

当被铣削齿轮的模数、压力角相等,而齿数不同时,其基圆直径也不同,因而渐开线的形状(弯曲程度)也不同。因此铣削不同的齿数,应采用不同齿形的铣刀,即不能用一把铣刀铣制同一模数中所有齿数的齿轮齿形,如图 7-23 所示。但为了避免制造数量过多的盘形铣刀,生产上采用刀号的办法,如表 7-10 所示。即用某一刀号的铣刀铣制模数和压力角相同而齿数不同的一组齿轮。每号铣刀的齿形均按所铣制齿轮范围中最小齿数的齿形设计。

表 7-10　盘形铣刀刀号与所加工齿轮的齿数

铣刀号		1	$1\frac{1}{2}$	2	$2\frac{1}{2}$	3	$3\frac{1}{2}$	4	$4\frac{1}{2}$	5	$5\frac{1}{2}$	6	$6\frac{1}{2}$	7	$7\frac{1}{2}$	8
加工齿数范围	8 个一套 $m\leqslant 8mm$	12~13	—	14~16	—	17~20	—	21~25	—	26~34	—	35~54	—	55~134	—	≥135
	15 个一套 $m\geqslant 9mm$	12	13	14	15~16	17~18	19~20	21~22	23~25	26~29	30~34	35~41	41~54	55~79	80~134	

用盘形铣刀铣制斜齿轮时,铣刀是在齿轮法剖面中进行成形铣削的。选择刀号时,铣刀模数应依照被切齿轮的法向模数 m_n 和法剖面中的当量齿轮的当量齿数 z_v 选择。

$$z_v = z/(\cos^3\beta)$$

式中　β——斜齿轮螺旋角,(°);

　　　z_v——当量齿数;

　　　z——斜齿轮齿数。

二、齿轮滚刀

(一)齿轮滚刀的形成

齿轮滚刀是依照螺旋齿轮副啮合原理,用展成法切削齿轮的刀具,齿轮滚刀相当于小齿轮,被切齿轮相当于一个大齿轮,如图 7-24 所示。齿轮滚刀是一个螺旋角 β_0 很大而螺纹头数很少（1～3 个齿）、齿很长、并能绕滚刀分度圆柱很多圈的螺旋齿轮，这样就像螺旋升角 γ_z 很小的蜗杆了。为了形成刀刃，在蜗杆端面沿着轴线铣出几条容屑槽，以形成前面及前角；经铲齿和铲磨，形成后刀面及后角，如图 7-25 所示。

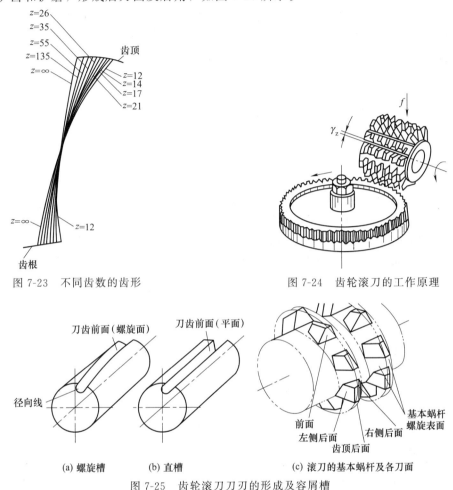

图 7-23 不同齿数的齿形

图 7-24 齿轮滚刀的工作原理

图 7-25 齿轮滚刀刀刃的形成及容屑槽

(二) 齿轮滚刀的基本蜗杆

齿轮滚刀的两侧刀刃是前面与侧铲表面的交线，它应当分布在蜗杆螺旋表面上，这个蜗杆称为滚刀的基本蜗杆。基本蜗杆有以下三种。

(1) 渐开线蜗杆　渐开线蜗杆的螺纹齿侧面是渐开螺旋面，在与基圆柱相切的任意平面和渐开螺旋面的交线是一条直线，其端剖面是渐开线。渐开线蜗杆轴向剖面与渐开螺旋面的交线是曲线。用这种基本螺杆制造的滚刀，没有齿形设计误差，切削的齿轮精度高，然而制造滚刀困难。

(2) 阿基米德蜗杆　阿基米德蜗杆的螺旋齿侧面是阿基米德螺旋面。通过蜗杆轴线剖面与阿基米德螺旋面的交线是直线，其他剖面都是曲线，其端剖面是阿基米德螺旋线。用这种基本蜗杆制成的滚刀，制造与检验滚刀齿形均比渐开线蜗杆简单和方便，但有微量的齿形误差。不过这种误差是在允许的范围之内，为此，生产中大多数精加工滚刀的基本蜗杆均用阿基米德蜗杆代替渐开线蜗杆。

(3) 法向直廓蜗杆　法向直廓蜗杆法剖面内的齿形是直线，端剖面为延长渐开线。用这种基本蜗杆代替渐开线基本蜗杆作滚刀,其齿形设计误差大,故一般作为大模数、多头和粗加工滚刀用。

（三）滚刀的齿形误差

用阿基米德蜗杆代替渐开线基本蜗杆作滚刀,切制的齿轮齿形存在着一定误差,这种误差称为齿形误差。由基本蜗杆的性质可知,渐开线基本蜗杆轴向剖面是曲线齿形,而阿基米德基本蜗杆轴向剖面是直线齿形。为了减少造型误差,应使阿基米德基本蜗杆的轴向剖面直线齿形与渐开线基本蜗杆轴向剖面的理论齿形在分度圆处相切。阿基米德滚刀基本蜗杆轴向剖面齿形角 α_{x0},应等于渐开线蜗杆轴向剖面齿形的分度圆压力角,如图 7-26 所示。由斜齿轮法向剖面与轴向剖面齿形角换算关系可得

$$\alpha_{x0} = \alpha_n / \cos\gamma_z$$

式中　　α_{x0}——轴向剖面齿形角;

　　　　α_n——渐开线蜗杆法向剖面分度圆压力角;

　　　　γ_z——滚刀基本蜗杆分度圆上螺旋升角。

由图 7-26 可知,造型误差随着螺旋升角 γ_z 的减小而减小。此外造型误差还随着滚刀分度圆直径的增加以及滚刀头数的减少而减小。一般造型误差的误差值很小,不会影响滚齿的加工精度。例如 $m=15mm$ 的零前角齿轮滚刀,当 $\gamma_z=3°$ 时,造型误差约为 $7\mu m$,而且误差方向是正,会使被切齿轮的齿顶和齿根多切去一些,相当于对齿轮起了修缘的作用,如图 7-27 所示。

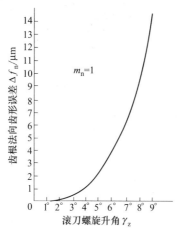

图 7-26　造型误差与螺旋升角的关系

图 7-27　阿基米德蜗杆的齿形角

（四）齿轮滚刀的合理使用

1. 合理使用

齿轮滚刀结构有Ⅰ型和Ⅱ型,滚刀精度有 AAA 级、AA 级、A 级、B 级、C 级。一般情况下,AA 级滚刀可加工 6~7 级齿轮,A 级可加工 7~8 级齿轮,B 级可加工 8~9 级齿轮,C 级可加工 9~10 级齿轮。

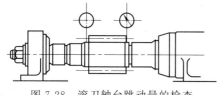

图 7-28　滚刀轴台跳动量的检查

2. 正确安装

滚刀安装在滚齿机的心轴上,需要用千分表检验滚刀两端凸台的径向圆跳动不大于 0.005mm,如图 7-28 所示。

3. 适时窜位

滚刀在滚切齿轮时,通常情况下只有中间几个

刀齿切削工件，因此这几个刀齿容易磨损。为使各刀齿磨损均匀，延长滚刀耐用度，可采取当滚刀切削一定数量的齿轮后，用手动或机动方法沿滚刀轴线移动一个或几个齿距，以提高滚刀寿命。

4. 及时重磨

滚齿时，当发现齿面粗糙度大于 $Ra3.2\mu m$ 以上，或有光斑、声音不正常，或在精切齿时滚刀刀齿后刀面磨损超过 $0.2\sim0.5mm$，粗切齿超过 $0.8\sim1.0mm$ 时，就应重磨滚刀。对滚刀的重磨必须予以重视，使切削刃仍处于基本蜗杆螺旋面上，如果滚刀重磨不正确，会使滚刀失去原有的精度。

滚刀的刃磨应在专用滚刀刃磨机床上进行。若没有专用刃磨机床时，可在万能工具磨床上装一专用夹具来重磨滚刀。专用夹具使滚刀做螺旋运动，并精密分度。注意不能徒手刃磨。

三、插齿刀

（一）插齿刀的产生齿轮

插齿刀的形状很像齿轮，它的模数和名义齿形角等于被加工齿轮的模数和齿形角，不同的是插齿刀有切削刃和前后角。图 7-10 所示为直齿插齿刀加工直齿圆柱齿轮的情形。用螺母紧固在机床主轴上的插齿刀随主轴一起往复运动，它的切削刃便在空间形成一个假想齿轮，称为产生齿轮，如图 7-29（a）所示。加工斜齿圆柱齿轮时用的是斜齿插齿刀，如图 7-29（b）所示，除了它的模数和齿形角应和被加工齿轮的相等外，其螺旋角还应和被加工齿轮的螺旋角大小相等，旋向相反。插齿时，插齿刀作主运动和展成运动的同时，还有一个附加的转动，使切削刃在空间形成一个假想的斜齿圆柱齿轮，此时好像一对轴线平行的斜齿圆柱齿轮啮合。

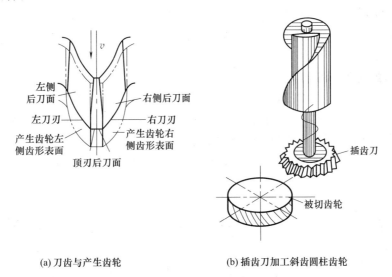

图 7-29 插齿刀切齿原理

（二）直齿插齿刀的结构特点

1. 插齿刀不同的端剖面是一个连续的变位齿轮

插齿刀的每一个刀齿都有三个刀刃，一个顶刃和两个侧刃。由图 7-29 可知，由于插齿刀要有后角，所以仅切削刃处在产生齿轮表面上，顶刃后刀面和侧刃后刀面均缩在铲形齿轮以内。随着插齿刀沿前刀面重磨，直径逐渐缩小，齿厚也逐渐变薄。但要求齿形仍为同一基圆上的渐开线，这样才可以保证通过调节插齿刀与齿轮中心距后，仍能切出正确的渐开线齿形。为了满足这一要求，插齿刀各端剖面中的齿轮，应为同一基圆具有不同变位系数的齿轮齿形。由图 7-30 所示，若 0-0 剖面中具有标准齿形，该剖面称为原始剖面，其变位系数 $x=0$。在原始剖面前端各剖面中，变位系数为正值。新插齿刀端剖面内（即Ⅰ-Ⅰ剖面），x 值最大。在原始剖面的后端剖面中，变位系数为负值。使用到最后的插齿刀端剖面内（Ⅱ-Ⅱ剖面），x 值最小。

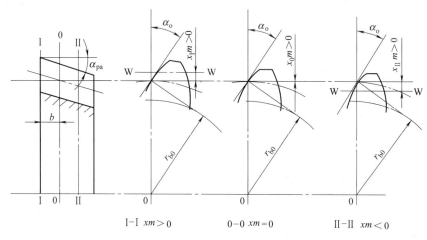

图 7-30　插齿刀不同剖面的齿形

2. 插齿刀的齿侧面是渐开螺旋面

为了使插齿刀的每个端剖面齿形成为变位系数不同的齿轮，将齿顶、齿根按后角 α_{pa} 做成圆锥体，并按分度圆柱上螺旋角 β_0 值，将齿左侧磨成右旋渐开螺旋面，将齿右侧磨成左旋渐开螺旋面。这样一来，由渐开螺旋面的性质可知，齿侧表面在端剖面的截形仍是渐开线，并获得相等的两侧刃后角。

3. 插齿刀的前角和齿形误差

为了减少齿轮误差，标准插齿刀规定 $\gamma_{pa}=5°$，$\alpha_{pa}=6°$。在制造插齿刀时，将分度圆压力角做得比标准齿形角略大些，以保证插齿刀加工出的齿轮在分度处的压力角为标准值。经过修正后的插齿刀在端面投影的曲线分度圆处的压力角为标准值，齿顶和齿根处略微增大，这样会使被切齿轮在齿顶和齿根处产生微量根切，有利于减少啮合时的噪声。如图 7-31 所示。

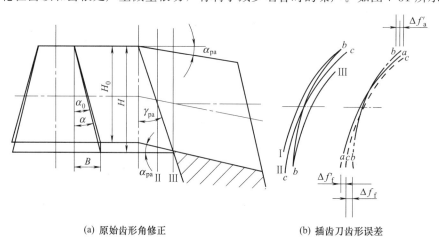

(a) 原始齿形角修正　　　　　　(b) 插齿刀齿形误差

图 7-31　插齿刀齿形误差及原始齿形角修正

（三）插齿刀的分类及选用

插齿刀的类型、规格及应用范围如表 7-11 所示。

表 7-11 插齿刀的类型、规格及应用范围

类型	简图	应用范围	规格 d_0/mm	规格 m/mm	D 或莫氏锥	精度等级
盘形直齿插齿刀		加工普通直齿外齿轮和大直径内齿轮	63	0.3~1	31.743 mm	AA,A,B
			75	1~4		
			100	1~6		
			125	4~8		
			160	6~10	88.90 mm	
			200	8~12	101.60 mm	
碗形直齿插齿刀		加工塔形、双联直齿轮	50	1~3.5	20mm	AA,A,B
			75	1~4	31.743 mm	
			100	1~6		
			125	4~8		
锥柄直齿插齿刀		加工直内齿轮	25	0.3~1	莫氏2号	A,B
			25	1~2.75		
			38	1~3.75	莫氏3号	

选用插齿刀时，除了根据被切齿轮的种类选定插齿刀的类型，使插齿刀的模数、齿形角和被切齿轮的模数、齿形角相等外，还需根据被切齿轮参数进行必要的校验，以防切齿时发生根切、顶切和过渡曲线干涉等。

插齿刀制成 AA、A、B 三级精度，分别加工 6、7、8 级精度的齿轮。

习　题

1. 齿轮传动有哪些基本要求？并举例说明每一基本要求对齿轮传动质量产生的影响。
2. 齿形切削加工有哪几种方法？试指出其各自的成形原理。
3. 齿形加工的精基准有哪些方案？对齿坯加工有何不同要求？各用于什么场合？
4. 硬齿面齿轮加工时，齿轮淬火前精基准如何加工？淬火后又如何修正精基准？
5. 滚齿和插齿相比较，各有哪些优缺点？分别用于什么场合？
6. 为什么剃齿对齿轮运动精度的修正能力较差？
7. 珩齿加工的齿形表面质量高于剃齿，而修正误差的能力低于剃齿是什么原因？
8. 分别写出 6~7 级精度的硬齿面和软齿面齿轮的齿形加工方案。
9. 分别写出模数 $m=8$mm，齿数 $z=35$，精度等级为 8 级的齿形加工的不同加工方案。并写出加工时刀具规格。
10. 题 7-10 图为一双联齿轮，试编写其加工工艺过程。
材料 40Cr，大批生产。

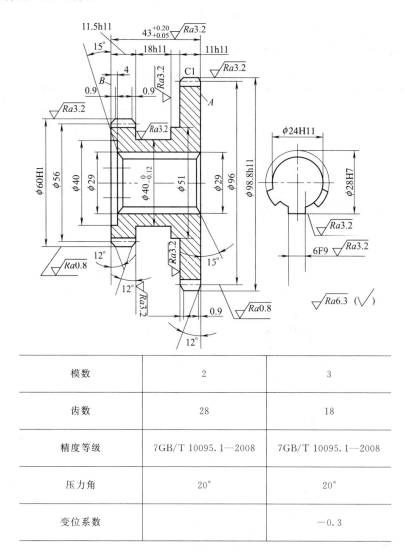

模数	2	3
齿数	28	18
精度等级	7GB/T 10095.1—2008	7GB/T 10095.1—2008
压力角	20°	20°
变位系数		−0.3

题 7-10 图

第八章 现代加工工艺及工艺装备

主 要 内 容

本章主要介绍特种加工中的电火花加工、电解加工；现代机床夹具中的可调夹具、组合夹具和数控机床夹具；成组技术基本概念及在工艺中的应用；计算机辅助工艺设计的基本概念。

教 学 目 标

了解特种加工的基本原理及在加工中的应用；了解现代机床夹具发展的趋势和设计的一般方法；了解成组技术在工艺中的应用；了解计算机辅助设计的基本概念。

第一节 特 种 加 工

一、概述

切削（磨削）加工的实质是靠一种比工件材料硬度更高的材料作为刀具，对工件施加切削力和机械能，切除工件上余量以形成已加工表面。但在现代机械制造中，常遇到一些零件，其形面复杂，材料硬脆或加工尺寸微小，常规切削加工难于达到要求，甚至无法加工。例如，汽轮机叶片的曲面，模具中的窄缝、小孔、深孔、型孔和型腔等。为了适应现代工业发展的需要，需要采用近代发展起来的机械加工领域中的新工艺，即"特种加工"。

特种加工是指不仅用机械能，而且主要还采用电、声、光、热以及化学能来切除金属或非金属层的一种新型加工方法。特种加工过程中工具与工件之间不存着显著的机械切削力，工具材料的硬度可以低于工件材料的硬度。

特种加工可以按用途分为尺寸加工和表面加工两大类，每类中又按能量形式、作用原理分成多种不同的工艺方法，具体分类如表8-1。

本节将对几种主要的特种加工方法的原理、特点和应用作简要的介绍。

二、电火花加工

（一）加工原理

电火花加工是在一定的介质中通过工具电极和工件电极之间的脉冲放电的电蚀作用，对工件进行加工的方法。电火花加工的原理如图8-1所示。工件1与工具4分别与脉冲电源2的两输出端相连接。自动进给调节装置3（此处为液压油缸和活塞）使工具和工件间经常保持一很小的放电间隙，当脉冲电压加到两极之间，便在当时条件下相对某一间隙最小处或绝缘强度最弱处击穿介质，在该局部产生火花放电，瞬时高温使工具和工件表面局部熔化，甚至汽化蒸发而电蚀掉一小部分金属，各自形成一个小凹坑，如图8-2所示，图8-2（a）表示

表 8-1　特种加工方法的分类

用　途	加工方法	能量形式
尺寸加工	电火花加工	电、热能
	电解加工	电、化学能
	电解磨削	电、化学、机械能
	超声波加工	声、机械能
	激光加工	光、热能
	电子束加工	电、热能
	等离子束加工	电、热能
	化学腐蚀加工	化学能
	导电切削	热、机械能
表面加工	电解抛光	电、化学能
	化学抛光	化学能
	电火花强化	电、热能
	液体磨料抛光	机械能

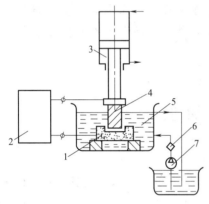

图 8-1　电火花加工原理示意

1—工件；2—脉冲电源；3—自动进给调节装置；
4—工具；5—工作液；6—过滤器；7—工作液泵

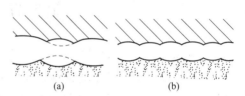

图 8-2　电火花加工表面局部放大

单个脉冲放电后的电蚀坑。图 8-2（b）表示多次脉冲放电后的电极表面。脉冲放电结束后，经过脉冲间隔时间，使工作液恢复绝缘后，第二个脉冲电压又加到两极上，又会在当时极间距离相对最近或绝缘强度最弱处击穿放电，又电蚀出一个小凹坑。整个加工表面将由无数小凹坑所组成。这种放电循环每秒钟重复数千次到数万次，使工件表面形成许许多多非常小的凹坑，称为电蚀现象。随着工具电极不断进给，工具电极的轮廓尺寸就被精确地"复印"在工件上，达到成形加工的目的。

为保证电蚀加工顺利进行，必须注意下列几点。

① 火花放电的时间必须极短，且是间歇性的、脉冲性的瞬时放电。一般每一脉冲延续时间应小于 0.001s 才能使热量来不及传导和扩散出去，从而局部地蚀掉金属，否则就会像电弧持续放电那样，只能起焊接和切割作用，无法用于尺寸加工。

② 电蚀加工中，不仅工件被蚀除，工具电极也被蚀除，但两极蚀除速度不同，这种现象称为"极效应"。为了减少工具电极的消耗和提高生产率，希望极效应越显著越好，即工件蚀除的速度要远远地超过工具电极蚀除的速度。为此电蚀加工的电源应选择直流脉冲电源。若采用交流脉冲电源，由于工件与工具电极的极性不断改变，使总的极效应等于零。应正确选择极性，一般采用正极性（即工件接正极，工具电极接负极）。

③ 电蚀加工是在液体介质中进行的，常用的液体介质有煤油、10 号机油、锭子油等，液体介质不仅将电蚀产物从间隙中排除，还应具有绝缘、冷却和提高电蚀性的能力。

（二）电火花加工的特点

电火花加工是靠局部热效应实现加工的，它和一般切削加工相比有如下特点。

① 它能"以柔克刚"，即用软的工具电极来加工任何硬度的工件材料，如淬火钢、不锈钢、耐热合金和硬质合金等导电材料。

② 加工过程中没有显著的"切削力"，因而可切小孔、深孔、弯孔、窄缝和薄壁弹性件等，不会因工具或工件刚度太低而无法加工；各种复杂的型孔、型腔和立体曲面，都可以采用成形电极一次加工，不会因加工面积过大而引起切削变形。

③ 脉冲参数可以任意调节。加工中不要更换工具电极，就可以在同一台机床上通过改变电规准（指脉冲宽度、电流、电压）连续进行粗、半精和精加工。精加工的尺寸精度可达 0.01mm，表面粗糙度为 $Ra0.8\mu m$，微精加工的尺寸精度可达 0.002~0.004mm，表面粗糙度为 $Ra0.1\sim 0.05\mu m$。

④ 电火花加工工艺指标，可归纳为生产率（指蚀除速度）、表面粗糙度和尺寸精度。影响这些的工艺因素，可归纳为电极对、电参数和工作液等。当电极对及工作液已确定后，电参数成为工艺指标的重要参数。一般随着脉冲宽度和电流幅值的增加，放电间隙、生产率和表面粗糙度值均增大，由于提高生产率和降低表面粗糙度值有矛盾，因此，在加工时要根据工件的工艺要求进行综合考虑，以合理选择电参数。

（三）电火花加工的应用

1. 电火花穿孔加工

电火花穿孔是电蚀加工中应用最广的一种方法，常用来加工冷冲模、拉丝模和喷嘴等各种小孔。

穿孔的尺寸精度主要取决于工具电极的尺寸精度和表面粗糙度。工具电极的横截面形状和加工的型孔横截面形状相一致，其轮廓尺寸比相应的型孔尺寸周边均匀地内缩一个值，即单边放电间隙。影响放电间隙的因素主要是电规准，当采用单个脉冲容量大（指脉冲峰值电流与电压大）的粗规准时，被蚀除的金属微粒大，放电间隙大；反之当采用精规准时，放电间隙小。电火花加工时，为了提高生产率，常用粗规准蚀除大量金属，再用精规准保证加工质量。为此，可将穿孔电极制成阶梯形，其头部尺寸周边缩小 0.08~0.12mm，缩小部分长度为型孔长度的 1.2~2 倍，先由头部电极进行粗加工，而后改变电规准，接着由后部电极进行精加工。

穿孔电极常用的材料有钢、铸铁、紫铜、黄铜、石墨及钨合金等。钢和铸铁机加工性能好，但电加工稳定性差，紫铜和黄铜的电加工性能好，但电极损耗较大；石墨电极的损耗小，电加工稳定性好，但电极磨削困难；铜钨、银钨合金电加工稳定性好，电极损耗小，但价格贵，多用于硬质合金穿孔及深孔加工等。

用电火花加工较大的孔时，应先开预孔，留适当的加工余量，一般单边余量为 0.5~1mm。若加工余量太大，生产效率低；加工余量太小，电火花加工时电极定位困难。

2. 电火花型腔加工

用电火花加工锻模、压铸模、挤压模等型腔以及叶轮、叶片等曲面，比穿孔困难得多。原因如下。

① 型腔属盲孔，所需蚀除的金属量多，工作液难以有效地循环，以致电蚀产物排除不净而影响电加工的稳定性。

② 型腔各处深浅不一和圆角不等，使工具电极各处损耗不一致，影响尺寸仿形加工的精度。

③ 不能用阶梯电极来实现粗、精规准的转换加工，影响生产率的提高。

针对上述原因，电火花加工型腔时，采取如下措施。

① 在工具电极上开冲油孔，利用压力油将电蚀物强迫排除。

② 合理地选择脉冲电源和极性，一般采用电参数调节范围较大的晶体管脉冲电源，用紫铜或石墨作电极，粗加工（宽脉冲）时为负极性，精加工时为正极性，以减少工具电极的损耗。

③ 采用多规准加工方法，即先用宽脉冲、大电流和低损耗的粗规准加工成形，然后逐极转精整形来实现粗、精规准的转换加工，以提高生产率。

如图 8-3 所示为电极平动法加工型腔，利用平动头使电极作圆周平面运动，电极轮廓线上的小圆是平动时电极表面上各点的运动轨迹，δ 为放电间隙。

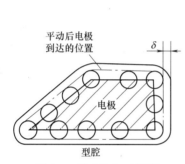

图 8-3　平动法加工原理

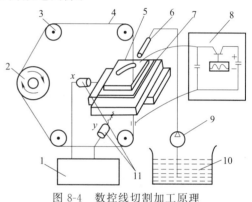

图 8-4　数控线切割加工原理

1—数控装置；2—滚丝筒；3—导轮；4—电极丝；
5—工件；6—喷嘴；7—绝缘板；8—高频脉冲发生器；
9—泵；10—工作液；11—步进电机

3. 电火花线切割加工

（1）线切割加工的基本原理　电火花线切割加工简称为"线切割"，是在电火花穿孔成形加工的基础上发展起来的。它采用连续移动的细金属丝（$\phi0.05\sim0.3$mm 的钼丝或黄铜丝）作工具电极，与工件间产生电蚀而进行切割加工。其加工原理如图 8-4 所示，电极丝 4 穿过工件预先钻好的小孔，经导轮 3 由滚丝筒 2 带动作往复交换移动。工件通过绝缘板 7 安装在工作台上，由数控装置 1 按加工要求发出指令，控制两台步进电机 11，以驱动工作台在水平 x、y 两个坐标方向上移动合成任意的曲线轨迹，电极丝与高频脉冲电源负极相接，工件与电源正极相接。喷嘴 6 将工作液以一定的压力喷向加工区，当脉冲电压击穿电极丝与工件之间的间隙时，两者之间即产生电火花放电而蚀除金属，便能切割出一定形状的工件。还有一种线切割机床，电极丝单向低速移动，加工精度高，但电极丝只能一次性使用。

常用的线切割机床控制方式是数字程序控制，其加工精度在 0.01mm 之内，表面粗糙度为 $Ra0.6\sim0.08\mu m$。

（2）线切割的加工特点及应用　与电火花穿孔成形加工相比，线切割有以下特点。

① 不需要成形的工具电极，大大降低了设计制造费用，缩短了生产准备时间和加工周期。

② 电极丝极细，可加工细微异形孔、窄缝和复杂形状的工件。

③ 电极丝连续移动，损耗较小，对加工精度影响很小。特别是低速走丝线切割加工时，电极丝为一次性使用，电极丝损耗对加工精度的影响更小。

④ 线切割缝很窄，且只对工件材料进行轮廓切割，蚀除量小，且余料还可以利用，这对加工贵重金属有重要意义。

⑤ 自动化程度高，工人劳动强度低，且线切割使用的工作液为脱离子水，没有火灾发生的危险，可实现无人运转。

电火花线切割的缺点是不能加工盲孔和阶梯孔类零件的表面。此外，线切割易产生较大的内应力变形而破坏零件的加工精度。

线切割加工广泛应用于各种硬质合金和淬火钢的冲、样板，各种形状复杂的精细小零件、窄缝等，并可多件叠加起来加工，能获得一致的尺寸。因此线切割工艺为新产品试制、精密零件和模具制造开辟了一条新的工艺途径。

三、电解加工

1. 电解加工的基本原理

电解加工是利用金属在电解液中产生阳极溶解的原理，将工件加工成形的。图 8-5 为电解加工示意图。加工时，工件接直流电源的阳极，工具接电源阴极。工具向工件缓慢进给，使其间保持较小的间隙（0.1～1mm），在间隙间通过高速流动的电解液（NaCl 水溶液）。这时阳极工件的金属被逐渐电解腐蚀，电解产物被电解液冲走。

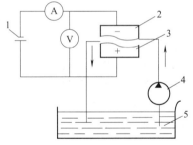

图 8-5 电解加工示意
1—直流电源；2—工具阴极；3—工件阳极；
4—电解液泵；5—电解液

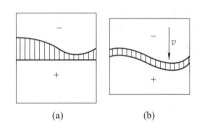

图 8-6 电解加工成形原理

电解加工成形原理如图 8-6 所示，由于阳极、阴极间各点距离不等，电流密度也不等，图中以竖线疏密代表电流密度的大小。在加工开始时，阳、阴极距离较近处电流密度较大，电解液的流速也较高，阳极溶解速度也就较快，见图 8-6（a）。由于工具相对工件不断进给，工件表面不断被电解，电解产物不断地被电解液冲走，直至工件表面形成与阴极表面基本相似的形状为止，如图 8-6（b）。

2. 电解加工的特点

电解加工与其他加工方法相比较，具有以下特点。

① 加工范围广，不受金属材料硬度影响，可以加工硬质合金、淬火钢、不锈钢、耐热合金等高硬度、高强度及韧性金属材料，并可加工叶片、锻模等各种复杂型面。

② 生产率较高，约为电火花加工的 5～10 倍，在某种情况下，比切削加工的生产率还高；且加工生产率不直接受加工精度和表面粗糙度的限制。

③ 表面粗糙度值较小（$Ra1.25$～$0.2\mu m$），平均加工精度可达±0.1mm 左右。

④ 加工过程中无热及机械切削力的作用，所以在加工面上不产生应力、变形及加工变质层。

⑤ 加工过程中阴极工具在理论上不会损耗，可长期使用。

电解加工的主要缺点如下。

① 不易达到较高的加工精度和加工稳定性。一是由于工具阴极制造困难；二是影响电解加工稳定性的参数很多，难于控制。

② 电解加工的附属设备较多，占地面积较大，机床需有足够的刚性、防腐蚀性和安全性能，造价较高。

③ 电解产物应妥善处理，否则污染环境。

第二节 现代机床夹具简介

随着科学技术的迅猛发展，市场需求的变化多端及商品竞争的日益激烈，使机械产品更新换代的周期越来越短，多品种、小批量生产的比例越来越高。为了适应这种形势的需要，出现了各种新型夹具。

现代机床夹具的发展方向主要表现在精密化、高效化、柔性化等方面。下面介绍几种现代机床夹具。

一、可调夹具

可调夹具分为通用可调夹具和成组夹具（也称专用可调夹具）两类。它们共同的特点是，只要更换或调整个别定位、夹紧或导向元件，即可用于多种零件的加工，从而使多种零件的单件小批生产变为一组零件在同一夹具上的"成批生产"。产品更新换代后，只要属于同一类型的零件，就仍能在此夹具上加工。由于可调夹具具有较强的适应性和良好的继承性，所以使用可调夹具可大量减少专用夹具的数量，缩短生产准备周期，降低成本。

（一）通用可调夹具

通用可调夹具的加工对象较广，有时加工对象不确切。如滑柱式钻模，只要更换不同的定位、夹紧、导向元件，便可用于不同类型工件的钻孔。

（二）成组夹具

成组夹具是成组工艺中为一组零件的某一工序而专门设计的夹具。

成组夹具加工的零件组都应符合成组工艺的相似原则，相似原则主要包括以下内容：工艺相似；装夹表面相似；形状相似；尺寸相似；材料相似；精度相似。图8-7所示为加工拨叉叉部圆弧面及其一端面的成组工艺零件组，它符合成组工艺的相似原则。

图8-8所示为加工该零件组的成组车床夹具，两件同时加工。夹具体1上有四对定位套2（定位孔为$\phi 16H7$），可用来安装四种可换定位轴KH1，用来加工四种中心距L不同的零件。若将可换定位轴安装在C—C剖面的T形槽内，则可加工中心距L在一定范围内变化的各种零件。可换垫套KH2及可换压板KH3按零件叉部的高度H选用更换，并固定在两定位轴连线垂直的T形槽内，作为防转定位及辅助夹紧用。

成组夹具的设计方法与专用夹具相似，首先确定一个"复合零件"，该零件能代表组内零件的主要特征，然后针对"复合零件"设计夹具，并根据组内零件加工范围，设计可调整件和可更换件，应使调整方便、更换迅速、结构简单。由于成组夹具能形成批量生产，因此

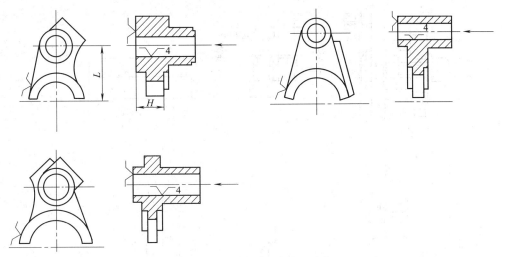

图 8-7 拨叉车圆弧及其端面零件组

可以采用高效夹紧装置,如各种气动和液压装置。

二、组合夹具

组合夹具是一种标准化、系列化、通用化程度很高的工艺装备。我国从 20 世纪 60 年代初开始推广使用,目前已基本普及,各城市及各大工厂均有自己的组合夹具站。

组合夹具由一套预先制造好的不同形状、不同规格、不同尺寸的标准元件及合件组装而成。

组合夹具一般是为某一工件的某一工序组装的专用夹具,也可以组装成通用可调夹具或成组夹具。组合夹具适用于各类机床。

组合夹具把专用夹具的设计、制造、使用、报废的单向过程变为组装、扩散、清洗入库、再组装的循环过程。可用几小时的组装代替几个月的设计制造周期,从而缩短了生产周期;节省了工时和材料,降低了生产成本;还可减少夹具库房面积,有利管理。

组合夹具的元件精度高、耐磨,并且实现了完全互换,元件精度一般为 IT6～IT7 级。用组合夹具加工的工件,位置精度一般可达 IT8～IT9 级,若精心调整可达 IT7 级。

组合夹具的主要缺点是体积大,刚度较差,一次性投资大,成本高。这使组合夹具的推广应用受到一定限制。

三、数控机床夹具

在现代自动化生产中,数控机床的应用已越来越广泛。数控机床加工时,刀具或工作台的运动是由程序控制,按一定坐标位置进行的。

数控机床夹具设计时应注意以下几点。

① 数控机床夹具上应设置原点(对刀点)。

② 数控机床夹具无须设置刀具导向装置。这是因为数控机床加工时,机床、夹具、刀具和工件始终保持严格的坐标关系,刀具与工件间无需导向元件来确定位置。

③ 数控机床上常需在几个方向上对工件进行加工,因此数控机床夹具应是敞开式的。

④ 数控机床上应尽量选用可调夹具、拼装夹具和组合夹具。因为数控机床上加工的工件,常是单件小批生产,必须采用柔性好、准备时间短的夹具。

⑤ 数控机床夹具的夹紧应牢固可靠、操作方便。夹紧元件的位置应固定不变,防止在自动加工过程中,元件与刀具相碰。

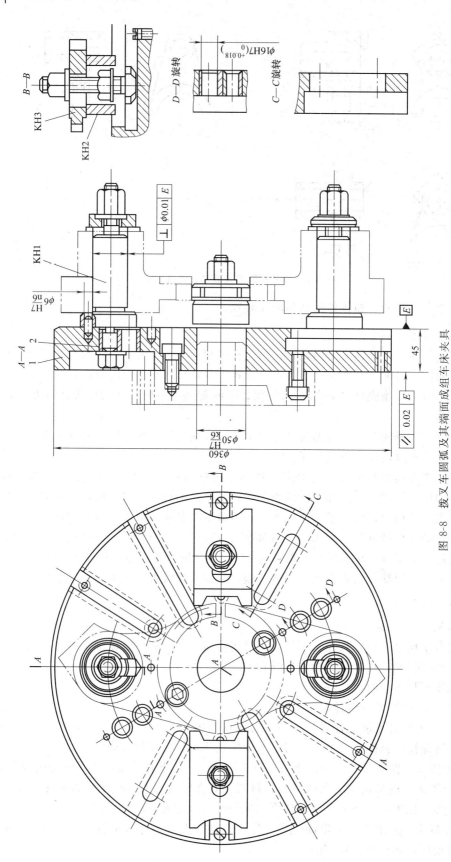

图 8-8 拨叉车圆弧及其端面成组车床夹具

1—夹具体；2—定位套；KH1—可换定位轴；KH2—可换垫套；KH3—可换压板

第三节　成组技术及其在工艺中的应用

一、成组技术的基本概念

在现代机械制造领域中，由于新工艺新技术的飞速发展，社会需求的多样化，产品更新周期的日益缩短，使得多品种小批量生产的企业大量增加。而单件、小批量生产的生产率低，成本高，制造周期长，工艺手段落后，管理也复杂。能改变多品种小批量生产企业的落后状况，提高生产率，又能充分利用设备，降低产品成本的有效办法，就是利用成组技术。

成组技术就是将企业的多种产品、部件或零件，按一定的相似性准则，分类编组，并以这些组为基础，组织生产各个环节，实现多品种小批量生产的产品设计、制造和管理的合理化。从而克服了传统小批量生产方式的缺点，使小批量生产能获得接近大批量生产的技术经济效果。

对于零件设计而言，许多零件都具有相似的形状，那些相似的零件可以归并成设计族。一个新零件可以通过修改一个现有的同族零件而形成。应用这个概念，可以确定出复合零件。复合零件是包含一个设计族的所有特征的零件。它由设计族内零件所有几何要素组合而成。图 8-9 所示是一个复合零件的例子。

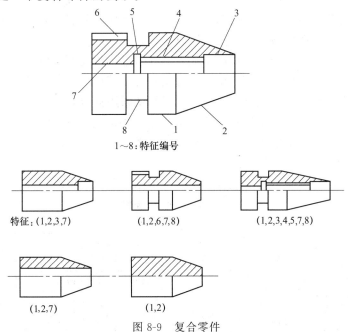

图 8-9　复合零件

对机械制造工艺而言，成组技术的应用显得比零件设计更重要。不仅结构特征相似的零件可归并成组，结构不同的零件仍可能有类似的制造过程。例如，大多数箱体零件都具有不同的形状和功能，但它们都要求镗孔、铣端面、钻孔等。因此，可以得出它们都相似的结论。这样可以把具有相似加工特点的零件也归并成族。由此出发，工艺过程设计工作便可得到简化。由于同族零件要求类似的工艺过程，于是可建立一个加工单元来制造同族零件。而对每个加工单元只需考虑具有类似加工特点的零件加工，于是可使生产计划、工艺准备、生产组织和管理等项工作的水平得以提高。

另外，随着计算机技术和数控技术的应用和发展，成组技术也已成为计算机辅助工艺设计、柔性制造系统、计算机集成制造系统的基础。

二、成组技术中的零件编码

（一）零件分类编码的基本原理

分类是一种根据特征属性的有无，把事物划分成不同组的过程。编码能用于分类，它是对不同组的事物给予不同代码。成组技术的编码是对机械零件的各种特征给予不同的代码。这些特征包括：零件的结构形状，各组成表面的类别及配置关系、几何尺寸、零件材料及热处理要求，各种尺寸精度、形状精度、位置精度和表面粗糙度等。对这些特征进行抽象化、格式化，就需要用一定的代码（符号）来表述。所用的代码可以是阿拉伯数字、拉丁字母，甚至汉字，以及它们的组合。最方便、最常见的是数字码。

对于工艺过程设计，希望代码能唯一地区分产品零件族。当设计或确定一种编码方案时，有两种性质必须保证，即代码必须是：①不含糊的；②完整的。这就需要对代码所代表的意义作出明确的规定和说明，这种规定和说明就称为编码法则，也称为编码系统。将零件的各种有关特征用代码表示，实际上也是对零件进行分类。所以零件编码系统也称为分类编码系统。

目前使用的成组技术编码系统中有三种不同类型的代码结构：层次式；链式（矩阵式）；混合式。

层次式也称为单元码，每一代码的含义都由前一级代码限定。其优点是用很少的码位能代表大量信息；缺点是编码系统很复杂，所以难于开发。

链式又称多元码，码位上每一代码都代表某种信息，与前面码位无关。在代码位数相同的条件下，链式结构容量比层次式的少，但编码系统较简单。

混合式是层次式和链式的混合，大多数编码系统采用混合式。

目前已有一百多种成组技术编码系统在工业生产中应用。JLBM-1 分类编码系统是我国原机械工业部组织制订并批准执行的成组技术编码系统。

（二）JLBM-1 分类编码系统简介

该系统采用主码和副码分段的混合式结构，由 15 个码位组成。它的结构如表 8-2 所示。

表 8-2 JLBM-1 系统

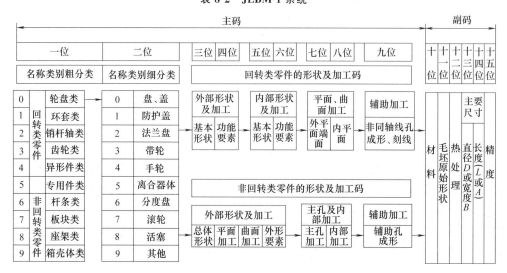

该系统的一、二位码表示零件的名称类别,它采用零件的功能和名称作为标志,以便于设计部门检索,如表 8-3 所示。三~九位码是形状及加工码,分别表示回转体零件和非回转体零件的外部形状、内部形状、平面、孔及其加工与辅助加工的种类,如表 8-4 所示。

表 8-3 名称类别矩阵(第一、二位)

一位		二位									
		0	1	2	3	4	5	6	7	8	9
0	轮盘类	盘、盖	防护盖	法兰盘	带轮	手轮	离合器体	分度盘、刻度盘、环	滚轮	活塞	其他
1	环套类	垫圈片	环、套	螺母	衬套轴套	外螺纹套直管接头	法兰套	半联轴节	油缸汽缸		其他
2	销杆轴类	销堵短圆柱	圆杆圆管	螺杆螺栓螺钉	阀杆阀芯活塞杆	短轴	长轴	蜗杆丝杠	手把手柄操纵杆		其他
3	齿轮类	圆柱外齿轮	圆柱内齿轮	锥齿轮	蜗轮	链轮棘轮	螺旋锥齿轮	复合齿轮	圆柱齿轮		其他
4	异形件	异形盘套	弯管接头弯头	偏心件	扇形件弓形件	叉形接头叉轴	凸轮凸轮轴	阀体			其他
5	专用件										其他

其中一列为"回转类零件"总标识。

表 8-4 回转类零件分类

项目	三位		四位		五位		六位		七位		八位		九位	
	外部形状及加工				内部形状及加工				平面、曲面加工				辅助加工(非同轴线孔、成形、刻线)	
	基本形状	功能要素			基本形状	功能要素			外(端)面		内面			
0	光滑	0	无	0	无轴线孔	0	无	0	无	0	无	0	无	
1	单向台阶	1	环槽	1	非加工孔	1	环槽	1	单一平面不等分平面	1	单一平面不等分平面	1	均布孔	轴向
2	单一轴线 双向台阶	2	螺纹	2	通孔 光滑单向台阶	2	螺纹	2	平行平面等分平面	2	平行平面等分平面	2		径向
3	球、曲面	3	1+2	3	双向台阶	3	1+2	3	槽、键槽	3	槽、键槽	3	非均布孔	轴向
4	正多边形	4	锥面	4	单侧	4	锥面	4	花键	4	花键	4		径向
5	非圆对称截面	5	1+4	5	盲孔 双侧	5	1+4	5	齿形	5	齿形	5	倾斜孔	
6	弓、扇形或4和5以外	6	2+4	6	球、曲面	6	2+4	6	2+5	6	3+5	6	各种孔组合	
7	多轴线 平行曲线	7	1+2+4	7	深孔	7	1+2+4	7	3+5或4+5	7	4+5	7	成形	
8	弯曲、相交轴线	8	传动螺纹	8	相交孔平行孔	8	传动螺纹	8	曲面	8	曲面	8	机械刻线	
9	其他	9	其他	9	其他	9	其他	9	其他	9	其他	9	其他	

十~十五位码是辅助码(副码),表示零件的材料、毛坯、热处理、主要尺寸和精度的特征。尺寸码规定了大型、中型和小型三个尺寸组,分别供仪表机械、一般机械和重型机械

等三种类型的企业使用。精度代码规定了低精度、中等精度、高精度和超高精度四个档次。在中等精度和高精度两个档次间,再按有精度要求的不同加工表面的组合而细分成几个类型,以不同特征来表示,如表 8-5 和表 8-6 所示。

表 8-5　材料、毛坯、热处理分类（第十～十二位）

项目	十 位	十 一 位	十 二 位
	材料	毛坯原始形状	热处理
0	灰铸铁	棒材	无
1	特殊铸铁	冷拉材	发蓝
2	普通碳钢	管材（异形管）	退火、正火及时效
3	优质碳钢	型材	调质
4	合金钢	板材	淬火
5	铜和铜合金	铸件	高、中、工频淬火
6	铝和铝合金	锻件	渗碳+4 或 5
7	其他有色金属及其合金	铆焊件	渗氮处理
8	非金属	注塑成形件	电镀
9	其他	其他	其他

表 8-6　主要尺寸、精度分类（第十三～十五位）

项目	十 三 位						十 五 位		
	主要尺寸								
	直径或宽度（D 或 B）/mm			长度（L 或 A）/mm				精　度	
	大型	中型	小型	大型	中型	小型			
0	≤14	≤8	≤3	≤50	≤18	≤10	0		低精度
1	>14～20	>8～14	>3～6	>60～120	>18～30	>10～16	1	中等精度	内外回转面加工
2	>20～58	>14～20	>6～10	>120～250	>30～50	>16～25	2		平面加工
3	>58～90	>20～30	>10～18	>250～500	>50～120	>25～40	3		1+2
4	>90～160	>30～58	>18～30	>500～800	>120～250	>40～60	4	高精度	外回转面加工
5	>160～400	>58～90	>30～45	>800～1250	>250～500	>60～85	5		内回转面加工
6	>400～630	>90～160	>45～65	>1250～2000	>500～800	>85～120	6		4+5
7	>630～1000	>160～440	>65～90	>2000～3150	>800～1250	>120～160	7		平面加工
8	>1000～1600	>440～630	>90～120	>3150～5000	>1250～2000	>160～200	8		4 或 5,或 6 加 7
9	>1600	>630	>120	>5000	>2000	>200	9		超高精度

表 8-7 是按照 JLBM-1 对回转零件进行分类编码的实例。

（三）零件编码方法

编码方法有手工编码和计算机辅助编码两种。手工编码是编码人员根据分类编码系统的编码法则,对照零件图用手工方法逐一编出各码位的代码。手工编码效率低,劳动强度大,不同的编码人员编出的代码往往不一致。计算机辅助编码是以人机对话方式进行的。对话方式可分为两种类型:一种是问答式,根据计算机屏幕的提问,使用键盘逐个回答,一般回答"Y"或"N",就可自动编出零件的代码;另一种为选择式,也称菜单式,根据计算机屏幕

表 8-7 JLBM-1 系统编码举例

零件图	（零件图略）
编码及其含义	0 名称类别组分:回转体类——轮盘类 2 名称类别组分:法兰盘 1 外部基本形状:单向台阶 0 外部功能要素:无 3 内部基本形状:双向台阶通孔 1 内部功能要素:有环槽 1 外平面与端面:单一平面 0 内平面:无 1 非同轴线孔:均布轴向孔 2 材料:普通钢 6 毛坯原始形状:锻件 6 热处理:无 0 主要尺寸(直径):D>160～400mm 5 主要尺寸(长度):L>60～120mm 1 主精度:内外圆与平面 3

显示的菜单，用键盘选择对应项的号（一般为 0～9 间的一个数），就能实现零件的编码。计算机辅助编码效率高，出错率低，减轻编码人员的劳动强度，能够避免手工编码时由于理解或判断错误而造成的编码错误。

三、零件分类成组的方法

目前零件的分类成组有以下几种方法，即视检法、生产流程分析法和编码分类法。

1. 视检法

视检法是由有经验的工艺师根据零件图样或实际零件及其制造过程，直观地凭经验判断零件的相似性，对零件分类成组。这种方法简单，作为粗分类是有效的方法。例如将零件划分成回转体类、箱体类、杆件类等，但要作详细的分类就较困难。所以目前应用较少。

2. 生产流程分析法

生产流程分析法是一种按工艺特征相似性分类的方法。首先可根据每种零件的工艺路线卡，列出表 8-8 所示的工艺路线表。表中的"√"记号表示该种零件要在该机床上加工，然后通过对生产流程的分析、归纳、整理，可将表 8-8 转换成表 8-9 的形式。从表 8-9 中可以明显地看出，给出的 20 种零件可编为三组，每一组都有相似的工艺路线。生产流程分析法是一种应用很普遍的方法。

3. 编码分类法

零件经过编码，已经实现了很细的分类，但如果仅仅把编码完全相同的零件分为一组，则每组零件的数量往往很少，达不到扩大工艺批量的目的。实际上代码不完全相同的零件，往往也有相似的工艺过程而能属于同一组。为此，对已编码的零件还可用两种方法分组：即特征码位法和码域法。

表 8-8　工艺线路

机床	零件号																			
	1	2	3	4	5	6	7	8	9	10	11	12	13	14	15	16	17	18	19	20
车床	√	√		√			√	√		√	√		√	√	√		√	√	√	√
立式铣床	√	√			√		√		√		√		√				√			√
卧式铣床				√				√			√	√				√		√		
刨床			√		√				√				√		√					
钻床	√	√	√			√	√		√		√	√		√		√		√		√
外圆磨床	√	√		√					√			√			√					
平面磨床			√		√								√			√				
镗床			√					√				√								

表 8-9　用生产流程分析法分组

机床	零件号																			
	1	2	20	7	11	14	9	5	4	18	12	8	17	15	19	3	13	6	16	10
车床	√	√	√	√	√	√														
立式铣床	√	√	√	√	√		√	√												
钻床	√	√	√	√	√	√	√													
外圆磨床	√	√					√		√		√			√						
车床									√	√	√	√	√							
卧式铣床					√				√	√	√	√	√	√						
钻床									√	√						√	√	√	√	√
刨床																√	√	√	√	
平磨																√	√		√	
镗床																√				√

（1）特征码位法　从零件代码中选择其中反映零件工艺特征的部分代码作为分组的依据，就可以得到一组具有相似工艺特征的零件族，这几个码位就称为特征码位。如表 8-10 所示，规定Ⅰ、Ⅱ、Ⅵ、Ⅶ四个码位相同的零件划分为一组。可以看出这组零件的特征为轴类零件 $L/D>3$，具有双向阶梯的外圆柱面，直径 $D>20\sim50$mm，材料为优质钢。所以这组零件可以在相同的机床上用相同的装夹方法进行加工。零件 4 虽然第Ⅱ位代码是 6 而不是 4，但是它与上面三个零件相比仅多了一个功能槽，故也可归并在这一类中。

表 8-10　用特征码位法分组

件号	简图	奥匹磁代码									特征码位的含义
		Ⅰ	Ⅱ	Ⅲ	Ⅳ	Ⅴ	Ⅵ	Ⅶ	Ⅷ	Ⅸ	
1		2	4	0	2	3	1	3	7	1	码位 Ⅰ Ⅱ Ⅲ Ⅳ Ⅴ　Ⅵ Ⅶ Ⅷ Ⅸ 主码／辅码
2		2	4	0	3	0	1	3	7	1	代码 2 4 1 3 — 优质钢／直径 $D>20\sim50$mm／双向阶梯／轴类 $L/D>3$
3		2	4	0	3	3	1	3	7	1	
4		2	6	0	0	0	1	3	0	1	

(2) 码域法 码域法是对零件代码各码位的特征规定几种允许的数据,用它作为分组的依据,将相应码位的相似特征放宽了范围。在表 8-11 所示的零件族特征矩阵表上,横向数字表示码位,纵向数字表示各个码位上的代码,其中"×"表示的范围称为码域。表 8-11 是根据大量统计资料和生产经验而制定的零件相似性特征矩阵表。凡零件各码位上的编码落在该码域内,即划为同一零件组。如表 8-11 中所示 3 个零件即为一组,或称为一个零件族。

表 8-11 码域法分组

零件族特征矩阵											零 件	代 码
	1	2	3	4	5	6	7	8	9			
0	×	×	×	×	×	×		×	×			100300401
1	×	×		×			×					
2	×	×		×			×					
3			×	×			×					110301301
4							×					
5							×					
6							×					
7							×					220201200
8												
9												

四、成组工艺过程设计

零件分类成组后,便形成了加工组,下一步就是针对不同的加工组制定出适合于组内各零件的成组工艺过程。编制成组工艺的方法有两种:复合零件法和复合路线法。

(一) 复合零件法

按照零件组中的复合零件来设计工艺规程的方法称为复合零件法,或样件法。复合零件即是拥有同组零件的全部待加工表面要素的一个零件。它可以是零件组中实际存在的某个具体零件,也可以是一个假设的零件,由于它包含了组内其他零件所具有的所有待加工表面要素,所以按复

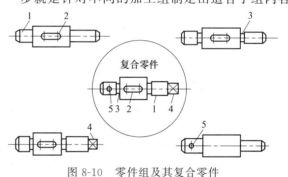

图 8-10 零件组及其复合零件
1—外圆柱面;2—键槽;3—功能槽;4—半面;5—辅助孔

合零件设计的成组工艺,只要从中删除一些不为某一零件所用的工序或工步内容,便能为组内所有零件使用,形成各个零件的加工工艺。

图 8-10 表示了一个零件组按其复合零件设计成组工艺的例子。这一零件组由四种零件组成,中间为其复合零件,它包含了四个零件所具有的五种加工表面要素。根据这个复合零件设计了成组工艺,在成组工艺的基础上删除各个零件所不需要的工序内容,就得到了组内各零件的具体工艺。

(二) 复合路线法

对于非回转体类零件,由于其形状不规则,为某一零件组找出它的复合零件来常常十分困难,所以上述复合零件法一般仅适于回转体零件。而非回转体零件,常采用复合路线法。

复合路线法是在零件分类成组的基础上,把同组零件的工艺路线作一比较,以组内最复杂零件的工艺路线为基础,然后将此路线与组内其他零件的工艺路线相比较,凡组内其他零

件需要而作为代表的工艺路线中没有的工序，一一添上，最终形成一个能满足全组零件要求的成组工艺。图 8-11 是按复合路线法设计成组工艺的例子。

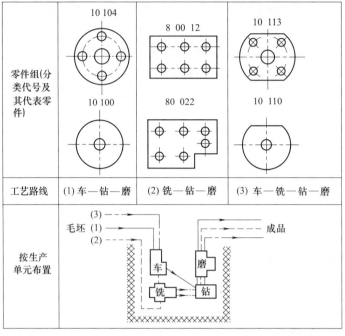

图 8-11　成组生产单元平面布置示意

五、成组生产组织形式

根据目前成组加工的实际应用情况，成组加工系统有如下三种基本形式：成组单机；成组生产单元；成组生产流水线。这三种形式是介于机群式和流水式之间的设备布置形式。机群式适用于传统的单件小批量生产，流水式则适用于传统的大批量生产。成组生产采用哪一种形式，主要取决于零件成族后，同族零件的批量大小。

1. 成组单机

成组单机是在机群式布置的基础上发展起来的，它是把一些工序相同或相似的零件族集中在一台机床上加工。它主要是针对从毛坯到成品多数工序可以在同一类型的设备上完成的工件，也可以用于仅完成其中某几道工序加工的工件。

这种组织形式是成组技术的最初形式，由于相似零件集中加工，批量增大，减少了机床调整时间，获得了一定的经济效果。对于较复杂的零件加工，需要在多台机床上加工时，效果就不显著了。但随着数控机床和加工中心机床的应用，特别是柔性运输系统的发展，成组加工单机的组织形式又变得重要起来。

2. 成组生产单元

成组生产单元是指一组或几组工艺上相似零件的全部工艺过程，由相应的一组机床完成，该组机床即构成车间的一个封闭的生产单元。

成组生产单元的主要特点是由几种类型机床组成一封闭的生产系统，完成一组或几组相似零件的全部工艺过程。它有一定的独立性，并有明确的职责，提高了设备利用率，缩短了生产周期，简化了生产管理，所以为各企业广泛采用。

3. 成组生产流水线

成组生产流水线是成组技术的较高级组织形式。它与一般流水线的主要区别在于生产线上流动的不是一种零件，而是多种相似零件。在流水线上各工序的节拍基本一致，其工作过程是连续而有节奏的。但对于每一种零件而言，它不一定经过流水线上的每一台机床加工，所以它能加工的工件较多，工艺适用范围较大。

第四节 计算机辅助工艺规程设计

一、概述

工艺规程设计是一种需要大量时间和经验的工作，随着产品制造中采用了计算机辅助设计（CAD）和计算机辅助制造（CAM），作为连接产品设计和制造的中间环节，工艺过程的设计也必须实现自动化才能与之相适应，计算机技术的发展为在工艺领域中实现工艺设计自动化提供了可能，而成组技术的实施为工艺设计自动化奠定了技术基础。通过向计算机输入被加工零件的原始数据、加工条件和加工要求，由计算机自动进行编码、编程直至最后输出经过优化的工艺规程卡片的过程，称为计算机辅助工艺规程设计（CAPP）。采用计算机辅助工艺规程设计不仅能减轻工艺人员的重复劳动并显著提高工艺设计的效率，而且更可靠和更有效地保证了同类零件工艺上的一致性，所以 CAPP 在国内外正引起越来越多的重视和研究，一些先进实用的系统在技术发达的国家已得到广泛的应用，并取得了很好的效果。

CAPP 最初的低级形式仅是用于工艺规程的检索和管理，即利用计算机来存取已有的单独工艺，需要时计算查询和检索。在成组技术的基础上，CAPP 逐步发展成能通过修改编辑功能而在已有的标准工艺过程基础上生成新的零件的工艺过程。目前，世界各国又在致力于开发新的工艺设计系统，这种系统能直接输入零件图形和加工要求，通过系统的逻辑判断功能，自动地直接生成零件的工艺过程。

按照 CAPP 的基本原理和方法，可分为两种：修订式（派生式）和创成式。

二、修订式（派生式）CAPP 系统

1. 修订式 CAPP 系统的基本概念

修订式工艺规程设计系统利用零件相似性来检索现有工艺规程。能被一个零件族使用的工艺规程称为标准工艺规程。一个标准工艺规程是以它的族号作为关键字而永久地存储在数据库中。它能包括的细节是没有限制的，但是它至少必须包括一系列的制造步骤或工序。当检索到一个工艺规程时，通常需要一定程度的修订，以便把它用到一个新零件上。

修订式系统的检索方法及逻辑基础是划分零件为零件族。这样就可以对每一种零件族确定出通用的制造方法，而这种通用的制造方法都表示成标准工艺规程。

标准工艺规程检索的机理是以零件族为基础的，一个零件族可用一个零件族矩阵表示，这个矩阵则包括所有可能的元素。后面将讨论这种零件族矩阵的结构。

2. 零件族的建立与特征矩阵

在一个工艺规程设计系统中，零件族的形成是以产品零件的制造特征为基础的。把相似工艺过程的那些零件归并成同一个零件族。对于工艺规程设计，形成零件族的通用规则是：在一个零件族中，所有的零件必须要求相似的工艺规程。这样，整个零件族才可以共有一个标准的工艺规程。

零件族的建立是根据成组技术原理进行的。如前所述，零件族（组）的划分方法有视检

法、生产流程分析法和编码分类法三种。

下面介绍编码分类法。

利用成组技术中所述的特征码位法和码域法已可以为零件划分零件族，但为了便于应用计算机进行存储和检索，通常还需用"特征矩阵"来描述零件或零件族的特征。

采用特征矩阵法对零件进行分组的原理是依据每个零件的代码均可用矩阵来表示。如代码为 130213411 的零件可用图 8-12 所示的矩阵来表示；而一个矩阵可表示一个零件族，如图 8-13 所示。

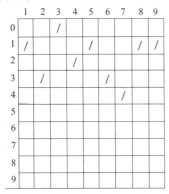 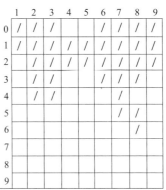

图 8-12　一个零件的特征矩阵　　　　图 8-13　一组零件的特征矩阵

零件族的矩阵，亦即码域，是表示含有一定范围的零件特征的矩阵。根据分组要求，可以确定若干个特征代码矩阵，作为划分零件组的依据。为了将特征矩阵转变为计算机容易识别的形式，可将特征矩阵的每一列作为一个数来处理，如图 8-13 所示之特征矩阵，第一列可记为 1100000000，第二列可记为 1111100000……由此类推，这个特征矩阵就变为九个十位数。每个特征矩阵都可用这样一组数据来表示，并以文件形式存储在计算机中，称之为特征矩阵文件。

分组时，将零件代码与特征矩阵进行比较，如果与零件代码各个位的数值相对应的矩阵位置上均为 1，则认为该零件与此矩阵匹配，该零件就分入这个组；如果在与零件代码相对应的矩阵位置上不是 1，而是 0，则认为该零件与此矩阵不匹配，该零件就不能分入这个组。对零件分族（组）和检索零件族就是以这一原理为基础的。

为了适应计算机的运行，标准工艺规程的内容（如工序、工步内容、机床、工具名称等）均需一定的代码。因此，存入计算机的标准工艺实际就是各种工艺代码的有序集合。至此，已有了零件族矩阵，各种工序代码以及它们合理的有序组合亦即标准工艺规程。下一步就是按计算机能解释的方法将它们存储起来，以便以后将这些信息用于新的零件。

3. 数据库结构

实际应用的修订式工艺规程设计系统，所需要的信息量是相当大的，它要检索成千上万的零件及工艺规程。所以修订式系统中的数据库起着重要作用。数据库是一组互相参照的数据文件，它包括应用中需要的所有信息，同时也可由几种不同的程序各为其具体的应用存取数据。有三种方法可以用来建立数据库：层次式，网格式和关系式。这里简单介绍采用层次式来建立数据库。

在这类数据库中，每个零件族均按其族号寻找零件族矩阵。零件族名和族矩阵均作为记录被存储在数据库中。标准工艺规程与每一个零件族相联系，族矩阵用一个指针连接下一个文件中的位置。标准工艺规程是由一组工序代码表示的，每一个工序代码都有一系列具体操作存储在下一级。每一级的数据都存储在一种数据文件中，所以这种修订式系统的数据库需要三种类型的数据文件：零件族矩阵文件；标准工艺规程文件；工序代码文件。

工序代码文件与标准工艺规程文件相似，只是它具有与标准工艺规程文件相连接的指针。因为标准工艺规程文件的记录和工序代码文件的记录有"一对 N"的关系，所以，在工序代码文件中保持"指出来源的指针"是很必要的。这种结构使文件更容易维护。

4. 搜索过程

修订式系统的本质是为相似零件检索标准工艺规程。标准工艺规程是按零件族建立的，所以要对标准工艺规程检索，首先要检索该零件所属的零件族，也就是零件族矩阵，确定要编工艺的零件属于哪一个零件族。

对零件族矩阵的检索可以看做是零件族与给定的零件代码相匹配的过程。零件族矩阵可以看做是一个筛子，矩阵元素为 1 的地方就像是筛孔，如果一个零件的代码全能通过筛孔，这个零件就属于这个零件族。

结果是检索到一组工序代码表示的标准工艺规程。这个标准工艺规程在使用前常需作某些修改。工序的具体操作也可以被检索出来，并取代标准工艺规程中的工序代码，最终的工艺规程还需作一些人工修改。

5. 工艺规程编辑及参数选择

在工艺规程发到车间之前，需要对标准工艺规程进行某些修改，同时必须把加工参数加入到这个工艺规程中去。工艺规程的编辑有两种含义：一是数据库中对标准工艺规程进行编辑；另一个是对某个零件的工艺规程的编辑。编辑标准工艺规程，意味着存储起来的这个标准工艺规程将影响到这个零件族中的所有零件。

编辑某个零件的工艺规程，是一个临时性的改变，对零件族中的其他零件没有影响。在编辑过程中，需要修改标准工艺规程，以适应某一零件的特殊要求。可能要删除一些工序，也可能要增加一些工序。在这个阶段通常使用一个文本编辑程序。

一个完整的工艺规程不仅包括工序，而且也包括加工参数。加工参数可在加工参数文件中查出，也可以利用优化技术计算得出。第一种方法较简单，因此修订式系统中都有加工参数文件。加工参数文件根据存储方式不同可分为：①循环存取文件，即数据按顺序存取或从软盘上按顺序连续读出数据；②随机存取文件，即把文件分成若干个记录，从零号开始编号，把它们存放在磁盘中的一个指定区域，每个记录都有相应的存放位置，只要告诉计算机文件名和记录号，就可随意存取某一记录。

顺序存取方式比较简单，不必关心哪个记录存放什么内容，从头开始，逐个按顺序存放；随机存取方式，虽然存时比较麻烦，要编记录号，但以后调用和修改时比较方便，而且速度快。

三、创成式 CAPP 系统

创成式是另一种类型的 CAPP 系统。它直接根据输入的图形信息和加工信息，生成新的工艺规程。这种方法的主要特点是计算机中并没有预先存入"标准工艺规程"，而是存储了大量的各种各样的逻辑原则和决策方法，当系统输入零件图形后，计算机分析其几何要素并进行逻辑判断和决策，生成新的工艺规程，并使其优化。

从理论上讲，创成式工艺规程设计系统是一个完备的高级的系统，它拥有工艺设计所需要的全部信息，在其软件中包含着全部决策逻辑，因此使用方便，无需准备阶段。但是因为工艺过程涉及的因素较多，开发完全自动生产工艺过程的创成式系统还存在许多技术上的困难，目前大多处于研究阶段。

许多 CAPP 系统采用以修订式为主创成式为辅的半创成式，如工序设计用修订式，而工步设计用创成式，两种方法相结合在使用中取得了较好的效果。

第五节　现代制造技术

一、制造技术的演进

自 18 世纪以来，制造技术已经经过了以下六个阶段的发展过程。

① 18 世纪后半叶，以蒸汽机和工具机的发明为特征的产业革命，揭开了近代工业的历史，促成了制造企业的雏形——工场式生产的出现，标志着制造业已完成从手工业作坊式生产到以机械加工和分工原则为中心的工厂生产的艰难转变。

② 19 世纪电气技术得到了发展，由于电气技术与其他制造技术的融合，开辟了崭新的电气化新时代，制造业也得到飞速发展，制造技术出现了批量生产、工业化规范生产的新局面。

③ 20 世纪初，内燃机的发明，引发了制造业的革命，流水生产线和泰勒式工作制得到了广泛的应用，两次世界大战，特别是第二次世界大战期间以降低成本为中心的刚性、大批大量制造技术和科学管理方式得到了很大的发展。

④ 第二次世界大战后，计算机、微电子、信息和自动化技术有了迅速的发展，推动了制造技术向高质量生产和柔性生产的发展。在此期间，形成了一批新型的先进制造单元技术，如数控技术（NC）、计算机数控（CNC）、柔性制造单元（FMC）、计算机辅助设计/制造（CAD/CAM）等。同时有效地应用系统科学、运筹学、系统工程等原理和方法的生产管理方式，如准时生产制（JIT）、全面质量管理（TQM）开始出现，以实现现代化管理，提高企业整体效益。此期间的生产模式由中、小批量生产自动化向多品种、小批量生产自动化转变。

⑤ 自 20 世纪 80 年代以来，受市场需求多元化的牵引以及随着商业竞争的加剧，开拓了制造技术以面向市场发展的新阶段。各种计算机辅助工具，如材料需求规划（MRP-1）、制造资源规划（MRP-2）、全面质量控制（TQC）、CAD/CAM、计算机辅助工艺规划（CAPP）、计算机辅助工程（CAE）、计算机辅助检测（CAI）等，以及各种高效柔性生产装备，如直接数控（DNC）、计算机数控（CNC）、柔性制造单元（FMC）、机器人、自动材料运输系统（AMV）、柔性装配系统（FAS）等发展得非常快。一些新的制造技术，如激光等特种加工技术、现代设计技术已获得了广泛应用。快速原型制造技术（PRM）应运而生。在此期间，体现新的制造理论的精益生产（Lean Production——LP）以及计算机集成制造系统（CIMS）开始得到了应用与推广。以计算机为中心的新一代信息技术已经从根本上改变了制造工程中信息技术的面貌和水平，并引发了其组织结构和运行模式的革命性飞跃。计算机集成制造系统（CIMS）的发展是这个阶段的一个重要特征。

⑥ 20 世纪末的最后 10 年，是以信息为主要特征的 10 年，信息技术、人工智能技术的发展提供了高效能的技术手段，也为未来以面向顾客为特征的生产提供了技术保证。在此期间，各种先进的集成化、智能化加工技术及装备，如精密成形技术与装备、快速原型技术及系统、少无切削技术与装备、激光加工技术与装备等进入了一个空前发展的阶段。作为综合加速企业内新产品开发和生产过程的系统信息集成技术——并行工程（Concturrent Engineering——CE）也得到了应用与推广。随着人工智能（专家系统）、人工神经网络、模糊逻辑等计算机智能的应用，制造知识的获取、表示、存储和推理已成为可能。智能制造技术和智能制造系统（IMT&IMS）的研究与开发以及在世界范围内蓬勃兴起，将把集成制造推向高级阶段，即智能集成的阶段。

200多年来的历程，充分显示了技术推动与市场牵引两个原则（因素）对于制造技术发展的作用，也显示了先进制造技术对于制造业的革命以及对于国民经济所起的作用。

二、现代制造技术的提出

随着经济技术的高速发展以及顾客需求和市场环境的不断变化，竞争日趋激烈，各国都非常重视对制造技术的研究。制造技术是将原材料加工成产品过程中所使用的一系列技术的总称，是提高产品竞争力的关键，是制造业赖以生存和发展的主体技术。随着计算机、微电子、信息和自动化技术的迅速发展，20世纪50年代后在制造业中陆续出现了数控NC（Numerical Control）、计算机数控CNC（Computer Numerical Control）、直接数控DNC（Directly Numerical Control）、柔性制造单元FMC（Flexible Manufacturing Cell）、柔性制造系统FMS（Flexible Manufacturing System）、计算机辅助设计CAD/制造CAM（Computer Aided Design/ Computer Aided Manufacturing）、计算机集成制造系统CIMS（Computer Integrated Manufacturing System）、准时JIT（Just In Time）生产、制造资源规划MRP（Manufacturing Resource Planning）、精益生产LP（Lean Production）和敏捷制造AM（Agile Manufacturing）等多项现代制造技术与制造模式。于是在20世纪末期，制造业开始经历一场新的技术革命。"现代制造技术"MMT（Modern Manufacturing Technology）或称为"先进制造技术"AMT（Advanced Manufacturing Technology）便应运而生。现代制造技术已成为各国发展经济、满足人民日益增长需要以及加速高新技术发展和实现国防现代化的主要技术支撑，成为企业在激烈的市场竞争中能立于不败之地并求得迅速发展的关键因素。

现代制造技术具有5个明显的技术特征：①先进性；②通用性；③系统性；④集成性；⑤技术与管理更紧密结合。

三、现代制造技术的内涵及特点

（一）现代制造技术的内涵

目前对现代制造技术尚没有一个明确的、一致公认的定义，经过近来对发展现代制造技术开展的工作，通过对其特征的分析研究，可以认为：现代制造技术是制造业不断吸收信息技术和现代管理技术的成果，并将其综合应用于产品设计、加工、检测、管理、销售、使用、服务乃至回收的制造全过程，以实现优质、高效、低耗、清洁、灵活生产，提高对动态多变的市场的适应能力和竞争能力的制造技术的总称。

（二）现代制造技术的特点

① 现代制造技术的实用性。现代制造技术最重要的特点在于，它首先是一项面向工业应用、具有很强实用性的新技术。从现代制造技术的发展过程及其应用于制造全过程的范围，特别是达到的目标与效果，无不反映这是一项应用于制造业，对制造业及国民经济的发展可以起重大作用的实用技术。

② 现代制造技术应用的广泛性。现代制造技术相对传统制造技术在应用范围上的一个很大不同点在于，传统制造技术通常只是指各种将原材料变成成品的加工工艺，而现代制造技术虽然仍大量应用于加工和装配过程，但由于其组成中包括了设计技术、自动化技术、系

统管理技术,因而将其综合应用于制造的全过程,覆盖了产品设计、生产准备、加工与装配、销售使用、维修服务甚至回收再生的整个过程。

③ 现代制造技术的动态特征。由于现代制造技术本身是针对一定的应用目标,不断地吸收各种高新技术逐渐形成和发展的新技术,因而其内涵不是绝对的和一成不变的。反映在不同的时期,现代制造技术有其自身的特点;反映在不同的国家和地区,现代制造技术有其本身重点发展的目标和内容,通过重点内容的发展以实现这个国家和地区制造技术的跨越式发展。

④ 现代制造技术的集成性。传统制造技术的学科、专业单一独立,相互间的界限分明;现代制造技术由于专业和学科间的不断渗透、交叉、融合,界限逐渐淡化甚至消失,技术趋于系统化、集成化,已发展成为集机械、电子、信息、材料和管理技术为一体的新型交叉学科。因此可以称其为"制造工程"。

⑤ 现代制造技术的系统性。传统制造技术一般只能驾驭生产过程中的物质流和能量流。随着微电子、信息技术的引入,使现代制造技术还能驾驭信息生成、采集、传递、反馈、调整的信息流动过程。现代制造技术是可以驾驭生产过程的物质流、能量流和信息流的系统工程。

⑥ 现代制造技术强调的是实现优质、高效、低耗、清洁、灵活的生产。

现代制造技术的核心是优质、高效、低耗、清洁等基础制造技术,它是从传统的制造工艺发展起来的,并与新技术实现了局部或系统集成。

⑦ 现代制造技术最终的目标是要提高对动态多变的产品市场的适应能力和竞争能力。

随着世界自由贸易体制的进一步完善,以及全球交通运输体系和通信网络的建立,制造业将形成全球化与一体化的格局,新的现代制造技术也必将是全球化的模式。

四、计算机集成制造系统(CIMS)

CIMS 的基本概念包括 CIM 和 CIMS,前者表现为一种哲理,而后者是在 CIM 概念指导下建立的制造系统。

(一) CIM 和 CIMS 的定义

1. CIM

CIM 是一种概念和哲理,可用来作为组织现代工业生产的指导思想。CIM 是 Computer Integrated Manufacturing 的缩写,可直译为"计算机集成制造"或"计算机综合制造"。这个概念中的"制造(Manufacturing)"是关于企业的一组相关操作和活动的集合,它包括市场分析、产品设计、材料选择、计划作业、生产、质量检验、生产管理和市场销售等一系列与制造企业有关的生产活动。

CIM 这一概念的产生反映了人们开始从一个深刻的层次来分析和认识"制造"的内涵。即对制造所包含的内容不应局限于产品生产有关的工艺、库存、加工和计划等活动,而必须有广义的理解,制造应包括从产品需求分析开始到销售服务之间全过程的一切活动。另一方面,不应仅将制造的过程看作是一个从原料加工、装配到产品的物料转换过程,必须将制造理解为是一个复杂的信息转换过程,在制造中发生的相关活动都是信息处理整体中的一部分。这种关于制造的新观点指出了在企业组织生产的总体优化中,信息技术与制造过程相结合是制造业在信息社会中发展的新模式,也是企业发展的必然。

因此人们将 CIM 定义为:"CIM 作为一种组织、管理与进行企业生产的哲理,它在计算机和网络的支撑下,综合运用现代管理、制造、信息、自动化和系统工程等领域的技术,将企业生产全部过程中有关人、技术、经营管理要素及其信息流与物流有机地集成并优化运行，以实现产品高质量、低成本、上市快，从而使企业赢得市场竞争。"抓住上述定义的精髓，可以把 CIM 通俗地理解为"用计算机通过信息集成实现现代化的生产制造，求得企业的总体效益"。

2. CIMS

以计算机作为工具，制造作为其内容的 CIM，其哲理的核心为信息的"集成"。而基于这种哲理组成的系统——CIMS（Computer Integrated Manufacturing System），就是哲理的实现。因此，也可以把 CIMS 定义为："CIMS 是基于 CIM 哲理构成的优化运行的企业制造系统。"在 CIMS 的研究和实施中必须强调"信息流"和"系统集成"这两个最基本的观点。

CIMS 由于企业的类型、规模、需求、目标和环境不同而有很大的差别。例如，在类型上，企业有单件生产和多品种、中小批量生产或大批量生产的区别；在生产过程上，企业有离散型（如机械制造、汽车）、连续型（如钢铁、石化）和混合型（如造纸）的分类，如此等等的诸多因素使实现 CIMS 的过程与结果必然是不同的。但就技术而言，CIMS 的许多相关技术具有共性，按 CIM 概念改造企业，整个实施过程的方法和规范也应是一致的。

CIMS 不仅是一个技术系统，它更是一个企业整体集成优化系统。其集成特征主要包括如下。

（1）人员集成　管理者、设计者、制造者、保障者（负责质量、销售、采购、服务等的人员）以及用户应集成为一个协调整体。

（2）信息集成　产品生命周期中各类信息的获取、表示、处理和操作工具集成为一体，组成统一的管理控制系统。特别是产品信息模型（PIM）和产品数据管理（PDM）在系统中应得到一体化的处理。

（3）功能集成　产品生命周期中企业各部门功能集成以及产品开发与外部协作企业间功能的集成。

（4）技术集成　产品开发全过程中涉及的多学科知识以及各种技术、方法的集成，形成集成的知识库和方法库，以利于 CIMS 的实施。

（二）CIMS 在我国的发展及实施 CIMS 的效益

目前，我国的工业整体水平与工业发达国家之间仍存在很大差距。我国加入 WTO 后，面临激烈的国际竞争，迫切需要企业提高整体实力和综合竞争能力。有鉴于此，我国已将 CIMS 确定为自动化领域的主题研究项目之一，并规定了 CIMS 的战略目标为：跟踪国际 CIMS 有关技术的发展；掌握 CIMS 关键技术；在制造业中建立能获得综合经济效益并能带动全局的 CIMS 示范工厂，通过推广应用及产品化促进我国 CIMS 高技术产业的发展。

在"效益驱动、总体规划、重点突破、分步实施、推广应用"的方针指导下，经过十多年的努力，我国 CIMS 事业取得了迅速发展，已形成了一个健全的组织和一支研究队伍；实现了我国 CIMS 研究和开发的基本框架；建设了研究环境和工程环境，包括一个国家 CIMS 实验工程中心和 7 个单元技术开放实验室，完成了一大批课题的研究工作，陆续选定了一批 CIMS 典型应用工厂作为利用 CIMS 推动企业技术改造的示范点。这些工厂涉及飞机、机床、大型鼓风机、纺织机械、汽车、家电、服装以及钢铁、化工等行业。

我国 CIMS 主题的研究和开发进程证明：CIMS 是现代制造领域中卓有成效的技术，是促进企业经济增长方式向集约型转变的重要技术手段。

由于系统集成度提高，可以使各功能分系统间的配合和参数配置更优化，各种生产要素的潜力得到更有效的利用，减少实际存在于企业生产中的各种资源浪费，同时使管理科学化，提高企业对市场的响应能力。

此外，实施 CIMS 后，可明显提高企业新产品开发能力，从而提高企业在国内外市场上的竞争能力。

必须指出，CIMS 在其发展历程中的主要应用对象是离散型制造业（约占全部制造业的 50%），其原因是这类企业面临的问题最多，生产水平和生产效益均较低，因而采用 CIMS 也更为迫切，一旦实施 CIMS，其效果也会更显著。显然，CIMS 的思想、系统方法和集成技术同样可用于诸如连续型或混合型企业中，国内外在电器、化工、电子元件、钢铁行业中已有不少企业实施 CIMS 应用工程并取得了成功。

习　题

1. 说明电火花加工、电解加工的基本原理。
2. 线切割加工的基本原理是什么？和电火花穿孔加工、成形加工相比有何特点？
3. 通用可调夹具和成组夹具有什么共同特点？又有什么区别？
4. 数控机床夹具有什么特点？
5. 什么是成组技术？其基本原理是什么？
6. 什么是复合路线法？它应用在什么场合？
7. 什么是复合零件法？它应用在什么场合？
8. 用 JLBM-1 编码系统对题 8-8 图所示零件进行编码。

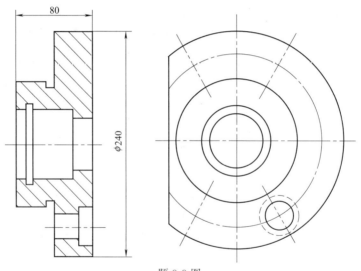

题 8-8 图

9. 什么是修订式 CAPP 系统？它的工作原理是什么？
10. 什么是创成式 CAPP 系统？它的工作原理是什么？

第九章 机械装配工艺基础

主要内容

本章主要介绍机械装配的基本概念；装配尺寸链的计算；装配方法及其选择；装配工作法和典型部件的装配。

教学目标

了解装配精度的概念及内容；熟悉装配尺寸链的计算方法；了解常用的四种装配方法；掌握在工装设计时如何正确选择装配方法及确定各零件的尺寸及公差；了解装配工作法和典型部件的装配方法。

第一节 概　　述

一、装配的概念

(一) 机械的组成

一台机械产品往往由上千至上万个零件所组成，为了便于组织装配工作，必须将产品分解为若干个可以独立进行装配的装配单元，以便按照单元次序进行装配并有利于缩短装配周期。装配单元通常可划分为五个等级。

(1) 零件　零件是组成机械和参加装配的最基本单元。大部分零件都是预先装成合件、组件和部件再进入总装。

(2) 合件　合件是比零件大一级的装配单元。下列情况皆属合件。

① 两个以上零件，由不可拆卸的连接方法（如铆、焊、热压装配等）连接在一起。

② 少数零件组合后还需要合并加工，如齿轮减速箱体与箱盖、柴油机连杆与连杆盖，都是组合后镗孔的，零件之间对号入座，不能互换。

③ 以一个基准零件和少数零件组合在一起，如图 9-1（a）属于合件，其中蜗轮为基准零件。

(3) 组件　组件是一个或几个合件与若干个零件的组合。如图 9-1（b）所示即属于组件，其中蜗轮与齿轮为一个先装好的合件，而后以阶梯轴为基准件，与合件和其他零件组合为组件。

(4) 部件　部件由一个基准件和若干个组件、合件和零件组成。如主轴箱、走刀箱等。

(5) 机械产品　它是由上述全部装配单元组成的整体。

装配单元系统图表明了各有关装配单元间的从属关系，如图 9-2 所示。

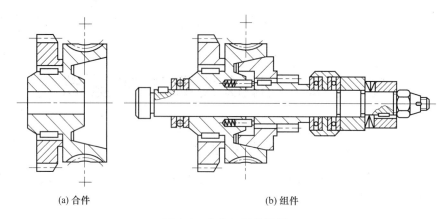

图 9-1 合件与组件举例

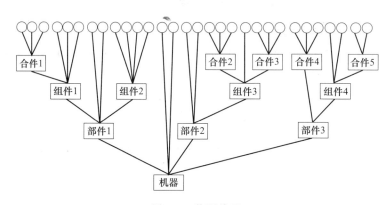

图 9-2 装配单元

（二）装配的定义

根据规定的要求，将若干零件装配成部件的过程叫部装，把若干个零件和部件装配成最终产品的过程叫总装。

（三）装配工作的基本内容

机械装配是产品制造的最后阶段，装配过程中不是将合格零件简单地连接起来，而是要通过一系列工艺措施，才能最终达到产品质量要求。常见的装配工作有以下几项。

（1）清洗　目的是去除零件表面或部件中的油污及机械杂质。

（2）连接　连接的方式一般有两种：可拆连接和不可拆连接。可拆连接在装配后可以很容易地拆卸而不致损坏任何零件，且拆卸后仍重新装配在一起。例如螺纹连接、键连接等。不可拆连接，装配后一般不再拆卸，如果拆卸就会损坏其中的某些零件。例如焊接、铆接等。

（3）调整　包括校正、配作、平衡等。

校正　是指产品中相关零、部件间相互位置找正，并通过各种调整方法，保证达到装配精度要求等。

配作　是指两个零件装配后确定其相互位置的加工，如配钻、配铰，或为改善两个零件表面结合精度的加工，如配刮及配磨等，配作是与校正调整工作结合进行的。

平衡　为防止使用中出现振动，装配时，应对旋转零、部件进行平衡。包括静平衡和动平衡两种方法。

(4) 检验和试验　机械产品装配完后，应根据有关技术标准和规定，对产品进行较全面的检验和试验工作，合格后才准出厂。

除上述装配工作外，油漆、包装等也属于装配工作。

(四) 装配的意义

装配是整个机械制造工艺过程中的最后一个环节。装配工作对机械的质量影响很大。若装配不当，即使所有零件加工合格，也不一定能够装配出合格的高质量的机械；反之，当零件制造质量不良时，只要装配中采用合适的工艺方案，也能使机械达到规定的要求，因此，装配质量对保证机械质量起了极其重要的作用。

二、装配精度

(一) 概念及内容

装配精度是指产品装配后几何参数实际达到的精度，它一般包括以下内容。

(1) 尺寸精度　是指零部件的距离精度和配合精度。例如卧式车床前、后两顶尖对床身导轨的等高度。

(2) 位置精度　是指相关零件的平行度、垂直度和同轴度等方面的要求。例如台式钻床主轴对工作台台面的垂直度。

(3) 相对运动精度　是指产品中有相对运动的零、部件间在运动方向上和相对速度上的精度。例如滚齿机滚刀与工作台的传动精度。

(4) 接触精度　是指两配合表面、接触表面和连接表面间达到规定的接触面积大小和接触点分布情况。例如齿轮啮合、锥体、配合以及导轨之间的接触精度。

(二) 装配精度与零件精度的关系

机械及其部件都是由零件所组成的，装配精度与相关零、部件制造误差的累积有关，特别是关键零件的加工精度。例如卧式车床尾座移动对床鞍移动的平行度，就主要取决于床身导轨 A 与 B 的平行度，如图9-3所示。又如车床主轴锥孔轴心线和尾座套筒锥孔轴心线的等高度 (A_0)，即主要取决于主轴箱、尾座及座板的 A_1、A_2 及 A_3 的尺寸精度，如图9-4所示。

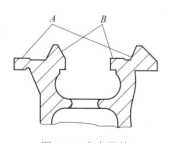

图9-3　床身导轨

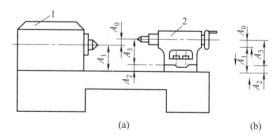

图9-4　主轴箱主轴中心、尾座套筒中心等高示意
1—主轴箱；2—尾座

另一方面，装配精度又取决于装配方法，在单件小批生产及装配精度要求较高时装配方法尤为重要，例如图9-4中所示的等高度要求是很高的。如果靠提高尺寸 A_1、A_2 及 A_3 的尺寸精度来保证是不经济的，甚至在技术上也是很困难的。比较合理的办法是在装配中通过检测，对某个零部件进行适当的修配来保证装配精度。

因此，机械的装配精度不但取决于零件的精度，而且取决于装配方法。

第二节　装配尺寸链

一、基本概念

装配尺寸链是产品或部件在装配过程中，由相关零件的有关尺寸（表面或轴线间距离）或相互位置关系（平行度、垂直度或同轴度等）所组成的尺寸链。其基本特征是具有封闭性，即有一个封闭环和若干个组成环所构成的尺寸链呈封闭图形，如图 9-4（b）所示。其封闭环不是零件或部件上的尺寸，而是不同零件或部件的表面或轴心线间的相对位置尺寸，它不能独立地变化，而是装配过程最后形成的，即为装配精度，如图 9-4 中的 A_0。其各组成环不是在同一个零件上的尺寸，而是与装配精度有关的各零件上的有关尺寸，如图 9-4 中的 A_1、A_2 及 A_3。装配尺寸链各环的定义及特征同第二章所述。显然，A_2 和 A_3 是增环，A_1 是减环。

装配尺寸链按照各环的几何特征和所处的空间位置大致可分为线性尺寸链、角度尺寸链、平面尺寸链和空间尺寸链。常见的是前两种。

二、装配尺寸链的建立——线性尺寸链（直线尺寸链）

应用装配尺寸链分析和解决装配精度问题，首先是查明和建立尺寸链，即确定封闭环，并以封闭环为依据查明各组成环，然后确定保证装配精度的工艺方法和进行必要的计算。查明和建立装配尺寸链的步骤如下。

（一）确定封闭环

在装配过程中，要求保证的装配精度就是封闭环。

（二）查明组成环，画装配尺寸链图

从封闭环任意一端开始，沿着装配精度要求的位置方向，将与装配精度有关的各零件尺寸依次首尾相连，直到与封闭环另一端相接为止，形成一个封闭形的尺寸图，图上的各个尺寸即是组成环。

（三）判别组成环的性质

画出装配尺寸链图后，按第二章所述的定义判别组成环的性质——即增、减环。

在建立装配尺寸链时，除满足封闭性、相关性原则外，还应符合下列要求。

1. 组成环数最少原则

从工艺角度出发，在结构已经确定的情况下，标注零件尺寸时，应使一个零件仅有一个尺寸进入尺寸链，即组成环数目等于有关零件数目。如图 9-5（a）所示，轴只有 A_1 一个尺寸进入尺寸链，是正确的。图 9-5（b）的标注法中，轴有 a、b 两个尺寸进入尺寸链，是不正确的。

2. 按封闭环的不同位置和方向分别建立装配尺寸链

例如常见的蜗杆副结构，为保证正常啮合，蜗杆副两轴线的距离（啮合间隙）、蜗杆轴线与蜗轮中间平面的对称度均有一定要求，这是两个不同位置方向的装配精度，因此需要在两个不同方向分别建立装配尺寸链。

三、装配尺寸链的计算

（一）计算类型

（1）正计算法　已知组成环的基本尺寸及偏差，代入公式，求出封闭环的基本尺寸偏

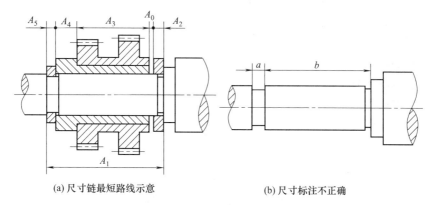

(a) 尺寸链最短路线示意　　　　(b) 尺寸标注不正确

图 9-5　组成环尺寸的注法

差，计算比较简单，不再赘述。

（2）反计算法　已知封闭环的基本尺寸及偏差，求各组成环的基本尺寸及偏差。下面介绍利用"协调环"解算装配尺寸链的基本步骤：在组成环中，选择一个比较容易加工或在加工中受到限制较少的组成环作为"协调环"，其计算过程是先按经济精度确定其他环的公差及偏差，然后利用公式算出"协调环"的公差及偏差。具体步骤见互换装配法例题。

（3）中间计算法　已知封闭环及组成环的基本尺寸及偏差，求另一组成环的基本尺寸及偏差，计算也较简便，不再赘述。

无论哪一种情况，其解算方法都有两种，即极大极小法和概率法。

（二）计算方法

1. 极大极小法

用极大极小法计算装配尺寸链的公式与第二章中解工艺尺寸链的公式（2-20）～公式（2-32）相同，在此从略。

2. 概率法

极大极小法的优点是简单可靠，其缺点是从极端情况下出发推导出的计算公式，比较保守，当封闭环的公差较小，而组成环的数目又较多时，则各组成环分得的公差是很小的，使加工困难，制造成本增加。生产实践证明，加工一批零件时，其实际尺寸处于公差中间部分的是多数，而处于极限尺寸的零件是极少数的，而且一批零件在装配中，尤其是对于多环尺寸链的装配，同一部件的各组成环，恰好都处于极限尺寸情况，更是少见。因此，在成批、大量生产中，当装配精度要求高，而且组成环的数目又较多时，应用概率法解算装配尺寸链比较合理。

概率法和极大极小法所用的计算公式的区别只在封闭环公差的计算上，其他完全相同。

① 极大极小法封闭环公差：

$$T_0 = \sum_{i=1}^{m} T_i \tag{9-1}$$

式中　T_0——封闭环公差；

　　　T_i——组成环公差；

　　　m——组成环个数。

② 概率法封闭环公差：

$$T_0 = \sqrt{\sum_{i=1}^{m} T_i^2} \tag{9-2}$$

式中　T_0——封闭环公差；
　　　T_i——组成环公差；
　　　m——组成环个数。

具体解法请看第三节。

第三节　装配方法及其选择

机械的装配首先应当保证装配精度和提高经济效益。相关零件的制造误差必然会累积到封闭环上，构成封闭环的误差。因此，装配精度越高，则相关零件的精度要求也越高。这对机械加工很不经济，有时甚至是不可能达到加工要求的。所以，对不同的生产条件，采取适当的装配方法，在不过高的提高相关零件制造精度的情况下来保证装配精度，是装配工艺的首要任务。

在长期的装配实践中，人们根据不同的机械、不同的生产类型条件，创造了许多巧妙的装配工艺方法，归纳起来有互换装配法、选配装配法、修配装配法和调整装配法四种。现分述如下。

一、互换装配法

互换装配法就是在装配时各配合零件不经修理、选择或调整即可达到装配精度的方法。根据互换的程度不同，互换装配法又分为完全互换装配法和不完全互换装配法两种。

（一）完全互换装配法

这种方法的实质是在满足各环经济精度的前提下，依靠控制零件的制造精度来保证的。

在一般情况下，完全互换装配法的装配尺寸链按极大极小法计算，即各组成环的公差之和等于或小于封闭环的公差。

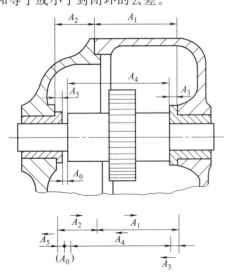

图 9-6　轴的装配尺寸链

完全互换装配法的优点如下：
① 装配过程简单，生产率高；
② 对工人技术水平要求不高；
③ 便于组织流水作业和实现自动化装配；
④ 容易实现零部件的专业协作，成本低；
⑤ 便于备件供应及机械维修工作。

由于具有上述优点，所以，只要当组成环分得的公差满足经济精度要求时，无论何种生产类型都应尽量采用完全互换装配法进行装配。

例　图 9-6 所示的齿轮箱部件，装配后要求轴向窜动量为 $0.20 \sim 0.70 \mathrm{mm}$，即 $A_0 = 0 \left(^{+0.70}_{+0.20} \right)$ mm。已知其他零件的有关基本尺寸 $A_1 = 122 \mathrm{mm}$，$A_2 = 28 \mathrm{mm}$，$A_3 = 5 \mathrm{mm}$，$A_4 = 140 \mathrm{mm}$，$A_5 = 5 \mathrm{mm}$，试决定上、下偏差。

解：① 画出装配尺寸链（图 9-6），校验各环基本尺寸。封闭环为 A_0，封闭环基本尺寸

$$A_0 = (\vec{A}_1 + \vec{A}_2) - (\overleftarrow{A}_3 + \overleftarrow{A}_4 + \overleftarrow{A}_5) = (122 + 28) - (5 + 140 + 5) = 0 \text{ (mm)}$$

可见各环基本尺寸的给定数值正确。

② 确定各组成环的公差大小和分布位置。为了满足封闭环公差 $T_0 = 0.50$ mm 的要求，各组成环公差 T_i 的累积公差值 $\sum_{i=1}^{m} T_i$ 不得超过 0.50mm，即应

$$\sum_{i=1}^{m} T_i = T_1 + T_2 + T_3 + T_4 + T_5 \leqslant T_0 = 0.50$$

在最终确定各 T_i 值之前，可先按等公差计算分配到各环的平均公差值

$$T_{\text{av.}i} = T_0/m = 0.50/5 = 0.10 \text{ (mm)}$$

由此值可知，零件的制造精度不算太高，是可以加工的，故用完全互换是可行的。但还应从加工难易和设计要求等方面考虑，调整各组成环公差。比如：A_1、A_2 加工难些，公差应略大，A_3、A_5 加工方便，则规定可较严。故令：

$$T_1 = 0.20\text{mm}, \ T_2 = 0.10\text{mm}, \ T_3 = T_5 = 0.05\text{mm}$$

再按"单向入体原则"分配公差，如：

$$A_1 = 122^{+0.20}_{0}\text{mm}, \ A_2 = 28^{+0.10}_{0}\text{mm}, \ A_3 = A_5 = 5^{0}_{-0.05}\text{mm}$$

得中间偏差：

$$\Delta_1 = 0.10\text{mm}, \ \Delta_2 = 0.05\text{mm}, \ \Delta_3 = \Delta_5 = 0.025\text{mm}, \ \Delta_0 = 0.45\text{mm}$$

③ 确定协调环公差的分布位置。由于 A_4 是特意留下的一个组成环，它的公差大小应在上面分配封闭环公差时，经济合理地统一决定下来。即：

$$T_4 = T_0 - T_1 - T_2 - T_3 - T_5 = 0.50 - 0.20 - 0.10 - 0.05 - 0.05 = 0.10 \text{ (mm)}$$

但 T_4 的上、下偏差，须满足装配技术条件，因而应通过计算获得，故称其为协调环。由于计算结果通常难以满足标准零件及标准量规的尺寸和偏差值，所以有上述尺寸要求的零件不能选作协调环。

协调环 A_4 的上、下偏差，可参阅图 9-7 计算。代入

$$\Delta_0 = \sum_{i=1}^{n} \vec{\Delta}_i - \sum_{i=n+1}^{m} \overleftarrow{\Delta}_i$$

$$0.45 = 0.10 + 0.05 - (-0.025 - 0.025 + \Delta_4)$$

$$\Delta_4 = 0.10 + 0.05 + 0.05 - 0.45 = -0.25 \text{ (mm)}$$

$$\text{ES}_4 = \Delta_4 + \frac{1}{2}T_4 = -0.25 + \frac{1}{2} \times 0.10 = -0.20 \text{ (mm)}$$

$$\text{EI}_4 = \Delta_4 - \frac{1}{2}T_4 = -0.25 - \frac{1}{2} \times 0.10 = -0.30 \text{ (mm)}$$

$$A_4 = 140^{-0.20}_{-0.30}\text{mm}$$

④ 进行验算

$$T_0 = T_1 + T_2 + T_3 + T_4 + T_5 = 0.20 + 0.10 + 0.05 + 0.10 + 0.05 = 0.50 \text{ (mm)}$$

可见，计算符合装配精度要求。

（二）不完全互换装配法

如果装配精度要求较高，尤其是组成环的数目较多时，若应用极大极小法确定组成环的公差，则组成环的公差将

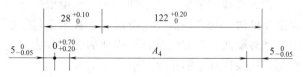

图 9-7　协调环计算

会很小，这样就很难满足零件的经济精度要求。因此，在大批量生产的条件下，就可以考虑不完全互换装配法，即用概率法解算装配尺寸链。

不完全互换装配法与完全互换装配法相比，其优点是零件公差可以放大些，从而使零件加工容易、成本低，也能达到互换性装配的目的。其缺点是将会有一部分产品的装配精度超差。这就需要采取补救措施或进行经济论证。

现仍以图 9-6 为例进行计算，比较一下各组成环的公差大小。

解：① 画出装配尺寸链，校核各环基本尺寸。

$\vec{A}_1$、$\vec{A}_2$ 为增环，$\overleftarrow{A}_3$、$\overleftarrow{A}_4$、$\overleftarrow{A}_5$ 为减环，封闭环为 A_0，封闭环的基本尺寸为

$$A_0 = (\vec{A}_2 + \vec{A}_2) - (\overleftarrow{A}_3 + \overleftarrow{A}_4 + \overleftarrow{A}_5)$$
$$= (122 + 28) - (5 + 140 + 5) = 0 \text{ (mm)}$$

② 确定各组成环尺寸的公差大小和分布位置

由于用概率法解算，所以，$T_0 = \sqrt{\sum_{i=1}^{n} T_i^2}$，在最终确定各 T_i 值之前，也按等公差计算各环的平均公差值

$$T_{\text{av}.i} = \sqrt{\frac{T_0^2}{m}} = \sqrt{\frac{0.50^2}{5}} = 0.22 \text{ (mm)}$$

按加工难易的程度，参照上值调整各组成环公差值如下

$$T_1 = 0.40\text{mm}, \ T_2 = 0.20\text{mm}, \ T_3 = T_5 = 0.08\text{mm}$$

为满足 $T_0 = \sqrt{\sum_{i=1}^{n} T_i^2}$ 的要求，应从协调环公差进行计算

$$0.50^2 = 0.40^2 + 0.20^2 + 0.08^2 + 0.08^2 + T_4^2$$
$$T_4 = 0.192\text{mm}$$

按"单向入体原则"分配公差，取 $A_1 = 122^{+0.40}_{\ 0}$ mm，$\Delta_1 = 0.20$mm；$A_2 = 28^{+0.20}_{\ 0}$ mm，$\Delta_2 = 0.10$mm；$A_3 = A_5 = 5^{\ 0}_{-0.08}$ mm，$\Delta_3 = \Delta_5 = -0.04$mm；$\Delta_0 = 0.45$mm。

③ 定协调环公差的分布位置

$$\Delta_0 = (\vec{\Delta}_1 + \vec{\Delta}_2) - (\overleftarrow{\Delta}_3 + \overleftarrow{\Delta}_4 + \overleftarrow{\Delta}_5)$$
$$0.45 = 0.20 + 0.10 - (-0.04 + \overleftarrow{\Delta}_4 - 0.04)$$
$$\overleftarrow{\Delta}_4 = 0.20 + 0.10 + 0.08 - 0.45 = -0.07 \text{ (mm)}$$
$$\text{ES}_4 = \Delta_4 + \frac{1}{2}T_4 = -0.07 + \frac{1}{2} \times 0.192 = -0.07 + 0.096 = 0.026 \text{ (mm)}$$
$$\text{EI}_4 = \Delta_4 - \frac{1}{2}T_4 = -0.07 - \frac{1}{2} \times 0.192 = -0.166 \text{ (mm)}$$
$$A_4 = 140^{+0.026}_{-0.166} \text{ (mm)}$$

二、选配装配法

在成批或大量生产的条件下，对于组成环不多而装配精度要求却很高的尺寸链，若采用完全互换法，则零件的公差将过严，甚至超过了加工工艺的现实可能性，在这种情况下可采用选择装配法。该方法是将组成环的公差放大到经济可行的程度，然后选择合适的零件进行装配，以保证规定的精度要求。

选配装配法有三种：直接选配法，分组装配法和复合选配法。

(一) 直接选配法

由装配工人从许多待装的零件中，凭经验挑选合适的零件通过试凑进行装配的方法，这种方法的优点是简单，零件不必先分组，但装配中挑选零件的时间长，装配质量取决于工人的技术水平，不宜于节拍要求较严的大批量生产。

(二) 分组装配法

在成批大量生产中，将产品各配合副的零件按实测尺寸分组，装配时按组进行互换装配以达到装配精度的方法。

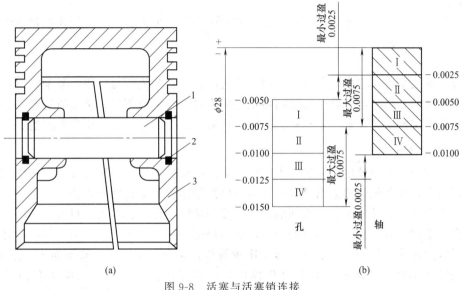

图 9-8　活塞与活塞销连接
1—活塞销；2—挡圈；3—活塞

分组装配在机床装配中用得很少，但在内燃机、轴承等大批大量生产中有一定应用。例如，图 9-8 (a) 所示活塞与活塞销的连接情况。根据装配技术要求，活塞销孔与活塞销外径在冷态装配时应有 0.0025～0.0075mm 的过盈量。与此相应的配合公差仅为 0.0050mm。若活塞与活塞销采用完全互换法装配，且销孔与活塞直径公差按"等公差"分配时，则它们的公差只有 0.0025mm。配合采用基轴制原则，则活塞销外径尺寸 $d=\phi 28_{-0.0025}^{0}$ mm，活塞销内孔尺寸 $D=\phi 28_{-0.0075}^{-0.0050}$ mm。显然，制造这样精确的活塞销和活塞销孔是很困难的，也是不经济的。生产中采用的办法是先将上述公差值都增大 4 倍（$d=\phi 28_{-0.010}^{0}$ mm，$D=\phi 28_{-0.0150}^{-0.0050}$ mm），这样即可采用高效率的无心磨和金刚镗去分别加工活塞销外圆和活塞销孔，然后用精度量仪进行测量，并按尺寸大小分成四组，涂上不同的颜色，以便进行分组装配。具体分组情况见表 9-1。

从该表可以看出，各组的公差和配合性质与原来要求相同。

表 9-1　活塞销与活塞销孔直径分组　　　　　　　　mm

组别	标志颜色	活塞销直径 d $\phi 28_{-0.010}^{0}$	活塞销孔直径 D $\phi 28_{-0.0150}^{-0.0050}$	配合情况 最小过盈	配合情况 最大过盈
I	红	$\phi 28_{-0.0025}^{0}$	$\phi 28_{-0.0075}^{-0.0050}$	0.0025	0.0075
II	白	$\phi 28_{-0.0050}^{-0.0025}$	$\phi 28_{-0.0100}^{-0.0075}$		
III	黄	$\phi 28_{-0.0075}^{-0.0050}$	$\phi 28_{-0.0125}^{-0.0100}$		
IV	绿	$\phi 28_{-0.0100}^{-0.0075}$	$\phi 28_{-0.0150}^{-0.0125}$		

采用分组互换装配时应注意以下几点。

① 为了保证分组后各组的配合精度和配合性质符合原设计要求，配合件的公差应当相等，公差增大的方向要相同，增大的倍数要等于以后的分组数，如图 9-8（b）所示。

② 分组数不宜多，多了会增加零件的测量和分组工作量，并使零件的储存、运输及装配等工作复杂化。

③ 分组后各组内相配合零件的数量要相符，形成配套。否则会出现某些尺寸零件的积压浪费现象。

分组互换装配适合于配合精度要求很高和相关零件一般只有两三个的大批量生产中。例如，滚动轴承的装配等。

（三）复合选配法

复合选配法是直接选配与分组装配的综合装配法，即预先测量分组，装配时再在各对应组内凭工人经验直接选配。这一方法的特点是配合件公差可以不等，装配质量高，且速度较快，能满足一定的节拍要求。发动机装配中，汽缸与活塞的装配多采用这种方法。

三、修配装配法

修配装配法是在单件生产和成批生产中，对那些要求很高的多环尺寸链，各组成环先按经济精度加工，在装配时修去指定零件上预留修配量达到装配精度的方法。

由于修配法的尺寸链中各组成环的尺寸均按经济精度加工，装配时封闭环的误差会超过规定的允许范围。为补偿超差部分的误差，必须修配加工尺寸链中某一组成环。被修配的零件尺寸叫修配环或补偿环。一般应选形状比较简单，修配面小，便于修配加工，便于装卸，并对其他尺寸链没有影响的零件尺寸作修配环。修配环在零件加工时应留有一定量的修配量。

生产中通过修配达到装配精度的方法很多，常见的有以下三种。

（一）单件修配法

这种方法是将零件按经济精度加工后，装配时将预定的修配环用修配加工来改变其尺寸，以保证装配精度。

如图 9-4 所示，卧式车床前后顶尖对床身导轨的等高要求为 0.06mm（只许尾座高），此尺寸链中的组成环有三个：主轴箱主轴中心到底面高度 $A_1=205$mm，尾座底板厚度 $A_2=49$mm，尾座顶尖中心到底面距离 $A_3=156$mm。A_1 为减环，A_2、A_3 为增环。

若用完全互换法装配，则各组成环平均公差为

$$T_{\text{av.i}}=\frac{T_0}{3}=\frac{0.06}{3}=0.02 \text{（mm）}$$

这样小的公差将使加工困难，所以一般采用修配法，各组成环仍按经济精度加工。根据镗孔的经济加工精度，取 $T_1=0.10$mm，$T_3=0.10$mm，根据半精刨的经济加工精度，取 $T_2=0.15$mm。由于在装配中修刮尾座底板的下表面是比较方便的，修配面也不大，所以选尾座底座板为修配件。

组成环的公差一般按"单向入体原则"分布，此例中 A_1、A_3 系中心距尺寸，故采用"对称原则"分布，$A_1=205$mm± 0.05mm，$A_3=156$mm± 0.05mm。至于 A_2 的公差带分布，要通过计算确定。

修配环在修配时对封闭环尺寸变化的影响有两种情况：一种是封闭环尺寸变大；另一种是封闭环尺寸变小。因此修配环公差带分布的计算也相应分为两种情况。

图 9-9 所示为封闭公差带与各组成环（含修配环）公差放大后的累积误差之间的关系。图中 T'_0、$L'_{0\max}$ 和 $L'_{0\min}$ 分别为各组成环的累积误差和极限尺寸；$F_{\max}$ 为最大修配量。

当修配结果使封闭环尺寸变大，简称"越修越大"，从图 9-9（a）可知：

$$L_{0\max} = L'_{0\max} = \sum L_{i\max} - \sum L_{i\min}$$

当修配结果使封闭环尺寸变小，简称"越修越小"，从图 9-9（b）可知：

$$L_{0\min} = L'_{0\min} = \sum L_{i\min} - \sum L_{i\max}$$

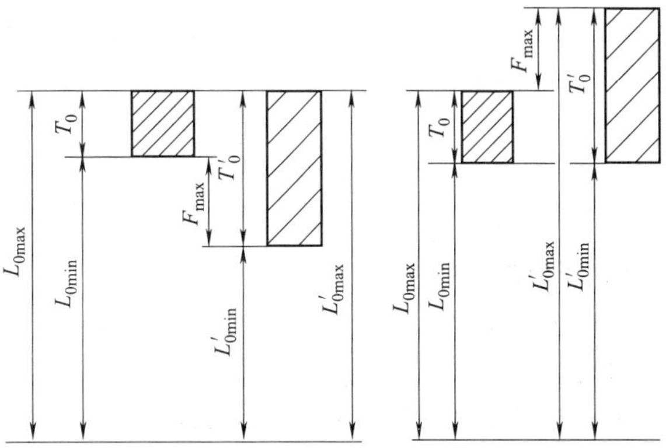

上例中，修配尾座底板的下表面，使封闭环尺寸变小，因此应按求封闭环最小极限尺寸的公式

$$A_{0\min} = A_{2\min} + A_{3\min} - A_{1\max}$$
$$0 = A_{2\min} + 155.95 - 205.05$$
$$A_{2\min} = 49.10 \text{mm}$$

图 9-9　封闭环公差带与各组成环积累误差的关系

因为 $T_2 = 0.15 \text{mm}$，所以 $A_2 = 49^{+0.25}_{+0.10} \text{mm}$。

修配加工是为了补偿组成环累积误差与封闭环公差超差部分的误差，所以最多修配量 $F_{\max} = \sum T_i - T_0 = (0.10 + 0.15 + 0.10) - 0.06 = 0.29 \text{mm}$，而最小修配量为 0。考虑到车床总装时，尾座底板与床身配合的导轨面还需配刮，则应补充修正，取最小修刮量为 0.05mm，修正后的 A_2 尺寸为 $49^{+0.30}_{+0.15} \text{mm}$，此时最多修配量为 0.34mm。

（二）合并修配法

这种方法是将两个或多个零件合并在一起进行加工修配。合并加工所得的尺寸可看作一个组成环，这样减少了组成环的环数，就相应减少了修配的劳动量。

如上例中，为了减少对尾座底板的修配量，一般先把尾座和底板配合加工后，配刮横向小导轨，然后再将两者装配为一体，以底板的底面为基准，镗尾座的套筒孔，直接控制尾座套筒孔至底板面的尺寸公差，这样组成环 A_2、A_3 合并成一环，仍取公差为 0.10mm，其最多修配量 $= \sum T_i - T_0 = (0.10 + 0.10) - 0.06 = 0.14 \text{mm}$。修配工作量相应减少了。

合并修配法由于零件要对号入座，给组织装配生产带来一定麻烦，因此多用于单件小批生产中。

（三）自身加工修配法

在机床制造中，有一些装配精度要求，是在总装时利用机床本身的加工能力，"自己加工自己"，可以很简捷地解决，这即是自身加工修配法。

例如图 9-10 所示，在转塔车床上六个安装刀架的大孔中心线必须保证和机床主轴回转中心线重合，而六个平面又必须和主轴中心线垂直。若将转塔作为单独零件加工出这些表面，在装配中达到上述两项要求，是非常困难的。当采用自身加工修配法时，这些表面在装配前不进行加工，而是在转塔装配到机床上后，在主轴上装镗杆，使镗刀旋转，转塔作纵向进给运动，依次精镗出转塔上的六个孔；再在主轴上装个能径向进给的小刀架，刀具边旋转边径向进给，依次精加工出转塔的六个平面。这样可方便地保证上述两项精度要求。

修配法的特点是各组成环零、部件的公差可以扩大，按经济精度加工，从而使制造容易，成本低。装配时可利用修配件的有限修配量达到较高的装配精度要求，但装配中零件不能互换，装配劳动量大（有时需拆装几次），生产率低，难以组织流水生产，装配精度依赖于工人的技术水平。修配法适用于单件和成批生产中精度要求较高的装配。

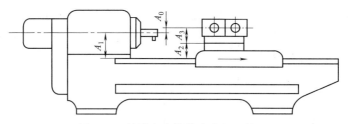

图 9-10 转塔车床转塔自身加工修配

四、调整装配法

在成批大量生产中，对于装配精度要求较高而组成环数目较多的尺寸链，也可以采用调整法进行装配。调整法与修配法在补偿原则上是相似的，只是它们的具体做法不同。调整装配法也是按经济加工精度确定零件公差的。由于每一个组成环公差扩大，结果使一部分装配件超差。故在装配时用改变产品中调整零件的位置或选用合适的调整件以达到装配精度。

调整装配法与修配法的区别是，调整装配法不是靠去除金属，而是靠改变补偿件的位置或更换补偿件的方法来保证装配精度。

根据补偿件的调整特征，调整法可分为可动调整、固定调整和误差抵消调整三种装配方法。

（一）可动调整装配法

用改变调整件的位置来达到装配精度的方法，叫做可动调整装配法。调整过程中不需要拆卸零件，比较方便。

采用可动调整装配法可以调整由于磨损、热变形、弹性变形等所引起的误差。所以它适用于高精度和组成环在工作中易于变化的尺寸链。

机械制造中采用可动调整装配法的例子较多。例如图 9-11（a）依靠转动螺钉调整轴承外环的位置以得到合适的间隙；图 9-11（b）是用调整螺钉通过垫板来保证车床溜板和床身导轨之间的间隙；图 9-11（c）是通过转动调整螺钉，使斜楔块上、下移动来保证螺母和丝杠之间的合理间隙。

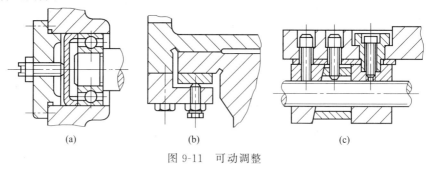

图 9-11 可动调整

（二）固定调整装配法

固定调整装配法是尺寸链中选择一个零件（或加入一个零件）作为调整环，根据装配精度来确定调整件的尺寸，以达到装配精度的方法。常用的调整件有轴套、垫片、垫圈和圆环等。

例如图 9-12 所示即为固定调整装配法的实例。当齿轮的轴向窜动量有严格要求时，在结构上专门加入一个固定调整件，即尺寸等于 A_3 的垫圈。装配时根据间隙的要求，选择不同厚度的垫圈。调整件预先按一定间隙尺寸做好，比如分成 3.1mm、3.2mm、3.3mm、…、

4.0mm 等，以供选用。

在固定调整装配法中，调整件的分级及各级尺寸的计算是很重要的问题，可应用极大极小法进行计算，计算方法请参考有关文献。

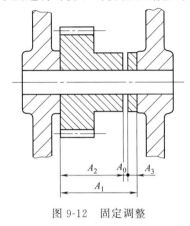

图 9-12 固定调整

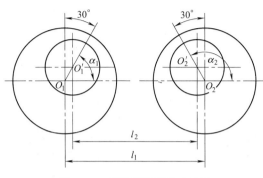

图 9-13 镗模板装配尺寸分析

（三）误差抵消调整装配法

误差抵消调整装配法即通过调整某些相关零件误差的方向，使其互相抵消。这样各相关零件的公差可以扩大，同时又保证了装配精度。

图 9-13 所示为用这种方法装配的镗模板实例。图中要求装配后二镗套孔的中心距为 (100 ± 0.015)mm，如用完全互换装配法制造则要求模板的孔距误差和二镗套内、外圆同轴度误差之总和不得大于 ±0.015mm，设模板孔距按 (100 ± 0.009)mm、镗套内、外圆的同轴度误差按 0.003mm 制造，则无论怎样装配均能满足装配精度要求。但其加工是相当困难的，因而需要采用误差抵消装配法进行装配。

图 9-13 中 O_1、O_2 为镗模板孔中心，O_1'、O_2' 为镗套内孔中心。装配前先测量零件的尺寸误差及位置误差，并记上误差的方向，在装配时有意识地将镗套按误差方向转过 α_1、α_2 角，则装配后二镗套孔的孔距为

$$O_1'O_2' = O_1O_2 - O_1O_1'\cos\alpha_1 + O_2O_2'\cos\alpha_2$$

设 $O_1O_2=100.15$mm，二镗套孔内、外圆同轴度为 0.015mm，装配时令 $\alpha_1=60°$、$\alpha_2=120°$

则 $O_1'O_2' = 100.15 - 0.015\cos60° + 0.015\cos120° = 100$ （mm）

本例实质上是利用镗套同轴度误差来抵消模板的孔距误差，其优点是零件制造精度可以放宽，经济性好，采用误差抵消装配法装配还能得到很高的装配精度。但每台产品装配时均需测出整体优势误差的大小和方向，并计算出数值，增加了辅助时间，影响生产效率，对工人技术水平要求高。因此，除单件小批生产的工艺装备和精密机床采用此种方法外，一般很少采用。

第四节 装配工作法与典型部件的装配

一、装配工作法

（一）螺纹连接

螺纹连接装配时应满足的要求：①螺栓杆部不产生弯曲变形，头部、螺母底面应与被连

接件接触良好；②被连接件应均匀受压，互相紧密贴合，连接牢固；③一般应根据被连接件形状、螺栓的分布情况，按一定顺序逐次（一般为2～3次）拧紧螺母。如有定位销，最好先从定位销附近开始。图9-14为螺母拧紧顺序示例，图中编号为拧紧的顺序。

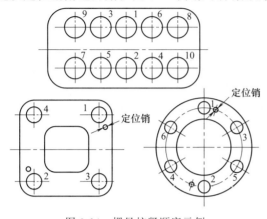

图 9-14 螺母拧紧顺序示例

螺纹连接可分为一般紧固螺纹连接和规定预紧力的螺纹连接。前者，无预紧力要求，连接时可采用普通扳手、风动或电动扳手拧紧螺母；后者有预紧力要求，连接时可采用定扭矩扳手等拧紧螺母。

（二）过盈连接

过盈连接一般属于不可拆的固定连接；近年来由于液压套合法的应用，其可拆性日益增加。连接前，零件应清洗干净，检查有关尺寸公差，必要时测出实际过盈量，分组选配。

过盈连接主要有压入配合法、热胀配合法、冷缩配合法。

压入配合法，通常采用冲击压入，即用手锤或重物冲击；或工具压入，即采用螺旋式压力机、杠杆式压力机、气动或液压压力机等压入。

热胀配合法，通常采用火焰、介质、电阻或感应等加热方法将包容件加热再自由套入被包容零件中。

冷缩配合法，通常采用干冰、低温箱、液氮等冷缩方法将被包容件冷缩再自由装入包容零件中。

二、典型部件的装配

（一）滚动轴承的装配

滚动轴承在各种机械中使用非常广泛，在装配过程中应根据轴承的类型和配合确定装配方法和装配顺序。

向心球轴承是属于不可分离型轴承，采用压力法装入机件，不允许通过滚动体传递压力。若轴承内圈与轴颈配合较紧，外圈与壳体孔配合较松，则先将轴承压入轴颈，如图9-15（a）所示；然后，连同轴一起装入壳体中。若壳外圈与壳体配合较紧，则先将轴承压入壳体孔中，如图9-15（b）所示。轴装入壳体中，两端要装两个向心球轴承时，一个轴承装好后，装第二个轴承时，由于轴已装入壳体内部，可以采用如图9-15（c）所示的方法装入。还可以采用轴承内圈热胀法、外圈冷缩法或壳体加热法以及轴颈冷缩法装配，加热一般在60～100℃范围内的油中热胀，其冷却温度不得低于－80℃。

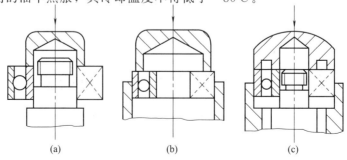

图 9-15 用压入法装配向心球轴承

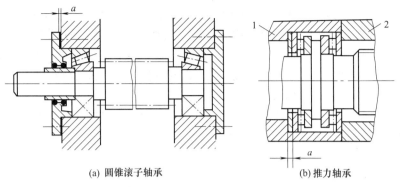

(a) 圆锥滚子轴承　　　　　　　　(b) 推力轴承

图 9-16　用垫片调整轴向间隙

1—端盖；2—壳体

圆锥滚子轴承和推力轴承，内外圈是分开安装的。圆锥滚子轴承的径向间隙 e 与轴向间隙 c 有一定的关系，即 $e=c\tan\beta$，其中 β 为轴承外圈滚道母线对轴线的夹角，一般为 $11°\sim16°$。因此，调整轴向间隙也即调整了径向间隙。推力轴承不存在径向间隙的问题，只需要调整轴向间隙。这两种轴承的轴向间隙通常采用垫片或防松螺母来调整，图 9-16 所示为采用垫片调整轴向间隙的例子。调整时，先将端盖在不用垫片的条件下用螺钉紧固于壳体上。对于图 9-16（a）所示的结构，左端盖垫必推动轴承外圈右移，直至完全将轴承的径向间隙消除为止。这时测量端盖与壳体端面之间的缝隙 a_1（最好在互成 $120°$ 三点处测量，取其平均值）。轴向间隙 c 则由 $e=c\tan\beta$ 求得。根据所需径向间隙 e，即可求得垫片厚度 $a=a_1+c$。对于图 9-16（b）结构，端盖 1 贴紧壳体 2。可来回推拉轴，测得轴承与端盖之间的轴向间隙。根据允许的轴向间隙大小可得到调整垫片的厚度 a。图 9-17 所示为用防松螺母调整轴向间隙的例子。先拧紧螺母至将间隙完全消除为止，再拧松螺母。退回 $2c$ 的距离，然后将螺母锁住。

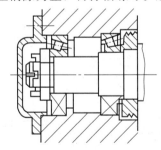

图 9-17　防松螺母调整轴向间隙

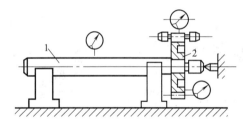

图 9-18　检查齿圈的径向跳动和端面跳动

1—心轴；2—被检齿轮

（二）圆柱齿轮传动的装配

齿轮传动的装配工作包括：将齿轮装在传动轴上，将传动轴装进齿轮箱体，保证齿轮副正常啮合。装配后的基本要求：保证正确的传动比，达到规定的运动精度；齿轮齿面达到规定的接触精度；齿轮副齿轮之间的啮合侧隙应符合规定要求。

渐开线圆柱齿轮传动，多用于传动精度要求高的场合。如果装配后出现不允许的齿圈径向跳动，就会产生较大的运动误差。因此，首先要将齿轮正确地安装到轴颈上，不允许出现偏心和歪斜。图 9-18 所示的方法可用来检查齿圈的径向跳动和端面跳动（所用的测量端面应与装配基面平行或直接测量装配基面）。对于运动精度要求较高的齿轮传动，在装配一对传动比为 1 或整数的齿轮时，可采用圆周定向装配，使误差得到一定程度的补偿，以提高传动精度。例如，用一对齿数均为 22 的齿轮，齿面是在同一台机床上加工的，周节累积误差的分布几乎相同，如图 9-19 所示。假定在齿轮装入轴后的齿圈径向跳动与加工后的相同，则可将一齿轮的零号齿与另一齿轮的 11 号齿对合装配。这样，齿轮传动的运动误差将大为降低。装配后齿轮传动的长周期误差曲线，如图 9-20 所示。如果齿轮与花键轴连接，则尽量分别将两齿轮周节累积误差曲线中的峰谷靠近来安装齿轮；如果用单键连接，就需要进行选配。在单件小批生产中，只能在定向装配好之后，再加工出键槽。定向装配后，必须在轴与齿轮上打上径向标记，以便正确地装卸。

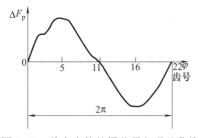

图 9-19　单个齿轮的周节累积误差曲线

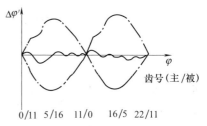

图 9-20　齿轮传动的长周期误差曲线

齿轮传动的接触精度是以齿面接触斑痕的位置和大小来判断的，它与运动精度有一定的关系，即运动精度低的齿轮传动，其接触精度也不高。因此，在装配齿轮副时，常需检查齿面的接触斑痕，以考核其装配是否正确。图 9-21 所示为渐开线圆柱齿轮副装配后常见的接触斑痕分布情况。图 9-21（b）和图 9-21（c）分别为同向偏接触和异向偏接触，说明两齿轮的轴线不平行，会使中心距超过规定值，一般装配无法纠正。图 9-21（e）为沿齿向游离接触，齿圈上各齿面的接触斑痕由一端逐渐移至另一端，说明齿轮端面（基面）与回转轴线不垂直，可卸下齿轮，修整端面，予以纠正。另外，还可能沿齿高游离接触，说明齿圈径向跳动过大，可卸下齿轮重新正确安装。

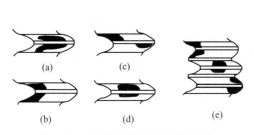

图 9-21　渐开线圆柱齿轮接触斑痕

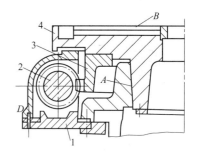

图 9-22　可调精密蜗杆传动部件
1—蜗杆座；2—螺杆；3—蜗轮；4—工作台

装配圆柱齿轮时，齿轮副的啮合侧隙是由各种有关零件的加工误差决定的，一般装配无法调整。侧隙大小的检查方法有下列两种：①用铅丝检查，在齿面的两端平行放置两条铅丝，铅丝的直径不宜超过最小侧隙的 3 倍。转动齿轮挤压铅丝，测量铅丝最薄处的厚度，即为侧隙的尺寸；②用百分表检查，将百分表测头同一齿轮面沿齿圈切向接触，另一齿轮固定不动，手动摇摆可动齿轮，从一侧接触转到另一侧接触，百分表上的读数差值即为侧隙的尺寸。

（三）普通圆柱蜗杆蜗轮传动的装配

下面以分度机构上用的普通圆柱蜗杆蜗轮传动为例，对于这种传动的装配，不但要保证规定的接触精度，而且还要保证较小的啮合侧隙（一般为 0.03～0.06mm）。

图 9-22 所示是用于滚齿机上的可调精密蜗杆传动部件。装配时，先配刮圆盘与工作台结合面 A，研点 $6\sim 20/(25\times 25)\text{mm}^2$；再刮研工作台使回转中心线的垂直度符合要求。然后以 B 面为基准，连同圆盘一起，对蜗轮进行精加工。

蜗杆座基准面 D 可用专用研具刮研，研点应为 $8\sim 10/(25\times 25)\text{mm}^2$。检验轴承孔中心线对 D 面的平行度，如图 9-23 所示，符合要求后装入蜗杆，配磨调整垫片（补偿环），以保证蜗杆轴线位于蜗轮的中央截面内。与此同时，径向调整蜗杆座，达到规定的接触斑点后，配钻铰蜗杆座与底座的定位销孔，装上定位销，拧紧螺钉。侧隙大小的检查，通常将百分表测头沿蜗轮齿圈切向接触于蜗轮齿面或工作台相应的凸面，固定蜗杆（有自锁能力的蜗杆不需固定），摇摆工作台（或蜗轮），百分表的读数差即为侧隙的大小。

蜗轮齿面上的接触斑点应在中部稍偏蜗杆旋出方向，如图 9-24（a）所示，若出现图 9-24（b）、图 9-24（c）的接触情况，应配磨垫片。

调整蜗杆位置使其达到正常接触。接触斑点长度，轻负荷时一般为齿宽的 $25\%\sim 50\%$，不符合要求时，可适当调节蜗杆座径向位置。全负荷时接触斑点长度最好能达到齿宽的 90% 以上。

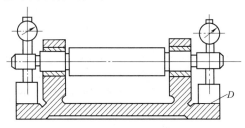

图 9-23 检验蜗杆座轴承孔中心线对基准面 D 的平行度

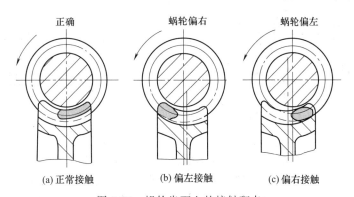

图 9-24 蜗轮齿面上的接触斑点

习 题

1. 机器或部件的装配有哪几种方法？
2. 在什么场合下采用"修配法"进行装配比较合适？为保证此法获得装配精度，根据什么原则来选取修配环？
3. 选配装配法应用于什么场合？在什么情况下可采用分组互换？
4. 在调整装配法中，可动调整、固定调整和误差抵消调整各有什么优缺点？
5. 题 9-5 图为 CA5140 车床主轴法兰盘装配图，要求前端法兰盘与床头箱之间保持 $0.38\sim 0.95\text{mm}$ 的间隙，试求出影响装配精度的相关零件的尺寸及其上、下偏差。
6. 如题 9-6 图所示，在溜板与床身装配前有关组成零件的尺寸分别为：$A_1=46_{-0.04}^{0}\text{mm}$，$A_2=30_{0}^{+0.03}\text{mm}$，$A_3=16_{+0.03}^{+0.08}\text{mm}$，试计算溜板箱与床身下平面之间的间隙 $A_0=?$ 在使用过程中因导轨磨损而使间隙增大，应如何解决？
7. 如题 9-7 图所示为一主轴部件，为保证弹性挡圈能顺利装入，要求保持轴向间隙 $A_0=0_{+0.05}^{+0.42}\text{mm}$。已知 $A_1=32.5\text{mm}$，$A_2=35\text{mm}$，$A_3=2.5\text{mm}$，试计算确定各组成零件尺寸的上、下偏差。

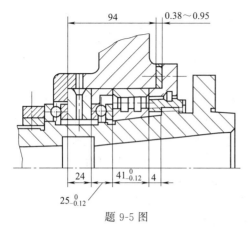

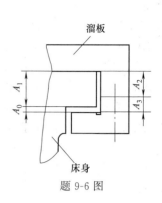

题 9-5 图　　　　　　　　　题 9-6 图

8. 题 9-8 图所示为键槽与键的装配结构尺寸：$A_1=20\text{mm}$，$A_2=20\text{mm}$，$A_0=0^{+0.15}_{+0.05}\text{mm}$。

① 当大批量生产时，用完全法装配，试求各组成零件尺寸的上、下偏差。

② 当小批量生产时，用修配法装配，试确定修配件并求出各零件尺寸及公差。

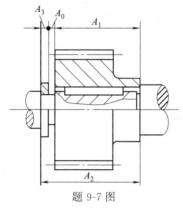

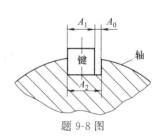

题 9-7 图　　　　　　　　　题 9-8 图

9. 题 9-9 图所示（a）为轴承套；（b）为滑动轴承；（c）为两者的装配图，组装后滑动轴承外端面与轴承套内端面要保证尺寸为 $87^{-0.1}_{-0.3}\text{mm}$，但按零件上标出的尺寸 $5.5^{\ 0}_{-0.16}\text{mm}$ 及 $81.5^{-0.20}_{-0.35}\text{mm}$ 装配，结果尺寸为 $87^{+0.20}_{-0.51}\text{mm}$，不能满足装配要求，若该组件为成批生产，试确定满足装配技术要求的合理装配工艺方法。

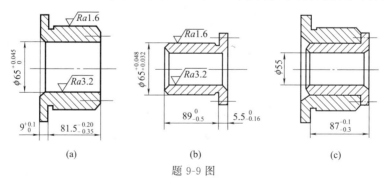

题 9-9 图

参 考 文 献

[1] 李华. 机械制造技术. 北京：高等教育出版社，2009.
[2] 刘慎玖. 机械制造工艺案例教程. 北京：化学工业出版社，2007.
[3] 朱淑萍. 机械加工工艺及装备. 北京：机械工业出版社，2007.
[4] 魏康民. 机械制造工艺装备. 重庆：重庆大学出版社，2007.
[5] 吴林祥. 金属切削原理与刀具. 北京：机械工业出版社，2010.
[6] 夏碧波. 机械制造技术. 北京：中国电力出版社，2008.
[7] 黄宗南. 先进制造技术. 上海：上海交通大学出版社，2010.